乡村厕所生态构建原理、方法与技术

周雪飞　张亚雷　陈家斌　编著

中国建筑工业出版社

图书在版编目（CIP）数据

乡村厕所生态构建原理、方法与技术 / 周雪飞，张亚雷，陈家斌编著. -- 北京 ：中国建筑工业出版社，2024. 10. -- ISBN 978-7-112-30169-0

Ⅰ. TU993. 9

中国国家版本馆 CIP 数据核字第 20244SP130 号

本书以乡村厕所为主线，共分 7 章系统介绍了乡村厕所生态构建原理、方法与技术。第 1 章简要介绍了全球厕所的发展情况和我国乡村厕所现状、问题以及我国农村厕所建设和改造的意义。第 2 章和第 3 章系统阐述了乡村厕所系统生态链构建原理以及乡村厕所系统闭路循环技术路径。第 4 章系统阐述了乡村厕所系统共性技术，第 5 章和第 6 章则分别针对水冲式和无水冲式厕所，重点阐述了水冲式和无水冲式厕所排泄物处理与资源化技术。第 7 章系统分析了乡村厕所系统经济性。

本书适合高校市政与环境专业师生学习，也可供从事厕所设计、建造、管理与维护等工作的相关人员参考、使用。

责任编辑：石枫华　张伯熙

责任校对：王　烨

乡村厕所生态构建原理、方法与技术

周雪飞　张亚雷　陈家斌　编著

*

中国建筑工业出版社出版、发行(北京海淀三里河路 9 号)

各地新华书店、建筑书店经销

北京红光制版公司制版

北京中科印刷有限公司印刷

*

开本：787 毫米×1092 毫米　1/16　印张：16　字数：368 千字

2024 年 9 月第一版　　2024 年 9 月第一次印刷

定价：**68.00** 元

ISBN 978-7-112-30169-0

(42774)

前　言

小厕所连着大民生，小环境折射大文明。党中央、国务院高度重视农村人居环境建设，随着《农村人居环境整治三年行动方案》的通过，作为农村人居环境整治重点工作的“厕所革命”逐渐在全国展开，农村厕所建设和改造工程也正快速推进，并取得了相当大的成效。但与此同时，当前我国农村“厕所革命”工作仍旧存在着一些棘手的问题，如改厕技术应用单一、缺乏改厕的技术指导和创新、改厕后缺乏后期管理以及“前头改，后面拆”造成部分农村新改厕所成摆设等。

鉴于此，我们编写了《乡村厕所生态构建原理、方法与技术》一书，旨在帮助“厕所革命”的研究者和专业技术人员更深入地了解厕所、重新认识厕所，提高理论知识水平，提升个人业务能力，为我国持续开展“厕所革命”作出贡献。对于我国高校市政与环境工程专业的师生与科研人员以及从事厕所设计、建造、管理、维护等工作的工作者们所面临的问题，我们通过本书中详尽阐述和细致指导，有针对性地帮助他们全面掌握乡村厕所生态构建原理、方法与技术，从根本上解决“厕所革命”建设和管理中的诸多问题，精准发力、纵深推进农村“厕所革命”走深走实。

本书共分为7章。第1章是从全球厕所的演化和发展、我国农村改厕的历程、我国乡村厕所现状及存在的问题和我国乡村厕所建设和改造的意义4个方面对我国及全球厕所进行了概述；第2章是从生态系统物质循环与能量流动、厕所排泄物迁移过程中的物质循环、厕所排泄物迁移过程中的能量流动等方面，阐述乡村厕所系统生态链构建基本原理；第3章是从乡村厕所系统闭路循环生态链技术路径、乡村厕所的“三生融合”理念、乡村厕所生态链区域特色及典型模式方面对乡村厕所系统闭路循环技术路径进行了介绍；第4章是从乡村厕所卫生安全保障技术、乡村厕所室内环境改善与节能技术、乡村厕所系统节水与回用技术方面阐述了乡村厕所系统共性技术；第5章是从粪尿合集水冲式厕所黑水处理技术、源分离水冲式厕所黄水、褐水处理技术方面对水冲式厕所排泄物处理与资源化技术进行了阐述；第6章是从分散处理型无水冲式厕所排泄物处理与资源化技术、集中处理型无水冲式厕所排泄物处理与资源化技术方面对无水冲式厕所排泄物处理与资源化技术进行了介绍；第7章是从乡村厕所的分类分级、厕屋设计和建造的基本要求及造价、便器建造的基本要求及造价、粪污处理处置生态链中的经济核算、厕所系统的经济核算5个方面对厕所系统经济性进行了分析。

本书是编者在总结课题组近年来科研成果和广泛参考大量文献资料的基础上撰写而成。本书由周雪飞、张亚雷、陈家斌编著，各章参与编写的人员还有：高峰、张涛、张雷、肖绍赜、张唯、尹文俊、张龙龙、纪睿成、由晓刚、于振江、杨明超、刘晓倩、王麒、沈吴子悦、杨蕾、刘洁、赖竹林、朱昱敏、张哲渊、郑婷露。周雪飞、张亚雷、陈家斌负责全书的策划、统稿和审核工作。本书的出版得到了国家重点研发计划项目“乡村厕所关键技术研发与应用”（2018YFD1100500）的资助，也得到了中国建筑工业出版社石枫华主任的大力支持，我们表示衷心的感谢。在本书编著过程中，我们还引用了众多专家学者的观点和研究成果，使本书内容得到了进一步地充实和提高，在此一并表示感谢。

限于作者水平有限，书中定有疏漏和不当之处，敬请读者不吝指教。

目　录

第1章　绪　　论

1.1　全球厕所的演化和发展

随着人类文明的不断发展，生产力水平大幅提升，全球人口高速增长，人类活动日渐频繁，同时也不可避免地产生了数量巨大的排泄物。厕所作为排泄物收集和储存的场所，经历了数千年的演化和发展。

文明的早期阶段，排泄行为和排泄物的处理呈现无节制的原始状态。世界各地古老的原始文明中，人类的排泄行为不受任何约束，自然环境中的任意地方都可以成为排泄的场所。随着聚居程度的加深，人类建立起城市，住进了建造的房屋，但排泄物仍没有得到合理的处理。例如，在某些地方，将夜壶中的排泄物随意泼洒至街道曾经是排泄物的主要处理方式，这种行为导致公共卫生环境十分恶劣。

厕所的出现为人类公共卫生环境的改善作出了不可磨灭的贡献。最初的厕所十分简陋，常由一个收纳排泄物的土坑构成。但这种简易旱厕除了有利于改善公共卫生环境外，在排泄物的资源化利用方面也具有重要意义。以中国为例，由于中国有将粪肥用于农业生产的传统，因此排泄物的资源化利用拥有悠久的历史。中国最早的资源化厕所是“连茅圈”，它将茅厕和猪圈相连，厕所建在猪圈上面，人在厕所排便，粪便在重力的作用下落入下层的猪圈中被猪拱食。除去“连茅圈”这类“自产自销”的形式，在经济利益的驱动下，厕所清运已经发展成为一个行业。“粪夫”是一个可以追溯到唐朝的职业，他们负责清洁城市内的旱厕，并将排泄物作为粪肥销售到农村，获取经济利益。在传统农业时期，粪肥对提高农作物产量有重要作用，但随着化肥的普及和现代卫生设施的出现，粪肥的产量和需求量下降，“粪夫”也逐渐消失。这个与厕所密切相关的职业的兴衰从某种程度上也折射出厕所发展的趋势。

随着全球现代化的不断发展，厕所的形态和功能发生了巨大转变。冲水马桶和下水管道等卫生设施的出现和普及使城市中排泄物不再积累，而是被管网集中收集起来，然后输送到污水处理厂集中处理和处置。对于不具备完整下水管道的地区，排泄物通常会在化粪单元（如三格化粪池、双瓮等）进行无害化卫生处理，以杀死细菌、寄生虫卵等。此外，为了进一步推进排泄物的资源化，部分地区采用了三联通沼气式厕所或者将人类排泄物与畜禽排泄物、农村垃圾等共同集中资源化的处理。厕所与污水管网或其他污水处理设施的连接使排泄物得到了集中处理，从而避免了其对公共卫生和环境产生的不良影响，提高了其资源化利用效率。

展望未来，随着人类文明脚步的继续前进，厕所也将进一步发展。在使用体验方面，未来厕所的安全性、舒适性、人性化将受到更多重视。例如，目前已经出现的第三卫生间、残疾人专用卫生间等满足了特殊群体的如厕需求，是人性化的重要体现。在排泄物处理方面，未来厕所将会在资源化方面逐步深化。基于"生活—生产—生态"理念，条件比较适宜的地区将会率先开展生态免水冲厕所，水冲厕所也逐步向节水厕所、微水冲厕所发展。同时，厕所排泄物将更多地与循环农业结合，实现资源的循环利用。水冲厕所将重点关注水资源的再生和利用，而无水冲厕所则强调排泄物的深度资源化路径。未来的厕所将重点强调"收集、储存、运输、处理、处置、利用"的全价值链条约束，实现厕所排泄物全过程的污染控制和资源化。

厕所的发展历程与人类的环境、健康和文化有重要的关联，同时人类文明的演进成果也促进了厕所的发展。因此，全球各地的厕所发展态势在很大程度上与当地文明的发展情况契合。本章将重点介绍在全球不同的代表性地区厕所发展历程，以突显其与人类科学和技术共同进步的关系。

1.1.1　欧洲

欧洲厕所的历史可以追溯到古代希腊和罗马时期。公元前 1700 年，希腊克里特岛的克诺索斯宫，出现了最早的冲水马桶。马桶的开口处有一木制座圈，而供水系统则由一系列锥形赤陶管组成，与现代的水冲厕所类似。然而，当时全世界大多数人口，依然通过随处便溺的方式解决个人卫生问题。罗马人是第一批改良这种原始如厕习惯的人。公元前 700 年，罗马出现了原始的下水道，但只有一些富裕家庭才能支付高昂的费用使用这一设施。因此，夜壶、粪坑和公共厕所（公厕）成为大多数普通民众能够选用的卫生设备和设施。其中，公厕最受罗马人的青睐，至公元 315 年，罗马城的公厕已超过 144 座。奥斯蒂亚公厕是位于罗马城外侧的一个著名遗址，其内部发现了由大理石制成的座圈以及座圈下的水沟。当地居民在厕所中会面、交谈，使如厕成为一种社交活动。

然而，中世纪的欧洲并没有继承罗马在公共卫生领域的遗产，反而进入了公共卫生的"黑暗年代"。大部分欧洲居民直接在便盆内排泄，并将排泄物泼洒至街道或倒入河流。一些富裕家庭使用高悬在护城河上的带有排泄口的"衣柜"式厕所。这种做法使公共卫生环境变得愈加糟糕，导致 1348～1350 年的黑死病爆发，使近 1/3 欧洲人口死亡。

后来，封闭式马桶开始出现。这种马桶带有一个座位和一个盖住便盆的盖子，但这种改进仅在路易十一、伊丽莎白一世等皇室和显贵家庭中广泛使用。因此，在这一时期，厕所和马桶的设计与应用并没有显著的进展。直到 1592 年，为了帮助英国女王伊丽莎白一世解决便器散发臭味的困扰，约翰·哈灵顿爵士专门制造了一个具有水箱和冲水阀门的木制座位供女王使用，抽水马桶首次登上了历史舞台。然而，这种抽水马桶并未与排污管道连接，仅能够将排泄物从墙壁上的洞口冲出，无法实现粪污的收集和处理。在哈灵顿爵士的发明被搁置了近 200 年后，1775 年，制表师亚历山大·卡明斯研发了 S 形管，用于阻隔臭气的传播。1778 年，英国发明家约瑟夫·布拉梅引入三球阀、U 形弯管等设计，改进了抽水马桶。但由于管网建设的限制，马桶仍然未能真正进入到寻常百姓家庭。

19 世纪的英国，已有的厕所难以负担日益增长的人口，导致了粪便对饮用水的污染和霍乱等疾病的再度暴发。为了控制疫情蔓延，1848 年英国政府颁布了法律，规定每幢房屋必须配备厕所，并开始建设污水管网。1861 年，英国管道工托马斯·克莱帕发明了一套较为完善的节水冲洗系统，标志排泄物处理进入现代化时期。到 1865 年，污水处理系统正式投入运行，冲水马桶也开始普及。1885 年，汤玛斯·土威福在英国取得第一个全陶瓷马桶的专利，之后不断有改进土威福设计的专利被授权。从此，现代马桶从英国传播到全世界，随着便器材料和下水管网技术的发展，逐步形成了现代厕所的形式。

近现代以来，欧洲各国在现代化厕所的建设、发展方面一直处于领先地位。例如，芬兰城市的繁华地区（如餐厅、购物中心等）的公共厕所具有现代、卫生和无障碍等优点，部分甚至配备了自动清理系统。德国在厕所可持续运营方面积累了丰富的经验，他们采用“厕所市场化运营＋创意设计”的方式来实现盈利。德国政府规定，城市繁华地段每隔 500m 应有 1 座公厕，一般道路每隔 1000m 应建 1 座公厕，其他地区每平方公里要有 2～3 座公厕，整座城市每 500～1000 人拥有公厕 1 座，确保市民方便如厕。为了让人们快速找到最近的公厕，德国的相关部门还专门绘制了“公厕地图”。德国允许个人和企业拥有经营公共厕所的权利，从而弥补政府资金不足，加快建设速度，促进公厕在节能、节水和环保等技术上的创新，实现共赢局面。此外，德国还注重厕所的创意设计，改善厕所环境，在厕所外墙以及厕纸上投放广告，以实现盈利。欧洲其他城市也对未来厕所的形式进行了积极探索，如针对残疾人、老年人的语音控制的电动厕所、探测使用者是否坠落的深度感应厕所等。这些创新举措旨在提高厕所的便利性和用户体验，并促进厕所的现代化和可持续发展。

欧洲国家城乡差异较小，乡村地区水冲厕所普及较早，处理单元主要以三格化粪池为主。针对化粪池污水的处理处置，欧洲各国开展了深入的研究，包括以下几个方面：

（1）传统的处理方法

在污水处理厂的合理位置区域，采用吸粪车的转运方式，将化粪池中的粪污集中处理和处置。这是一种成熟的处理方法，通过合理的物联网体系实现高效的污水转运和处理。

（2）自成体系的厕所系统

一些欧洲国家开展了创新性的研究，例如英国拉夫堡大学设计的厕所，通过“连续水热碳化”系统，能利用人体排泄物制造生物炭、矿物质和净水。“连续水热碳化”是对排泄物进行高压蒸煮、干燥和燃烧等操作，最终产生碳化颗粒的过程。这些干燥后的材料可用作土壤改良剂，或作为燃料为此系统供能；实现了资源的再利用。

（3）源分离技术的发展

芬兰、瑞典等国家的研究机构开展了高效的粪尿分集相关技术的研究，以实现最大程度的粪尿污水资源化。这些研究致力于将粪尿分开处理，以便更有效地利用其资源价值。

此外，北欧诸多机构也在积极推进厕所粪污处理技术的发展：芬兰干式厕所协会率先开展了“源分离＋资源化”旱厕技术研究，大力推广资源化马桶，并深入研究了粪尿分集厕所的概念，认为它们可替代传统的水冲厕所。芬兰还主办了全球旱厕大会，旨在促进旱厕技术的快速发展和源分离理念的传播。瑞士联邦环境科学与技术研究所则较早地开展了以膜生物反应器为核心的循环水冲厕所。他们将这种技术用于一个滑雪旅游景区的公共厕所，并连续稳定运行了多年，为可持续的厕所技术提供了实际案例和经验。

1.1.2　北美

约 2 万年前，印第安人从西伯利亚渡过白令海峡，进入阿拉斯加，并逐步向南迁徙，以部落的形式散布于整个美洲，成为美洲大陆的原住民。在漫长的繁衍过程中，印第安人形成了独特的卫生习俗。他们在大便时避讳别人的目光，小便时则无所顾忌。他们没有厕所的概念，直接将排泄物排放到环境中。为了避免污染和疾病传播，他们会定期迁移，远离排泄物累积的区域。

15 世纪末，最初的欧洲殖民者抵达北美，新的殖民地不断在北美大陆建立。直至 17 世纪末，夜壶开始兴起之前，从欧洲抵达北美的殖民者们依然在野外排便，因此用于储存排泄物的简易土坑数量不断增加。这些土坑通常位于水井的下游，一旦填满，人们就会用土将其掩埋并种植一棵果树作为标记。1775 年，美国独立战争爆发，1776 年 7 月 4 日，美利坚合众国正式成立。此时以美国为代表的北美居民的厕所仍以茅房形式存在，通常被设置在屋外近花园处。到了 18 世纪末至 19 世纪初，工业革命导致城市人口激增，美国居民对公共卫生的要求日渐提高。霍乱、伤寒等流行疾病的暴发进一步加速了厕所等卫生设施的改进。19 世纪中期，美国开始从英国进口抽水马桶，首批安装冲水马桶的现代公厕出现在车站、公园等公共场所。然而，在乡村地区，厕所向室内抽水马桶的转变较为缓慢，室外茅厕仍然在被普遍使用。尽管如此，茅厕从独立于房屋存在到与主屋共用墙壁，展现出了向室内靠拢的趋势。

二战结束后，美国在科技、经济方面跃居全球领先地位，现代化的概念渗透至社会生活的各个方面。美国厕所现代化程度也逐渐提升，出现了一些与欧洲不同的特点。例如，美国马桶通常使用通过水箱侧面的把手触发冲洗，老式的欧洲马桶则采用拉绳的方式进行冲洗。直到双按钮式马桶的出现，让使用者可以根据排泄物的量选择冲水量，达到节水的目的，在这两个地区都得到了广泛的使用。此外，美国厕所较多采用虹吸式马桶，吸力强，排泄物残留少，但马桶孔较小，堵塞可能性更大；欧洲则多采用直冲式马桶，马桶孔孔径较大，不易堵塞，但便盆内易有残留，需要更高频率的清洁。不仅如此，美国的厕后清洁方式通常是使用厕纸，而不是欧洲常用的坐浴盆，这是因为美国的污水处理系统设计允许厕纸直接冲入下水道。这一演变过程反映了美国卫生设施的逐渐现代化，以满足不断增长的城市人口的需求，同时也反映了美国的科技领先地位和独特文化特征。

北美的公共厕所通常注重外观设计，常包含一些当地的文化符号，具有高辨识度和一定的艺术审美价值。这些厕所的内部通常保持着卫生清洁，良好的通风条件，以及先进的洁具设备。此外，它们也在功能分区上进行了完善的设计，包括休息等候区、男性卫生间、女性卫生间、特殊性别卫生间以及家庭卫生间等；大的分区可进一步分为坐便区、盥洗区、无障碍区等，以满足不同使用者的需求和提供人文关怀。然而，与欧洲相似，美国、加拿大也面临着公共厕所覆盖率较低且不断下降的问题。这是主要是因为政府采取了关闭和限制使用公共厕所的政策，其本意在于节省运营维护成本、减少犯罪行为（如故意破坏和毒品贩卖），但同时给当地居民造成了诸多不便。

在北美，厕所的绿色环保特性一直是重要的关注点。20 世纪 80 年代，美国掀起了“绿色设计”浪潮，以保护地球有限资源为目的。在这波浪潮中，马桶的改进成为节约资源的重要途径之一，特别是节水马桶的推广。联邦政府曾推出政策，要求新安装的马桶单次冲洗耗水量不得超过 1.6 加仑（约 60.57L）。此外，一些州政府还采取了激励措施，例如纽约州政府以 150 美元/只的价格对旧马桶进行回收，以鼓励新式节水马桶的更换。在政府的推动下，旧式耗水 3～7 加仑（11.35～26.5L）的马桶逐渐被取代。此外，还出现了一系列节水技术创新，如可自行调节流量的马桶，回用洗手槽废水用于冲便的洗涤槽等。

进入 21 世纪，美国的比尔·盖茨开始关注厕所和与之相关的公共卫生、资源利用等问题。他致力于开发一种区别于传统“水冲厕所＋污水管网＋污水处理厂”的排泄物处理模式，以求用更加经济的方法消灭病原体，满足城市以及农村的公共卫生需求，同时无需连接下水道，实现水资源和电力等能源的节约。为了实现这一目标，比尔·盖茨与合作伙伴共同投入开发新一代无下水道连接的厕所技术。他曾在演讲中指出：“我们必须要攻克两大挑战。第一个挑战是让整个卫生服务链条上的粪便管理变得更容易，成本更低。第二个挑战是发明一种自成一体的新型厕所——能够杀死病原体，而且具有内置的微型处理设备。”

将粪污的收集、运送、处理等环节一体化的新型厕所又被称为“新世代厕所”。其与普通厕所最大的区别在于其具有粪便废物管理的能力。传统厕所系统将集中处理的任务交给了污水处理厂，而一体化的新型厕所则可以分散地对排泄物进行就地处理和资源化利用。它综合采用了多种创新技术，不仅能降解灭菌人类粪便，还能够产出清洁的水和固态物质。这些固态物质直接可用作肥料，满足直接向环境安全排放的标准。

为了应对排泄物管理方面的挑战，盖茨基金会及其合作伙伴共同开发了一种多功能处理器，能够处理粪便和有机污泥，如图 1-1 所示。这一设备能够有效杀灭人类粪便中的细菌、病毒等病原体，同时能够实现粪污的资源化利用。在这个多功能处理器中，排泄物转化成有经济价值的产品，包括清洁的水、电力和肥料。多功能处理器所产生的电能足以支持其自身运转，还可以整体移动至所需要安置的地方，具有集成度高、安装灵活、处理效果良好、资源化利用效率高等优势。

盖茨基金会与合作伙伴还开发了臭味控制、尿液源分离、液态物质处理等方面的突破性技术，为厕所的绿色节能提供未来的发展基础。

此外，美国学者也致力于发明自成体系的新式厕所。如加州理工学院的迈克尔·霍夫曼教授团队，设计了一种太阳能厕所，利用电化学反应器将排泄物分解成肥料和氢气，并

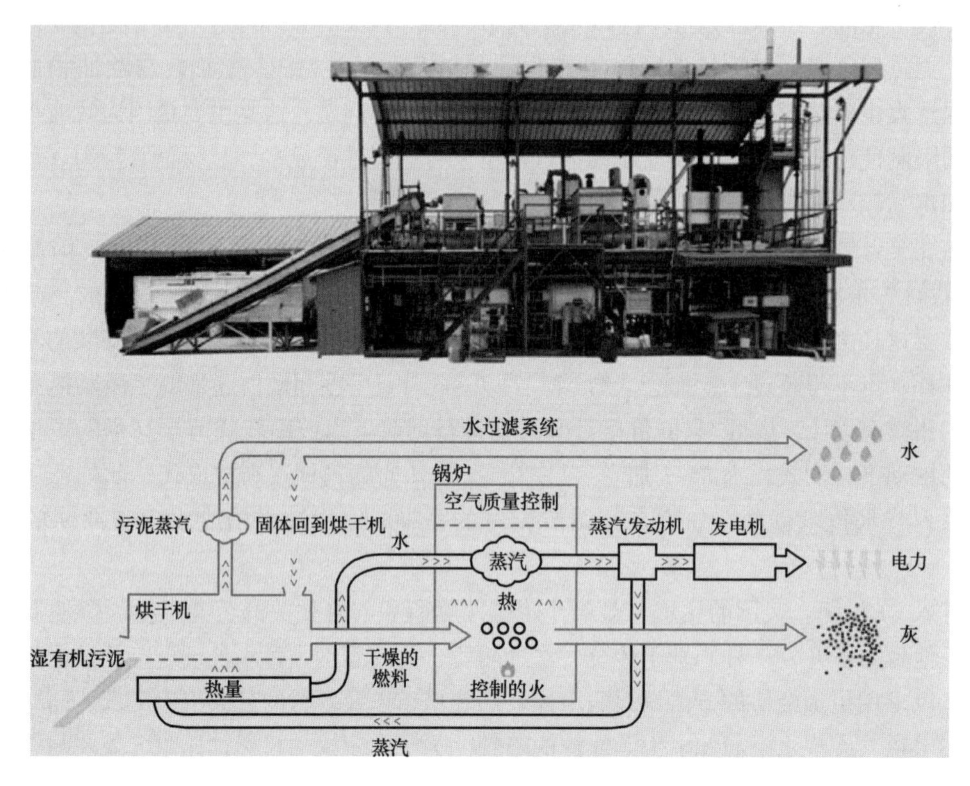

图 1-1　多功能处理器示意图

将氢气储存在电动燃料电池中，处理后的水则用来冲厕所或灌溉农作物。系统采用光伏电池面板捕捉光照，转化成电力进行供能，一个白天的光照就能提供让整个系统运行一天一夜的能量。人体排泄物进入化粪池后首先经过沉降和厌氧分解的过程。随后将“上层清液”虹吸储在电化学反应器中，发生氧化并从中提取氢气。排泄物中的含氯化合物可氧化产生氯气用于消毒。除污后的水再通过微滤系统即可回用。科罗拉多大学波德分校的一支研究团队设计了一种太阳能厕所，此厕所基于太阳能动力，使用抛物柱面镜和纤维光缆来焚烧废物，并产生“生物碳”的副产品，而此副产品还可以用于农业或用作燃料。除此之外，国际上相关学者也开展了关于万能处理机、冰冻马桶、焚烧马桶等的相关研究。

1.1.3　日本和韩国

东亚国家在地理、历史、文化等多个方面都与欧美国家存在较大的差异，但在现代化的抽水马桶和污水管道出现之前，亚洲与欧美厕所的形式是相似的，都采用能够储存排泄物的旱厕。但相较而言，相对于欧美居民，亚洲居民传统上更倾向于将排泄物作为有机肥料用于农业生产，这在欧美地区相对较少见。

1.1.3.1　日本

日本具有较好的卫生习惯。古代日本的厕所通常远离居所，部分甚至建造于河流之上，其结构包括坑洞、木板（供使用者站立或抓扶）以及坑洞内的陶罐或油桶，用于储存排泄物。这些排泄物通常由专人清理，并用作肥料。古代日本居民的如厕习惯与中国类似，在如厕后使用木制厕筹进行清洁。

然而，随着现代化进程，日本开始接受并吸收西方的先进技术和文化，厕所也逐渐朝着西式现代化的水冲厕所靠拢。20 世纪 60 年代，日本首次引入了坐式马桶（西式厕所），但当时的普及率仅为 9%。到了 20 世纪 70 年代后，全国范围进行了一场“公厕革命”，坐式马桶迅速从首都东京扩散到全日本。20 世纪 80 年代，日本成功研制出可用于处理排泄物污水和生活杂排水的家用净化槽，这种净化槽在新建小区以及不适合下水道建设的乡村地区得到迅速普及。净化槽的出现，赋予了更多厕所处理排泄物的能力，促进了日本水环境的改善和水资源的循环利用。1985 年日本厕所协会提出了“创造厕所文化”的口号，旨在创新厕所文化、创造舒适的厕所环境，并深入研究了与厕所相关的一些社会课题等，进一步促进了日本厕所文化的传播和发展。多年来，日本在全国推进公厕西式化改革的进展显著，但仍旧存在一些问题：根据 2016 年日本教育部的一份独立报告，由于政府补贴缺乏等原因导致了日本厕所建设优先级较低，从而使得日本地方高中厕所的西式化程度仅为 35.8%。

在如厕体验方面，日本的发展处于全球领先地位。自 1980 年起，日本开始研发家用高科技厕所。今天日本的厕所配备了一系列提升如厕体验的设施，包括加热马桶圈、清洗喷头、遮盖声音的“音姬”以及保护婴儿的专用座椅等，充分体现了对使用者的人性化关怀。最新的技术甚至可以对排泄物进行分析检测，从而提供健康状况的预警。

为了举办东京奥运会，日本进行了大规模的公共厕所的改建和维护工程。如成田机场、东京地铁、银座酒店等，均采用高科技厕所技术对厕所进行了翻新，为旅客带来最佳的如厕体验。新建的国家体育场提供 5 种全性别多功能厕所，以满足不同人群的需求。部分厕所甚至采用物联网传感器，以指示占用情况，从而缓解如厕拥堵问题。

在粪污处理技术方面，为了更高效地开展排泄物处理，日本根据各地的实际情况建设了排泄物处理设施。在人口密度高的城市地区和居住密集的农村地区，建设下水道和农业村落排水设施等集中处理设施。其中，下水管网收集城市里的各类污水和雨水等，运输至污水处理厂集中处理，服务规模为 1 万人到数十万人不等。农业村落排水设施通过下水管网收集农业村落各个家庭排放的污水，在小型的污水处理厂对污水进行集中处理。在人口密度低的城郊、农村和山区则以安装净化槽分散处理设施为主。净化槽包括小型家用净化槽和大中型净化槽，目前小型家用净化槽更为常见。在净化槽的各组成部件中，沉淀分离槽能够去除无机固体、悬浮有机物和寄生虫卵等，而厌氧过滤槽则装有塑料填料，有厌氧生物膜，去除部分可溶性有机物。曝气槽（或接触曝气槽、回转板接触槽）则利用接触氧化原理进一步去除有机物，通过生物膜中微生物的氧化分解、吸附阻留作用和食物链分级捕食及厌氧段的硝化作用，进一步降低了污染物的含量。消毒盒内部填装有固体氯料，出水通过接触完成消毒。

截至 2013 年末，日本污水处理设施普及人口 11216 万人，全国平均污水处理率达 88.68%。其中，下水道普及率 76.98%，净化槽普及率 8.88%，农业村落排水设施普及率 2.82%。总体而言，日本主要的生活污水处理设施可划分为三种类型，即公共下水道、农村下水道和净化槽。

1.1.3.2　韩国

韩国厕所的现代化发展围绕“新村运动”展开，这场由政府主导的运动经历了多个阶段，包括基础设施建设阶段（1971 年～1973 年）、扩散阶段（1974 年～1976 年）、充实提高阶段（1977 年～1980 年）、国民自发运动阶段（1981 年～1988 年）和自我发展阶段（1988 年后）。在“新村运动”的历程中，基础设施建设的重点在农村，1970 年 11 月到 1971 年 7 月，韩国政府为全国 3.5 万个村每村分配 335 袋水泥，要求开展政府拟定的 20 个农村基础设施建设项目，以将传统的厕所更换成更耐用、更现代的形式。随后这一运动逐渐向城镇扩散，韩国卫生厕所的建设取得了显著的进展。厕所等卫生设施的普及大大减少了公共卫生问题，保护了韩国居民的身体健康，大大改善了他们的生活质量。

在“新村运动”后，韩国的农村和城市的人居环境均得到了全面的提升和改善。特别是排污系统的改革，推动了现代的水冲厕所体系的建立。即使在偏远地区的农舍，也建立了“水冲便器＋排泄物化解器”的厕所系统。排泄物化解器是一个长宽均约 2m 的四方形塑料容器，容器内分成多格，并配备有一个化解排泄物的电器设备，通过这个电器化解设备，不仅可消除排泄物异味，还可将其发酵成为优质的肥料。

日本和韩国的厕所特点和我国基本情况相似，其乡村改厕的经验对我国具有一定的借鉴意义。

1.1.4　发展中国家和地区

与发达国家相比，发展中国家和地区面临着多方面的挑战，如经济滞后、政治动荡、技术短缺、资源匮乏以及居民素质参差不齐等因素，这些因素都妨碍了现代卫生厕所的普及和发展。目前，全球仍有 50%的人口无法获得卫生厕所，其中大多数集中在发展中国家和地区。卫生设施的缺乏和覆盖率的低下是他们所面对的首要问题。这导致大量未经处理的排泄物、尿液直接与环境和人体接触，其中含有的重金属、药物残留以及致病微生物等，不仅对土壤及地下水造成严重的污染，还导致了痢疾、霍乱等疾病的屡屡暴发，严重危害了自然环境和人体健康。而发达地区常见的“冲水马桶＋污水管网＋污水处理厂”的系统，需要高昂的建设和运行费用，对水资源的体量也有较高的要求，这限制了其在经济落后或水资源匮乏的发展中国家的普及。面对这样的现状，发展中国家和地区亟待寻找到适合自身国情的厕所和排泄物处理系统，以打破传统模式的限制。

1.1.4.1　印度

印度具有悠久的文明和历史，其与厕所的渊源可最早追溯至 4500 年前，印度河流域的居民是最早开始处理排泄物的一批人。对哈拉帕文明典型城市摩亨佐·达罗遗迹的发掘表明，该古城拥有相对先进的公共卫生系统。多数居民住所中均配备有以家庭为单位使用的水冲式厕所，便器上配备有砖砌或木制的座圈，以提供舒适的如厕条件。各户的厕所与纵横交错的城市排水管渠相连，冲厕污水通过斜槽，从屋内排入街道上覆有盖板的砖砌干渠中，进入城市排水系统。为了方便维护，排水渠道上甚至设置有人孔。这一古代城市的公共卫生系统与现代城市的系统如出一辙。

然而，随着哈拉帕文明的凋零，这些技术也逐渐深埋于地下。原始、混乱的露天排便重新成为印度居民如厕的主流方式，并伴随了此后印度发展进程的绝大多数时间。大多数贫困人口直接在道路、田间排便后用土掩埋，或者直接排泄在河流中。富裕的阶层则于住所外修建厕所，或在城堡内修建延伸在外的房间以供排泄，使排泄物直接掉落到户外田间或河流中。即使在今天的德里、阿格拉以及贾沙梅尔等城市，仍能够看到当时的城堡和临河建筑中所遗留下来的相关设施。经过长期的露天排便，粪坑和排泄物在印度四处可见。

莫卧儿帝国的第四位君主贾汗吉尔，曾在距德里 120km 的阿尔瓦尔首次兴建了一座可供 100 户家庭使用的公共厕所。但受限于欠发达的卫生技术和维护手段，这样的厕所很难长期提供服务。当其无法继续使用后，居民们又重新回到露天条件下进行排便，导致环境卫生条件持续恶化。

自 1858 年开始，印度受到了殖民统治。殖民者首次在英属印度的首都加尔各答引进了“冲水马桶＋排水管网＋污水处理厂”的公共卫生系统。但受限于其自身的特性——水资源消耗量大，基础设施的建设、维护、运行费用昂贵，这套先进的系统当时无法在印度全境普及。

自 1947 年印度独立至今，露天排便问题仍未解决。其背后的原因特殊且复杂。首先，水冲式厕所不能普遍适用于印度各个地区。贫困、缺水的地区难以承担较大的耗水量和建设、运行费用，导致这一系统难以在这些地方普及。其次，印度对公共卫生设施的建设过于追求数量，忽视了配套设施的建设，导致所建的大量厕所闲置和废弃。最后，宗教信仰也对印度居民如厕观念产生了影响。印度教将粪便和尿液视为“不净物”，而土和水可净化这些物质。因此，很多印度居民认为在田间和河流中排便是更加“洁净”的方式，而不愿使用厕所。

根据世界卫生组织的数据，截至 2012 年，印度露天排便的人口高达 6 亿，占全球的 60%。在乡村地区，卫生厕所普及率低，水冲式厕所与公共旱厕的覆盖率分别仅为 19.4%和 11.3%。城市地区的厕所普及率相对较高，可达 81.4%。但排水管网欠缺维护，渗漏现象严重；污水处理设施也不足，约 80%的污水未经处理直接排入水体。这导致完整的厕所污水处理系统难以建立，城市的公共卫生安全不容乐观。除环境问题外，卫生设施的缺失导致大量印度女性不得不选择在野外如厕。这不仅给女性的生活带来了不便，更给她们的人身安全带来了巨大的威胁。因而在印度，厕所等卫生设施的建设对于妇女权益的保护也具有重要的意义。

面对这一持久难题，印度政府进行了诸多尝试来改善卫生设施普及率。早在 1878 年的殖民时期，印度就出台了第一部关于公共卫生的法案，其中包括了对厕所建设的强制要求。独立后，印度政府于 1986 年开展了“中央农村卫生项目”以向农村地区推广卫生设施。此外，1999 年印度政府还发起“全民卫生运动”，但这些努力都未能达到预期的效果。2012 年印度农村发展部部长兰密施发起了“无厕所，无新娘”运动，呼吁女性拒绝嫁入没有室内厕所的家庭。2014 年 10 月 2 日，印度展开了“清洁印度运动”。该运动计划在印度全国建造 9000 万座厕所，希望 5 年内彻底消除露天排便现象，创造一个卫生洁净的印度。至 2018 年，印度政府宣称全印度已建立起 8600 万座厕所，将露天排便人数从 5.5 亿减少至约 100 万。但实际情况表明，大量厕所的建造质量不合格，损坏、弃置率高；许多新建厕所没有配套的水箱和管网，导致排泄物大量堆积，反而成为污染和疾病的源头。此外，许多符合标准的厕所也因为民众拒绝使用而被弃置。综合来看，印度厕所革命的前景仍不容乐观。

1.1.4.2　泰国

泰国地处中南半岛，属于东南亚国家。虽然在泰国的考古发掘中曾发现厕所遗址以及厕所用具，但露天直接排便依然占据主导地位。

直到 1960 年之前，泰国厕所的主要形式仍然是坑式旱厕和污水坑。在农村地区，多数人口没有可用的厕所和配套的排泄物处理设施，导致排泄物通过露天排便行为直接进入环境。其中所含的有毒有害物质、致病微生物导致了疾病的传播。根据世界卫生组织的统计数据，当时泰国每年因排泄物污染导致的腹泻病例高达 100 万例左右。

泰国于 1961 年开始走上了工业化的发展道路，政府随之提出在农村开展改厕和环境卫生运动。1981 年～1990 年，泰国积极响应了联合国的“国际饮水供应与卫生设施十年规划”。1991 年～1996 年，泰国政府进一步开展了 100%卫生厕所运动。2000 年 9 月，联合国千年峰会上，包括泰国在内的 189 个国家共同签署了《千年宣言》，其目标之一是在 2015 年将缺乏基本卫生设施的人口减少 50%。泰国政府积极推行清洁饮用水和卫生厕所的普及，至 2015 年泰国的卫生设施覆盖率已达到了联合国提出的目标。目前，泰国已经在全国范围内基本消除了露天排便的情况，实现了厕所的全人口覆盖。目前，超过 93%的居民能够使用卫生厕所，其余 7%的居民也可在公共厕所进行如厕。

在卫生设施技术方面，由于西方发达国家所采用的集中处理系统需要较高的建设费用和技术门槛，该系统难以在泰国大规模普及。因此，泰国首先广泛采用了就地卫生处理系统对来自厕所的污水进行处理。后续的工作中，泰国又推广了水封式漏斗便器，作为对就地处理系统的升级，同时采用封闭式的化粪池代替污水坑，提高了厕所的环境友好性。目前，泰国的卫生设施中，化粪池是应用最普遍的排泄物处理设施，“水冲式厕所+化粪池”模式所占比例高达 92.7%，而连接污水管道的厕所以及坑式厕所分别仅占 5.3%与 1.3%。

在排泄物处理的问题上，泰国现有的化粪池仍然存在一些问题。这些化粪池对排泄物中有机物、氮、磷和致病微生物的去除率仅有 20%～50%，出水存在有机物含量、粪大肠菌群数超标的情况。同时，现有设计、建设和管理方案的不完善导致许多化粪池存在泄漏、过载等问题。化粪池所产生的大量污泥也未能得到妥善的清运和处理就其中 70%的污泥未经处理就直接填埋或排放到河道和农田中，导致环境污染问题。

为了解决这些问题，出现了一些高效、卫生且可妥善处置排泄物的新技术。最直接的方法是对化粪池出水进行后处理。此技术主要对传统化粪池出水进行进一步处理，减小其对环境的影响。通过采用纳米银改性的颗粒态活性炭，能够有效抑制出水中的微生物数量。实践表明，一户家庭一年仅需 35kg 的材料便可有效对化粪池污水进行有效的后续处理。另一种改进是太阳能化粪池，它由传统化粪池、消毒室、太阳能加热装置三部分构成。太阳能热水器将循环水加热至 40～55℃，热水循环至池体部分，对池内物质进行加热。较高的温度能够提高有机物分解速率，减少污泥体积并增加甲烷产量，同时也能有效杀灭排泄物中的病原体。因此，太阳能化粪池不仅具有更好的处理效果，而且能够节约污泥收运处理的成本，并同时回收更多生物气体用作资源。此外，“Zyclone cube”厕所是一种生物和电化学的新型厕所，由上流式过滤器、厌氧箱、好氧箱、缺氧箱、再循环单元、电化学消毒单元等构成。能够完成对厕所污水的彻底处理，避免后续对污泥的清运处置过程。此技术能够实现对粪便和尿液有效的分离，效率最高可达 98%。固体物质进入螺杆加热设备进行脱水和消毒；液体物质在一连串厌氧、好氧、缺氧箱中被整合的吸收性媒介进一步处理，最后进行电化学消毒。处理后的固体可用作土壤调节剂，液体可作为肥料施于农田。

1.1.4.3 非洲

干燥炎热的气候和与沙漠接壤的地理位置，为古埃及人提供了天然的废物处理场所。居民们通常选择在沙漠中露天排便，排泄物则在阳光的灼烤下迅速干燥，并被掩埋在黄沙之中。不仅是普通民众，以太阳神之子自居的统治者法老，同样也会进入沙漠深处如厕。

尽管如此，在古埃及也有一些卫生设施出现。如公元前 20 世纪至公元前 17 世纪，古城卡洪城的砖石排水系统，以及作为户外厕所被使用的图坦德罗宾金字塔等。公元前 13 世纪，阿玛纳城的一座贵族住宅中还发现了私人厕所。此厕所位于浴室后墙的凹陷处，为坐便式，其座圈由石灰石构成，形状如锁眼。但这些古老的卫生设施仅有少数贵族能够享用，露天排便依然占据主流地位。

公元 9 世纪至公元 19 世纪的前殖民时期，非洲大陆的公共卫生情况在意识、政策等方面都取得了一定的进步。居民的公共卫生意识有所觉醒，在一些地区，向湖泊、河流等自然水体中排便的行为被视为禁忌，个别国家甚至颁布法令将其认定为犯罪。一些繁荣地区设置了管理公共健康卫生的官方政府机构。原始的露天排便情况在部分地区得到了一些改善，但在更广阔的乡村及不发达地区，人们的如厕方式依然维持着最原始的状态。

15 世纪初，欧洲殖民者开始了对非洲大陆的殖民统治。期间，欧洲殖民者划分出禁止非洲原住民进入的飞地，并在其内部建设供水系统和卫生厕所，仅为居住在飞地的欧洲人提供服务。20 世纪初期，欧洲殖民者被迫改变政策，将饮用水、卫生器具和其他基础设施的建设在更大的范围铺展开，使更多非洲城市的居民有了饮用水和可用的厕所。

二战结束后，非洲大陆落后的经济和激增的人口共同导致了非洲基础设施建设严重滞后。其中北非较为发达，卫生厕所覆盖情况相对较好；撒哈拉沙漠以南的非洲是世界上最落后的地区，当地居民生活质量较低，难以获得可用的厕所。

针对厕所覆盖率低下、管理不善、资金缺乏等问题，非洲与国际社会一直在共同努力。联合国在1981年至1990年实施了“国际饮水供应与卫生设施十年规划”(IDWSSD)，但10年的努力取得的成果比较有限，全球仍有高达17亿人口难以获得可用的卫生设施。其中，撒哈拉以南的非洲地区卫生设施的短缺情况较为严峻，仅次于南亚地区。随后，IDWSSD计划被继续推进至2000年，与《2000年人人健康全球战略》保持一致。经过又一个10年的努力，非洲厕所等卫生设施的平均覆盖率达60%，乡村和城市的覆盖率分别为45%与84%。虽然获得厕所等卫生设施人口的绝对数量有所提升，但由于人口的同步增长，卫生设施覆盖率在非洲甚至有轻微下降的趋势。在缺少改进的卫生设施的24亿人中，非洲占其中的13%，卫生厕所的缺乏问题依然很严重。

2000年9月，联合国千年发展计划正式启动。其中厕所等卫生设施的建设被视为一项重要任务。到2015年，撒哈拉以南非洲的卫生设施覆盖率的增速难以匹配人口的增长以及城市扩张的速度，导致改进的公共卫生设施覆盖率增速缓慢，仅为6%。在2012年未能完成目标的69个国家中，有36个位于撒哈拉以南非洲。至2015年，当地仍有近7亿人无法获得改进的卫生设施，其中有2.29亿人仍然采用露天排便的方式，与1990年相比这一数字反而有所增加。

相较而言，北非地区公共卫生设施普及水平较高。1990年时，该地区的卫生设施覆盖率已达71%，经过千年计划的行动，不仅提前完成了覆盖率86%的目标，最终更是以89%的覆盖率超额完成了目标。然而，在非洲大陆内部，卫生设施的覆盖存在着严重的不平衡，包括南北发展不平衡以及城乡地区和贫富阶层之间的不平等现象。平均数据在一定程度上掩盖了乡村和贫困人群中卫生设施缺乏的严重程度，这些人在千年发展计划中受益远不如城市居民和富裕人群。

1.1.5 世界范围的厕所发展趋势分析

1.1.5.1 研究趋势分析

从世界范围内的研究趋势来看，厕所相关的技术中心逐步从欧美、日、韩转向中国(图1-2)。这种趋势可能是因为发达国家和地区已经取得了较为先进的技术水平，且城乡差异较小，基本上以“水冲厕所＋三格化粪池＋管网输送”为主，发展潜力有限。而中国因2015年提出开展厕所革命及实施第一个乡村振兴五年计划，并将卫生厕所的普及率作为一个重要指标，所以促进了适宜乡村厕所技术的快速发展。从技术趋势上来看，当前及未来研究的重点主要表现在以下三个方面：

(1) 从无害化处理向人性化、资源化和产业化转变，注重生态特色设计和满足多层次需求；

(2) 实现乡村厕所智慧选型、节能节水和可持续运管；

(3) 技术创新促进良好厕所文化形成。在资源化方面，特别强调对灰水和黑水的再利用，以及排泄物的单独或与其他农业废弃物一起发酵和深度资源化的能源化技术。快速分离技术，尤其是以膜技术为代表的技术，在生活污水处理中发挥着越来越重要的作用。此

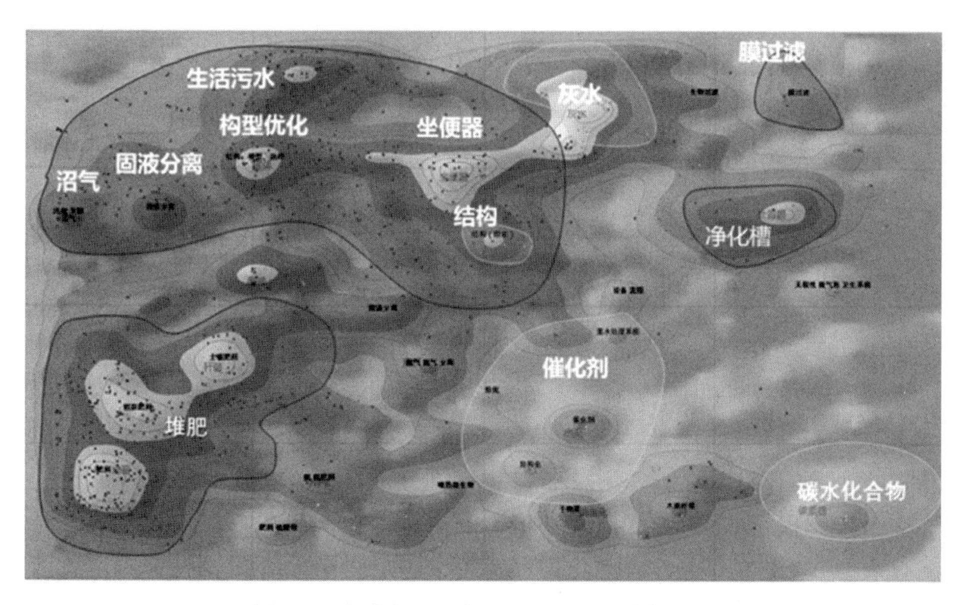

图 1-2 全球主要国家和地区厕所相关专利图

外，坐便器的研发也成为研究的重点，目前的趋势是开发高效节水、源分离、多功能和具备防臭功能的旱厕便器等。

1.1.5.2 发展的特征分析

1. 便器的材料和功能提升

便器材料的发展历程从木材到石头、金属再到陶瓷和不锈钢（经过施釉工艺、表面超疏水或抗菌性处理）。展望未来，便器材料将朝着更抗菌和超级防污的方向发展，功能方面也将更加全面，不仅局限于如厕功能，还将包括医疗检测、自清洁、加热、提高舒适性和便利性等方面的改进。

2. 卫浴设备多元化

随着水资源日益紧缺，冲水马桶的用水量逐步减少，从最初的 12L 逐渐减少到 1L 左右。高效节水、微水和水循环利用的便器成为研究重点。卫浴设备的多样化配置和高品质选择进一步提高了用户如厕的便捷性和舒适性。智能检测设备在公共卫生间中的应用也提高了保洁人员的效率。

3. 厕所形态和厕所要求提升

厕所形态经历了露天厕所、干厕（包括茅圈）、卫生干厕、无害化卫生厕所等多种形式的演进。未来对厕所形态的要求将更高，可能会出现更多种类的公共卫生间或者促进户厕评级制度的推出。此外，厕所设计将更加多元化，不再局限于如厕功能，还会包括内饰设计、景观设计和人文设计等。设计将更多关注如厕外延的功能需求和心理需求，强调建筑美学，使每个厕所都能更好地融入使用者的生活环境，成为一种生活艺术品，一个可以享受的空间。

4. 厕所系统性思考

未来的厕所将不仅仅是用于安全收纳排泄物的设施，还将把收集、运输、储存、处理、处置和利用等各个环节纳入人类生存和生活的整体系统。通过跟踪有机物、主要元素和排泄物的迁移和转化过程，将促使形成可持续、可循环的有机运转体系和模式，从而实现资源的最大化利用和环境的最小化影响。

1.2 我国农村改厕的历程

中华人民共和国成立之初，我国开展了爱国卫生运动，提出了“两管五改”（管理水、管理粪便；改进水井、厕所、畜圈、炉灶和环境）的工作主要内容。通过这次运动，我国农村的排泄物管理和改厕工作获得了一定进展，农村厕所设施简陋、卫生状况差、肠道传染病和寄生虫病长期严重危害人们健康的现象得到很大改善。但是，该时期农村改厕还处于低级阶段，厕所建设还存在较大不足，尚未达到现代化卫生厕所的要求。1993年开展的第一次农村环境卫生调查显示，全国卫生厕所普及率仅7.5%。

1991年，《全国爱国卫生工作十年计划及八五计划纲要》提出了“广泛开展以城市卫生和农村改水改厕与环境为重点的爱国卫生运动”。纲领对城市厕所卫生达标率设立了目标；也对不同经济发展水平地区的农村卫生厕所普及率提出了要求：在1995年达到20%～50%，到2000年达到35%～80%。1992年，国务院颁布《九十年代中国儿童发展规划纲要》。1997年我国又将农村改厕列入《中共中央、国务院关于卫生改革与发展的决定》，要求做好贫困地区和少数民族地区的卫生工作，帮助这些地区重点解决厕所等基础卫生设施问题。

2000年9月，联合国千年发展计划正式启动。计划要求以1990年的数据为基准，在2015年将无法持续获得安全饮用水和基本卫生设施的人口比例减半。我国政府在联合国千年发展目标中承诺，到2015年农村卫生厕所普及率达到75%。2002年，《中共中央、国务院关于进一步加强农村卫生工作的决定》提出“要求以改水改厕为重点，加强农村卫生环境整治。根据各地不同情况，制定农村自来水普及率和卫生厕所普及率目标，并逐年提高”。2004年，我国开始实施中央转移支付地方农村改厕项目，深化医改又把农村改厕任务纳入重点工作统筹安排，地方政府则将改厕作为当地新农村建设中重要的民生工程整体推动。

2009年3月，《中共中央、国务院关于深化医药卫生体制改革的意见》指出要全面加强公共卫生服务体系建设，将农村环境卫生与环境污染治理纳入社会主义新农村建设规划。农村改厕作为深化“医改”，健全公共卫生体系的重要举措，被纳入重大公共卫生服务项目。之后，国家又陆续出台了多个相关政策，见图1-3。

2010年，广大农村和部分城市地区环境卫生基础设施仍相对薄弱，约60%农户没有使用无害化卫生厕所；同时群众在环境卫生意识和卫生习惯方面也存在不足。国家因此启动了以农村改厕为重点的全国城乡环境卫生整洁行动，促使农村的卫生厕所普及率迅速提升。2011年，国务院印发的《中国妇女发展纲要（2011—2020年）》提出，到2020年将农村卫生厕所普及率提高到85%。2004年～2013年间，中央政府累计投入82.7亿元以

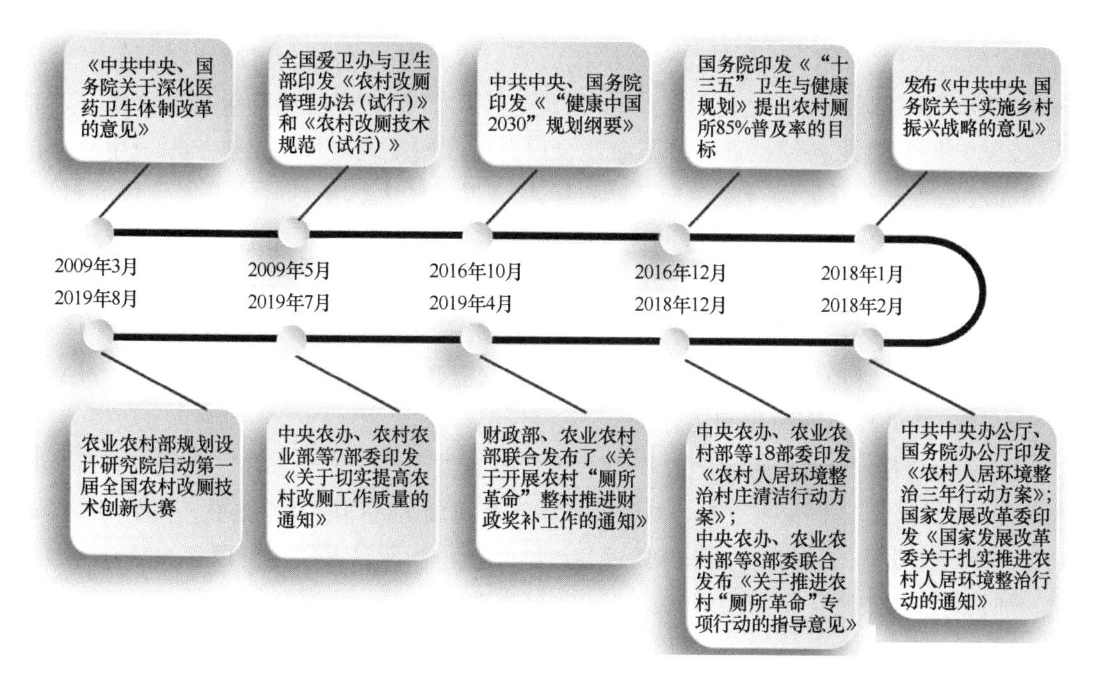

图 1-3 国家政策梳理时间轴图

改造农村厕所，并实际改造了 2103 万农户的厕所；全国农村卫生厕所普及率从 1993 年的 7.5%提高到 2013 年年底的 74.1%。2016 年 10 月，中共中央、国务院印发《“健康中国 2030”计划纲领》，要求持续推进城乡环境卫生整洁行动，完善城乡环境卫生基础设施和长效机制，统筹治理城乡环境卫生问题。其中，加快无害化卫生厕所建设就是重要举措之一。纲领提出，力争到 2030 年，全国农村居民基本都能用上无害化卫生厕所。同年 12 月，国务院发布《“十三五”卫生与健康规划》，着力改善城乡环境卫生面貌。计划提出，以城市环境卫生薄弱地段和农村垃圾污水处理、改厕为重点，完善城乡环境卫生基础设施和长效管理机制，加快推进农村生活污水治理和无害化卫生厕所建设，到 2020 年农村卫生厕所普及率达到 85%以上。2018 年，《乡村振兴战略规划（2018—2022 年）》提出，要实施“厕所革命”，结合各地实际普及不同类型的卫生厕所，推进厕所粪污无害化处理和资源化利用。在这一规划中，东部地区、中西部城市近郊区以及其他环境容量较小地区的村庄，被要求加快推进户用卫生厕所的建设和改造，并同步实施厕所粪污治理。其他地区则需根据群众接受程度、经济适用性、使用和维护的便捷性以及不对公共水体造成污染的要求，普及不同水平的卫生厕所。此外，规划还提到了农村新建住房及保障性安居工程等项目需要配套无害化卫生厕所，人口较多的村庄需要配套建设公共厕所。规划的目标是计划在 2020 年实现全国农村卫生厕所普及率达到 85%，并在 2022 年继续保持高于 85%的水平。同年，《农村人居环境整治三年行动方案》将“厕所粪污治理”作为重点任务之一，目标是在东部地区、中西部城市近郊区等有基础、有条件的地区，基本完成农村户用厕所无害化改造，使厕所粪污基本得到处理或资源化利用，管护长效机制初步建立；在中西部有较好基础、基本具备条件的地区，力争实现卫生厕所普及率达到85%左右；同时要求加强改厕与农村生活污水治理的有效衔接。鼓励各地结合实际，将厕所粪污、畜禽养殖废弃物一并处理并资源化利用。此外，《促进乡村旅游发展提质升级行动方案（2018年—2020年）》要求持续推进厕所革命：合理选择改厕模式，加快推进户用卫生厕所的建设和改造，同步开展厕所粪污治理；引导人口规模较大、乡村旅游发展较快的村庄，配套建设无害化公共厕所。大力推进农村公共厕所建设，提升规范化服务管理能力，积极实施公厕生态化改造。研究修订卫生厕所技术标准和相关规范，鼓励各地区研发推广适合不同地区、不同条件的改厕技术和无害化处理模式。探索建立运营管护体系，妥善解决改厕后管护维修、粪污处理等问题。鼓励各地结合实际将厕所粪污、畜禽养殖废弃物一并处理和资源化利用。

2019年7月，针对农村改厕过程中所遇到的各类问题，中央农办、农业农村部、国家卫健委、文旅部、国家发改委、财政部、生态环境部7部门联合印发了《关于切实提高农村改厕工作质量的通知》。该通知要求各地增强“小厕所、大民生”理念，坚持问题导向，加强对农村改厕工作的组织实施，切实提高改厕质量。该通知提出了“十严”的要求，要求从多个方面严格把关，确保优质高效如期完成改厕任务。其中，在技术模式方面，要因地制宜选择简单实用、成本适中、技术成熟、群众乐于接受的卫生改厕模式。要积极研发适合本地区的农村户厕和公厕建设改造技术模式，不能简单生搬硬套城市和其他地区的模式。坚持宜水则水、宜旱则旱，对于特殊自然条件地区农村改厕，如寒冷地区、干旱地区、偏远贫困地区、农户居住分散地区也可推行使用卫生旱厕。在管护机制方面，要配套建立相应的维修服务体系。明确农村公共厕所管理的责任主体，做到定期清扫、清理和巡查，发现故障及时维修。积极培育社会化、专业化、市场化维修服务力量，做到设施坏了有人修、管道堵了有人通，确保厕所正常使用。没有落实好维修服务措施，宁可不开工、不建设。在粪污收集利用方面，不能就改厕搞改厕，要优先解决好厕所粪污收集和利用去向问题，与农村生活污水治理有机衔接、统筹推进。要配套建立粪污收集利用体系，因地制宜推进厕所粪污分散收集、集中收集或接入污水管网统一处理。积极探索多种形式的粪污资源化利用模式。

2019年8月，推进农村厕所革命视频会议在北京召开，会议强调了一系列要点。会议要求各地要强化担当意识、问题意识，在分类指导、尊重农民意愿、科学选择技术模式、提高工程质量、粪污处理利用和加强组织领导上下功夫，切实提高农村改厕工作质量。在未来的两年内要聚焦有明确量化目标要求的一类县兼顾二类县来推进，在改厕模式、产品选择等方面多听取农民意见，经使用验证后再全面推开。此外，必须确保厕具产品质量和施工质量，建立健全维修服务体系。把解决好厕所粪污处理作为农村改厕首要前提，与生态循环农业协同推进。

在一系列政策和中央文件的推动下，全国部分省、自治区积极响应“厕所革命”，已经出台了相应政策文件，设立了相关目标。越来越多的乡村户厕和公厕被纳入新建和改建范围，全国范围内的厕所革命正在积极开展和纵深推进（表1-1）。科学技术部也积极响应并设立了“乡村厕所关键技术研发与应用”等国家重点研发计划项目，通过技术创新促进乡村厕所关键技术的突破和关键核心设备的自主知识产权化。

全国部分省或自治区《农村人居环境整治三年行动方案》(简称《方案》) 汇总　　表 1-1

省或自治区	文件及目标	《方案》中改厕相关重要信息
河北省	2018年2月26日，河北省委办公厅、省政府办公厅印发《河北省农村人居环境整治三年行动实施方案(2018年～2020年)》，要求到2020年，全省农村人居环境明显改观，基本形成与全面建成小康社会相适应的农村垃圾污水、卫生厕所、村容村貌治理体系，村庄环境干净整洁有序，长效管护机制基本建立，农民环境卫生意识普遍增强	鼓励和推进农村户用厕所退街、进院、入室，消除连茅圈和简陋旱厕，引导农村新建住房配套建设无害化卫生厕所。结合乡村旅游发展，重点推进一批农村厕所旅游化发展，提高厕所建设管理水平。在城镇污水管网可延伸覆盖到的村庄和农村社区，选择使用水冲式厕所；在平原地区选择使用三格化粪池式或双瓮式厕所；在山区和高寒缺水地区可选择粪尿分集或双坑交替式厕所。对于户内无厕所，习惯使用公厕的村庄改建或新建卫生公共厕所。加强村民广场、乡村集市、中小学校、乡镇卫生院等人员密集活动场所卫生公厕建设
河南省	2018年4月23日，河南省发布《河南省农村人居环境整治三年行动实施方案》，要求2020年年底前，经济条件较好的县(市、区)内、其他市县中心城区周边的村庄和饮用水水源保护区、风景名胜区、生态保护区(带)内的村庄(一类区域)，人居环境质量全面提升，基本实现农村生活垃圾收运处置体系全覆盖，基本完成农村户用厕所无害化改造，厕所粪污基本得到处理或资源化利用，村容村貌显著提升，管护长效机制基本建立。基本具备条件的县(市、区)内的村庄(二类区域)，人居环境质量较大提升，90%左右的村庄生活垃圾得到治理，无害化卫生厕所普及率达到85%左右，生活污水乱排乱放得到管控，村容村貌明显改善，管护长效机制初步建立。经济欠发达县内和少数地处偏远、居住分散的村庄(三类区域)，在优先保障村民基本生活条件基础上，实现人居环境干净整洁的基本要求	合理选择改厕模式，在污水管网覆盖地区使用完整下水道式水冲厕所，在污水管网覆盖不到的地区推广三格化粪池式厕所，在山区、丘陵不适宜三格化粪池施工地区因地制宜选择其他改厕模式。2018年年底前每个乡镇至少建设2座三类标准公共厕所
吉林省	2018年5月15日，吉林省发布《吉林省农村人居环境整治三年行动实施方案》，要求到2018年年底，完成23个县(市)农村生活垃圾治理达标验收，完成30%非正规垃圾堆放点整治任务。完成20万户农村卫生厕所改造。启动30个乡镇集中污水处理设施建设。2019年，完成19个县(市)农村生活垃圾治理达标验收，完成70%非正规垃圾堆放点整治任务。完成30万户农村卫生厕所改造。启动40个乡镇集中污水处理设施建设。2020年，农村卫生厕所阶段性改造任务基本完成，生活垃圾治理水平总体提升	引导农村新建住房配套建设卫生厕所。300户以上村庄，规划建设公共厕所或村委会厕所向群众开放。A级乡村旅游经营单位和集中连片发展乡村旅游的村(屯)应建设旅游厕所。开展厕所粪污、畜禽养殖废弃物资源化利用，对病死畜禽进行无害化处理。到2020年，新改造80万户农村卫生厕所。同步推进既有卫生厕所提标，改善卫生条件

续表

省或自治区	文件及目标	《方案》中改厕相关重要信息
海南省	2018 年 5 月 18 日，海南省委办公厅、省政府办公厅印发《海南省农村人居环境整治三年行动方案(2018—2020 年)》，要求到 2020 年，基本完成 1000 个美丽乡村示范村创建工作。地处山区偏远、经济欠发达等地区的村庄，在优先保障村民基本生活条件的基础上，实现人居环境干净整洁的基本要求	2020 年，所有乡镇至少参照《城市公共厕所设计标准》CJJ 14—2016 新建或改造公厕 1 座。合理选择改厕模式，完成 24.85 万户农户厕所无害化改造，同步实施厕所粪污治理，2018 年～2020 年每年分别完成 20%、35%、45%的任务量
云南省	2018 年 5 月 27 日，中共云南省委办公厅、云南省人民政府办公厅印发《云南省农村人居环境整治三年行动实施方案（2018—2020 年）》。该方案将对云南省农村地区划分旅游特色型、美丽宜居型、提升改善型、自然山水型、基本整洁型 5 种类型村庄，要求到 2020 年，基本解决村庄私搭乱建和环境脏乱差等问题，实现“有新房有新村有新貌”，村庄环境基本干净整洁有序	在乡（镇）镇区和行政村村委会所在地公厕建设全覆盖的基础上，逐步消除旱厕，改造建设水冲式厕所。到 2020 年，新建改建公路交通沿线、景区（点）、自驾车营地及休息区、旅游特色小镇、旅游村、加油站点、铁路沿线旅游厕所 2700 座。原则上以“水冲厕＋装配式三格化粪池＋资源化利用”方式为主，到 2020 年，改造建设 250 万座以上无害化卫生户厕，实现农村无害化卫生户厕覆盖率达 50%以上
甘肃省	2018 年 5 月 28 日，甘肃省发布《甘肃省农村人居环境整治三年行动实施方案》，要求到 2020 年，全省乡镇生活垃圾收集转运处理设施实现 100%全覆盖，90%以上的村庄生活垃圾得到有效治理，乡镇、建制村公厕覆盖率达到 100%，农村卫生厕所普及率达到 70%	全面开展农村户用卫生厕所改造和建设。对城镇污水管网覆盖村庄，推广使用下水道水冲式厕所；对未纳入城镇污水管道范围但农村供水全部覆盖的村庄，推广使用三格化粪池、双瓮漏斗式等卫生厕所；对山区或缺水地区，推广使用粪尿分集式厕所
内蒙古自治区	2018 年 6 月 2 日，内蒙古自治区党委办公厅、政府办公厅印发了《内蒙古自治区农村牧区人居环境整治三年行动方案（2018—2020 年）》的通知，要求到 2020 年，实现农村牧区人居环境明显改善，村庄环境基本干净整洁有序，村民环境与健康意识普遍增强	根据各地实际，科学确定农村牧区厕所建设改造标准。城市近郊及其他环境容量较小地区的村庄，加快推进户用卫生厕所建设和改造，同步实施厕所粪污治理；鼓励有条件的地区加快推进农村牧区户用卫生厕所全覆盖，同步实施改厕改厨。到 2020 年，完成 65 万户改厕任务，农村牧区卫生厕所普及率达到 85%以上
山东省	2018 年 6 月 13 日，山东省省委办公厅、省政府办公厅印发了《山东省农村人居环境整治三年行动实施方案》，要求到 2020 年，生活垃圾收运处置、无害化卫生厕所改造全覆盖，生活污水处理率大幅提高，生态环境质量显著提升，村民环境与健康意识普遍增强，管护长效机制初步建立，生活环境干净整洁有序	加快全省农村改厕步伐，2018 年，全部乡镇基本完成农村无害化卫生厕所改造；2019 年，全部涉农街道基本完成农村无害化卫生厕所改造；2020 年，全部乡镇（涉农街道）内 300 户以上自然村基本完成农村公共厕所无害化建设改造。合理选择改厕模式，鼓励东部地区、农村生活污水治理示范县和有条件的村庄推进改厕改水同步进行，建设分散式小型污水处理设施，采用单户、多户、整村处理的方式，将厕所、厨房、洗浴等生活污水全部收集一体化处理。条件不具备的村庄，继续选择使用三格式、双瓮式等无害化卫生厕所改造模式

续表

省或自治区	文件及目标	《方案》中改厕相关重要信息
黑龙江省	2018年6月21日，黑龙江省发布《农村人居环境整治三年行动实施方案（2018—2020年）》（呈送稿），要求到2020年，基本建立与全面建成小康社会相适应的农村生活垃圾、污水、厕所粪污等治理体系和村容村貌管护机制。全省90%以上的行政村生活垃圾得到初步处理，农村卫生厕所普及率达到85%以上，行政村通硬化路率达到100%，乡村绿化覆盖率力争达到15%以上	编制完成《农村厕所卫生标准》和《农村改厕技术导则》，全省3年力争完成农村户厕改建80万户，其中改造或新建室外卫生厕所48万户、改建室内水冲厕所32万户。加强常住人口1000人以上村委会、村民广场、集市、中小学校、卫生院等人员密集活动场所公共卫生厕所建设，至少建设一座公共卫生厕所
辽宁省	2018年7月6日，辽宁省委办公厅、省政府办公厅印发《辽宁省农村人居环境整治三年行动方案（2018—2020年）》，要求到2020年，实现农村人居环境明显改善，村庄环境基本干净整洁有序，村民环境和健康意识普遍增强。农村生活垃圾处置体系基本实现全覆盖，非正规垃圾堆放点集中整治基本完成，力争实现90%左右的村庄生活垃圾得到治理，新建生活污水集中收集处理系统150套，全省10%的行政村生活污水实现收集处理，重要饮用水水源地、水质需改善控制单元和重点旅游风景区周边村庄生活污水得到有效治理。现有畜禽规模养殖场粪污处理设施装备配套率达到95%以上，村屯基本实现“人畜分离”。农村卫生厕所普及率达到85%左右，省级及以上卫生县城（乡镇）比例达到5%	充分考虑冬季极寒气候、使用与维护方便等实际，调整和完善现行农村改厕方法及模式，同步考虑粪污治理。组织编制适合不同地区农村改厕和厕所粪污治理设施建设标准图集，推行合理改厕模式。开展农户无害化卫生厕所建设与改造，鼓励并引导农村新建住宅配套建设无害化卫生厕所，按需求配建村庄公共厕所
江西省	2018年7月10日，江西省发布《江西省农村人居环境整治三年行动实施方案》，要求2018年选择部分地方开展试点，形成可复制推广的农村人居环境整治经验做法，2019年全面推广。到2020年，实现全省农村人居环境明显改善，村容村貌明显改观，村庄干净整洁，村民环境与健康意识普遍增强，基本建成整洁美丽、和谐宜居新农村	普及农村户用水冲厕，重点推广三格式水冲厕，每户农户至少建1个室内水冲厕。在300户以上的村庄，要因地制宜在公共场所至少新建或改造开放1座三类以上公厕。2018年，建设农村三格式无害化卫生厕所5000座，农村无害化卫生厕所普及率达80%以上；2020年改厕任务基本完成，粪污资源化利用率达70%以上
陕西省	2018年7月11日，陕西省发布《陕西省农村人居环境整治三年（2018—2020年）行动方案》，要求2020年底，农村人居环境质量较大提升，力争实现90%的村庄生活垃圾得到有效治理，农村无害化卫生厕所户数累计超过600万户、普及率接近85%，并实现粪污处理或资源化利用，农村生活污水基本得到有效治理，生活污水乱排乱放得到管控，长效管护机制初步建立。陕南、陕北农村欠发达地区，在优先保障农民基本生活条件的基础上，实现人居环境干净整洁的基本要求	引导农村新建住房配套建设无害化卫生厕所，人口规模较大的村庄配套建设公共厕所。鼓励各地结合实际，探索市场化运作方式，支持专业化企业或个人进行改厕及检查维修、定期收运、粪液粪渣资源化利用。到2020年，70%的厕所粪污得到有效处理或资源化利用，建设标准符合《陕西省农村无害化户厕建设技术规范》

从农村改厕的大阶段来看，农村改厕主要经历了以下两个阶段：

（1）初期阶段，数量为主。在这个阶段，农村改厕的重点是解决农村地区缺乏厕所和普遍使用非卫生旱厕的问题。工作的主要目标是，进行厕所设施建设，增加卫生厕所的数量，以满足人们的基本卫生需求。

(2) 后期阶段，无害化为主。在这个阶段，农村改厕的焦点转向了排泄物的无害化处理。主要目标是解决排泄物中的生物性污染物，如寄生虫、病菌和病毒，以确保卫生厕所的排泄物能够得到有效处理，不对环境和人类健康造成危害。

自2009年至今，国家陆续发布和修订了一系列标准规范，从技术层面为乡村厕所的建设、运营、管护等进行有效的规范和指导。这些标准涵盖了农村厕所的建设、运营、维护等多个方面，如表1-2所示。此外，在2020年4月，国家发布3项最新标准规范，即《农村三格式户厕建设技术规范》GB/T 38836—2020、《农村三格式户厕运行维护规范》GB/T 38837—2020和《农村集中下水道收集户厕建设技术规范》GB/T 38838—2020。这些标准规范将有助于规范农村改厕市场环境，指导技术模式的选择以及产品选用、施工和验收等，从而提高改厕工作的质量。

我国乡村厕所相关标准和办法 **表1-2**

发布年份	规范名称	主要内容及适用范围
2009	《农村改厕技术规范（试行）》	规定了新建或改建无害化卫生厕所技术的基本原则，以及材料、设计、施工、使用等要求。适用于农村地区户厕的新建或改建工作
2009	《农村改厕管理办法（试行）》	规定了农村改厕工作中的管理办法，包括管理划分、技术培训、质量保障、检查验收、长效管理等方面。适用于全国农村户厕的新建或改建工作
2012	《农村户厕卫生规范》GB 19379—2012	规定了农村户厕卫生要求及卫生评价方法。适用于农村户厕的规划、设计、建筑、管理和卫生监督、监测
2013	《粪便无害化卫生要求》GB 7959—2012	规定了粪便无害化卫生要求限值和粪便处理卫生质量的检验方法。适用于城乡户厕、粪便处理厂（场）和小型粪便无害化处理设施处理效果的监督检测和卫生学评价
2013	《下水道及化粪池气体监测技术要求》GB/T 28888—2012	规定了下水道及化粪池气体监测种类和检测系统结构、要求等。适用于下水道及化粪池的有毒和可燃气体监测
2019	《农村生活污水处理工程技术标准》GB/T 51347—2019	规范了农村生活污水处理工程的建设、运行、维护及管理。适用于行政村、自然村以及分散农户新建、扩建和改建的生活污水处理工程以及分户的改厕与厕所污水处理工程
2020	《农村三格式户厕建设技术规范》GB/T 38836—2020	重点就农村三格式户厕设计、安装与施工、工程质量验收等内容进行了规定，对三格化粪池选型、性能要求、检测方法等提出了相关技术指标
2020	《农村三格式户厕运行维护规范》GB/T 38837—2020	重点就农村三格式户厕的日常使用、粪污管理、维护、应急处置以及管护等内容进行了规定，对粪口传播疾病发生的高风险地区如何做好三格式户厕管护提出了具体措施
2020	《农村集中下水道收集户厕建设技术规范》GB/T 38838—2020	就农村集中下水道收集户厕设计、施工与工程质量验收等内容进行了规定，对于统筹推进农村厕所粪污与生活污水处理具有指导意义

1.3　我国乡村厕所现状及存在的问题

1.3.1　我国乡村厕所现状

总体而言，开展农村“厕所革命”以来，大量“露天坑”厕所逐渐被“水冲式”厕所取代，我国农村卫生厕所普及率有了较大提高。如图 1-4 所示，国家卫生健康委员会统计结果表明：截至 2017 年，全国农村卫生厕所普及率已达 80.3%，东部一些省份农村卫生厕所普及率达到 90%以上。农村“厕所革命”的健康效益、生态效益、经济效益和社会效益逐步显现，主要体现在以下几个方面：

（1）有效控制了疾病的发生和流行。各地对排泄物实施了无害化处理，实现了从源头上预防控制疾病的传播。

（2）显著提高了农民的文明卫生素养。通过推进农村“厕所革命”，群众改变了不良卫生习惯，农村居民健康知识普及率和个人卫生行为的采纳率明显提高。

（3）有效改善了农村生态环境。农村改厕的开展大大降低了蚊蝇数量，有效降低了对土壤和水源的污染，使农村居住环境更加整洁卫生。农村改厕与沼气池建设、厨房改造、圈舍改进等相互结合，节约了肥料和燃料等费用，带来了良好的经济效益。

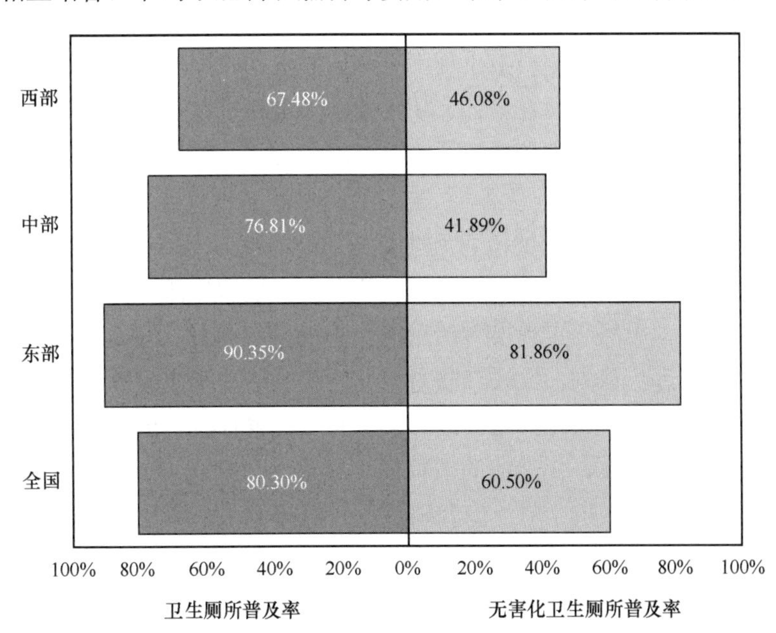

图 1-4　全国卫生厕所和无害化卫生厕所普及率（截至 2017 年）

然而，目前农村改厕已进入了攻坚阶段，仍有一些棘手的问题需要面对：

（1）部分地区建改模式单一，没有做到因地制宜选取最适宜的模式。部分地区将排泄物与农村生活污水一起分散处理，在一定程度上削减了污染。但这种处理方式以城市污水处理的方法体系解决农村问题，只重视卫生和无害化，导致排泄物资源化处理率不高。

（2）农村改厕水平表现出地区上的不均衡。中西部贫困地区的卫生厕所普及率远低于东部发达地区，导致改厕水平存在较大的差距，与全面建设小康社会的要求以及农民群众的期望还存在一定的距离。

（3）改厕相关理论和规范较为缺乏。虽然已经制定出一批相关标准规范，但乡村厕所仍急需系统性理论提升、技术革新突破、核心设备产业化以及更细化编制相关标准规范的形成。

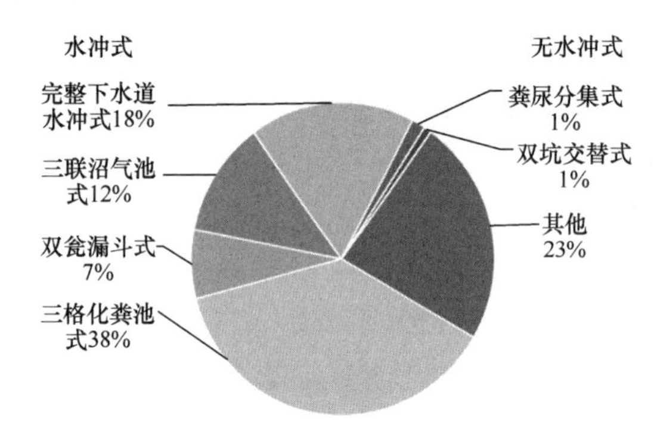

图 1-5　全国农村改厕不同类型卫生厕所占比情况（截至 2017 年）

从厕所形式和处理技术方面来看，我国农村地区仍然使用的是上一次全国爱国卫生运动所推荐的 6 种无害化卫生厕所。如图 1-5 所示，截至 2017 年，三格化粪池厕所占比为 38%，且呈现逐步增长趋势，而双瓮和三联沼气池式分别为 7%、12%，且使用的人数逐步减少。三格化粪池、双瓮式厕所、沼气池厕所、粪尿分集式厕所及堆肥厕所的共同特点在于：造价低廉，操作简便易行，属于分散式污水处理设施，不会给管网带来额外污染负荷，同时能够产生粪肥。相较而言，水冲式厕所卫生程度更高，但水冲式厕所带来的水污染和污水处理费用也是巨大的，并且水冲厕所在偏远、缺水的山区农村难以普及。因此，厕所改造工程需因地制宜，改造厕所应与当地的地理环境及村民行为习惯相适应，才能充分发挥改造厕所的功效。

随着我国农村居民生活水平的改善和生活习惯的转变，现有的三格化粪池厕所、双瓮、三联通沼气厕所等技术已经表现出与农民的生活水平和生活习惯不适应甚至滞后的问题。越来越多的淋浴、厨房废水被接入到三格化粪池，导致化粪池不能发挥正常的功能；农村家养畜禽的传统逐步消失，导致三联通沼气池获取的有机质含量不足，无法产生足够的沼气，从而逐步被淘汰。此外，化粪池两个主要问题也日益突出。一个问题是污泥的处置。按照化粪池的技术标准，化粪池的清掏周期一般为 90d、180d 或 360d，然后对污泥进行无害化处置，可作为有机肥料。但我国污泥处置行业水平有待提高，较大比例的排泄物污泥无法得到充分的无害化处理，对环境造成了二次污染。另一个问题是化粪池的堵塞。化粪池通常由隔墙进行分格，隔墙上的过水洞口位于中间位置。而沉积污泥、漂浮污泥、悬浮污泥及污水分别处于化粪池的底部、顶部和中部。当化粪池内沉积的污泥超出过水洞口的高度，洞口将被堵塞，从而造成化粪池堵塞，影响了其正常使用。

此外，不论是三格化粪池、沼气池，还是完整下水道水冲厕所等，居民对其管理决定了工艺能否长期稳定运行。然而，在农村地区进行厕所改造的试点项目中，普遍存在由于管理不善导致厕所运行状况不佳，甚至闲置废弃的情况。其原因可归结为以下 4 点：

(1) 农户普遍文化水平较低，对改造厕所的理解和认识有限，从而影响了其推广和使用；

(2) 厕所改造试点过程中，对农户进行的宣传和培训力度不足，导致农户无法妥善使用和管理改造后的设施；

(3) 改造厕所终产物的处理不尽如人意，且农户从改造厕所中得到的直接受益不大，影响农户使用的积极性；

(4) 厕所改造带来的成本增加了农户的经济负担，降低了农户的积极性和满意度。因此，要鼓励广大农户主动积极学习和推广改造厕所的使用，同时必须建立一条能使农户充分受益的产业链，以解决终产物处理的问题。

1.3.2　我国乡村厕所存在的主要问题分析

1.3.2.1　农民改厕的积极性有待提高

农村居民对改厕的考量更多从个人和家庭的角度出发，而国家则需要综合考虑，统筹安排全局。双方角度不同可能导致农民对国家政策认识有偏差。此外，目前改厕过程中存在一些问题以及多种因素共同影响了农户改厕的积极性，具体表现为：

(1) 各地的自然地理条件、经济发展水平、当地风俗习惯以及政策宣传情况不同，导致各地农村居民对改厕紧迫性的认识程度存在较大差异。偏远贫困地区农村居民改厕意愿尤其较低。

(2) 在边远山区和贫困地区，大量劳动力流出至城镇务工，导致部分农村空心化现象较为突出。外出工作的年轻人在城市生活，剩余的老人和妇女难以完成改厕任务。导致了改厕动力不足，对农村厕所的需求不高的现象。

(3) 改厕的资金由国家补助、地方补助和个人投入三部分构成。由于国家改厕项目补助资金比例较低（通常为建厕资金的25%～35%），且成本低廉的改造技术相对不足，因此部分居民难以负担改厕的费用，从而降低了改厕意愿，造成农村厕所建造滞后。

(4) 部分改厕技术人员水平较低，对于厕所建设的规范性不足，建造的卫生厕所质量存在问题，从而导致农民改厕意愿降低。

1.3.2.2　缺乏因地制宜的技术和排泄物资源化产品有效利用与经济转化的途径

目前的改厕工作虽然有效地提高了农村厕所无害化的比例，但在部分地区缺乏因地制宜的理论指导与技术支撑。导致农村厕所无害化成本较高，排泄物资源化率低，盈利乏力具体而言：

(1) 高效的无害化和资源化技术的缺乏问题。在部分农村地区，采用城市污水处理的体系解决农村问题排泄物，固然能够削减污染，但污水集中处理设施建设运行成本高，排泄物无法有效地资源化利用。对于采用化粪池处理排泄物的地区，还存在污泥二次污染，化粪池堵塞等问题。因此目前需要开发更先进、经济、符合各地发展情况的无害化、资源化处理技术。

(2) 排泄物资源化产品的有效利用和经济转化问题。排泄物资源化的产物包括肥料、燃料、再生水、能源等。目前这些资源化产品去向多为农户自用。由于产品物质成分、浓度等指标参差不齐，难以达到统一的标准，不利于作为商业产品销售，为农村居民谋取更多的经济利益。

（3）厕所运营模式的转变问题。目前的农村厕所建设运营模式是政府、地方、个人三方投入的“输血”模式。如果能实现从“输血”到“造血”的转变，增加改厕的营利手段，便能减轻政府财政压力和居民经济负担，更能为农村居民带来更多直接收益。为实现这一目标，需要进行符合市场规律的模式创新。除了上述资源化产品可能带来的收益外，通过厕所创意设计，获得广告收入等也是可以考虑的途径。

1.3.2.3 乡村厕所的管理和维修问题

目前我国部分地区存在盲目追求厕所建设数量，忽视配套设施建设，缺乏后期维修管理机制的情况。这种“重建设，轻管理”的现象，无法长期有效保障厕所运行。同时，由于农民缺乏厕所管理维护的专业知识，他们在使用过程中可能存在一些不当操作，影响厕所无害化效果。这导致一些乡村厕所未达到设计使用寿命即丧失功能，遭到弃用；或无法完全发挥应有的作用。这不仅给农民的日常生活带来不便，更可能造成排泄物的堆积、泄漏，引发环境污染，造成公共卫生问题。

1.3.2.4 缺乏改厕的标准规范

改厕过程中，从厕所模式的设计，到实际的施工建设和验收，再到投入使用后的维护和管理，每一个环节都关系着改厕的最终成效。理想的改厕应该满足设计上的因地制宜、施工上的规范严谨、验收上的一丝不苟、维护上的专业负责，以切实满足农民的需求，真正达到改厕的目标。科学、详尽的改厕标准规范是必要的理论依据和行动准绳。但目前的改厕进程，仍暴露出标准规范缺乏的问题，具体而言：

（1）缺乏改厕的标准规范，导致厕所设计过程中缺乏参考和指导，无法因地制宜地选择最合适的工艺方案，造成厕所成本高昂，处理效果差等问题。例如对于人口老龄化程度严重的地区，规范中缺乏针对农村老人的厕所形式。

（2）缺乏对施工人员必要技术指导，施工人员的技术水平参差不齐，对施工方案的掌握不足，这导致建设标准较低，施工不规范等问题普遍存在，从而无法保证改厕工程的质量。

（3）缺乏有效的质量监督和评估机制，缺乏专门的验收机构，导致改厕工程的验收不够严格，质量得不到有效保障。

1.3.2.5 缺少实用的成套化设备

首先，缺乏特定功能设备的开发。我国农村改厕覆盖面积广，在一些条件特殊的地区，对厕所设备的需求也有较强的特异性。目前对于一些满足特定功能的设备的开发尚有所欠缺。目前设备方面的需求包括简单耐用的节水设备、简单耐用的冲水设备、防冻的洁具设备、低成本的除臭设备或者通风设备、便捷的排泄物清淘设备、气味或者排泄物快速检测技术等。其次，设备的标准化和模块化程度不高。设备通用性不强，设备规格、型号复杂，导致后期维护、更换难度较大。

1.3.3 我国乡村厕所革命的方向与愿景

乡村厕所革命未来的发展主要集中于以下几个方向：

（1）乡村厕所逐步从无害化向人性化、资源化、产业化过渡，将注重生态特色设计和多层次需求（如老龄化社会的需求，富裕村民的需求等）。未来乡村厕所革命将更加强调污水的再生利用和排泄物的资源化、产业化，将厕所作为一个耦合系统与分散污水、厨余垃圾等其他环境要素相结合，协同构建绿色宜居村镇。

（2）利用新能源、互联网等技术的发展，将有助于实现乡村厕所的选型改进、节能、节水、运营管理、可持续发展模式等方面的突破。

（3）克服当前厕所改造中的主要障碍之一，即农户需要承担额外的经济负担，并需要同时考虑终产物处理和后期管理维护的问题。未来，建立政府、企业、农户之间的互利共赢的产业模式将成为推动厕所改造的突破口。这包括研发适用于乡村模式的系列化、改良的水冲厕所或无水冲厕所核心功能单元和一体化处理设备。

（4）厕所改造是一个长期的系统工程，后期妥善合理的管理维护才是其长期稳定运行的关键。因此，需要系统完善的乡村厕所建改、核心与一体化设备指南、标准、全程质量控制体系，通过“设备改善环境—教育扭转意识—技术突破难题—标准全程控制”的模式促进国民良好如厕习惯的养成。

1.4 我国乡村厕所建设和改造的意义

1.4.1 保障人民身体健康

由于过去农民对排泄物的危害没有科学的认识，将未经过无害化处理的排泄物直接施肥到田，导致排泄物中的寄生虫、致病性的细菌和病毒污染农产品和水源，造成人群肠道传染病、寄生虫病的流行，给人民的健康造成了极大的威胁。农村改厕实践已经证明，改善农村厕所状况，对改善农村环境卫生面貌，预防控制疾病发生和传播，减少因病致贫、因病返贫，提高广大农民群众的文明程度和健康水平，加快建设社会主义新农村具有极其重要的意义。

1.4.2 提高人民卫生观念

农村改厕是改变农村居民卫生观念的重要一环。当前我国有相当比例的农村家庭仍然使用非卫生厕所，即使建了卫生厕所，由于人们对厕所的观念、意识和行为还没有转变，对厕所的使用管理和粪污后续管理不当，农村厕所的无害化、卫生、舒适问题还没有彻底解决。农民由于使用脏臭厕所造成的不文明、无尊严问题还普遍存在，这些是我国实现全面建成小康社会的瓶颈所在。

厕所之“难”，最难的是观念和意识，即转变农村居民对厕所的观念和意识，激发对于厕所卫生的要求，形成自发的如厕卫生行为。只有改变国人的传统观念，使其了解厕所与生活质量和品位、文明和健康、权利和尊严的关系，意识到一个好的厕所对其个人和家庭的重要意义，从而产生使用舒适、卫生、体面厕所的需求，这些就是观念上的革命。广大农民关于厕所观念、意识和行为彻底转变也是本次“厕所革命”的目标之一。

1.4.3　促进资源回收利用

针对农村居民居住分散，部分地区缺水或不具备排水管道等原因，采用了粪污就地处理的技术路线，推广三格化粪池厕所、双瓮漏斗式厕所、沼气池厕所、粪尿分集式厕所、双坑交替式厕所等无害化卫生厕所的建设。这些类型的厕所冲洗用水量少，对排泄物可进行生物性污染物的无害化处理，无害化处理后的粪污还可作为农家肥还田利用。但随着社会的变迁，农家肥使用减少，处理后粪污的去路成为农民自己无法解决的难题，不得不采用土壤渗滤或其他简易排放方式。粪污的随意排放造成土壤污染和水体的富营养化，生态环境遭到破坏。这样的状况对农村环境治理提出了新的挑战。其实，人畜排泄物还田再利用是我们祖先农耕文明的智慧传承，它对于中华文明的发展和农业生产力的提高具有不可估量的作用，同时符合农业生态化发展的思路。只要进行科学的排泄物无害化处理，排泄物还田利用是利国利民的好事。随着农村土地流转制度的建立，农业生产越来越规模化和集约化。在这个趋势下，探索规模化的排泄物资源化利用模式已成为环保产业和生态化农业发展的要求。

1.4.4　推进构建和谐社会

厕所虽小，却浓缩了民生。厕所是我们每个人每天必须接触和使用的基础设施，使用清洁卫生的厕所是每个人的基本权利。随着生活水平的改善和健康水平的提高，厕所与人的关系越来越多元化，不仅是关乎最基本的生理需求和健康需求的设施，更体现着人们的生活水平以及实现和维护个人尊严的主观要求。而一个国家的厕所状况很大程度上体现了国家的卫生和文明程度。从这个意义上看，厕所设施的改善、卫生如厕行为的形成、健康厕所文化的树立既是个人和家庭的民生之事，也是国家和民族的大事。党的十九大报告提出了实施乡村振兴战略，并提出了“产业兴旺、生态宜居、乡风文明、治理有效、生活富裕”的总要求。乡村振兴战略是新时代“三农”工作的总抓手，是决胜全面建成小康社会、全面建设社会主义现代化国家的重大历史任务。而乡村厕所作为影响群众生活品质的短板，势必要把它作为乡村振兴战略的一项具体工作来推进。

综上所述，“厕所革命”是彻底改变我国农村环境和人文面貌的重大民生工程之一。如何通过技术创新、产业促进等方式破解高效低耗、低成本、易维护的排泄物处理与资源化难题显得尤为迫切。

第2章　乡村厕所系统生态链构建原理

2.1　生态系统物质循环与能量流动

物质和能量是所有生命的核心，能量是物质流动的动力，物质是能量流动的载体。生态系统和各种生物为了生存与发展，需要不断地输入能量并完成物质循环。生态系统中的能量和物质不是静止不变的，而是不断转化和循环的，最终会形成一条“环境—生产者—消费者—分解者”的能量流动链条，存在于生态系统各个组分之间，维系生态系统的平衡。在整个生态系统中，能量都是单向流动传递的，并在转变过程中逐渐降低，有效能的数量会逐级减少，最终全部转变为低效热能。由植物吸收的太阳光能沿着食物链被逐步消耗，最终脱离整个生态系统。生态系统能量只能被利用一次，所谓再利用是指未被利用过的部分。但物质并不是单向流动，而是一个循环往复的过程，物质会由简单无机态到复杂有机态，再回到简单无机态。生态系统的能量也是一个由生物固定、转化和散失的过程，并不是只能被利用一次，而是循环利用。在生态系统流动过程中，物质只是发生形态的改变并不会被消灭，物质可以在生态系统中永恒循环，不会变为废弃物。

在自然界的某一环境中，种群会形成复杂的生态群落。群落中、种群内部、种群之间、种群与环境之间都存在着复杂的有机联系。群落能够获得持续的物质和能量循环是可持续发展的必要保证，即必须形成以食物链和营养链为核心的物质流动与能量循环的体系，进而维系整个群落的动态平衡。生态学中把这种由营养链和食物链组成的链式结构称为生态链。

生态链是以能量和营养的相互联系形成的链状排列的食物关系。根据不同生物之间捕食和被捕食的关系，可以将生态系统中的生物划分为生产者、消费者和分解者。其中，生产者主要指生态系统中的各种绿色植物，它们在生态系统中进行初级生产，吸收太阳能，将简单的无机物质制造成食物，将能量不断输入到整个生态系统中，并将能量转化成生物能，作为消费者和分解者唯一的生命源泉。消费者主要指自然界中的各种动植物，它们主要会影响生态系统中物质和能量循环的速度。分解者也被叫作还原者，主要指生态系统中的细菌和真菌，也包括某些腐食性动物和原生动物。它们主要通过分解动植物的残体、粪便等有机化合物，将复杂有机物分解成简单无机物，流入环境的无机物会被生产者利用，进入下一个物质和能量循环过程。分解者是整个系统中物质循环和能量流动的关键部分，绝大部分的陆地初级生产都在分解者的参与下完成。生态系统中物质和能量的传递、环境交互和循环是由分解者的还原作用和生产者的光合作用共同完成（图2-1）。

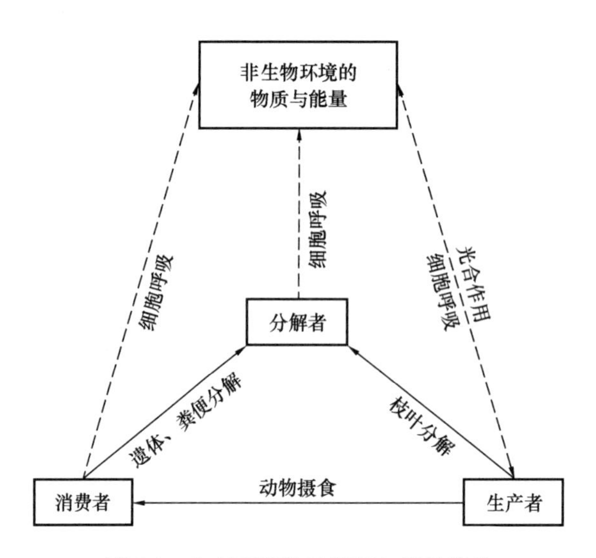

图 2-1　生态系统物质循环与能量流动

2.2　厕所排泄物迁移过程中的物质循环

2.2.1　排泄物组分

厕所最基础和最核心的功能便是接纳、蓄集人类日常生理活动中排出的大部分排泄物。我国每人每天平均排出粪便约 220g、尿液约 1.77L，按照全国 14 亿人计算，每天将产生 30.8 万 t 粪便与 247.8 万 m^3 的尿液。如此庞大的排泄物量是我们不得不面对的一个严峻问题：排泄物该往何处去？而要解决这个问题，我们首先要了解排泄物的组成和性质。

人类粪便的组成基本相近，包括食物中不消化的纤维素、结缔组织、上消化道的分泌物（如黏液、胆色素、黏蛋白、消化液等）、消化道黏膜脱落的残片、上皮细胞和细菌等。粪便中一般含有 65%的水分和 35%的固体。固体中的细菌最多可达 50%，但大半细菌在排出时已经死亡。此外，含有 2%～30%的含氮物质，10%～20%的无机盐（钙、铁、镁），10%～20%的脂肪，以及胆固醇、嘌呤基和少量维生素等（图 2-2）。正常粪便的颜色一般为棕色，这与粪胆素和尿胆素的存在有关。粪便颜色会因食物、药物等因素而发生改变。正常粪便呈碱性，其 pH 与在结肠存留时间成正比。

尿液是由肾脏生成，经输尿管、膀胱排出的含有大量代谢终产物的液体。其成分为 96%～97%的水和 3%～4%的固体。固体部分包括非蛋白氮化合物（如尿素、尿酸、肌酐、氨等）、硫酸盐等。正常尿液呈淡黄色，相对密度为 1.015～1.025，pH 为5.0～7.0。尿液的酸碱度受食物性质影响变动较大，范围可达 4.5～8.0，平均为 6.0。正常成人每天排出的尿液中约含有 60g 固体物质，其中无机盐约 25g，包括 50%的钠、氯离子以及其他

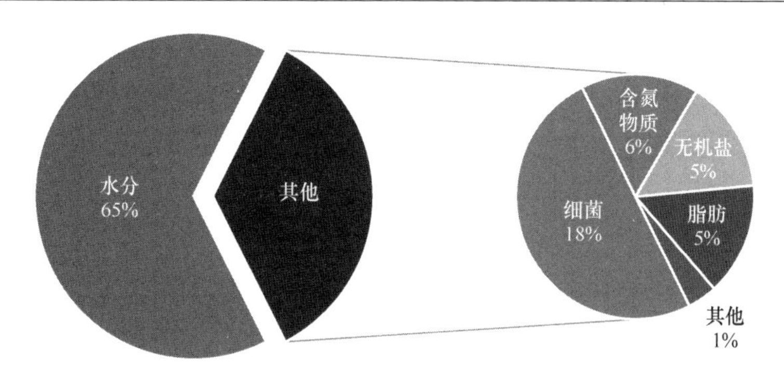

图 2-2　粪便组成示意图

无机盐（如钙、硫酸盐等）；有机物约 35g，包括尿素约 30g 以及少量糖类、蛋白质和体内多种代谢产物（图 2-3）。

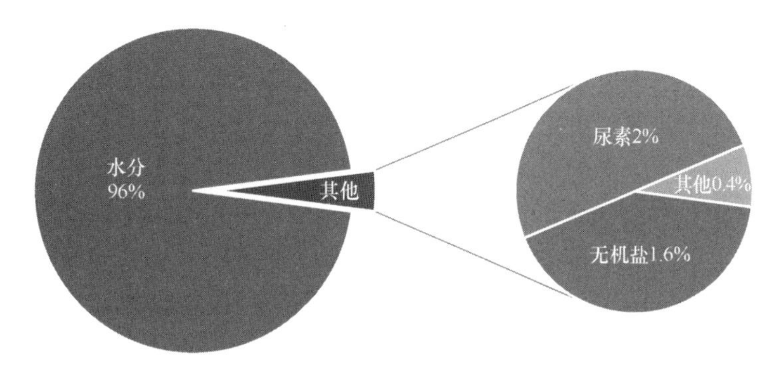

图 2-3　尿液组成示意图

人的粪便、尿液是一种良好的有机肥料，其制成的有机肥具有营养全面、促进作物生长、肥效持久、改善土壤有机质、增强土壤保水保肥能力、促进微生物繁殖等优点，可以促进作物稳产高产，培养地力，增强农业后劲。但目前大部分排泄物经过简单处理甚至未处理就直接排入水体，这使本该成为宝贵资源的排泄物被白白浪费。而且排泄物中含有的大量病原体、有机物等污染物也会对排入的水体造成恶劣的影响。为了解决这个环境问题，也为了更科学、更合理地建立乡村厕所生态链，找到生态链构建的关键节点与突破口，本章将从排泄物中主要物质元素的迁移与循环进行详细阐述，所选择的主要物质元素为碳元素、氮元素、磷元素及其他元素。

2.2.2　排泄物迁移转化过程

2.2.2.1　碳元素

碳是构成一切有机物的基本元素。绿色植物通过光合作用将吸收的太阳能固定于碳水化合物中，这些化合物再沿食物链传递并在各级生物体内氧化放能，从而带动群落整体的生命活动。生态系统的能流过程表现为碳水化合物的合成、传递与分解。

1. 碳循环

碳循环是生物地球化学的核心过程，碳元素会通过生物的光合作用进入生物圈，其他必需元素（例如氮、硫、磷等）也会通过生物的新陈代谢过程而被吸收转化。地球上的碳主要存在于四个碳库中，分别为大气碳库、海洋碳库、陆地生态系统碳库和岩石圈碳库。其中以岩石圈碳库最为稳定，其他三个碳库由于生物圈的作用而十分活跃。

人类作用大大加速了全球碳循环，使得整个循环平衡被打破，尤其是大气碳库和海洋碳库中的无机碳含量大大增加。联合国政府间气候变化委员会（IPCC）报告指出，大气CO_2作为重要的温室气体，其浓度的增长是目前全球变暖的主要原因，而全球变暖会直接或间接引起各种极端天气事件。因而，加深对碳循环的研究将有助于我们更充分地面对环境问题。

城市系统是地表受人类活动影响最深刻的区域，也是能源消费和化石燃料燃烧的集中地。随着城市化进程的加快，城市碳循环过程对全球和区域气候变化的影响日益增强。从理论层面上来说，开展城市系统碳循环的定量研究，可以弥补过去研究仅关注自然碳循环的不足，为研究人为因素对碳循环的影响提供了新的思路，一方面有助于建立城市碳排放的清单核算标准，另一方面便于深入了解城市碳循环在区域碳过程中的地位和作用，为低碳城市策略的制定提供重要的理论基础和前提。从实践的角度来看，我国当前大规模城市化进程及其不同发展模式和阶段，为开展城市系统碳循环研究提供了较为广阔的空间和案例，并便于开展不同类型城市碳循环过程的对比研究。因此，构建城市系统碳循环研究的理论和方法不仅有助于指导城市碳收支核算和低碳经济发展策略的制定，而且为气候变化背景下世界广大发展中国家的城市发展模式的思考和再评估提供了新的理论和方法。

2. 厕所环节中的碳元素

人体排泄物中含有丰富的有机质和氮、磷、钾等元素，是传统的农业有机肥料和良好的土壤调节剂。据报道，人体排泄物的体积仅为日常生活污水的1%～2%，却含有污水中约60% 的有机物、95%以上的氮以及90%的磷负荷。此外，人体排泄物中的有机物含量与卫生设施类型有关，如来自公共厕所等大型卫生设施的粪污通常比小型卫生设施的粪污稳定性更差，COD（化学需氧量）等有机物污染物的含量更高。

施用这种无公害多元素速效有机肥料不仅能为农作物提供全面营养养分，而且肥效长，促进生长，提高作物产量。有机肥能改善农产品的本质特性，发挥良种增产的潜力。连续地合理施用有机肥，还可改善、更新土壤的有机质。增强土壤的保水固肥的能力，是保持土壤永续循环利用的最有效方式。因此，施用有机肥料能缓解化肥比例失调，改善城乡环境污染、变废为宝，实现资源再利用。

2.2.2.2　氮元素

氮是生命活动所需的基本营养元素，是蛋白质与核酸的重要组成部分，而蛋白质和核酸两类生命大分子为主的有机耦合，奠定了当今地球生态系统生命物质的基础。氮是农业生产的基础，是提高作物产量时补充需求量和增产效果最明显的重要营养成分。氮也是引发水体富营养化的关键元素之一，由于人类活动导致大量氮素进入湖泊，从而影响了湖泊的营养水平。目前，湖泊富营养化已成为我国最重要的环境问题之一。

1. 氮循环

氮循环是全球生物地球化学循环的重要组成部分，其涉及范围广、对生态环境的影响巨大，是全球关键生物地球化学循环中受人类活动影响最大的。大气中的氮气经固氮生物（主要是固氮菌类和蓝藻）转化为氨（NH_3）后才能被植物吸收，并用于合成蛋白质和其他含氨有机质。在土壤富氧层中，氮主要以硝酸盐或亚硝酸盐形式存在。最终，氮元素又在硝化细菌、反硝化细菌等微生物的作用下返回大气。

除了自然界的固氮作用，人类活动对于固氮也有着举足轻重的影响。在农业方面，氮肥的大量使用虽使粮食产量大幅度增加，但也在一定程度上影响了人体健康、气候变化以及生物多样性。从工业和交通运输方面进入环境的活性氮也进一步扩大了影响规模和范围。据估算，在 19 世纪 90 年代至 20 世纪 90 年代的 100 年间，全球人为活化氮的输入量从每年 15Tg（$1Tg=10^6$ t）增加到每年 140Tg，增长了将近 10 倍，并且这种趋势还在进一步扩大。此间，我国年均活性氮的净产生量增加了 6 倍多。人为活动源首次超过自然源出现在 1956 年，到 2010 年其贡献达到 80%以上。活性氮的污染对人类和生态系统健康造成的影响包括饮用水（硝酸盐）、空气质量（烟雾、颗粒物、地面臭氧）、淡水水体富营养化、生物多样性丧失、平流层臭氧耗竭、气候变化和沿海生态系统恶化等。

2. 厕所环节中的氮元素

人类经济活动对氮循环的影响日益加剧。例如，耕地的长期种植，化肥的大量使用，使土壤有机氮含量及供氮能力逐渐下降。秸秆、木材以及化石燃料大量燃烧后，产生氮氧化物进入大气层。此外，人体排泄物中富含氮、磷、钾等各类营养元素。其中，人体新陈代谢过程产生的含氮废弃物会随尿液、粪便排出体外，经微生物分解转化成氨，再经硝化细菌作用最终生成硝酸盐。尿液中含有人体排泄物中的大部分营养物质，其中氮元素主要以尿素的形式存在，很容易被农作物吸收利用。因此，有必要阻断排泄物进入水环境，打通城市排泄物到农村田地的循环，进而实现食物链中氮的不断循环利用，使人与土地之间的自然物质循环得以恢复。

2.2.2.3 磷元素

磷是生命必需的元素，又是易于流失而不易返回的元素，因此很受重视。磷在地球上有着非常广泛的分布与含量，主要的磷库有生物、土壤、陆地水体、海洋、岩石和沉积物。地壳、海水、动植物组织中均含有大量的磷元素，也是人体含量较多的元素之一，稍次于钙排列为第六位。磷不但构成人体成分，且参与生命活动中非常重要的代谢过程，作为人体细胞 DNA 和 RNA 的重要组成元素，是机体很重要的一种元素。

1. 磷循环

全球磷的循环可分为磷的地球化学循环（又称无机磷循环）、陆地生物循环和水体生物循环，三个循环之间相互联系。

在自然界中，磷没有稳定的气态存在形式，它主要靠吸附于颗粒进行扩散、传播，这限制了其在大气中的存留时间和全球性扩散，也是磷循环与其他生物地球化学循环的不同之处。全球磷循环中活性磷的主要来源不是生物反应，磷酸钙矿物的风化作用几乎提供了所有陆地生态系统的磷元素。磷元素的长距离运输主要依靠土壤尘埃、海水喷沫以及河流，其中河流承载了全球磷循环的主要通量。磷主要以磷酸盐形式贮存于沉积物中，以磷酸盐溶液形式被植物吸收。但土壤中的磷酸根在酸碱环境中都会形成难以溶解的磷酸盐，因而无法被植物利用。而且磷酸盐易被径流携带而沉积于海底。磷质离开生物圈即不易返回，除非有地质变动或生物搬运。因此磷的全球循环是不完善的。

人类社会活动大大影响了磷的循环，为了制作化肥等产品，磷矿的过度开采与使用直接加速了全球磷循环的周转。自2010年以来，中国磷肥产量及其增长率波动较大，每年交替增减。之后，国家一系列政策密集出台，并在国内市场强劲需求的推动下，我国磷肥产业整体保持平稳增长。随着产业投入加大、技术突破与规模积累，未来磷肥的产量还会继续增长。

磷也是水体富营养化的关键控制因子之一。当前中国水体富营养化控制严重缺乏整体化调控措施和综合性政策方案，已有措施仍主要局限在局部和末端的污染负荷削减，存在实施成本高昂且生态效率低下的问题，因而不能有效遏制持续恶化的水体富营养化趋势。

据观察，某些含磷废物排入水体后竟引发藻类暴发性生长，这说明自然界中可利用的磷质已相当缺乏。磷肥的来源主要来自地表的磷酸盐沉积物，磷质在地表的分布很不均匀，以目前的利用率，全球磷储量估计仅能维持370年，因此应该合理开采和节约使用，还应注意保护植被，改进农林业操作方法，避免磷质流失。

2. 厕所环节中的磷元素

人类活动使得土壤供磷能力逐渐下降，尽管通过施用磷肥可以补充土壤中的磷，但磷肥的长期施用可能会导致土壤板结、污染等问题。此外，水体富营养化问题的发生也与水体中磷元素的富集密切相关。因此，必须寻找各种渠道促使磷的循环，实现磷的生态循环。一条有效的环保的途径就是对人类排泄物进行无害化处理，生产成高效复合有机肥料用于农业生产，让营养物质回归农田。其中，尿液中的磷元素以磷酸盐形式存在，是一种可被农作物吸收利用的形态，有利于后续的无害化与资源化。一旦成功阻断城市排泄物进入水体，那么解决水体富营养等环境污染问题就大有可能。

2.2.2.4　其他元素

除前述几种重要元素和化合物外，被植物根系吸收乃至随食物进入动物体内的化学物质还有许多，大致可分为生物必需的营养物质和非必需的化学物质两类。前一类包括钙、硫、钠、氯、镁、铁等元素和维生素等化合物，它们在生物体内的浓度常有一定限度，是由生物体本身调节的；后一类如锑、汞、铅等，是可长距离输送的全球性有毒元素，如今逐渐受到重视，因为非必需物质达到一定浓度时可能造成机体功能紊乱，甚至破坏机体结构导致中毒。环境污染是造成这类中毒的主要原因。上述物质的循环常包括多生物环节。例如肠道微生物能制造动物体需要的某些B族维生素，它们又依靠肠道内的废物为生，形成一种人体内循环。再如生物对自己所需的营养物质有一定的浓缩本领，能把分散于环境中的低浓度营养物质浓缩到体内。但很多非必需物质也常一同被浓缩，如果不能及时将其降解或排泄掉，便可能引起中毒。这类物质积累在生物体内并沿食物链传递其浓缩系数逐级增加，到顶级肉食动物体内便能达到极高的浓度。例如湖水中的 DDT 经水生植物、无脊椎动物和鱼类，最后到达鸟类时其浓度竟比湖水中的高几十万倍。

随着人为的农业生态系统不断代替自然生态系统，人为的物质循环渠道也逐渐代替自然的物质循环渠道。例如，大量生产矿质肥料和人造氮肥，极大破坏了自然界原有的物质平衡。工业污染物侵入生物地化循环渠道，对人畜造成直接威胁。所以，人类应该保护自然界营养物质的正常循环，甚至通过人工辅助手段促进这些循环。同时，还应有效地防止有毒物质进入生物循环。生物圈中，一些物种排泄的废物可能是另一些物种的营养物，由此形成生生不息的物质循环。这一事实也启发人们在生产中探求化废为利的途径，这样既能提高经济效益，又可防止污染环境。

2.3 厕所排泄物迁移过程中的能量流动

2.3.1 排泄物的处理耗能

随着城市化进程的加快，集中式排水系统兴起，这加剧了水资源危机以及能源危机。人体排泄物通常和其他污水混合排入污水处理系统，成为生活污水中有机物及氮磷负荷的重要来源，导致污水处理厂的能耗和运行成本增加。

进入 21 世纪以后，国家高度重视水污染，治污投资力度逐步加大，全国各大中型城市、县城生活污水处理设施建设的步伐加快。我国的污水处理建设进入高速发展期，运营市场也在逐渐形成，水务市场化改革在进一步推进。但污水处理设施的建设形势依然严峻，县城和建制镇污水处理率依然较低，一些农村甚至没有污水处理设施。未来中国小城镇建设会更加快速发展，污水量增加。因此，污水处理技术的发展、污水处理市场的建设、投资运营均存在着很大的发展空间。

污水处理属能耗密集型行业，其消耗的能源主要包括电、燃料及药剂等，电耗占总能耗的 60%～90%。高能耗一方面导致污水处理成本升高，在一定程度上加剧了我国当前的能源危机，另一方面高能耗造成的高处理成本，致使一些中小型污水处理厂难以正常运行，污水处理厂的减排效益得不到正常发挥。

2.3.2 资源化利用产能

人体排泄物具有较好的可生化性，可以采用厌氧消化、好氧堆肥等方式进行资源化。以常用的沼气工程为例，其具有良好的能源效益和生态效益。一方面，沼气工程能够解决排泄物的污染问题，并减少温室气体的排放，从而保护环境；另一方面，沼气工程产生的沼气可以用于发电或者直接用作燃料，部分地区也已经建立了沼气集中供气工程，这都能在一定程度上缓解我国的能源紧张问题，同时发酵得到的沼渣沼液能在一定程度上代替化肥农药，这都符合我国低碳发展的要求。

沼气技术作为较为成熟的畜禽养殖废弃物处理技术，已经被广泛应用于散养和规模化养殖场的粪便、废水处理。生物质沼气是指通过发酵将家畜粪便中含有的有机物转换成的具有高热值的气体。沼气通过燃气内燃机带动发电设备产生电能，同时排出 400℃以上的中温烟气及本体缸套冷却水，这些低品位热量约占总热量的 50%～55%。如将这些低品位热量一部分引至沼气发酵罐供发酵所需，另一部分引至吸收式制冷装置制取冷水（7～10℃）用以夏季制冷，就形成了沼气能源的梯级利用，综合利用效率将达到 80%左右。生物质沼气发电近年来受到了越来越多的重视，得到了迅速的发展，在社会主义新农村建设和国家能源发展中起到了重要作用。

沼气是一种可再生的生物能源，是一种优质、卫生、廉价的气体燃料。以沼气建设为纽带推动农村富民工程，提高资源有效利用率，减少污染排放，建设资源节约型和环境友好型社会，实现产气、积肥同步，养殖、种植并举，进而实现农民增收、农业增效、农村城镇化的目标。

2.3.3　氮肥生产耗能

随着世界人口的急剧增加，在相对减少的耕地面积上提高粮食产量成为世界农业面临的共同挑战。化肥是农业生产最基础、最重要的投入之一，在现代农业生产中发挥举足轻重的作用。化肥的使用能够维护土壤肥力，为农作物的生长及时提供足够的养分，促进农作物增产。据联合国粮农组织统计，化肥对农作物增产的贡献占 40%～60%。全球自 20 世纪 50 年代以来化肥的使用量逐年增加，到 2011 年全世界化肥的消费量达到 1.8 亿 t，是 1920 年的 100 多倍。但是，从能源消费的角度出发，化肥产业是高耗能产业，是农业生产能源消费的主要来源。例如，美国年化肥生产能源消费量是 500×10^{12} BTU（1BTU=1055J），占其全部农业生产能源消费的 29%。天然气、煤和原油等不可再生的化石能源不仅是化肥生产的能源来源，而且还是重要的生产原料。据统计，在氮肥生产中能源消费在总生产成本中所占比例高达 90%，在磷肥和钾肥生产中所占比例虽然较低，但还是达到 45%左右。可见，化肥产业的发展很大程度上依存于化石能源的大量消耗，同时导致了大量二氧化碳等温室气体的排放，加剧了世界能源危机和全球气候变暖。

我国是世界上最大的化肥生产国和消费国，化肥年产量约占全球的 1/4。当前我国农田氮肥施用的主要问题是过量施用问题，可能因此导致作物减产。依据农户调查所获得的田块尺度施氮量，与田间试验合理施氮量对比分析表明，过量施氮田块约占总调查田块的 33%。依据区域尺度单位播种面积平均施氮量，与作物平均推荐施氮量对比分析表明，全国过量施氮面积占播种面积 20%、合理面积占 70%、不足面积占 10%。

和化肥相比，有机肥往往具有更加明显的优势，如由人体排泄物制成的有机肥具有营养全面、肥效稳定以及易被作物吸收等特点，可以有效提高土壤肥力、改善土壤结构以及促进作物生产等。因此，研究人体排泄物资源化利用对解决资源浪费和环境污染问题具有重要意义。

2.4　乡村厕所生态链构建

2.4.1　物质循环基本原理

人类排泄物中的营养物质和有机物质可作为一种资源，通过适当的方式回收处理后，可以提供较高的农业价值。例如，将制得的有机肥施用于土壤，可以促进植物生长，并改善土壤结构、持水能力和肥力。目前，由于排便器设计缺陷、配套产业薄弱等原因，乡村厕所中的排泄物以污染物的形式进入环境，而不是作为一个重要的资源来管理和回收，并与农业或其他行业相互联系形成少污染封闭循环。乡村厕所生态链的构建旨在以“闭环方法”的厕所设计理念，充分体现排泄物中营养物质的可再生利用性以及人与自然、乡村与城市的内在物质、能量流的联系。乡村厕所生态链的概念不仅仅只是一种新的厕所设计理念，也是一种零排放方法，以减少人为活动对自然水体的影响。乡村厕所生态链不仅仅适用于乡村厕所，也可推广到城市、发达地区以及其他存在类似矛盾的领域。构建一个能高效、便捷、易推广的厕所生态链体系，其主要涉及对人类—社会—自然三元系统内部的理解以及对循环经济学的运用。

未来技术发展思路必将从“污染物去除”转为“资源回收”，减少洁净水资源的使用，将排泄物中的资源进行回用，而非耗费大量能量将之去除。在我国的“厕所革命”背景之下，不仅仅是要解决农村地区、旅游景点及其他偏远地区的卫生问题，实现厕所从“无”到“有”，也要借着这些地区厕所基础建设还是空白或仍有潜力的情况下，直接应用先进、经济、实用的设计理念：第一，满足厕所功能基本要求。由于这些地区往往交通不便，维护水平不高，所以应采用简单、可靠的设备，使得安装使用简便，能够解决基本的如厕卫生问题。第二，解决排泄物的安全性问题。应根据当地人文、自然环境特点，选用操作简单、效果可靠、涉及处理环节尽量少的技术方案，降低日常使用与后期维护的成本与难度，重点考虑可靠性与经济性。第三，保障资源回收，实现生态链的构建。在确保安全性的基础上，可将排泄物处理后，回收其中可利用资源，与生态链中涉及的其他产业、要素互相配合，实现资源、能量的高效利用。

通过乡村厕所生态链理念建成的厕所系统，具有安全性高、资源回收及高效利用、建设维护简便、节约用水、多产业融合等优点。这有助于系统中养分的再生和再循环，还可以促进其他一些相关产业、技术的发展，增加创新、就业机会。

2.4.2　乡村厕所建设原则

乡村厕所建设需要实现厕所粪污无害化处理与资源化利用，科学选择处理技术，因地制宜推进粪污处理。通过各种技术手段或社会分工协作，对厕所收集的粪污进行就地处理或异地处理，使粪污无害化后再回归于环境。在进行粪污处理时，优先选择一些具有能源效益和生态效益的技术，例如回收粪污中的有用成分用于制药、制肥，回收水资源用于冲厕等。乡村厕所建设要切实提高乡村厕所建设质量，严格执行标准，把标准贯穿于乡村厕所建设全过程。同时，做好厕所产品质量把关，强化施工质量监管，落实厕所日常维护，确保厕所正常使用。

2.4.3　理论框架

构建乡村厕所生态链体系需要大力发展循环经济模式。3R 原则是循环经济的核心内涵，这种贯穿生活生产全过程的模式的也可被总结为减量化（Reduce）、再利用（Reuse）、资源化（Recycle）。减量化即减少进入生产、消费过程的资源总量，通过对产生源头控制减少废物量。减量化是预防性措施，属于输入端方法，是 3R 的第一原则，具有最优先权，也是节约资源减少废物产生的最有效方法；再利用即重复使用，延长物品使用寿命，避免物品过早地成为废物。再利用属于过程性方法，是循环经济的第二原则，有着预防性的作用；资源化是通过回收与处理废弃物，实现污染物的最少排放。它包括原级资源化，即重复使用和次级资源化，即经过一定的加工处理，转换为其他物品两种方式。资源化是一种末端治理方式，但是相对优越于卫生填埋等线性处置法，它没有预防作用，仅能起到事后缓解污染程度的效果。

在构建乡村厕所生态链体系时，想要避免末端治理的弊端，需要从三个方面进行改进：一是统一性，整体考虑厕所涉及的三个阶段（包括污染产生源头、产生过程以及最终去向），并尝试与其他的社会生产过程相关联，例如将农业、渔业和能源化工业一起构成环路；二是预防性，系统研究厕所中可能产生污染的各个环节，并采取针对性措施；三是能动性，在污染发生前主动预防，而不是在污染发生后被动治理。对于产生源头，即排泄的主体（人），需要做到积极配合、保持良好习惯，最大程度地利用和发挥新概念厕所的功能；对于产生过程，进行粪尿源分离，为后续的处理处置提供方便；对于最终去向，充分发挥相关的静脉产业及生产消费方（回收、资源化、利用）的作用，避免排泄物以废物的形式进入水体，将其转化为资源回用于农业、渔业等行业。这种贯穿厕所相关环节的方法便是 3R 原则的一种体现。

2.4.4　生态链与生态化

2.4.4.1　生态链

以人类为主导的生态系统、生态元之间的关系可大致分为三类：一是人与自然之间的促进、抑制、适应、修复关系；二是人对资源的开发、利用、储存、扬弃关系；三是人类生产、生活中的竞争、共生、隶属、乘补关系。那些具有相互关联、相互制约关系的泛生态元，依据生态学、系统学、经济学以及其他科学原理所构成的链状序列，称为生态链。在生态系统中，存在着多种多样的生态链，而那些相互关联、相互影响、相互制约的泛生态链纵横交错起来，便构成网络结构，这种网络结构称为生态网。

拓展到人类社会活动中的产业生态系统则是在特定的区域或范围内，将制造性单位或服务性单位组成一个整体，通过各单位之间的物质循环和能量流动的相互作用和联系形成的体系。其中一个单位产生的废物作为下一个单位的原料，组成“群落”，实现与自然生态系统相类似的零排放效果。将此理论应用到乡村厕所生态链构建中，也可实现养分资源的循环再利用，进而有效解决资源浪费以及环境污染问题。

2.4.4.2 生态化

一般来说，生态化这一概念常用在工业、经济、产业等领域中。以工业为例，工业的生态化是在人类由工业文明向生态文明演变的过程中，对原本工业文明中欠合理的行为及其带来的影响进行反思后，结合生态的理念与可持续发展的思路，将工业这一较为简单的人工系统逐步发展成为与自然界拥有相近特点的系统，例如稳定的、相对平衡的、高度分异的、复杂的。生态化的目标在于让工业拥有自然生态系统的特征，从而组成一个物质反复循环的流动系统，实现环境友好以及资源、能源的高效利用。工业生态学的概念早在1989年通过将人类工业活动中的物质能量迁移转化与生物新陈代谢过程和生态系统的循环再生过程类比而提出。工业的生态化或绿色化的理念，要求将生态理念贯穿到每一项工业生产、管理环节中，运用生态理念指导相关环节的运行。经济发展所需的一系列自然资源要素，是经济发展的必要条件。以生态理念发展工业的最大优势，就是能营造有利环境，提高工业生产的效率、增强其环境竞争力，也可以极大地提高产品竞争力。

2.5 基于全生态链的乡村厕所系统构建

中国农村环境、发展程度、生活习惯差异较大，构建全生态链的农村厕所系统，其关键核心是处理好粪污的性质、粪污处理方式以及物质能量利用形式之间的关系。因此，在构建因地制宜的厕所系统前，需要明确以下几点内容：

（1）尿液和粪便的产生量、植物营养元素、致病微生物等成分含量差异极大，影响了它们的资源化利用方式。相较粪便而言，尿液中致病微生物极少，微生物也多为环境中极为普遍的微生物，储存几天稀释后即可资源化利用。鲜基粪便中氮磷钾元素的含量分别为10g/kg、2.19g/kg、3.07g/kg，粪便成分复杂，含有较多的致病微生物，需经过无害化处理和充分腐熟后才能资源化利用。

（2）厕所类型、粪污收集方式以及进入贮粪池的污废水类型都会影响厕所粪污的稀释程度，致使不同类型厕所的黑水浓度差异显著。其中，附建式水冲厕所将粪污和生活污水混集，体积较原粪尿量膨胀了62.5倍，黑水中总氮（TN）、总磷（TP）和总钾（TK）的浓度分别为95.81mg/L、12.71mg/L、30.06mg/L，仅为初始浓度的1.6%，这类厕所的废水不宜作为肥料进行资源化利用，需经水处理达标后排放；独立式水冲厕所、微水冲厕所及无水冲厕所，杜绝了淋浴、洗涤等生活污水的混集，尽管存在冲厕水的稀释作用，但水量少，粪污养分浓度高，宜后续处理后制成有机肥，以三格化粪池厕所为例，稀释倍数为6倍，化粪池中TN、TP和TK的浓度分别为870.93mg/L、115.51mg/L、273.27mg/L，为初始浓度的14%。

（3）厕所类型不同，粪污处理方式不同，粪肥产品类型和肥效也不一样。其中粪尿分集式厕所采用源分离技术，可收集到 TN、TP、TK 浓度分别为 4928.4mg/L、622mg/L、1726mg/L 的尿液，尿液中养分多以作物可吸收利用的形态存在，可以作为速效氮肥进行资源化利用。三格化粪池厕所、双翁漏斗式厕所、三联通沼气池厕所（沼液部分）采用粪尿混合收集模式，富含有机质以及粪便微生物，粪尿液经过发酵处理，最终形成液态粪尿肥资源化产品。以双翁漏斗式厕所产生的液态粪尿肥为例，其 TN、TP、TK 浓度分别为 1911.21mg/L、190.07mg/L、637.08mg/L，肥效显著。无水冲厕所（如双坑交替式厕所、阁楼堆肥式厕所等）产生的粪污经堆肥处理后转化为有机肥，其中阁楼堆肥式厕所处理得到的粪污养分浓度最高，TN、TP、TK 浓度分别为 7.211g/kg、1.164g/kg、3.419g/kg，为初始浓度的 131％、160％和 198％。

（4）基于厕所类型、可农业利用粪肥资源特性、农作物需肥特性，结合生态利用的有效性角度，不同类型厕所产生的粪肥类型不同，使用途径也不同。液态粪肥养分全面，肥效释放快速，可看作速效氮肥，作为追肥施用。如尿液氮素含量多，肥效迅速，常被用作作物追肥、根外追肥和优质浸种液使用。有机堆肥养分全面、富含腐殖质，肥效持久缓慢，具有促进作物生长和培养土地肥力的双重作用，可用作基肥或果类作物的采果前后肥施用。

（5）基于人均粪尿年产生量、厕所类型粪肥形式及浓度、土地消纳能力，核定人均不同粪肥产品的土地消纳能力；从生态环境安全角度，核定消纳人均粪污的平均、最大土地需要量。如尿液可被 0.06 亩蔬菜完全消纳；液态粪尿肥可被 0.38 亩大田作物或 0.07 亩蔬菜或 10 棵果树完全消纳；有机堆肥可被 0.17 亩大田作物或 0.05 亩蔬菜或 6 棵果树完全消纳；人均粪污的平均土地消纳能力为 0.27 亩大田作物或 0.06 亩蔬菜或 8 棵果树；人均粪污的最大土地消纳能力为 0.45 亩大田作物或 0.11 亩蔬菜或 13 棵果树。

（6）基于生态环境约束，不同类型的粪污资源可采取不同的资源化利用对策。针对分散处理产生的粪肥资源，可在最大土地消纳量范围内根据粪肥产品类型的特性就近还田，实现土地消纳；针对集中堆肥产生的粪肥资源可通过产品化方式制成优质商品有机肥。

2.5.1　以化粪池式厕所为核心的全生态链系统设计

全生态链的农村化粪池式厕所系统是基于生态系统物质循环与能量流动原理的基础上，将农村化粪池式厕所系统作为乡村区域生态循环的子系统进行研究。在此系统中，以村镇区域为研究对象，农民如厕后人体排泄物随厕所冲水进入三格化粪池，粪便污水在第一格中因相对密度不同而沉淀分离，在相对密闭的环境中微生物对人体排泄物进行分解和发酵。经三格化粪池处理后得到第一格中的粪渣和第三格中腐熟的粪液。产生的粪渣可以经过干燥脱水后掺合农作物秸秆共同堆肥形成固体肥料，将其用于农业生产；产生的无害化粪液可以通过土地渗滤系统渗滤到农田，也可以建立村级调节池进行粪液存储，在需要的时候将粪液用于农业生产。农业生产产生的粮食和蔬菜为村民提供粮食，从而形成一条循环的闭路生态链条，实现三格化粪池式厕所产物的无害化、零排放和再循环。

在全生态链的农村化粪池式厕所系统中，每个乡镇区域作为一个独立的环境。农业生产中的农作物作为环境中的生产者，吸收阳光的能量和肥料中的养分进行初级生产，将简单的无机物转化成有机物，为整个系统提供源源不断的能量；消费者是指整个环境中的农民，在整个系统中起加快能量流动和物质循环的作用；分解者是指三格化粪池内的各种微生物和粪便二级处理技术，将化粪池粪渣和粪液转化为肥料，再将肥料用于农业施肥，被农作物重新利用。

在生态系统中，能量是单向流动的，所以说能量只能被使用一次，而所谓的再利用就是指未被利用过的部分。在全生态链的农村化粪池式厕所系统中，人体粪便中含有的大量有机物和氮、磷、钾等元素，正是没有被利用过的能量。而粪便的再利用是由分解者完成的，所以分解者是物质循环和能量循环流动的关键，故在本系统中对于三格化粪池内和粪便二级处理技术的研究是十分必要的。

全生态链的农村化粪池式厕所系统运行流程如图 2-4 所示，通过黑水初级处理、粪渣污泥含量及粪液液位检测、粪渣与粪液分类收集和运输、粪液的二次处理、粪渣的堆肥处理、粪渣与粪液的农业利用来维持系统的正常运行。

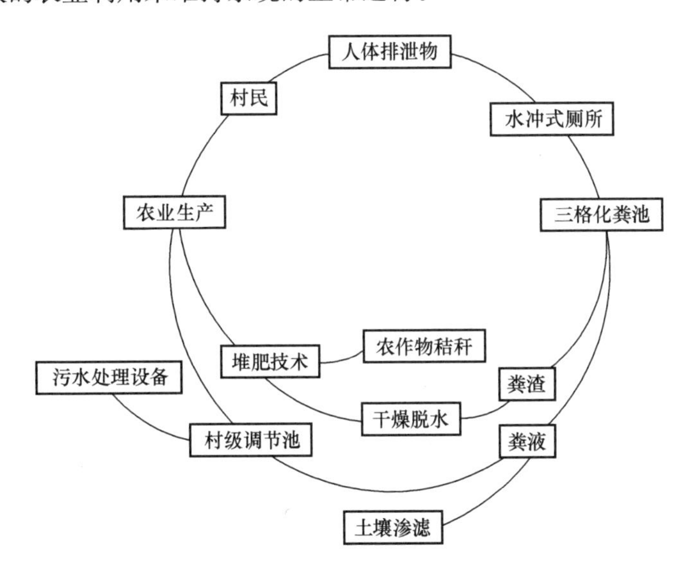

图 2-4 全生态链的农村化粪池式厕所系统运行流程图

人体排泄物与厕所冲水组成黑水进入三格化粪池，黑水在三格化粪池中经沉淀分层和厌氧处理杀灭寄生虫卵和病原体，得到无害化处理后的粪渣与粪液。

如果检测到粪渣污泥达到化粪池第一格的 1/3 以上，就需要通过吸粪车来清掏化粪池中的粪渣污泥。

利用农作物秸秆作为骨料与粪渣进行共同堆肥，既可增加孔隙率与透气性，又能调整碳氮比，实现全过程好氧堆肥。

粪渣经过堆肥化处理后，病原微生物、寄生虫卵的数量大大减少，肥料的稳定性增加，具有较好的土壤改良作用，可以作为固体肥料用于农业生产。

如果检测到化粪池粪液即将存满，就需要通过吸粪车、重力管网或负压管道收运化粪池粪液。

收集的粪液可以直接用于农田，比较富裕的地区可以通过污水处理厂处理后作为中水灌溉农田。

如果化粪池粪液在农闲时不需要利用或产量较多无处利用时，可以将收集的粪液输送到村级集中存储调节池中，在农业需要时再进行使用，以达到调节的目的。

人类排泄物是重要的农业资源，以区域为对象，构建三格化粪池式厕所产物的“收集、储存、运输、处理与农业利用”全生态链闭路生态循环系统，能够让厕所排出物全部还田，使乡村厕所与区域环境形成完整、可持续的生态循环，实现厕所污染物的零排放和再利用，推动农村环境的可持续发展（图 2-5）。

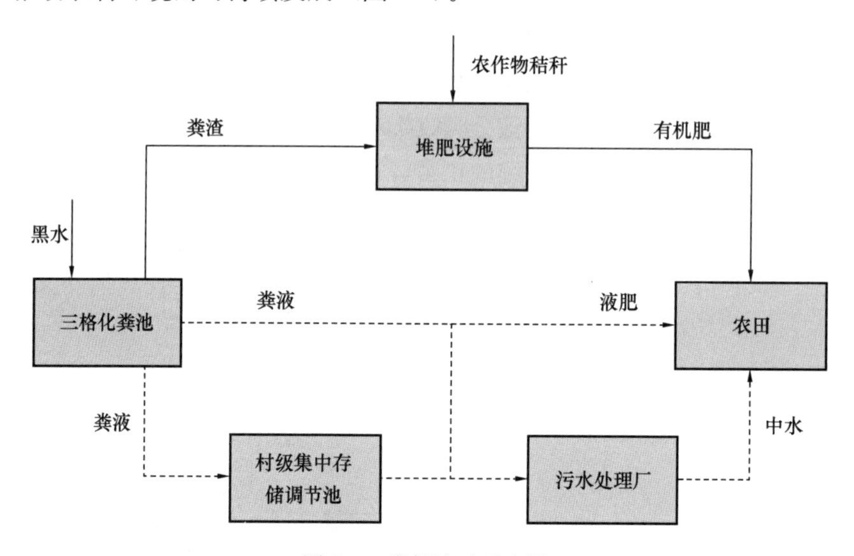

图 2-5　粪便流动示意图

第 3 章　乡村厕所系统闭路循环技术路径

3.1　乡村厕所系统闭路循环生态链技术路径

目前乡村厕所普遍存在技术落后、缺乏全产业链配套设施设备等问题，导致粪污不能及时清理、清理成本高、资源化利用率低等问题（图 3-1）。

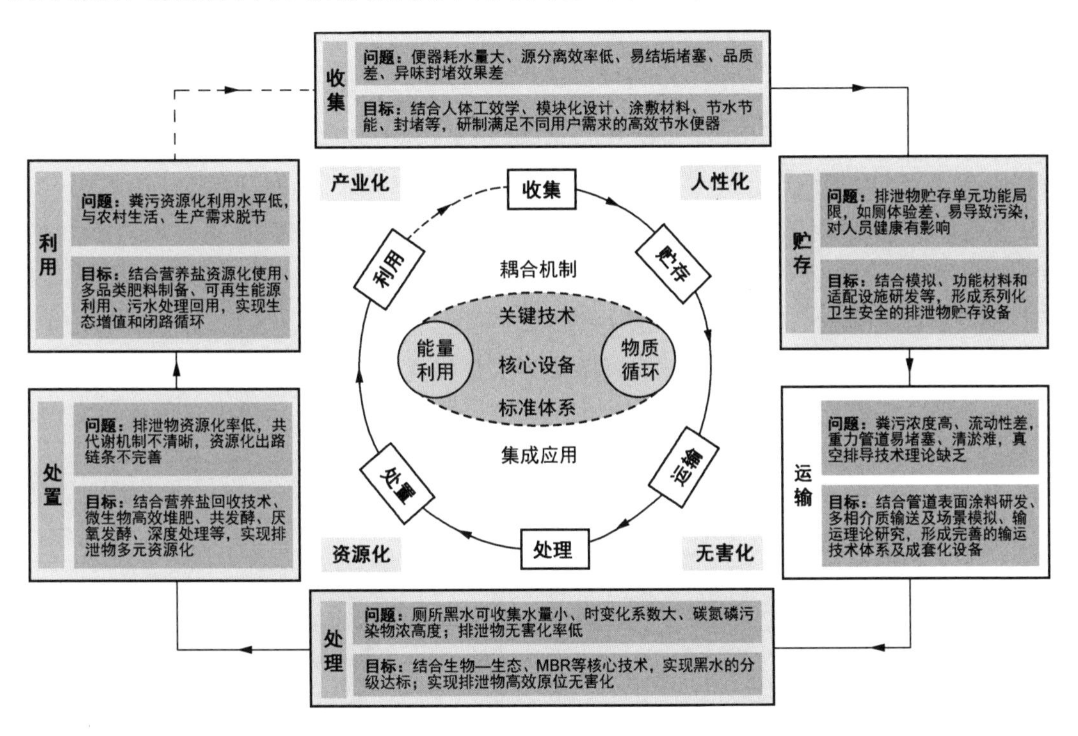

图 3-1　乡村厕所系统闭路循环图

1. 收集

因为存在便器耗水量大、源分离效率低、易结垢堵塞、品质差、异味封堵效果差等问题，需要结合人体功效学、模块化设计、涂覆材料、节水节能、封堵等，研制满足不同用户需求的高效节水便器。

2. 贮存

由于排泄物贮存单元功能的局限，导致如厕体验差、产生健康卫生等问题，需要结合模拟、功能材料和适配设施研发等形成系统化卫生安全的排泄物贮存设备。

3. 运输

存在粪污浓度高、流动性差、重力管道易堵塞、清淤难、真空排导技术理论缺乏等问题，需要结合管道表面涂料研发、多相介质输送及场景模拟、输运理论研究，形成完善的输运技术体系和成套化设备。

4. 处理/处置

针对厕所黑水可收集水量小、时变化系数大、碳氮磷污染物浓度高、排泄物无害化率低等问题，可结合生物—生态、MBR 等核心技术，实现黑水的分级达标，从而达到排泄物高效原位无害化的目的。

5. 利用

针对粪污资源化利用水平低，与农村生活生产脱节，可结合营养盐资源化利用、多品类肥料制备、可再生能源利用、污水处理回用等技术，实现粪污的生态增值和闭路循环。

3.1.1　收集

根据粪便与尿液单独还是混合收集，粪污收集模式可分为粪便尿液混合式收集模式和粪便尿液分离式收集模式。

粪便尿液混合式收集模式可分为无水冲重力式收集便器和水冲式收集便器。无水冲重力式收集便器在卫生条件上较水冲式收集便器差，辅料作为便器清洗剂和掩盖剂可以缓解卫生状况差的缺点，但无法从根源解决臭味逸出问题。水冲式收集便器又可以分为传统水冲便器和微水冲便器。传统水冲便器采用成倍水稀释粪便尿液混合物，存在高耗水的特征，极大地浪费了水资源。负压收集微水冲便器（图 3-2），是一种利用真空负压原理以

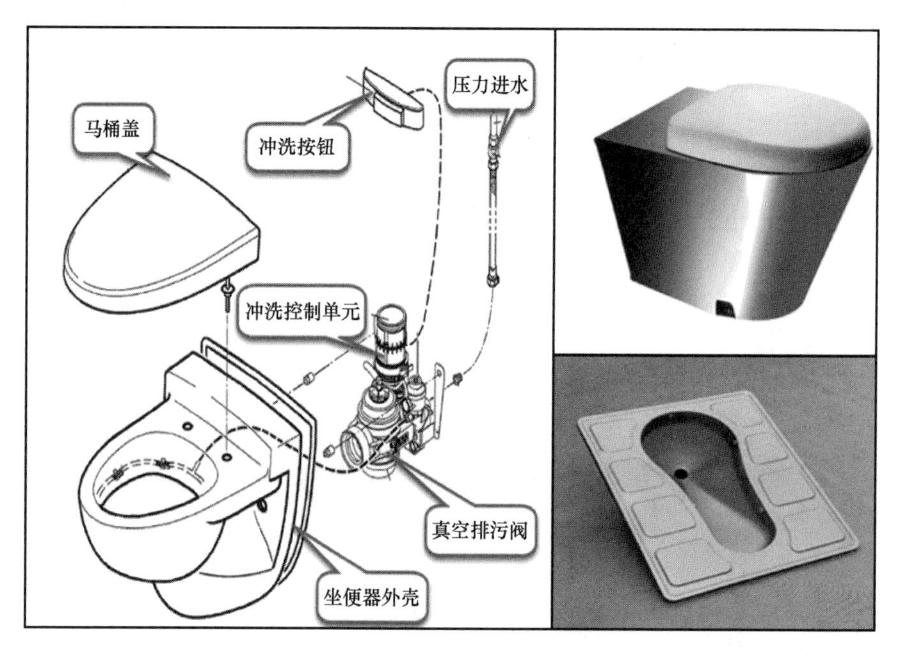

图 3-2　负压收集微水冲便器

气吸形式把粪污从便器吸入储粪尿池内，实现微水冲收集粪污，是传统重力管网收集技术的一种颠覆技术。负压收集微水冲便器实现了污水排放的一种新技术，它弥补了传统水冲便器用水量大的弊端，实现了微水收集粪便与尿液混合物。

粪便尿液源分离式收集模式采用固液源分离模式实现厕所粪便尿液的单独收集，源分离系统突出的特点是构建一个以“源分离、微循环、资源回收”为导向的微循环排水系统，最大限度地实现资源回收利用。对比粪便尿液混合水冲收集模式，粪便尿液分离收集模式更有利于节约水资源和回收利用氮磷等资源，在今后可能会更加引起人们的重视。根据有水和无水特质将粪便尿液源分离式收集便器划分为卫生旱厕源分离收集便器和水冲式源分离便器。卫生旱厕源分离收集便器与中国乡村现在仍广为流行的旱厕区别在于尿液与粪便分离。尿液从便器的小便区单独排出，大便收集后添加约与粪便量相同的锯末或灰土，通过堆肥发酵实现粪便稳定化。水冲式源分离便器则通过在便器的小便区单独设立排污口将尿液分离，如厕只是小便时，仅对小便区冲少量的水（0.1～0.5L），尿液靠重力流单独收集。单独收集尿液可以减少排水中磷负荷约50%，氮负荷近90%。

3.1.2 贮存

通过建立不同存储单元对收集的粪液进行存储处理，可以达到粪液的调节作用。与此同时，贮存设施也可作为粪液废水的处理单元，贮存在设施中的粪污需要进行监测并符合相关标准和要求。化粪池作为一种广泛的贮存器具，可应用于农村改厕的粪便污水初级处理中，并且应与污水收集和处理统一考虑。化粪池作为一种原始的厌氧反应器，最早可以追溯到19世纪的欧洲。1860年，法国人在住宅与粪坑之间建造了一个“箱”，减少了固体量，产生的澄清液体可直接排入土壤里，法国《宇宙》杂志称之为“MOURAS”池。随着1895年英国研究人员申请了将“MOURAS”池改进为化粪池的专利，在世界范围内对化粪池的研究也逐渐增多。

化粪池亦称腐化池，是一种利用沉淀和厌氧发酵的原理去除生活污水中悬浮性有机物的处理设施，属于初级的过渡性生活污水处理构筑物。在重力作用下，粪便污水中的各组分因为相对密度不同，固体物和寄生虫卵沉降形成沉渣，相对密度较轻的油脂等固体物上浮形成糊状粪皮，中间是较为澄清的粪液，同时通过厌氧发酵作用将蛋白质有机物进行部分降解，产生氨等物质，杀灭寄生虫卵和病原体，进而实现粪污的初步处理。其主要作用不但可以去除生活污水中可沉淀和悬浮的污物，而且能够贮存并厌氧硝化沉在池底的污泥，使污泥集中，用作肥料。

化粪池是一种小型污水处理系统，包括一个水池及化粪系统。污水在进入水池时，细菌会对污物进行无氧分解，并会使固体废物体积减小，再经过沉淀后排出，水质污染程度就会降低。化粪池是基本的污泥处理设施，同时也是生活污水的预处理设施。生活污水中含有大量粪便、纸屑、病原虫等，污水进入化粪池经过12～24h的沉淀，可去除50%～60%的悬浮物。沉淀下来的污泥经过3个月以上的厌氧发酵分解，使污泥中的有机物分解成稳定的无机物，易腐败的生污泥转化为稳定的熟污泥，改变了污泥的结构，降低了污泥的含水率。定期将污泥清掏外运，填埋或用作肥料。作为一种无需搅拌和加热的生活污水处理构筑物，化粪池在减轻环境污染方面起到了重要的作用。

化粪池应设在室外，其外壁离农房距离宜根据各地农房性质、基础条件确定，如条件限制设置在机动车道下时，池底和池壁应按机动车荷载核算。化粪池的构造应符合现行国家标准《农村户厕卫生规范》GB 19379 的规定，可分为传统卫生化粪池、新型环保化粪池和一体式微型处理单元。

3.1.2.1　传统卫生化粪池

传统卫生化粪池可分为三格式化粪池、双瓮式化粪池和沼气式化粪池。

1. 三格式化粪池

三格式化粪池是目前应用最为广泛也是最为成熟的技术。三格式化粪池（图 3-3）一般呈“目”字形或“品”字形排列。过粪形式由窗口式过粪口、直通管和“U”字形，向“/”形（斜管式）、倒“L”字形转变。三格式化粪池设计的基本原理是利用寄生虫卵的相对密度大于粪尿混合液而产生的沉淀作用及粪便密闭厌氧发酵、液化、氨化、生物拮抗等原理除去和杀灭寄生虫卵及病菌，控制蚊蝇滋生，从而达到粪便无害化的目的。三格式化粪池厕所工艺流程为“一留、二酵、三贮”。第 1 池将新鲜粪便和分解发酵的沉渣留下；第 2 池将从第 1 池流入的粪液进一步进行发酵和少量的寄生虫卵沉淀，使粪便进一步进行无害化处理；第 3 池贮存达到无害化处理后形成的粪便。该粪液含有大量易于农作物吸收的营养物质，是优质肥料，可直接作肥料用。

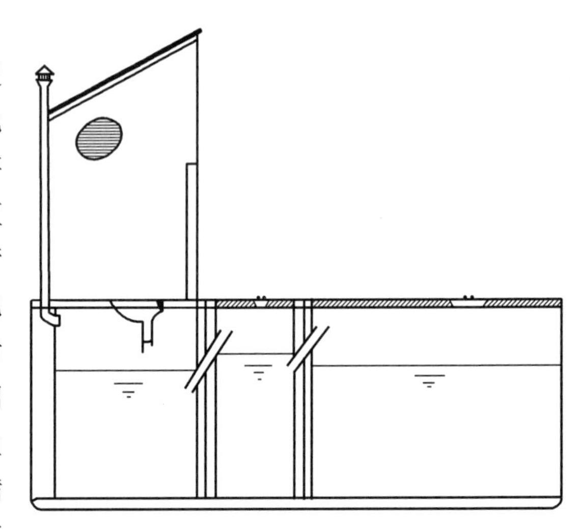

图 3-3　三格式化粪池示意图

目前乡村地区的化粪池常因以下三个问题导致三格式化粪池粪液的利用率低。一是部分农户化粪池粪液存储时间有限，无法达到无害化。农村地区厕改过程中化粪池式厕所使用的大部分是塑料化粪池，厂家在生产塑料化粪池时为规模化生产。但是不同农户家中人口数量不同，冲水设备也不统一，导致人口多或冲水量大的农户家中的化粪池不能达到 60d 处理时间，从而使粪液不能达到无害化标准。二是化粪池产生的粪液量达不到农业需求量。户用化粪池的规格不同于城市化粪池，目前广泛应用的户用塑料化粪池第三格的容积一般在 0.75m^3，储存的无害化粪液量较少，在大规模的农业生产中需要的肥料较多，户用化粪池每次储存的粪液量不能满足农业需求量。三是粪液抽取时间不是农业需求时间。户用化粪池粪液抽取周期较短，一般 1～3 个月粪液就要进行一次抽取。我国大部分地区农业生产是“一年两种”或“一年三种”，户用化粪池在粪液抽取时很可能在农业肥料不需求的时间段内，导致粪液不能及时利用。

针对上述问题，可以建立使用村级集中存储处理池对粪液进行存储处理，达到粪液的调节作用。在村级集中存储处理池的使用中，以村镇为单位，通过吸粪车或管网系统输送到调节池进行存储。在农业生产需要时，可将存储的粪液作为液体肥料应用于农业生产；在农业生产不需要时，如果调节池粪液存满，可以通过调节池后端的污水处理设备对粪液进行处理，处理得到的中水可以用于灌溉农田或直接排放。

2. 双瓮式化粪池

双瓮式化粪池（图 3-4）主要包括漏斗（即便池）、前瓮、后瓮、导粪管及活动盖板等几部分。人粪尿在前瓮发酵分解、沉淀，中层粪液流入后瓮进行进一步厌氧消化处理，达到粪便无害化处理。此外，由于传统双瓮式化粪池大多由水泥和砖建成，具有占地面积大、成本较高、密封性较差、渗透性大、用水量大等缺点，后多采用塑料材质。双瓮式化粪池造价低廉，其显著优点在于大肠杆菌杀灭率及寄生虫卵下沉率高，蚊蝇蛆虫进入前瓮后，在漏斗的作用下不易爬出，而自灭于前瓮内。近年双瓮式化粪池在应用中暴露的问题也越发明显。一是施工技术要求高，由于瓮的有效深度及瓮的密闭程度对寄生虫卵沉降效果及粪大肠菌群降解能力有较大影响，施工技术不符合要求很容易造成出水不达标。二是清掏困难，一方面双瓮式化粪池由于其结构的特殊性，农民无法自行清掏，另一方面由于该化粪池体积有限造成清掏间隔时间短，因此在实际应用中效果不理想。

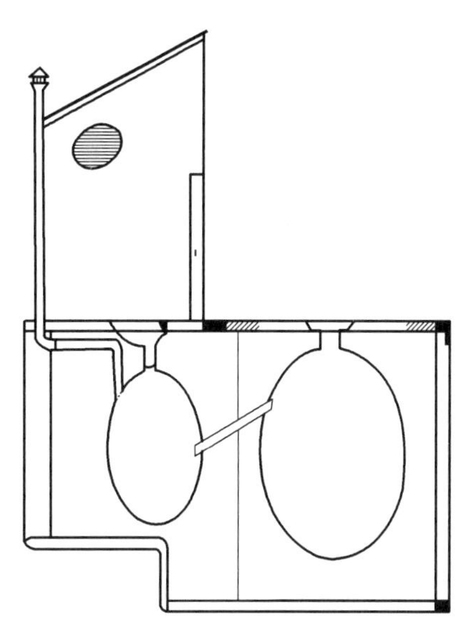

图 3-4 双瓮式化粪池示意图

化粪池在维护时应严禁在其上方堆压重物或停靠车辆。应定期检查化粪池周边是否有裂缝、地基沉降等问题，确保使用安全。化粪池启用前，应确认三格式化粪池第一池、双瓮漏斗化粪池前瓮的水位在距底部 1/3 处。应避免雨水及生活污水进入化粪池，确保粪便有效贮存时间。化粪池盖板、警示牌应牢固，防止人畜跌入。应定期对化粪池内的粪液、粪渣、粪皮等进行清理清掏。

3. 沼气式化粪池

沼气式化粪池（图 3-5）在贮存人畜粪便的过程也能够产生大量的沼气，利用沼气的可燃性可以进行发电等资源化利用。沼气式化粪池是在传统化粪池基础上进行改造，使其具备严格的厌氧环境，通过池中微生物厌氧发酵的作用将农村大量的人畜粪便转化为沼气。生活污水中的有机物经过厌氧微生物分解，大部分转换成甲烷和二氧化碳，进而达到部分去除污水中可生化有机物的目的，同时杀死污水的虫卵、病原菌等，还能获得清洁的能源，产生的沼渣、沼液可以用作肥料。调查结果显示，沼气式化粪池肥料利用的方法对 COD、TN 和 TP 的去除率分别达 87%、78%和 94%，而三格式化粪池的仅为 49%、7%和 24%。然而沼气式化粪池只能用于高浓度的粪便污水处理，对于混合排放的常规生活

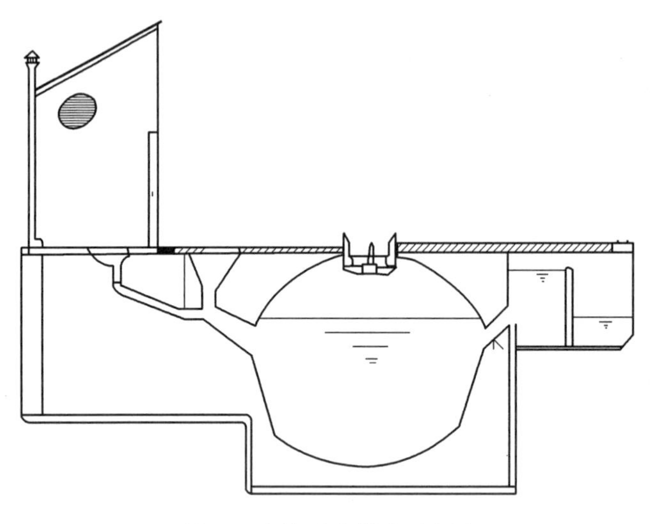

图 3-5　沼气式化粪池示意图

污水则不适用。

沼气技术又称分散型无能耗污水处理系统，是一种新型的污水处理系统。它是在我国各类化粪池和沼气池的基础上，借鉴日本、德国等国和我国台湾地区处理生活污水的经验而开发成功的以分散方式处理生活污水的工艺，其技术设计流程可参照图 3-6 进行。生活污水沼气池大体上由进水间、沉淀区、厌氧Ⅰ区、厌氧Ⅱ区、后处理区、出水间这几个处理单元组成。沉淀池主要截除和沉淀难降解的有机生活垃圾、较大固体颗粒等；厌氧Ⅰ区主要是厌氧消化有机物；厌氧Ⅱ区内一般设有软填料用作微生物载体，截除更多污泥，进一步降解有机物；后处理区一般设有填料及滤料，发挥兼性过滤作用，有利于降低出水中 SS 浓度，净化水质。厌氧净化沼气池在工艺流程上，主要有合流制工艺和分流制工艺。合流制是指粪便污水与其他生活污水合流进入池内，混合污水在后续处理段进行厌氧发酵；分流制是指粪便污水与其他生活污水分流进入池内，延长了粪便在池内的停留时间，更有利于杀灭有害微生物，卫生效果更好。目前实施的大多数池都采用合流制工艺，这样投资较省。

沼气池在维护时应定期检查沼气池的地基、稳定性、管道密封性，禁止在沼气池上方堆压重物。进料口、出料口、水压间和贮肥间的盖板、警示牌应牢固，防止人畜跌入。沼气池的接种物、发酵启动、大换料、发酵故障处理等应符合现行行业标准《农村户用沼气发酵工艺规程》NY/T 90 和《户用沼气池运行维护规范》NY/T 2451 的规定。严禁在沼气池导气管口试火，以免引起回火，导致沼气池爆炸。露天建设的沼气池，冬季应做适当的保温处理，可采用池外堆沤秸秆、覆盖柴草、塑料膜或塑料大棚等方式保温。沼气池的沼液、沼渣应定期清理。清理沼气池时，应保留池底污泥的 1/3 作接种物，其余清除的沼渣应经高温堆肥等方式进行无害化处理，处理效果应符合现行国家标准《粪便无害化卫生要求》GB 7959 的规定。避免对沼气微生物有毒害的农药、抗菌素、杀菌剂、杀虫剂或洗浴、洗衣水等物质进入沼气池。沼气池应定期检修等。应定期对粪便无害化处理效果进行

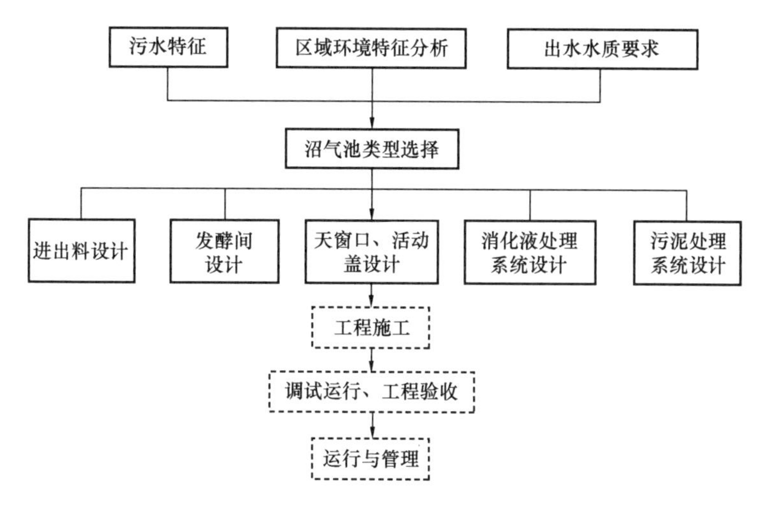

图 3-6 沼气技术设计流程图

监测，确保处理后的粪液、沼液符合相关标准的规定。在遇到化粪池、沼气池、厕坑坍塌或粪水外溢等意外情况时，应向粪液、沼液中加入足量的生石灰、漂白粉或含氯消毒剂等进行应急消毒处理，处理过程与处理效果应符合《消毒技术规范》的要求。

3.1.2.2 新型环保化粪池

新型环保化粪池包括填料型化粪池、集成式生物化粪池、生态节能型化粪池、升流式厌氧污泥床反应器型化粪池和净化槽。

1. 填料型化粪池

填料型化粪池是利用填料对常规化粪池进行升级，其中填料可供微生物附着生长，也可起到过滤效果，因此填料型化粪池内形成两个独立的单元：化粪池单元和填料单元。化粪池单元内发生沉淀、厌氧发酵作用，随后出水以不同方式通过填料单元，有机物再次被厌氧微生物截留（过滤）、吸附和分解，最后达到稳定化。在化粪池单元填充填料也是填料型化粪池的一种。化粪池单元内装有高效弹性填料，利用隔板分为多格式，微生物在填料上附着生长，从而使污水与微生物的接触面积增加，提高反应效率；出水在沉淀室内澄清后排出。

2. 集成式生物化粪池

集成式生物化粪池是用玻璃钢和增强塑料制作的圆桶形设备，内部设储粪仓和过滤仓，仓壁布满宜于生物挂膜的纤维和网状材料，组成多级生物膜法处理装置。粪污首先排入储粪仓，在微生物的作用下，经沉淀、初步酸化水解后，通过微生物载体构成的生物膜滤料滤入过滤仓，在过滤仓中逐级流动，反复过滤，使污水中的有机物得以沉淀、过滤和分解，产生甲烷、二氧化碳、氨、硫化氢等气体通过排气管排入高空。集成式生物化粪池把传统的调节池、沉淀池、发酵池和过滤池集成在一个容器里，污水的降解路线延长，出水杂质很少，且由于厌氧较充分，残留粪渣较少，氮磷也得到较好降解，净化效率提高。

3. 生态节能型化粪池

生态节能型化粪池上部顶板呈 2%的坡度，可以使逸出气体向污水井方向排至水面，由排气管进行有组织排气。生态节能型化粪池的下部设有水力排泥管和底部坡向排泥管，可以在重力作用下完成自动排泥，代替传统化粪池的人工清掏工作。密封构造既可防止上浮粪渣杂物堵塞进水管道，又对厌氧池起到密封作用，有利于粪便污水的厌氧发酵。通过厌氧过滤后的污水产生沼气可以回收利用。

4. 升流式厌氧污泥床反应器（UASB）型化粪池

升流式厌氧污泥床反应器（Upflow Anaerobic Sludge Blanket，UASB）是目前发展最快、应用最广泛的厌氧发酵反应器。UASB 型化粪池是荷兰 Lettinga 教授在 UASB 的原理基础上，对常规化粪池进行改进，即在常规化粪池的顶部设置气/液/固三相分离器，并且采用升流式进料，进而提高悬浮固体的去除率，也能提高溶解性组分的生物转化率。UASB 型化粪池较常规化粪池的有机物去除效率更高，可以得到更好的出水水质。UASB 型化粪池反应器的排泥周期较长，1～2 年清掏 1 次即可。近年来，真空厕所技术在全世界各地得到了较为广泛的应用，其利用排污管道内的负压差将粪尿和少量冲洗水吸入到收集箱内，与常规水冲厕所相比可显著节水 80%～90%。与常规生活污水相比，真空厕所收集的黑水属于高浓度粪便污水，其与厨余垃圾统称为家庭生物性废弃物。利用 UASB 型化粪池处理源分离收集的家庭生物性废弃物被证明是可行的，Kujawa-Roeleveld 等人利用 UASB 型化粪池对真空厕所收集的浓缩黑水进行处理，发现在 15℃和 25℃条件下，水力停留时间为 30d 时的 COD 去除率分别为 61%和 78%；Kujawa-Roeleveld 等人继续利用 UASB 型化粪池处理浓缩黑水与厨余垃圾混合物，发现 UASB 型化粪池的渣液分离效果较好，在 25℃条件下 COD 去除率可达 80%。

5. 净化槽

净化槽可以用于处理粪污，特别是在分散污水处理的情境下。净化槽是日本研发的一种分散处理污水的一体化装置，去除机理属于生物膜式，其形式多种多样，适用范围较广。净化槽作为一种较为成熟的分散污水处理设施，主要通过厌氧水解酸化和好氧生物降解作用进行有机物的降解。净化槽厌氧区厌氧发酵实现了将难溶解或不溶解的大分子有机污染物水解成可溶性的小分子污染物，从而提高污水的可生化性，为后续好氧生物降解提供了有力帮助。

净化槽工艺优点：基建运行费用低；适应性强，效率高；优化了生活小区周边水量维系；污泥利用率高；强抗震和抗灾性能；污染物去除率高。

净化槽工艺的缺点：无国家和行业标准。厂商自行生产，劣质材料造成处理设备跑冒滴漏、噪声、臭气问题严重；缺乏规模经济效益；生产规模和销售量不理想；缺乏国家级的技术评价体系。

3.1.3　收运

收集、贮存、收运和最终处置共同组成了一个完整的厕所排泄物处理系统。厕所排泄物收集与运输（以下简称收运），通常包括厕所排泄物收集阶段、厕所排泄物清运阶段、厕所排泄物转运阶段。厕所排泄物的收运系统是整个厕所排泄物处理系统的重要环节，也是厕所排泄物处理系统中耗资最大的环节。厕所排泄物收运的原则是：在满足环境卫生要求的同时，收运费用最低，并考虑后续处理阶段衔接，使厕所排泄物处理系统的总费用最低。厕所排泄物收运模式主要可按收集和转运运输的特征进行归类，即按收集特征分为分散收运和集中收运两类；按转运运输的特征，分为转运和直运两类。

3.1.3.1 抽粪车分散转运

1. 收运对象

目前农村地区化粪池厕所产生的粪渣和粪液一般是参照城市模式处理，但是大部分农村地区没有完整的地下排水系统，在农村地区建设地下管网系统和污水处理厂费用较高，并且距离城市污水处理厂较远。农村地区人居比较分散，抽粪车相比于管网建设价格较低，小型抽粪车灵活便捷，可以满足在大部分路况使用。

2. 抽粪车

对于沿用改造旱厕的农村地区，粪尿可采用人工和车辆清运的方式。在已实施的重力流尿液分离冲水厕的地区，尿液也多采用就地利用或车辆清运的方式。吸粪车是目前最常用的粪液与污泥收集运输的工具，吸粪车上装备有真空泵，可利用真空泵工作产生的压力差将粪便吸入罐体内。抽粪车按使用特点可分为自吸自排式吸粪车、自卸式吸粪车、吸粪洒水两用车和农用吸粪车。为了迅速有效地完成厕所排泄物收运工作，改善作业条件，避免厕所排泄物清运造成的环境污染，抽粪车必须满足经济性、可操作性、外观和环境 3 个方面的要求。经济性方面降低抽粪车的收集和运输成本，保证经济合理性。吸粪车必须适应装卸机械化的要求，配备与化粪池相配套的抽吸装置。此外，还要减少厕所排泄物收集和运输过程中的二次污染。

3. 中转运输

厕所排泄物中转运输是厕所排泄物运输处理系统中的重要环节，中转运输指的是吸粪车将厕所排泄物运输至转运站后，吸粪车中厕所排泄物转载至较大转运车，并由转运车将厕所排泄物送往处理场的过程。转运站的作用和功能可以归纳为以下几点：降低收运成本；集中收集和贮存来源分散的各种厕所排泄物；厕所排泄物的预处理。

3.1.3.2 管网集中直运

粪污管网集中直运是指将城市或地区的粪污通过管道系统直接输送到处理设施，而不需要经过中间的收集或转运步骤。这种系统通常包括下面几个关键组成部分：

1. 收运对象

服务家庭户数为 10 户以上，服务人口 50 人以上，污水量一般在 $5m^3/d$ 以上，网管设置在单户收集系统基础上，通过管道或沟渠将各户的污水引入污水处理设施。此类收集系统适用于整村、联村或新建农村生活小区的生活污水收集。集中式收集系统需要建立庞大的污水管网收集体系，若污水收集仍不彻底，粗放式的排放方式会使大部分生活洗涤用水和餐厨废水以及部分散养禽畜的粪尿直接渗入地下或排入沟渠。

2. 收运模式

采用管网收集运输化粪池粪液的方式有两种：重力管网输送系统和真空负压管网输送系统。

(1) 重力管网输送系统

重力排污系统是通过管网和地沟，将来自家庭、街道、工厂等处的所有固体及污水等混合物输送到远离城市中心的处理工厂。由于粪便易在管道内沉积聚集而堵塞管道，因此需要大直径的管道并采用必要的坡度向下均匀铺设，以利用固体物的自身重力及大量的冲刷水来获得一定的冲刷速度，使大块粪便破碎并与污水混合流动起来。针对广大农村地区比较复杂的地形地貌，粪污收集管网可采用直径50～160mm的PE管或PVC管，管网安装相对简单，可以与供水等其他管网同层铺设，铺设时对道路的破坏也非常小，适合农村的实际情况。在具体管网设计时，应根据村庄所处自然地理环境条件，人口规模、集聚程度、排水特点及排放去向、经济承受能力等因素来确定污水工艺路线和处理目标。应充分利用农村地形地势、可利用的水塘及闲置地，降低能耗，节约成本。结合当地农业生产，积极采取工程或非工程措施加强生活污水的源头削减和尾水的回收利用。传统重力排污系统存在的问题主要有：造成大量淡水资源的浪费；严重污染环境；系统的工程造价高；系统的普及受到较大限制；无法回收利用粪便中的氮、磷、钾等有用成分。由于冲刷粪便用水量较大，大量的水资源被粪便污染，并使得粪便中所含氮、磷、钾等营养物质被稀释而无法回收利用。同时，由于氮、磷是造成水体富营养化的主要物质，生活污水中的氮、磷必须通过深度处理才能去除，这就大大增加了处理费用。而且重力排污管网缺少污水处理系统，污水处理厂处理能力远远不够，大部分污水未经处理便排放到附近水域，对周围环境造成严重污染。此外，粪便污水是依靠重力排放的，需要一定的向下倾斜坡度，管径较大，开挖费用高。在地势平坦的地方还需要提升站，管网及设备费用高，进一步限制了冲水厕所的普及。

(2) 真空负压管网输送系统

与重力管网输送系统相比，真空负压管网输送系统具有管线的管径小、开挖面积较少，挖深较浅，工程施工成本低等特点，通过真空负压流，其管道内流速可达到5m/s，冲刷作用强，管路不易阻塞，并且受土壤地质条件和地下水位影响较小，对当地道路交通影响小。一套完整的真空排污系统由末端设备（真空便器及污水收集阀井）、输送系统（管网）和动力系统（真空站）组成。传统的室内及室外真空排水系统多采用液环式、滑片式及旋片式等类型的真空泵对真空污水收集罐及管网抽真空。但真空排污系统的设计仍为一种保守的静态设计方法，不可避免地具有一定的随意性，缺乏全局优化观念，影响稳定性及工程投资。特别是随着真空排污系统向更大流量、更长线路及更复杂化的方向发展，将带来一些新的问题。真空排导技术理论缺乏，需要进一步结合管道表面涂料研发、多相介质输送及场景模拟、输运理论研究，形成完善的输运技术体系及成套化设备。真空运输系统通过设在各污水收集井中的真空接触启动装置自动启闭来控制，在真空负压的作用下，污水可以分段被提升输送至污水处理厂。

3.1.4　处理/处置

3.1.4.1　尿液处理/处置

1. 尿液预处理技术

为满足抑菌、防沉淀、防止氨挥发、pH 稳定等尿液存储和运输的基本要求，脱水或稳定化预处理是必备环节。尿液脱水处理指通过蒸发浓缩技术和冻融技术实现尿液中溶质与水相的分离从而得到高浓度尿液的过程。蒸发浓缩技术利用尿液成分间的沸点差异，通过升温—降温—结晶法回收氮磷等营养物质。加热法是蒸发浓缩脱水最直接方法，但能耗较大。近年来，利用太阳辐射能和风力资源为尿液的低能耗原位脱水提供了新的方式。冻融技术即利用尿液内水的凝固点高于其杂质的特性，通过冷冻剂使水分首先冰晶而营养盐等仍呈溶液状态从而实现尿液脱水。Lind 等人发现尿液在－14℃下冷冻后可实现营养盐的高效浓缩率。冻融比蒸发浓缩的能耗更大，因此，该技术一般适用于寒冷地区或作为辅助技术。

2. 稳定化处理技术

为防止新鲜尿液水解和水解尿液内 NH_3 的挥发，需要对新鲜尿液采取稳定化处理措施。酸化即通过投加酸液方式改变尿液 pH（pH＝4.0）来防止尿液中的尿素水解。硝化处理即通过转化尿液总氨氮为 NO_3^--N 或者 NO_2^--N，来降低 pH 和总氨氮浓度（50%），抑制尿液 NH_3挥发。硝化处理可灭活尿液内病毒和致病菌。Kai 等人利用氢氧化钙稳定剂来抑制尿素酶水解。吕刚等人利用新型过氧化物对尿液进行电催化氧化实现了尿液稳定性。Jenna Seneca 等人利用木灰做预处理稳定剂开发了一种高氮新型肥料。

3. 尿液深度消毒技术

痕量污染物来源于人体代谢后的药物残留和激素类物质，其富集对环境和人体健康存在潜在危害。一般常采用电渗析、纳滤和高级氧化技术等尿液深度消毒技术控制这些痕量污染物。电渗析技术是利用选择性离子交换膜和直流电场的作用，实现尿液中带电离子组分和相对分子质量大的药物和内分泌干扰物的一种高效电化学分离技术。但高电能消耗以实现痕量污染物分离制约电渗析技术应用和发展。尿液内无机盐可以透过纳滤膜（0.5～5nm），从而达到痕量污染物分离去除效果。Ray 等人利用纳滤膜实现了尿液 90%的氨回收率。尿液中含有鼠伤寒沙门氏菌、大肠杆菌、沙门氏菌和微小隐孢子虫等多种致病微生物，有些微生物甚至对人体具有致癌作用，因此尿液中微生物灭活非常关键。目前常温储存是尿液中致病微生物去除的主要方法。研究表明，常温储存 6 个月以上尿液所含病原体基本全部失活（病毒对人体的健康风险系数降为 5.4×10^{-4}）。温度升高至 34℃以上也可显著提高致病微生物灭活速率和灭活率。另外向粪便中投加粉煤灰或石灰等碱性物质提高 pH（pH>11.3），可短时间内使粪便中的粪大肠菌群和蛔虫卵等致病微生物失活。

上面我们详细介绍了多种尿液处理/处置技术，为了便于快速了解本节的主要内容并区分不同技术的优劣，我们总结了上述常见的尿液处理/处置技术的特点，如表 3-1 所示。

常见的尿液处理/处置技术的特点　　表 3-1

尿液处理技术	目的	反应条件	预处理	产物	优点	缺点	成熟度
蒸发技术	存储运输，晶体回收	加热、太阳能、风能等	—	晶体	运维简单；回收物质丰富	成本高、氨挥发	成熟
冻融技术	存储运输	14℃以下	—	浓缩尿液	回收多种营养盐	能耗高	较成熟
稳定化处理技术	防止尿液水解和氨挥发	酸化、硝化、稳定剂	酸化、提高生化性	高氮肥料	提高尿液稳定性	—	成熟

3.1.4.2　粪便处理/处置

1. 堆肥技术

传统堆肥技术有好氧和厌氧堆肥技术，目前特种微生物降解技术、腐生性虫体堆肥等新型的堆肥技术也逐渐受到关注。

（1）好氧堆肥技术

好氧堆肥技术又称高温堆肥技术，好氧菌将粪便大分子有机化合物降解为小分子的葡萄糖、氨基酸和脂肪酸等，并最终转化为二氧化碳、水、氨气及无机盐，并且合成新的高分子有机物（腐殖质）。由于好氧菌对有机物存在有利竞争性，可抑制并杀死粪便中的致病性微生物，另外好氧菌可消除部分厌氧菌代谢产生的臭气，因此该技术减少了污染臭气的释放。好氧堆肥技术具有过程可控制、易操作、降解快、资源化效果好，无臭气产生、杀菌彻底等优点。但是由于好氧模式下降解有机物能力较厌氧模式差，一般情况下，粪便可以先厌氧堆置一段时间再进行好氧处理，这样的堆肥方式污染小且降解效果好。

（2）厌氧堆肥技术

厌氧堆肥技术多采取人工简单堆制，厌氧发酵菌在厌氧条件下将粪污中的有机质发酵降解为腐殖质等，并有时伴随沼气和氨等气体的产生，实现了有机肥和沼气的资源回收。另外粪污发酵反应产生的高温可以杀灭粪便内致病菌，实现粪污的无害化处置。厌氧堆肥式技术的弊端是发酵过程中易产生臭气污染（腐胺、尸胺及硫化氢等致臭气体）；制肥周期太长，占地面积大；致病菌不易杀灭。

（3）特种微生物降解技术

特种微生物降解技术由便器、生物反应箱、微生物菌剂以及辅料斗等辅助配套装置组成。其技术核心为降解菌（硝化细菌、反硝化细菌等）通过新陈代谢将粪便有机大分子逐步转化为二氧化碳、水等无机物，粪便减量化可达95%以上。该技术具有综合性能好、运维高效简单等优点，但其降解效率受温度、固液比例和专属菌种更换频率等条件限制。值得注意，高效特种菌剂研发将为高寒地区的厕所革命提供新机遇。

（4）腐生性虫体堆肥技术

腐生性虫体堆肥技术利用腐生性虫，蚯蚓、黑水虻和蝇蛆以有机粪便为食物同时消减粪便异味的原理，且可将餐厨垃圾、动物粪便、动植物尸体等腐烂的有机物转化为自身营养物质（优质蛋白）的特性，从而实现对粪便的高效处理。源分离蚯蚓堆肥厕所在运行成本、腐熟程度等方面均优于混合型厕所微生物堆肥厕所。该技术不仅可获得优质虫粪肥和蛋白虫饲料，而且可实现生物链条高效资源转化。

2. 热化学处理

粪便的热化学处理技术主要指的是干化焚烧发电技术、水热碳化技术和湿式氧化技术。

（1）干化焚烧发电技术

干化焚烧发电技术是利用焚烧炉余热烘干湿粪便，干化粪便（含水率 30%～40%）混合煤或其他废弃物进行焚烧发电，同时利用焚烧产生的热量对下批次粪便进行干化，从而形成循环资源化转化路径。该技术不仅实现了粪便无害化，而且粪便变废为宝，一方面可以通过焚烧产生电能，另一方面炉渣还可以作为土壤改良剂。此过程产生的二噁英、氮氧化物以及硫化氢等有毒有害气体是该技术的最大弊端。

（2）水热碳化技术

水热碳化技术是在 180～200℃高温条件下以水为反应媒介将脱水粪便（含水率低于 50%）炭化为气态、液态烃类物质的方法。碳化后粪便兼具热值高（19～20MJ/kg）和碳量高（40%）特性，可作电极前驱体；液态副产物可用来产甲烷（2.0L/kg 粪便），进而实现了粪便的无害化和减量化。但该技术反应条件和运维管理严格复杂，不仅需要高温高压且需要粪便脱水。

（3）湿式氧化技术

湿式氧化技术是指在高温高压下，利用氧化剂将水中的有机物氧化为 CO_2 和 H_2O 从而去除污染物的过程，具有适用范围广、处理效率高等特点。在黑水的湿式氧化中，厕所污水中的病原体可在该条件下灭活，有机物则可被转化为可溶解易降解的小分子，可同时实现黑水的无害化和污染物质的去除。来自新西兰皇家研究中心 SCION 研究所的 Andrews 团队采用该方法对户厕污水进行处理，所得产物主要为难溶无机沉淀和含有溶解性物质的液体。研究表明，该过程可将 90%以上的固体降解为溶解性物质，同时所得液体为无菌溶液。无机沉淀中含有大量的磷元素，可用作农田肥料，而液体中则含有丰富的氨和挥发性脂肪酸等。目前，湿式氧化技术尚存在能耗较高、运行不稳定、热量难以回收等不足，因此其发展与应用主要集中于工业废水物料回收等领域，且由于湿式氧化出水水质较差，维护难度和处理成本较高，因此该技术在小水量黑水处理中较为鲜见。

上面我们详细介绍了多种粪便处理/处置技术，为便于快速了解本节的主要内容并区分不同技术的优劣，我们总结了上述的常见的粪便处理/处置技术的特点，如表 3-2 所示。

常见的粪便处理/处置技术的特点　　表 3-2

粪便处理技术	目的	反应条件	预处理	产物	优点	缺点	成熟度
传统堆肥	腐熟回田	好氧或厌氧	—	农家肥	简单、成本低	耗时长二次污染	成熟
特种微生物降解	粪便高效降解	特种专属菌剂	搅拌	农家肥	运维高效简单	微生物菌剂环境适应性	较成熟
腐生性虫体堆肥	粪便资源化	腐生性虫及反应室	调质	虫肥及高蛋白饲料	资源化价值高	腐生性虫抗环境适应性	较成熟
厌氧消化产沼	粪便资源化	厌氧	—	沼气、农家肥	简单	产量低效	成熟
干化焚烧发电	粪便资源化	焚烧	脱水	电能、土壤改良剂	简单	二次污染	成熟
水热碳化	粪便资源化	高温高压	脱水	甲烷、碳材料	资源化价值高	运维条件苛刻	一般

3.1.5　利用

厕所排放的废水除了去除有害成分外，还可以从废水中回收丰富的资源（水、能源和营养物质）。但由于现在广大农村地区利用意识不强、缺乏相应技术支撑等，导致粪污资源化利用水平整体偏低，与农村生产生活脱节严重。处理粪污废水中的丰富资源，可结合营养盐资源化利用、多品类废料制备、污水处理回用等方面开展研究应用，进而实现生态增值和厕所系统的闭路循环。

3.1.5.1　还田利用

伴随着农村劳动力大规模的向城市迁移，持续了数千年的厕所粪肥还田历史似乎逐渐走向终结。在农村劳动力较为充沛、化肥价格相对较高的年代，农村家庭厕所产生的粪尿废物，与零散养殖的畜禽粪便一样是重要的农田肥料资源，人力清掏、三轮或板车运输、还田是最为重要的粪尿消纳和利用方式。随着经济条件改善，设施设备也逐渐丰富，传统厕所粪尿的消纳方式也随之发生变化，发展出两条主要的路径：一是少部分经济发达地区，移植城市的水冲厕所卫生设施和污水处理设施，以水为媒介，将厕所粪污输送至特定装置进行无害化处理，降低直接排放对环境尤其是水体可能造成的污染；二是使用旱厕或改良式旱厕的多数地区，以相对较低的费用雇佣人力清掏，清掏后的粪尿废物往往也一并委托处理。无论哪种方式，厕所粪尿似乎逐渐远离农民的自家农田，开始被当作一种“粪污”，而不再是一种传统意义上的肥料。

1. 尿肥

（1）沉淀结晶技术

沉淀结晶技术即利用磷酸铵镁或磷酸镁钾沉淀法使尿液中的氮、磷、微量重金属、激素药物以鸟粪石晶体形式析出。该技术不但可回收多种营养元素，且鸟粪石自身是一种天然缓释肥。该技术营养物质回收率较低，需要增加镁源（约占生产成本的75%）及磷源来提高鸟粪石回收率。有研究者将高镁含量的海水与尿液混合沉淀，实现了高95%的磷回收率。但是对内陆地区还需要进一步研发其他低成本的沉淀剂。

(2) 吹脱吸收技术

吹脱吸收技术（包括鼓风曝气吹脱—酸吸收法和热蒸汽气提—冷凝法）是依据亨利定律和传质理论，在碱性条件下（pH>12），通过鼓风实现尿液中氨的气液相分离的技术，充足的空气流量［14L/(min·L)］可实现97%左右的氨回收率。吹脱吸收技术可实现从尿液中回收纯氨，但是回收的氨为不便于储存与应用的液态硫酸铵或氨水，且运行耗能较高。因此，将吹脱吸收技术与生物燃料电池、太阳能蒸发脱水等技术相结合将是低耗节能易可推广的技术模式。

2. 粪肥

我国利用粪便作有机肥料已有悠久的历史，粪便无害化处理是一种除害兴利的措施。利用沼肥发展优质水果和蔬菜等农产品，沼气池起着连接养殖业与种植业、生活用能与生产用肥的枢纽作用。处理后的粪便常用作饲料，例如，蝇蛆处理后的粪便与常规堆肥的粪便相比具有同等肥力，蛆粪有机肥对玉米真菌病害及线虫具有较好的防治效果，能提高植物的品质。蚯蚓处理的粪便同样可以用来饲养蝇蛆，获取优质的蛋白质，并且蝇蛆中含有的抗菌肽，可以提高被饲养动物的抗病能力，减少养殖成本。粪便养鱼主要是直接把粪便倒入鱼塘作为鱼的食物，朱海源等人选用含40%热喷鸡粪的饵料配方，把饵料投入网箱中喂养鱼类，节约了50%的商品饲料。处理后的粪便还能用于光合制氢。张全国等人探讨了畜禽粪便污水浓度对植物光合制氢的影响，将光合制氢技术与畜禽粪便污水处理有机地结合起来，既能产生洁净的氢气，又能改善生态环境，使畜禽粪便得到资源化利用。

粪便处理多样化是我国粪便处理的现状。但粪便处理较为复杂，存在各种处理方法相互融合的现象，如生物处理往往会有微生物发酵、物理方式和化学处理参与其中。粪便不同的处理方式产生的经济效益不同，各有特点。生物处理可以获得优质的蛋白质、脂肪和优质有机肥，同时减轻粪便毒性，使土壤保持肥力。微生物发酵处理主要是杀死致病菌和分解有毒、有害物质，生物处理和微生物发酵处理都可以获得优质的有机肥。发酵处理还可以用来培养食腐生物，最终产物还田；物理处理可以对粪便进行集约化处理；化学处理主要是将粪便用于燃烧发电，或粪便通过酶处理后发酵乙醇等。粪便的单独使用往往难以达到理想的效果。所以，粪便的处理主要根据用途及粪便的成分采用联合的、系统的、特异的处理方式。

3.1.5.2 能源利用

1. 沼气资源化利用

当前适用于规模化、商业化沼气工程的沼气高值利用技术主要包括沼气热电联产技术和沼气提纯生物天然气技术。

(1) 沼气热电联产技术

沼气发电过程除产生电能外，还产生了大量热能，沼气热电联产机组通过连接换热器、余热锅炉或溴化锂机组等不同换热、取热、制冷设备，将热能进行回收，充分用于供热或制冷，提高沼气的能源利用率。因此沼气热电联供是沼气发电高值化利用的重要途径之一，选择高效、自动化程度高的热电联产机组是保证沼气发电高值化利用的关键因素。

（2）沼气提纯生物天然气技术

沼气提纯是将沼气中甲烷（占 50%～70%）、二氧化碳（占 25%～40%）及其他杂质气体分离，制取生物天然气的过程。产品气（生物天然气）的甲烷含量、热值等是决定生物天然气市场价值的关键。另外尾气主要成分二氧化碳，是一种可回收、可利用的资源，通过回收高纯度的二氧化碳，可提高沼气提纯项目经济性，或者尾气达到环保排放标准，无需二次处理。

2. 沼液资源化利用

沼液可以通过直接还田的方式进行利用，是一种低成本的沼液利用模式，有利于推进局域“果—沼—畜”生态循环农业发展，但规模化沼气工程周边的土地面积往往无法满足沼液的消纳需求，使局域性及季节性沼液大量过剩。沼液资源化利用技术主要包括沼液膜浓缩技术和沼液浓缩产品高值化开发技术。

（1）沼液膜浓缩技术

沼液膜浓缩技术能回收沼液营养物质、分离水分，拓展沼液应用范围，解决沼液直接还田存在的问题，并提升沼液利用价值。沼液膜浓缩技术主要存在膜污染问题，为解决或缓解膜污染，需要根据不同沼液的实际情况确定与选择相匹配的预处理工艺及膜组合。某企业通过研发高效低耗的生物水解预处理技术，在国内率先解决了工程中膜系统易堵塞的难题，其主要通过调控生物水解参数，使沼液中大分子与胶体物质被分解与打破，减轻后续膜堵塞、提高系统运行稳定性，同时改善了沼液特性，浓缩后沼液更利于被作物吸收。预处理过程无需添加任何外源物质（如絮凝剂），保持沼液原有营养体系，且较机械预处理方法耗能更低。

（2）沼液浓缩产品高值化开发技术

某企业在国际上首次以沼液浓缩液为原料开发了标准化的高端液体有机水溶肥产品，包括作物专用叶面肥与冲施肥、药肥增效剂等系列产品，产品已获农业农村部颁发的有机水溶肥料及微量元素、含氨基酸、含腐殖酸水溶肥料等肥料登记证，显著提升了沼液可利用价值及效益。

3. 生物质燃料

许多学者在尿液中种植状莴苣、空心菜和藻类等植物实现了从尿液中摄取 N、P、K 等营养物质。由于微藻生长速率快且可富集脂肪和碳水化合物，尿液培养藻类成为当前研究的热门。Rawat 等人在废水中培养微囊藻，并成功将其生物质转化为可持续的生物燃料。Behera 等人发现优化后的稀释尿液培养基有利于微藻积累更高的脂质。培养条件差异（特别是氨氮）影响微藻生长，因此优化微藻培养条件并寻找氨氮耐受性强的高产优质微藻是未来的研究趋势。

4. 微生物燃料电池电能转化技术

微生物燃料电池电能转化技术是一种利用微生物将尿液中有机物将化学能直接转化为电能的装置。利用该技术从尿液中直接回收电能的研究在近几年才有报道。Ioannis 等人利用尿液作为燃料制作了多组小型生物燃料电池并实现了电能的转化。但是，利用微生物燃料电池从尿液回收电能的转化率和产电速率有待进一步提高。磷酸铵镁沉淀技术和氨吹脱技术与生物燃料电池技术联合可进一步高效回收尿液资源和能源。

5. 微生物蛋白质转化技术

微生物蛋白质转化技术是利用源分离尿液中回收的氨氮制备微生物蛋白（Microbial Protein，MP）可解决常规植物和肉类蛋白质低氮利用率和高能量需求的问题。Christiaens 等人利用电化学电池技术处理水解尿液，同步实现了氨氮和 MP 回收。但此技术耗能高，研究仍处于理论研究阶段。

3.2 乡村厕所的“三生融合”理念

3.2.1 三生融合与乡村厕所的关系

3.2.1.1 “三生融合”的理念

学者比尔·莫里森通过将“生产、生活、生态”融为一体，来建立一个可持续的人类永久文明。1998 年，日本的学者则提出了三种生态村模式，包括大城市边缘区、典型农业区和偏远山区，他借助村庄自身或与周边环境构建生态系统，以实现可持续发展的目标。我国台湾地区学者率先提出了“生产、生活、生态”三生功能，这一概念在 20 世纪 90 年代的我国台湾地区农业领域得到了广泛应用。我国台湾地区颁布了一系列政策，强调实现“三生平衡协调”和“三生一体”，以推动乡村的可持续发展。这一理念主要强调农业、农民和农村之间的紧密关系，成为农村可持续发展的基本框架。“三生融合”意味着在一个地区的所有发展活动都应当同时实现自然生态的改善、人民生活水平的提高以及经济生产的发展。

卫生环境与人类健康密切相关，是社会精神文明进步的重要体现。乡村厕所革命旨在解决“三农”问题，即“农业落后、农民收入低、农村环境差”，助力实现乡村振兴。在这个过程中，强调了“三生融合”发展理念。“三生融合”发展理念包括了厕所产业的发展，也涵盖了生态环境和生态文明的建设。良好的生态环境有助于产业的升级和发展，产业优化和环境保护相互促进，形成了良性循环。综上所述，生产发展是乡村厕所革命的基础条件，而生态良好则是厕所革命的重中之重。

“三生融合”理念不仅仅是提升农业水平和改善农村生活质量，还包括了农村生态环境的可持续建设，以确保全面而可持续的乡村振兴。

3.2.1.2 “三生融合”与乡村厕所的关系

在乡村厕所系统中，粪污的产生、收集、处理和再利用形成了一个封闭的循环过程

（图 3-7），这正是“三生融合”理念的最佳体现。在这个过程中，“生产、生活、生态”三者相互交融，实现了物质资源的循环利用，既解决了乡村厕所的卫生安全问题，又美化了乡村生活环境，保护了农村生态安全。

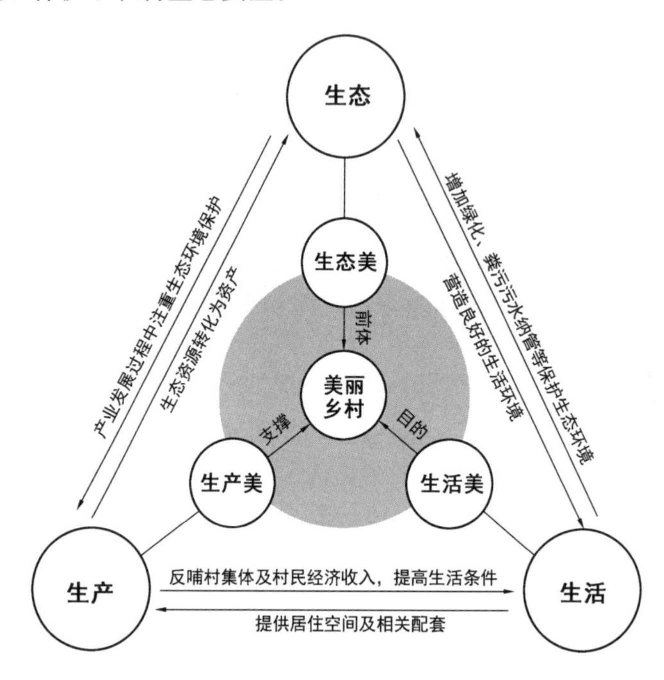

图 3-7　“三生融合”与厕所革命的关系

3.2.2　我国乡村厕所“三生融合”的现状

3.2.2.1　生产上，粪肥产业链利用低效，有待挖掘

我国拥有丰富的粪肥资源，为粪肥产业的发展提供了坚实的基础，但我国的粪肥企业在生产技术方面尚未达到国际领先水平，特别是在粪肥的无害化处理方面，存在重金属元素含量、抗生素以及病原微生物残留等问题。这些问题导致了商品粪肥在市场上的竞争力不足。

粪肥的生产技术需要不断提升产品的科技含量。传统粪肥在外观、气味、体积和肥效等方面存在问题，只有优质、高效、方便使用的粪肥产品才能在市场上具有竞争力。目前，粪肥企业的生产条件差异较大，产品技术水平也存在差异。一些企业技术实力相对较弱，缺乏足够的技术人员，生产设备简陋，生产工艺滞后，工艺控制不严谨，检测手段不够完备，会导致不合格的粪肥产品出现。

粪肥企业在社会化服务方面也还存在不足。社会化服务在联系肥料企业和农户之间扮演着重要的角色。但在我国，粪肥企业的社会化服务体系尚未完善。测土配方指导和精准施肥是农化服务的关键要素，然而目前企业尚未进行充分的试验来深入了解粪肥对地区土壤和作物质量的长期影响。此外，商品粪肥企业还需要建立更加完善的服务理念，以满足消费者的需求。国际知名品牌不仅关注产品质量，还注重提供周到的配套服务，真正实现产前和产后的全方位定制服务，以提高农民的种植效益。以企业为主导的农技推广和农化服务不仅可以高效地满足农户需求，还可以有效提高农户对品牌技术的认可度，培养忠实顾客。

3.2.2.2 生活上，如厕品质较低，有待提升

从基础设施的角度来看，乡村厕所改造是一项长期而艰巨的任务，必须有足够的资金支持。一些农村厕所改造项目面临着资金来源有限、筹资渠道不畅和投入保障机制尚不完善等问题，这导致了改造工作的难度。此外，一些改厕项目中，技术人员的技术水平参差不齐，建造的卫生厕所质量存在问题，这也严重削弱了农民改厕的积极性。目前，我国的农村厕所改造主要采用了三格式化粪池厕所的形式。这种形式具有处理效果好、占地面积小、卫生环保、使用方便等优点。然而，它也存在一些缺点，例如适用范围有限，更适合于液态粪肥地区，进粪管可能堵塞，影响了长期使用效果，而且配套的三格式化粪池造价较高，影响了推广建设。此外，水冲式厕所在已有排水管网的村庄得到较多应用，但它目前不适合广大农村的普遍推广，因为农村自来水供应和污水管网建设水平较低，这直接制约了水冲式厕所的发展。改善农村自来水供应和污水管网覆盖是一项巨大工程，需要大量资金投入，而粪便与污水管网的统一处理也会给污水处理厂带来巨大压力。在乡村厕所改造的早期阶段，沼气式卫生厕所得到了较多的推广。这种卫生厕所将畜舍、沼气池和厕所一体建设，通过厌氧处理粪便，产生沼气，并通过厌氧发酵处理可以杀死粪便中的病原菌。沼气式卫生厕所可以无害化处理粪便，同时利用沼渣、沼液等剩余物作为农田肥料。然而，它的造价较高，技术要求较高。鉴于不同地区具有不同的地形、经济条件和人员情况，各种类型的厕所在实际使用时各有优缺点。因此，在推广过程中应根据实际情况，让农民自愿选择适合他们的类型，而不是采取一刀切的做法。同时，应对现有类型进行优化设计，以更适合我国的推广需求，提供更优惠的价格和更便利的使用方式，赢得民众的好评。

从教育层面来看，由于地理条件和经济发展的不平衡性，各地农村在居住环境、文化素质和风俗习惯等方面存在着较大的差异，这导致了卫生厕所的普及在一些地区仍然面临着一些困难和问题。如在一些偏远地区的农民，由于卫生意识淡薄，对卫生厕所改造的必要性和社会影响认知不足，再加上传统观念和生活习惯的影响，他们仍然习惯于使用露天厕所，不愿意积极配合改厕工作。另外，卫生厕所的改造需要相当数量的资金投入，对于经济发展水平较低的地区的农民来说，这是一笔较大的负担，也对改厕的积极性产生了不利影响。对于一些生活条件较好的地区，很多农民在外长期打工，有了足够的收入后，更愿意将资金投入到城市购买商品房，而不愿意投入农村的卫生厕所改造中。此外，留在老家的农民的观念相对较为保守，部分有改造意愿的人可能缺乏改厕所所需的能力，来应对大规模的拆除和建设工作。这种现象产生的原因在于宣传工作不足，群众对卫生厕所改造带来的经济效益和卫生效果了解不够，对相关补贴政策存在疑虑，对无害化卫生厕所的长期使用性能持观望态度。

在规划、管理和监督方面，农村改厕工作尚未建立有效的监管机制，这引发了多方面的问题。第一，改厕项目的资金使用缺乏有效的监管，导致无法充分发挥其最大的效益。

第二，改厕工作涉及多个部门，当问题出现时，各部门之间往往相互指责和推诿，难以及时解决，从而导致改厕工作的顺利推进受到阻碍。第三，卫生厕所的设计、施工、效果和效益等方面缺乏专门机构制定验收标准以进行评估。对粪便无害化处理效果未能进行科学评估，这导致一些在建卫生厕所未能达到合格标准，从而造成资源的浪费。

3.2.2.3　生态上，粪污污染破坏生态，有待改善

《乡村振兴战略规划（2018—2022 年）》提出，推进厕所粪污无害化处理和资源化利用。《关于推进农村“厕所革命”专项行动的指导意见》也指出，应积极推动农村厕所粪污资源化利用，鼓励各地探索粪污肥料化、污水达标排放等经济实用技术模式，推行污水无动力处理、沼气发酵、堆肥和有机肥生产等方式，防止随意倾倒粪污，解决好粪污排放和利用问题。《关于切实提高农村改厕工作质量的通知》提出，不能就改厕搞改厕，要优先解决好厕所粪污收集和利用去向问题，与农村生活污水治理有机衔接、统筹推进。

3.2.3　乡村厕所“三生融合”途径构建

乡村厕所的“三生融合”途径的构建如图 3-8 所示。首先，必须做好政策的顶层设计，确保政策支持和引导的有效性。其次，要确保农民在厕所改造中拥有主体地位，他们的需求和参与必须得到充分尊重和关注。同时，需要转变主导思想，完善产业结构，发展粪肥产业链，以实现资源的循环利用。此外，规划和监管机制的发挥也至关重要，需要引导和监督改厕工作的有效推进。最后，对生产、生活、生态三要素的科学配置和合理重构也是实现“三生融合”的关键步骤。

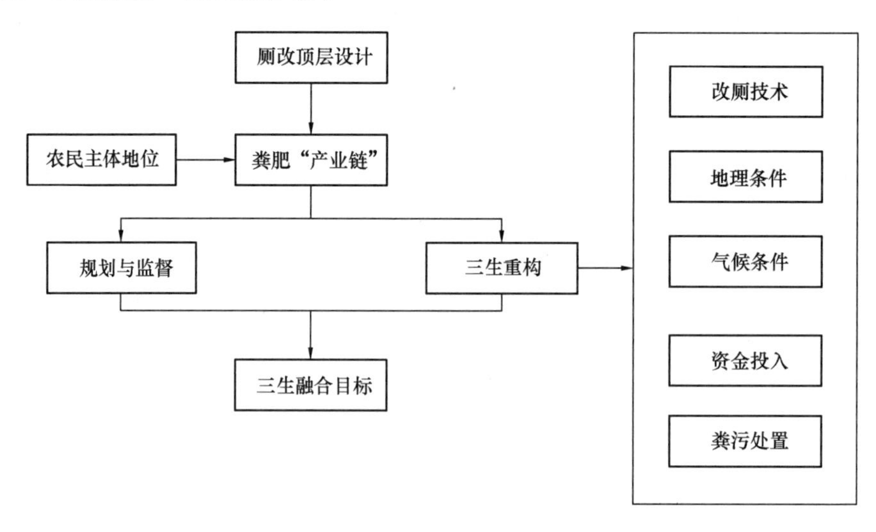

图 3-8　乡村厕所“三生融合”途径

3.2.3.1　做好政策顶层设计

由于区域发展不平衡，实施“三生融合”措施在不同地区应采取因地制宜的方法，特别是在厕所改革方面。政策的顶层设计至关重要，但必须避免一刀切的做法。相反，应根据不同地区的乡村发展差异，精准施策，选择适合各地的“三生融合”模式。这种差异化

的方法将有助于更好地满足各地的需求并提高改革的有效性。

3.2.3.2 确保农民在厕所革命中的主体地位

厕所革命的目标是正确处理人与自然、人与生产之间的关系，以促使经济发展与生态保护、民生改善相互促进。最终的目标是提高农民的生活质量。因此，在厕所革命的背景下，实现三生融合应强调农民的关键作用，突出农民的主体地位。确保农民的主体地位意味着提高农民对乡村振兴的认识，激发农民在提高农业生产、改善农村生态环境和提升生活品质方面的积极性、参与性和主动性。

3.2.3.3 转变主导思想,完善产业结构,发展粪肥产业链

以生产为主导的发展理念偏重短期经济效益，缺乏与生活和生态的协调一体化发展战略以及长期有效的管理机制，这制约了乡村振兴的进程。因此，在思想上，协同视角的三生融合需要从以生产为主导转变为三生融合发展。要实现三生融合，需要在生态环境保护的基础上，以厕所粪污为切入点，引入绿色产业和迁移污染产业，优化产业结构，以实现产业发展与生态建设的相互促进。例如，山东省临沂市罗庄区在厕所改造方面倡导人与自然和谐共融，以可持续发展为目标，将生产、生活、生态三生要素与厕所管护、农家肥生产、生态农产品基地、电商推广有机结合起来，不仅提高了当地农民的经济收入，还改善了生态环境，提高了农民的生活品质。

3.2.3.4 充分发挥规划引领与监管作用

目前，一些乡村改厕项目存在着乱象，主要是由于规划和监管不足所致。规划在实现三生融合的过程中不仅是一个指导性的框架，还需要具备高度专业性和多元融合性。从改厕的角度来看，三生融合规划应以粪肥产业的发展为核心，以生态环境的保护为基础，以提升农民生活品质为最终目标，构建一个综合性的三生厕所系统。实现三生融合规划要在统筹考虑生产、生活、生态三个方面的基础上，运用新技术和新理念，优化乡村改厕计划，高效利用厕所粪污，保护水环境，实现各要素的协调发展。

3.2.3.5 对生产、生活、生态三要素进行科学配置与合理重构

实现三生融合的要素配置需要综合研究和整合生产、生活和生态等方面的因素。其中，资金投入是三生融合发展中最突出的问题之一。目前，农村改厕项目的资金主要依赖于政府拨款和社会捐款，市场机制的引入相对较少。这种资金来源不足导致了改厕项目的执行力度不够，进展缓慢。因此，为了加速农村改厕工程的进展，需要积极探索引入市场机制，采用政府主导、市场运作的方式，吸引社会资本和各界力量积极参与乡村振兴的共建共享模式。同时，还应加强对项目执行者的专业培训，提高他们的技术水平，以确保改厕工程的质量和效率。

3.3 乡村厕所生态链区域特色及典型模式

乡村厕所生态链区域特色和典型模式是指在乡村厕所建设和管理方面，各地根据当地的环境、文化、经济等特点，发展出不同的特色和模式。

3.3.1　污水管网十集中/分散式处理设施十达标排放/湿地净化

3.3.1.1　典型乡村厕所闭路循环生态链

县级财政投资建设农村公共厕所、污水管网和污水处理设施等。乡镇是农村公共厕所长效管理的责任主体；行政村是监管主体；保洁员是具体责任主体，负责农村公共厕所日常保洁、厕具维修、管道维护等。农村公厕、户厕粪污经化粪池沉淀后，与厨房污水、洗涤污水等其他生活污水统一纳管接入污水处理设施集中处理，达标排放或浇灌林地等（图 3-9）。

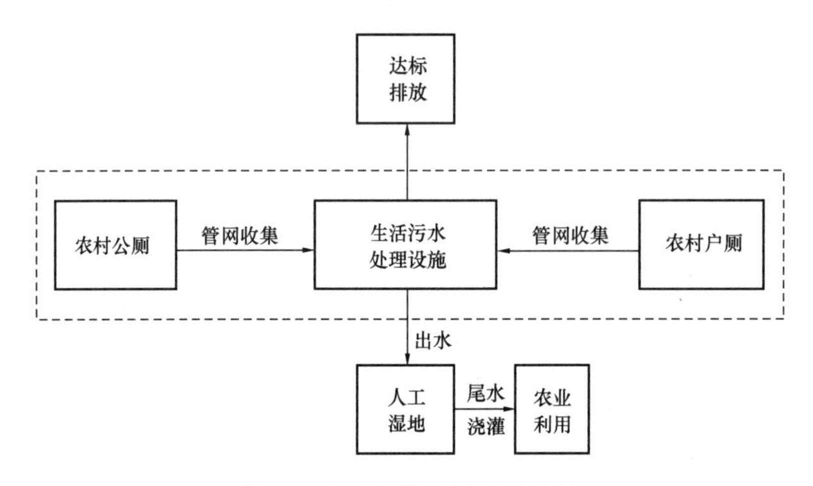

图 3-9　乡村厕所闭路循环生态链

3.3.1.2　典型案例

1. 河南省安阳市汤阴县：水冲式厕所＋污水管网＋模块化污水处理系统

河南省安阳市汤阴县共完成农村厕所无害化改造 5.3 万户，新建镇村公厕 46 座，以三格式化粪池和“水冲式厕所＋污水管网＋市政管网或模块化污水处理系统”为主。汤阴县古贤镇南士昌村耕地面积 96.73hm^2（1451 亩），下辖 7 个村民小组，常住户 375 户。每户的粪污将通过直径 110mm 的 PVC 管排入各家门口的沉淀井，然后进入直径 200mm 的村级支管网，再排入直径 400mm 的村级主管网，最终接入镇上的市政污水管网。结合城乡总体建设规划，确立了三种改厕模式。一是对城市污水管网可覆盖到的县城周边农村，采取户建水冲厕所、村铺设污水管网连接市政管网模式，如古贤镇大朱庄村；二是对集镇所在地和经济基础较好的村，采取户建水冲厕所、村建污水管网和污水处理站模式，如古贤镇南士昌村；三是对经济状况及基础设施条件较差、人口少、不具备污水集中处理条件的村，推广使用三格式化粪池厕所等。

2. 上海市崇明区：管网集中收集＋净化槽加活性生物滤床分散式农村生活污水处理设备＋达标排放

居住分散的地区选择使用了中国中车集团有限公司开发的净化槽加活性生物滤床分散式农村生活污水处理设备。净化槽布点靠近农宅，占地面积小，户均管线铺设短，全地理，实现污水全收集全处理；居住密集的乡镇，选择上海电气集团股份有限公司的集中式处理站。经由集中处理集装箱的生物处理、吸附除磷等“动作”后，出水水质稳定达到“一级 A”标准。

3. 北京市农村公厕：真空排导技术

朝阳区太阳宫乡牛王庙村的新改建公厕首次试点应用了真空排导技术，既环保节能又高效干净。这座公厕主要服务周边牛王庙村、部分新建小区的2000余位居民，还有过往路人。这座新建公厕的高效节能冲洗，是因为采用了真空排导技术和新型在线式真空集便器系统，利用真空负压原理，对卫生间污水分类收集，不仅一次用水量仅为传统冲水系统的1/12，还能同时将臭味儿一并吸走。另外，市级重点在大兴区魏善庄镇李家场村进行“真空排导污水管网式改厕”试点，在房山区十渡镇西太平村进行“小型一体化生物处理式”试点。

3.3.2 分散收集+大小三格式化粪池两级处理+湿地净化/还田利用

3.3.2.1 典型乡村厕所闭路循环生态链

县级政府投资建设大小三格式化粪池、污水管网、污水处理站。县、镇统一购买吸粪车，组建服务队伍，为农户义务抽取粪污，有偿提供给种植企业（或大户）使用。对铺设管网、建设大三格式化粪池的村，如果厕所粪污与厨房污水、洗涤污水等其他生活污水混合的，经大三格式化粪池处理后，进入污水处理站或人工湿地，达标排放；如果厕所粪污单独处理的，经管道或抽排设备转运至大三格式化粪池处理，粪液就地就近就农利用（图 3-10）。

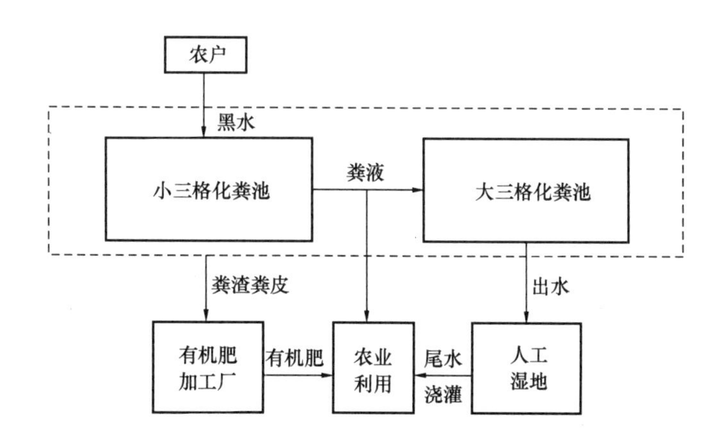

图 3-10 乡村厕所闭路循环生态链

3.3.2.2 典型案例

1. 山东省临沂市黄山镇：收集+厕所及养殖场粪污三级发酵池预处理+二级发酵池+农家肥还田

黄山镇粪污预处理点是罗庄区最早建设的粪污预处理点，粪污处理能力不但覆盖全镇

7000 多户厕改户，还可以对周边养殖大户产生的粪污实施处理。粪污预处理就在三级发酵池中进行，采用自然发酵和生物菌发酵相结合的方式。三级发酵池有三个连通的池子，抽取的粪污由第一个进料口进入，经过大约 7d 的发酵处理，自流到二级发酵池中，此时的粪水可用来给茶园、果树等施肥，再经过约 7d 时间，可以自流到三级发酵池中，此时粪污已经发酵很好，是天然的农家肥，可供小麦、红薯、玉米、花生等多种农作物使用。此外，粪液也能够实现干湿分离，生产成肥料再进行销售。生物肥已经过罗庄区检验检测中心检测，重金属残余和菌落数等均符合相关技术标准。

2. 山东省泰安市新泰市：抽粪车分散收集＋三格化粪池或双瓮式＋粪液收集中转站或粪便处理点＋有机肥

该示范涉及羊流镇全镇下辖 90 个行政村，人口近 10 万人，共有 1.8 万户进行了厕所改造。为解决改厕后厕具维修难和粪液清运难问题，该镇以政府购买社会服务的形式，购置小型抽粪车 10 辆、厕具配件 200 套，委托专业公司为农民群众清运粪液及维修厕具。以每台抽粪车每天 320 元的成本（包含人工费、燃油费、修理费、保险费等），将全镇卫生厕所的粪便清运任务承包给专业公司，每年清运和维修费用总计 120 万元左右，既减轻了农民群众负担，还节省了相关费用。

羊流镇建设了 8 处粪液中转站，年转储粪液 3.6 万 m^3，粪液储存二次发酵 2～3 个月后按 5～10 元/m^3 卖给当地发展高效农业的承包大户，每年可产生直接经济效益 18～36 万元。考虑到绿色有机产品的价格因素，有机肥替代化肥的环保效益，每年间接经济效益可达 60 万元。楼德镇东岭村立足蔬菜产业发达、有机肥需求量大的实际，建设粪液处理站 1 处，粪液经处理后直接还田利用。泉沟镇徐家塘村实行改厕与沼气利用相结合的模式，得到了群众的普遍认可。

此外，新泰市还与部分农业企业探索建立有机肥堆肥厂，接纳粪液粪渣。据了解，新泰市全年蔬菜播种面积达 2000hm^2（30 万亩），按每亩施有机肥 0.5t 计算，共需 15 万 t；全市茶叶种植面积达 1666.67hm^2（2.5 万亩），按每亩施有机肥 1t 计算，共需 2.5 万 t；全市经济林总面积达 25200hm^2（37.8 万亩），按每亩施有机肥 0.8t 计算，共需 30 余万 t，有机肥市场前景广阔。在羊流镇惠美农牧有限公司，一处总投资 1500 万元、日处理粪便能力 100m^3 的有机肥厂正在试运行，新鲜粪便经过处理后，形成达到绿色无污染标准的液体、固体有机肥。现在，周边村所抽取的粪液暂时无偿提供给有机肥厂使用，颗粒有机肥市场价格为 1600 元/t，液体有机肥价格为 760 元/t。固态有机肥按日生产能力 10t 计算，年产值 584 万元；液体有机肥按日产 14t 计算，年产值约 388 万元。羊流镇可收集的粪液产出量约为 3.6 万 m^3/a，若全部加工成有机肥后年产值可达 1300 余万元。

3. 湖南省祁阳市：分散收集＋三格式化粪池＋人工小微湿地处理模式

潘市镇龙溪村黄家院上、中、下 3 个小微湿地单元总面积 7000hm^2（10.5 亩），以小块状混种美人蕉、鸢草、花叶芦竹等湿地植物，年处理污水负荷可达 10.95 万 t，能够充分净化处理生活污水。偏僻的散户厕所污水处理采用：三格式化粪池＋人工小微湿地处理模式（四格式）。安装三格式化粪池时，在最后一格储粪池旁边挖坑建第四个池，打造一个人工小微湿地环境。厕所污水经三格式化粪池处理后，流入第四格处理后达标排放。

4. 浙江省衢州市常山县：三格式厌氧池＋生态池＋自建污水处理系统

常山县在户厕改造上，实现了困难群众厕改率 100％、农村旱厕拆除率 100％两大目标。针对公厕“脏、乱、差、偏”等痛点难点，借鉴“河长制”，在全省首创并推行公厕“所长制”，持续三年深入推进农村公厕建设与管护工作。

5. 湖北省襄阳市枣阳市：大、小三格式厌氧池＋还田利用

枣阳市建设 3882 户小三格式化粪池、35 个村级大三格式化粪池、35 处人工湿地和 10 座农村公厕。在处理利用方面，厕所粪污进入小三格式化粪池处理后，部分还田利用；部分与其他生活污水一并进入村级大三格式化粪池处理，出水可进入人工湿地深度净化，达标排放或景观利用。大小三格式化粪池清掏出的粪渣、粪皮与畜禽粪污、秸秆、有机生活垃圾等农业农村有机废弃物一起堆沤成农家肥，或转运至有机肥企业用于肥料生产。该模式改变了过去农村厕所臭气熏天、污水横流靠蒸发的状况，当地 2 万多农民的生活品质发生了翻天覆地的变化，农民群众获得感幸福感明显增强。

3.3.3 集中/分散收集＋大三格式化粪池/污水集中处理站＋湿地净化/达标排放

3.3.3.1 典型乡村厕所闭路循环生态链

县级政府投资建设大小三格式化粪池、人工湿地等设施，配备吸粪车辆。厕所粪污即黑水经小三格式化粪池处理后，部分达到无害化处理要求的粪液可就地就近就农利用；其余部分经过管网与厨房污水、洗涤污水等其他生活污水汇入大三格式化粪池，处理后进入人工湿地净化。粪渣、粪皮与其他农业农村有机废弃物一起堆沤成农家肥，或转运至有机肥企业用于肥料生产（图 3-11）。

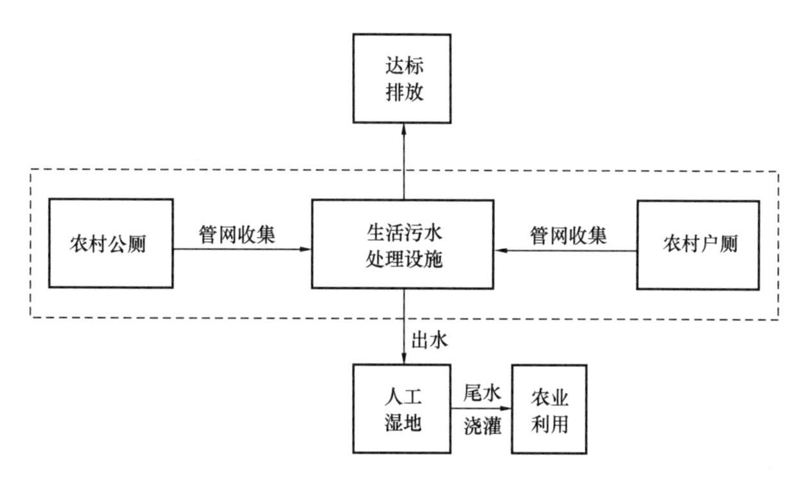

图 3-11 乡村厕所闭路循环生态链

3.3.3.2　典型案例

1. 河北省唐山市玉田县：粪污收集＋生物好氧—兼氧处理＋深度处理

构建了液体粪污收集、运输、处理、资源化利用服务体系，创建了全域“智能化”运营监管模式。利用具有高嗜热废弃物处理功能的微生物菌剂，采用生物好氧—兼氧处理技术进行厕所粪污、污水处理，达到农田灌溉及液体肥料标准后，施于农田，实现资源循环利用。具体流程：厕所粪污收集→自然沉淀固液分离→发酵处理→水解酸化处理→接触氧化处理→深度处理。预计每年可产生固态有机肥原料 10 万 t、液态有机肥原料 20 万 t。

2. 江西省抚州市：三格式化粪池＋一体化生活污水处理装置＋达标排放

实施农村粪污一体化项目。项目通过埋设三格式化粪池，粪污在里面经过预处理后进入污水收纳管网，流入一体化生活污水处理装置进行再处理，达标污水就近用于农田灌溉、堆肥、市政养护等，产生的污泥送到污水处理厂集中处理。

3. 河南省洛阳市孟津县：村通主管网/分散小三格收集＋大三格＋污水处理站＋达标排放

有条件的村，各街各巷建设管网，通入全镇污水主管网；居住集中的村，组建设污水处理站，统一收集污水；点状自然村，建设大型三格化粪池，先收集后处理；居住分散的农户，分户自建双翁漏斗小型三格，采取户存留、组收集、村处理的形式予以解决。

4. 安徽省池州市：截污纳管、联户集中处理、单户收集处理＋“大三格＋人工湿地”或“大三格＋污水处理设施”＋达标排放

通过截污纳管、联户集中处理、单户收集处理三种模式，分类开展厕所粪污和农村生活污水收集处理。对于离集镇较近的改厕户，通过推动集镇污水管网向周边辐射延伸，将产生污的水纳管处理。开展改厕与污水同步处理试点建设，通过铺设管网，采用“大三格＋人工湿地”或“大三格＋污水处理设施”等联户集中处理模式，将周边农户污水应接尽接集中收集处理。

把建立运行管护机制作为农村改厕前置要求，建立健全日常巡检、设备维修、粪污清掏等管护体系，形成规范化的厕所使用管护制度。鼓励有需求有能力的改厕户自行清掏还田，同时通过在乡镇建立管护站，提供厕具维修和厕污清掏服务，为丧失劳动能力的农户提供兜底管护服务，管护站与附近农业合作社、家庭农场、种植大户等新型农业经营主体合作，将清掏的粪污交由大户处理利用。

3.3.4　集中/分散收集＋混合集中处理（大三格式化粪池/集中处理站）＋还田利用

3.3.4.1　典型乡村厕所闭路循环生态链

县级政府投资建设大三格式化粪池、乡镇污水集中处理站，购买吸粪车等。委托第三方专业服务公司负责户厕粪污清掏、收转等，农户付费。厕所粪污通过吸粪车收集转运至大三格式化粪池，处理后的粪液进入乡镇污水集中处理站再处理，达标排放。粪渣、粪皮等运至有机肥企业用于肥料生产（图 3-12）。

3.3.4.2　典型案例

1. 河北省晋州市：集中收集＋有机废弃物微生物资源化利用中心＋有机水肥和粪肥

某公司种植基地，建了有机废弃物资源化利用中心。利用厕所粪污和畜禽粪污原料，通过微生物生化处理，生产无害的有机水肥和粪肥，根据农作物生长需要适时配比，并通过管道输送到地头。

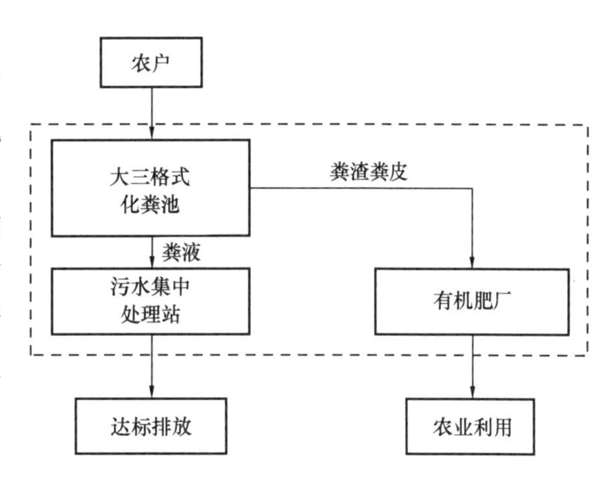

图 3-12　乡村厕所闭路循环生态链

2. 云南省安宁市：吸粪车抽吸＋储粪罐堆沤发酵腐熟＋还田利用

云南省安宁市采取“吸粪车化粪池抽吸清运—储粪罐堆沤发酵腐熟—绿化苗木、果树浇灌还田利用”的模式，将农村厕所粪污进行资源化处置。在储粪罐采购上，选购抗氧化能力强、运输较为便利的塑料制品罐。此外，储粪罐的使用分两种情况，在苗木果树规模连片种植，远离水源、居民区等地采用集中使用，其他地方采用分散使用。通过宣传发动后，农户自愿参与其中，街道无偿提供储粪罐，由农户自行埋置地下，待吸粪车集中清运收入储粪罐后，经过堆沤充分发酵腐熟，再兑水浇灌还田利用。为持续做好农村厕所后期管护，金方街道将厕所革命、农村人居环境整治、乡村振兴项目扶持等进行深度融合，积极鼓励企业接纳粪渣并进行资源化利用。

3. 河北省泊头市：粪污专车收运＋固液分离生态化处理＋有机肥回田

将旱厕改成水冲厕，产生的粪污由专车收运，生态化处理，产生的有机肥再用于农田，土地得到养护，农民实现增收。形成粪污“从农户到农户”“基地＋专业公司运营”的市场化长效管护运营机制。

4. 山东省寿光市纪台镇：厕污集中收集＋发酵＋有机肥用于农业生产

该案例中，大多数村庄均自行选择实施三格式和双瓮式进行改厕。结合本地实际，科学收运、处置粪液粪渣，重点推行了三种资源化利用方式：

（1）沤制沼气方式。先后在洛城街道、纪台镇等蔬菜大棚种植区，探索采用“秸蔓＋厕污”制成沼气的方式，供附近村庄使用，既降低了群众生活成本，又净化了村庄生态环境，达到变废为宝、节能增效的目的。

（2）发酵制肥方式。实行全域统筹、辐射布局，根据村庄分布，就近布点建设发酵池，将厕污集中收集后，通过综合发酵处理，作为有机肥用于苗木培育、林果种植等农业生产，实现了厕污无害化处置和资源化利用。例如，稻田镇粪污中转站将粪污制成有机肥，纪台镇等将粪污综合发酵后制成基肥。

（3）曝气制菌肥方式。在圣城街道粪污中转站引入国家专利酵素菌技术，通过菌类分解，将粪污发酵生产微生物菌肥、叶面肥等有益复合肥，同时，根据蔬菜大棚换茬需求使用菌肥融化不溶性无机磷，解除有机酸积累过多时对植物的危害，保持了大棚土壤的活性。

5. 河北省衡水市武邑县：大三格化粪池＋乡镇污水处理厂＋有机肥生产

该案例统筹农村改厕、生活污水收集利用及后期管护等，探索农村改厕与生活污水协同处理模式。在建设投资方面，投资1800万元建设了8座日处理能力100m^3的乡镇集中式污水处理站，同步建设8个100m^3的大三格式化粪池，建设以粪污、玉米秸秆为原料的有机肥加工企业，年处理粪便能力超过5万t。在处理利用方面，将清掏的粪污运送至乡镇大三格化粪池处理，粪液通过管道进入乡镇污水处理站，与乡镇所在地的生活污水一起处理，达标排放。粪渣经固液分离后集中运送到附近有机肥加工厂，作为生产有机肥的原料。公司建立信息化运行平台和改厕数据库，及时掌握抽厕需求和维修信息，吸粪车全部安装定位系统，就近及时提供服务，全程跟踪粪污去向。该模式使厕所粪污变成有机肥原料，年可生产有机肥5万多吨。

6. 山东省临沂市临沭县：吸粪车＋粪污产农品

该案例积极探索推广农村厕所粪污处理"四化"（粪污统一化抽取、无害化处理、产业化利用、智能化监管）模式。在建设投资方面，县政府委托第三方专业服务公司对全县所有厕所粪污抽取和处理业务实施总承包，由该公司投资建设粪污集中处理点、购置吸粪车。县政府投资帮助公司建设6处粪污集中处理点。在处理利用方面，公司将厕所粪污收运至集中处理点，通过自然发酵和生物菌发酵，粪污无害化处理后，实现粪液就地就近利用。公司将粪污生产成有机肥，销售给种植大户，再通过公司电商平台帮助种植大户销售农产品。该模式解决了农村厕所粪污抽取难、处理难、利用难等问题，特别是通过种植大户施用有机肥，增加了土壤有机质；通过电商平台统一销售农产品，提升了农产品经济效益。

3.3.5　集中收集＋沼气工程处理＋沼气、沼渣、沼液综合利用

3.3.5.1　典型乡村厕所闭路循环生态链

充分利用已有沼气池或大中型沼气工程，县级政府、社会资本共同投资，配套建设沼气池式厕所、粪污储存池、稀释池、输送管道、灌溉设备等，购置抽施粪机、排粪泵等设备。委托新型农业经营主体负责粪污抽取收运、集中处理点运维、农户厕具维修等，粪污清掏由农户付费。统筹处理厕所粪污、畜禽养殖粪污、农作物秸秆、有机生活垃圾等农业农村有机废弃物，实现沼气、沼渣、沼液综合利用（图3-13）。

3.3.5.2　典型案例

1. 河北省石家庄市：吸污车集中吸污＋厕所粪污、畜禽粪污和秸秆、瓜秧等农业废弃物共发酵＋沼气发电＋沼渣、沼液有机肥回用

在该案例中，100多辆大小吸污车在全市12个乡镇为居民提供吸污服务。厕所粪污、畜禽粪污和秸秆、瓜秧等农业废弃物都可以进行无害化处理，产生的沼气能发电，分离后的固体和液体可以制成有机肥，年生产沼气2000万m^3，发电4200kWh，生产有机肥70万t。

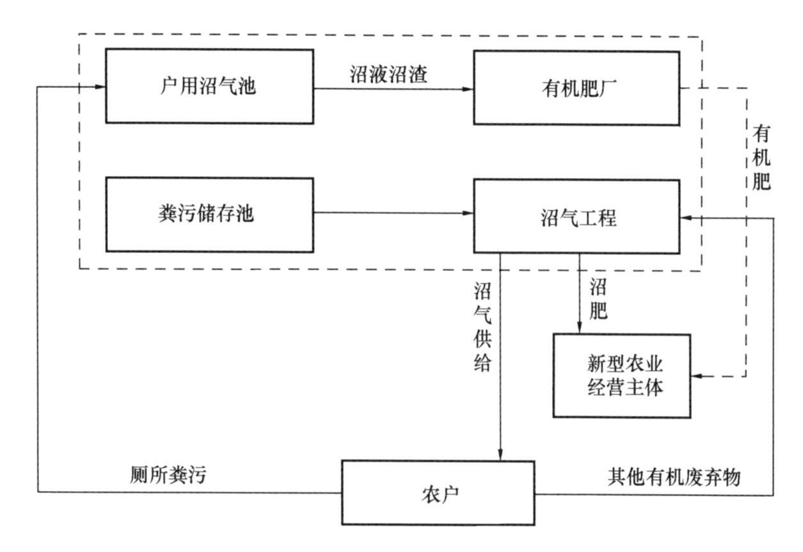

图 3-13　乡村厕所闭路循环生态链

2. 湖北省钟祥市郢中街办皇城社区：厕所粪污＋清运＋沼气站＋农业种植一体化的生态循环农业

该案例（平湖地区）采用三格式化粪池＋人工湿地，将处理后的粪污集中生产有机肥，兴建 200hm^2（3000 亩）有机葡萄和 1333.33hm^2（20000 亩）有机稻基地；孕育出"客店模式"污水处理系统的南庄村，变村庄为景区、变田园为游园、变民房为客房，年接待游客 300 万人次以上。正在推广厕所粪污＋清运＋沼气站＋农业种植一体化的生态循环农业。

3. 四川省成都市浦江县：粪污、畜禽粪污、农作物秸秆＋沼气池或大中型沼气工程＋沼气沼渣沼液综合利用

该案例建立政府主导、农民主体、市场运作、社会参与的机制，统筹推进厕所改造标准化、粪污利用资源化、管理维护常态化。县政府先后投入财政资金结合其他资金，建成户用沼气池 2.21 万口、大中型沼气工程 337 座、贮液池 30 个 17.4 万 m^3，改造厕所 5.02 万户。利用已有户用沼气池或大中型沼气工程，统筹处理农村厕所粪污、畜禽粪污、农作物秸秆等农业农村有机废弃物，实现沼气、沼渣、沼液综合利用。该模式利用已有沼气设施，节约了农村厕所粪污治理成本，基本杜绝了厕所粪污直排现象，促进了当地现代农业提质增效，实现经济、社会、生态效益共赢。

3.3.6　卫生旱厕＋菌剂/发酵辅料＋集中/就地农家肥生产

3.3.6.1　典型乡村厕所闭路循环生态链

县级政府财政投入、农户投工投劳，改造建设生态卫生旱厕，第三方专业服务公司提供厕具、生物菌剂、清掏工具等改厕技术产品，区政府配备发酵辅料粉碎机。乡、村两级与第三方专业服务公司签订服务协议，由公司负责提供改厕技术产品服务、技术指导、设备修换等。厕所粪污由农户自行清掏、推沤发酵后使用，就地就近就农利用（图 3-14）。

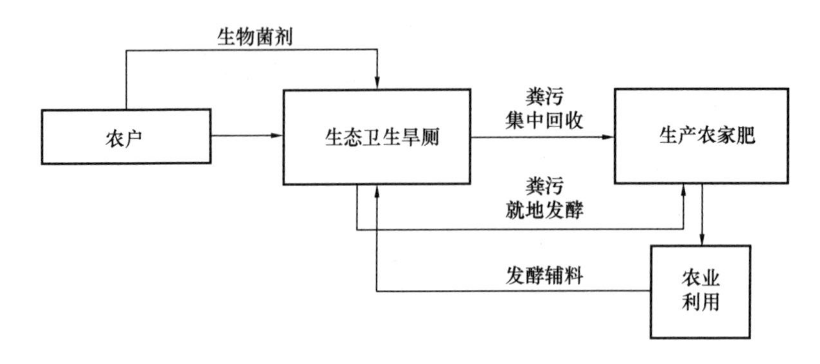

图 3-14　乡村厕所闭路循环生态链

3.3.6.2　典型案例

1. 新疆维吾尔自治区拜城县：双坑交替式卫生旱厕＋农家肥

该案例重点推行 4 种改厕模式。一是离城郊较近的区域，统一接入城区污水管网，推广水冲式厕所，接入城区管网 4 个乡 10 个村、受益 2108 户农户；二是人口分布集中条件较好的区域，采用“建设小型污水处理站＋纳入污水管网”和“大三格＋定期清运粪污”两种改厕模式，全村接入处理设备管网，推广水冲式厕所，建成小型污水处理站 30 座，覆盖 19 个村、受益 4326 户农户；建成大三格 100 座，覆盖全县 41 个村、受益 3752 户农户；三是生态敏感区域和居住较为分散的区域，采用单户“三格式处理＋双瓮漏斗式污水收集”和“三瓮漏斗式处理＋单瓮漏斗式污水收集”两种改厕模式，覆盖 15 个乡 157 个村、受益 10695 户农户；四是边远散户和条件相对较差的区域，根据群众个人意愿，推广“双坑交替式卫生旱厕”改厕模式，覆盖 4 个乡 7 个村、受益 179 户农户。

2. 河南省鹤壁市鹤山区：草粉混合生物菌剂＋生态卫生旱厕＋农家肥生产

该案例为解决山区和缺水地区改厕难题，积极探索推广草粉生态卫生旱厕。该厕所将便器与储粪仓无缝连接，形成密闭腔体，使用前在储粪仓内铺垫 20～30cm 厚混有生物菌剂的草粉，如厕后再加 80g，粪便在腔体内发酵，实现无害化处理：使用过程免水冲，冬季不上冻。在建设投资方面，采取“上级争取、区级配套、村级补贴、群众投工、社会参与”相结合的资金筹措机制。在处理利用方面，无需专业人员操作，农户自行清掏后堆放 10～15d 可就地就近还田利用。

第4章　乡村厕所系统共性技术

乡村厕所共性技术是保障农村环境卫生的基础。农村传统的露天粪坑或简陋的厕所设施容易造成粪便污染，不仅影响当地水源、土壤的清洁与安全，也容易引发传染病的传播。乡村厕所共性技术的推行，可以有效地改善农村卫生条件，减少病原微生物的传播，保障农民健康。乡村厕所共性技术对于提升农民的生活品质至关重要。良好的厕所设施不仅是基本的生活需求，也是人的尊严与权利的体现。提供干净、舒适、安全的厕所环境，可以提升农民的生活幸福感，增强对家园的归属感，有助于改善社会文明程度。乡村厕所共性技术也是实现乡村振兴战略的关键环节。

随着我国乡村振兴战略的推进，提升农村基础设施已成为重要任务之一。乡村厕所共性技术作为其中的重要组成部分，直接影响着乡村形象和环境卫生水平。高品质的厕所设施不仅可以吸引游客，也为当地农产品的销售和乡村旅游业的发展提供了良好保障。乡村厕所共性技术的有助于生态环境保护与资源化利用。通过科学设计和合理利用厕所排泄物，可以实现资源的循环利用，既可以减少其对环境的负面影响和对化肥的依赖，也可以促进农业的可持续发展。

4.1　乡村厕所卫生安全保障技术

随着城乡一体化的推进，农村也需要具备现代化的基础设施，而卫生设施是其中至关重要的一环。通过应用先进的技术，例如节水冲厕、污水处理等，不仅可以提升农村卫生设施的科技含量，也有助于推动农村经济的可持续发展。

4.1.1　乡村厕所安全因子识别和风险评估

厕所粪污的无害化、稳定化处理是构建一个健康、文明、生态可持续的乡村宜居环境的重要组成部分。粪污作为厕所中病原微生物和药物的一个主要载体，除了臭味等不舒适性，还存在人体潜在健康和环境污染风险。

病原微生物又名病原体，它是一类可侵犯人体并引起感染甚至传染病的微生物。研究表明，人体粪便中携带特定的肠溶病原体，如粪大肠杆菌（*Feca coliforms*）、伤寒沙门氏菌（*Salmonella enterica serovar* Typhi）、志贺氏菌（*Shigella* spp）、甲型肝炎病毒（*Hepatitis* A virus）、诺沃克组病毒（*Norwalk-group* viruses）等。

患病者的粪便中可能含有高浓度的病原微生物。在对3253份肠道门诊腹泻患者的粪便病原菌检查中，发现志贺菌、沙门菌普遍存在，且81%的腹泻患儿的粪便中可检测到轮状病毒。每克粪便中可能含有 1×（10^5～10^9）CFU 志贺菌，1×（10^4～10^8）CFU 沙门菌，或诺如病毒 1×（10^8～10^9）个基因组拷贝数。

在粪便收集率低的地区，当粪便不加处理而随意排放到环境中时，会导致病原体在环境中的迁移。通过在地表水及沉积物中取样，发现在地表水中隐孢子虫和贾第鞭毛虫浓度分别达到 0～94 个卵囊/10L 样品和 0～23 个卵囊/10L 样品，沉积物中贾第鞭毛虫的浓度达到了 0～8 个卵囊/10g 样品。人体通过皮肤接触、饮用被污染的水源等原因而受到这些致病微生物的威胁，最终可能会导致各类身体疾病的发生。

《农村户厕卫生规范》GB 19379—2012 中规定了粪大肠菌群、沙门氏菌和蛔虫卵的限值，其中沙门氏菌不得检出；表 4-1 列举了粪污中常见的几种病原体，并介绍了其特点和危害。

粪污中的病原体　　表 4-1

病原体	特点
粪大肠杆菌（*Feca coliforms*）	又称耐热大肠菌群（Thermotolerant coliforms）。是 44.5℃培养 24 h，能在 MFC 选择性培养基上生长，发酵乳糖产酸，并形成蓝色或蓝绿色菌落的肠杆菌科细菌
沙门氏菌（*Salmonella*）	由各种类型沙门氏菌所引起的对人类、家畜以及野生禽兽不同形式的总称。与人体疾病有关的主要有甲组的副伤寒甲杆菌，乙组的副伤寒乙杆菌和鼠伤寒杆菌，丙组的副伤寒丙杆菌和猪霍乱杆菌，丁组的伤寒杆菌和肠炎杆菌等
志贺菌属（*Shigella* genera）	是人类细菌性痢疾最常见的病原菌，需氧或兼性厌氧，液体培养基中呈浑浊生长，在普通琼脂平板和 SS 培养基上形成直径 2 mm 左右的中等大小、半透明的光滑型菌落
病毒	在粪便中可能存在轮状病毒、诺如病毒。在突发公共卫生事件中，还可能出现其他病毒等

随着人类社会药物使用量也逐渐增大，服用的大部分药物在人体内不能够完全降解。由于人类服用的药物种类多样，使得排泄物中的药物以及代谢产物成分复杂。为便于药物的降解处理，需要提供有效的检测技术测定排泄物中的药物成分。

4.1.1.1　粪污病原微生物快速检测方法

近年来，人类基因组计划的完成，尤其是生物化学、分子生物学、免疫学、生物仪器及计算机理论与技术的进步，新的检测技术和方法不断涌现并被广泛应用于微生物检测，使得病原体检测水平有了很大提升。

粪污病原微生物的快速检测方法在公共卫生和环境保护领域具有极其重要的意义。这些方法能够迅速、准确地检测出粪污中的病原微生物，如大肠杆菌、沙门氏菌等，从而有效预防水源污染和疾病传播。相比传统的培养方法，快速检测技术具有更高的灵敏度和特异性，缩短了检测周期，降低了误差率，大幅提升了防控效率。此外，快速检测方法还能够及时发现病原微生物的存在，有助于及早采取针对性措施，保障公众健康和环境安全。下面具体介绍常规及新型检测技术的原理及特点以及几种常见粪污病原体的检测方法。

1. 已有检测方法的原理及特点

(1) 生物化学法

通过微生物特异性酶的认定与检测，达到检验病原微生物的目的。利用不同底物通过日常代谢所产生的多种物质来检查该病原微生物酶的数量及成分。此类方法检测快速，成本低。

(2) 分子生物法

较为普遍的有核酸杂交技术、基于16sRNA和GYAB技术等。核酸杂交技术是通过原位、打点、斑点等方式，应用复性动力学理论，采取同位素或非同位素标记来检测特定病原微生物的核苷酸，从而达到检测病原微生物的目的。此种方法特异性好、敏感性高、诊断速度快、操作较为简便。

(3) 生物芯片法

通过原位合成或者显微合成等手段，将DNA探针稳固在某一支持物表面，然后将病原微生物与该支持物进行杂交，通过分析DNA探针的基因序列变化，达到掌握病原微生物信息的方法。生物芯片技术具有更有利于病原微生物的高通量测定、适宜处理数量庞大的病原微生物、有效降低了操作的难度和人为干扰、缩短了检测周期等。

(4) ATP生物荧光技术

荧光素酶在ATP的参与下催化荧光素产生激活态的氧化荧光素而发出荧光，荧光强度与ATP浓度在一定范围内呈线性关系，而每一个活细胞内ATP含量基本恒定，因此通过提取细胞ATP，测定荧光强度可间接反映微生物或有机物的含量。ATP生物发光法是一种可靠的、灵敏度较高的活细胞计数法，有便携式仪器，方法简便，可快速出结果，但其缺点在于不能特异性区分微生物的种属，且灵敏度不能满足某些样品的直接检测。

(5) 生物传感器

生物传感器包含两部分，即分子识别器件和换能器。在待测物、识别器件以及转换器件之间由一些生物、化学、生化作用或物理作用过程彼此联系。此类方法专一性强，只对特定的底物起反应，而且不受颜色、浊度的影响，分析速度快，准确度高，操作系统比较简单，容易实现自动分析，成本低。

(6) 电阻抗法

微生物接种到培养介质中后，生长繁殖后达到一定的程度，培养介质中的电惰性物质如脂类等被代谢分解为小分子物质，导致培养介质电学特性改变，其导电性增加，产生仪器可检测的阻抗变化。通过对培养介质的电阻抗变化情况的检测，进一步判定微生物在该培养介质中的生长繁殖特性，实现对微生物的快速检测和分析。该法目前已用于细菌总数、霉菌、酵母菌、大肠杆菌、沙门菌和金黄色葡萄球菌等的检测。

(7) 光谱技术法

表面增强拉曼光谱(SERS)技术同红外光谱都是分子振动光谱，可以反映分子的特征结构，根据得到的特征光谱进行后续鉴定分析。SERS技术通过金属分子吸附在细胞或者细菌内部，产生散射光谱信号，具有无需样品预处理、操作简便、检测速度快、准确率高、仪器便携。

(8) 分子生物学联合免疫学技术

该技术主要是测定病原微生物中的某些特定基因。用ELISA检测代替PCR产物检测的方法，大大提高了病原微生物检测的效率和水平。

2. 粪大肠杆菌的检测方法

粪大肠杆菌的检测方法对于公共健康和食品安全至关重要。这类细菌可引发严重的肠道感染，对特定人群如婴幼儿和老年人更具危害，因此对于粪污中大肠杆菌的准确检测变得尤为关键。融合了传统的培养法与现代分子生物学技术的检测方法，检测更为灵敏、迅速，为处理粪污及维护公共卫生提供了可靠依据。

(1) 滤膜法

样品通过孔径为0.45μm的滤膜过滤，细菌被截留在滤膜上，然后将滤膜置于由蛋白胨、酵母浸膏等组成的MFC选择性培养基上，在特定的温度(44.5℃)下培养24h，胆盐三号可抑制革兰氏阳性菌的生长粪大肠菌群能生长并发酵乳糖产酸使指示剂变色，通过颜色判断是否产酸，并通过呈蓝色或蓝绿色菌落计数，测定样品中粪大肠菌群浓度。

(2) 多管发酵法

将样品加入含乳糖蛋白胨培养基的试管中，37℃初发酵富集培养，大肠菌群在培养基中生长繁殖分解乳糖产酸产气，产生的酸使溴甲酚紫指示剂由紫色变为黄色，产生的气体进入到管中，指示产气。44.5℃复发酵培养，培养基中的胆盐三号可抑制革兰氏阳性菌的生长，最后产气的细菌确定为是粪大肠菌群。通过查最大可能数(MPN)表，得出粪大肠菌群浓度值。

(3) 纸片快速法

将一定量的水样以无菌操作的方式接种到吸附有适量指示剂(溴甲酚紫和2,3,5-氯化三苯基四氮唑，即TTC)以及乳糖等营养成分的无菌滤纸上，在特定的温度(37℃或44.5℃)培养24h，当细菌生长繁殖时，产酸使pH降低，溴甲酚紫指示剂由紫色变黄色，同时，产气过程相应的脱氢酶在适宜的pH范围内，催化底物脱氢还原TTC形成红色的不溶性三苯甲臜(TTF)，即可在产酸后的黄色背景下显示出红色斑点(或红晕)。通过上述指示剂的颜色变化就可对是否产酸产气作出判断，从而确定是否有总大肠菌群或粪大肠菌群存在，再通过查MPN表就可得出相应粪大肠菌群的浓度值。

(4) 流式细胞术

流式细胞术是一种基于光学检测的分析方法。微生物检测的基本原理是，微生物悬浮在液体基质中，然后通过激光束聚焦。当这种情况发生时，光被目标微生物散射和吸收。

这种散射过程的范围和性质，是具有光源的微生物的固有特性，可通过用透镜和光电池系统收集散射光来分析，并可用于确定微生物的数量、大小和形状。

（5）生物传感器

生物传感器的用途是由乌利兹和库恩于20世纪80年代发起，将样品暴露于ATP释放剂（裂解缓冲液）和ATP激活的发光底物及酶（荧光素和荧光素酶），通过酶促反应过程中发出的光的量（相对光单位，RLU）来量化测试表面上存在的ATP的量。

（6）电化学阻抗免疫传感器

电化学阻抗免疫传感器是通过检测修饰电极的界面特性来检测样品中抗体/抗原目标物的一种有效方法，结合了电化学阻抗的高灵敏性和免疫反应的高特异性，可响应修饰有生物分子的电极界面的电子转移速率的信号变化，具有简便、快速、灵敏、响应范围广、不用示踪标记物、不须样品纯化、可进行自动化实时数据输出等优点。用交指微电极（SPims）和小麦胚芽凝集素（WGA）扩增检测大肠杆菌O157：H7，能够提高生物材料的吸附量和稳定性，利用丰富的凝集素结合位点增强信号，显示其相当的敏感性和快速反应，降低了生物传感器的检测成本。

（7）酶化学检验方法

酶化学检验法是通过微生物特异性酶的认定与检测，达到检验病原微生物的目的。大肠杆菌具有β-葡萄糖醛酸酶，但以O157：H7为代表的肠出血性大肠埃希氏菌（EHEC）却不具此酶，故可用此法检测EHEC。

（8）纸基联合免疫吸附法

纸基酶联免疫吸附试验是一种新兴的检测技术，它与传统的96孔板ELISH原理相同，不同的是它以纸作为固相载体，具有试剂用量小、检测快速、成本低、不需特殊仪器等优点。如具有高荧光特性的CdTe/CdS量子点作为荧光标记，与抗体偶联的免疫层析试纸；利用亲水的，单分层和最大限度树脂化的玻璃纤维，结合免疫吸附法技术（ELISH）的试纸。

（9）酶解显色法

酶解显色法是利用病原体与酶产生特异性显色快速检测粪大肠杆菌。将水样过滤，然后在加有酶诱导剂甲基β-D-葡萄糖醛酸钠和X-Gluc（5-溴-4-氯-3-吲哚基β-d-葡萄糖醛酸）或REG（间苯二酚β-d-葡萄糖醛酸）的培养基，在35℃培养1～7h后，若存在大肠杆菌，会显示粉红色（含REG的培养基）或绿色（含x-gluc的培养基）。

滤膜法、多管发酵法、纸片快速法和酶解显色法在实践中已经得到了验证，具有一定的可靠性和实用性。另一方面，利用先进技术的方法如流式细胞术、生物传感器、电化学阻抗免疫传感器以及纸基联合免疫吸附法，通过提升检测的灵敏性和准确性，我们在微生物检测方面有了更高的水准。这些方法各有其优点，能够在不同实际情况下发挥作用。例如，传统方法相对成本较低且易于实施，适用于资源受限的情况下。而基于先进技术的方法则可以在需要更高灵敏性和准确性的情况下发挥优势。总体而言，这些检测方法为粪大肠杆菌的快速、准确检测提供了多样选择，使得我们能够根据具体需求和资源状况，选用最合适的方法。

3. 沙门氏菌的检测方法

沙门氏菌是一种常伴随粪污存在的病原微生物，有引发人类和动物肠道感染的潜在风险。目前，常用的检测方法包括培养法、分子生物学技术（如 PCR）以及免疫学方法等，它们能够快速而准确地确认样本中是否存在沙门氏菌。此外，检测结果也在临床治疗和疫苗研发等领域具有重要的指导意义，对保障公众健康和降低经济损失具有重要的价值。

（1）培养基法

样品通过由氯化镁孔雀绿增菌液、完全培养基等在特定的温度下增殖后，进行革兰氏染色。若要进一步分析沙门氏菌属因子诊断，需要进行镜检增殖分析。此方法较为烦琐，但提供了较为精确的定量方法。

（2）酶显色法

以 4-甲基伞形酮辛酯（MUCAP）为底物，经沙门氏菌的酶降解后，释放出 4-甲基伞形酮（4MU），在紫外灯下观察其发出的蓝色荧光，根据蓝色荧光的强弱来定性判断菌落数目。

（3）生物传感器

噬菌体磁弹性（ME）生物传感器采用表面阻断剂，优化检测试剂达到了检测沙门氏菌的目的。

（4）核磁共振法

该方法使用分子镜像（M2）技术和基于核磁共振的盒中系统快速高效地检测技术，在水中以 1CFU/反应检测沙门氏菌。除了灵敏的检测和最小限度的富集外，这种方法还可以检测抑制性培养基中的病原体。因此，该技术可被广泛应用于环境监测，公共卫生与安全，国家安全和医疗诊断等其他领域。

（5）恒温扩增法（STY1607-RT-LAMP）

该法使用 mRNA 作为模板，对于纯伤寒沙门氏菌样品和伤寒沙门氏菌模拟血样，STY1607-RT-LAMP 的检出限均为 3 个菌落形成单位（CFU）/mL，对于模拟粪便样品，STY1607-RT-LAMP 的检出限为 30 CFU/g，比逆转录实时聚合酶链反应（rRT-PCR）方法敏感得多。与培养方法以及疑似伤寒患者的临床血液和粪便样本的 rRT-PCR 相比，RT-LAMP 表现出改进的沙门氏菌检测灵敏度。

不同的沙门氏菌检测方法，都有其特点和优势。培养基法提供了较为精确的定量方法，但相对繁琐；酶显色法相对简便，通过蓝色荧光定性判断菌落数目；生物传感器利用 ME 生物传感器优化了检测过程；核磁共振法能快速高效地检测沙门氏菌，并可在低浓度下进行检测；恒温扩增法在灵敏度方面表现出色，特别适用于模拟粪便样品的检测。各方法在特定场景下可根据需要灵活选择。

4. 志贺菌的检测方法

志贺菌检测方法的重要性不可忽视，尤其在与粪污相关的环境中。由于志贺菌主要存在于粪便中，其检测在防止粪污污染食品链环节中起到了关键作用。这些方法能够及时、准确地识别出可能存在的食品污染源，有力地保护了公共卫生安全。同时，志贺菌检测方法的发展也为处理和处理粪污提供了科学依据，有效减少了疾病传播的风险。

(1) 实时荧光 PCR 检测

实时荧光 PCR 检测（Real-time PCR）是近 20 年来发展起来的一种核酸检测方法。通过 *Ct* 值（基因扩增达到对数期探测到的循环数）来反映，*Ct* 值的大小与志贺菌含量呈负相关，即 *Ct* 值越小，表示标本中志贺菌含量越高。

(2) 质粒酶切图谱（PPA）

质粒酶切图谱是利用不同的限制性内切酶识别特异性位点，将质粒 DNA 断为若干条长度不等的片段，通常采用聚丙烯酰胺凝胶电泳（PAGE）对酶切片段分离，由酶切片段和一些完整的小质粒共同组成图谱。

(3) 探针杂交与基因芯片

探针杂交是利用 DNA 碱基配对的原理，特异性鉴定已知片段的核酸序列，可以准确、直接地鉴定各菌株之间的同源关系。近年来发展起来的基因芯片技术，将某段 DNA 核酸序列的上百种变异同时点在一张芯片上，可以更加迅速检测出分离到的致病菌株变异特点以及不同来源菌株间的亲缘关系。

5. 病毒的检测方法

粪污中可能存在许多病毒，包括诸如诺如病毒、轮状病毒、腺病毒等肠道传染病毒。对这些病毒的检测至关重要，因为它们是引发肠道传染病的主要元凶，如腹泻、呕吐等。此外，病毒在污水中的存在也可能预示着疫情暴发的风险。及早发现并追踪这些病毒，可以有效控制疫情的蔓延，保护公共健康。因此，粪污中病毒的检测在公共卫生领域扮演着至关重要的角色，也应该得到足够的重视和资源投入。

(1) 细胞培养与实时荧光 PCR 法

通过水样浓缩，提取核酸，进行特定基因片段扩增、RNA 提取与反转录、筛选质粒后，通过 PCR 进一步扩增后，用荧光定量 PCR 反应测定浓度。

(2) 胶体金快速诊断试剂盒

试验盒采用胶体金免疫层析技术和双抗体夹心原理，采用双测试线，利用两条测试线的比值或测试线与质控线的比值对样品中轮状病毒进行定性定量分析。

(3) 快速免疫滤纸测定法

快速免疫滤纸测定把待测病毒的抗体吸附在乳胶颗粒上，通过大颗粒乳胶间接反应小颗粒病毒的存在。所不同的是其使用了一种红色乳胶，从而使检测更加简单和直观。

(4) 液相色谱—质谱分析和激光解析—离子化质谱分析法

对于已知外壳蛋白分子量的病毒，可用此方法来检测。该方法可快速、精确、灵敏地提供样品分子量信息。测定只需少量样品，制备方法简便，可自动检测大量样品。

综上，随着生物科学技术的进步，病原菌的检测技术从传统的培养基法向基因检测法发展，实现更加快速检测。

4.1.1.2　粪污病媒生物快速检测方法

广义的病媒生物包括脊椎动物和无脊椎动物，脊椎动物媒介主要是鼠类，属哺乳纲啮齿目动物；无脊椎动物媒介主要是昆虫纲的蚊、蝇、蟑螂、蚤等。

病媒生物能直接或间接传播疾病（一般指人类疾病），危害、威胁人类健，媒介生物性传染病具有传播快、易流行的特点，严重威胁人民的身体健康。病媒传播疾病广泛分布和频繁发生，对我国人群健康造成极大危害，所以病媒生物监测与控制是病媒传播疾病预防和控制的一项重要措施。

在粪污中，最常见的病媒生物为寄生虫（包括蛔虫、钩虫）、蚊虫、苍蝇等。我国蛔虫感染情况较严重，一般农村高于城市，儿童高于成人。2018 年的第三次全国人体重要寄生虫病现状调查显示，全国总感染率降到 6%以下，但寄生虫病仍是危害经济欠发达地区与偏远农村地区群众身体健康的重要公共卫生问题。寄生虫病患者的排泄物中，可以排出大量的寄生虫卵，如表 4-2 所示。

人体寄生虫日平均产卵量　　**表 4-2**

名称		日平均产卵量（个）	报告者（时间）
蛔虫	受精卵	$2\times10^5\sim3\times10^6$	横川，大岛（1956）
	未受精卵	$6\times10^4\sim1.1\times10^5$	
鞭虫		$5\times10^3\sim7\times10^3$	中山医学院（1979）
		900	森下（1964）
钩虫	美洲钩虫	$2.5\times10^3\sim2.3\times10^4$	矢岛（1960）
		约 9×10^3	Craig（1970）
	十二指肠钩虫	$7\times10^3\sim2.8\times10^4$	矢岛（1960）
		$2.5\times10^4\sim3\times10^4$	Craig（1970）

蚊虫不但叮人吸血，骚扰人类，影响人们正常的工作和休息，而且还可传播多种疾病，直接威胁人的健康和生命。蚊虫传播疾病的方式主要是通过机械携带，将病原体传给人。可分为体外携带与体内携带两方面，而以体内携带方式更为重要。蚊虫机械性传播的病毒约 30 种，细菌百余种，立克次体 10 余种，原虫约 30 种；此外还可携带多种蠕虫卵。

因此，消灭病媒生物或阻断传播路径，构建卫生厕所，是提升农村地区卫生水平和改善卫生环境的重要举措。

寄生虫、蚊虫、苍蝇的检测方法如下。

1. 寄生虫的检测方法

寄生虫的检测方法有外观检测法、直接涂片法、漂浮法和沉淀法等。

（1）粪便外观检查法

通过粪便外观检查，可以检出虫卵及成虫。

（2）直接涂片法

取1～2滴生理盐水放入载玻片上取少量被检粪便与之混合均匀，剔出粪渣加盖玻片镜检。

（3）漂浮法

取5～10g粪便放入100mL烧杯中，加10～20倍的饱和盐水，用玻璃棒搅开。之后，用3～4层纱布或铜筛网过滤，40min左右后进行镜检。用直径0.5～1cm的金属环平着接触液面，提起后将液面抖落在载玻片上加盖玻片用显微镜检查。

（4）自然沉淀法

取5～10g粪便放入100mL烧杯中，然后加10～20倍的自来水，用玻璃棒搅开，之后用3～4层纱布过滤。静置20min后，倒掉上清液，留取沉淀物，再次加水静置沉淀，每20min一次直至上清液透明为止。用吸管吸取沉淀物，将沉淀物滴1～2滴于载玻片上，加盖玻片用显微镜检查。

2. 蚊类的检测方法

蚊类的检测方法有诱蚊灯法、动物诱集法、挥网法、帐诱法和黑箱法等。

（1）诱蚊灯法

在厕所中，选择远离干扰光源和避风的地方作为挂灯点，诱蚊灯离地1.5m，日落前1h接通电源，开启诱蚊灯诱捕蚊虫，直至次日日出后1h（或根据监测目的决定诱集时间）。密闭收集器后，关闭电源。收集、分类和记录蚊虫数，记录温度、湿度和风速。

（2）动物诱集法

选择蚊虫活动高峰期，固定动物开始诱集。用电动吸蚊器捕获动物身体上的蚊虫，每次30min（或根据监测目的设定时间），捕获蚊虫后分类、鉴定、记数，记录温度、湿度和风速。

（3）挥网法

选择蚊虫活动高峰时间，或采取人工干扰造成蚊虫活动。挥网时，监测者手持网柄"∞"形挥网，以50次/min的频率挥动捕虫网，挥网5min，收网前用力挥3～4次，使捕捉的蚊虫集中网底。收集蚊虫，将蚊虫标本取出分类、计数。记录温度、湿度和风速。

（4）帐诱法

选择虫活动高峰期，将蚊帐悬挂，上下四角撑开固定，使帐下缘距地面250mm高。固定动物于蚊帐内，用电动吸蚊器捕获诱入帐中的蚊虫，夜间使用手电筒作为照明光源，每次30min（或根据监测目的设定时间），收集蚊虫，分类、计数。记录温度、湿度和风速。

（5）黑箱法

选择厕所隐蔽处作为黑箱放置点，日出时放置黑箱，24h后，投入乙棉球于黑箱中熏杀蚊虫，或用电动吸蚊器吸取黑箱内所有蚊虫，收集蚊虫，分类计数。

3. 蝇类的检测方法

蝇类的检测方法有笼诱法、粘捕法和格栅法等。

（1）笼诱法

每个捕绳笼诱饵盘内放置 50g 红糖、50mL 食醋及 50mL 水，或者按照监测目的采用其他诱饵。诱饵盘与捕蝇笼下沿的间隙应不大于 20mm，监测时间为上午 9 点到下午 3 点（或者按照监测目的设定监测时间）。将捕获蝇类麻醉后分类、计数，同时记录温度、温度和风速等气候数据。

（2）粘捕法

监测时将粘蝇带挂置在离地面 2.5m 处，粘绳带之间需相距 3m 以上，每标准间放置 1 条。监测时间为上午 9 点至下午 3 点或者按照监测目的记录粘到的绳数，同时记录温度、湿度和风速等气候数据。

（3）格栅法

在蝇类活动高峰期，将格栅（0.25m^2）放置在多蝇场所，计数并记录 1min 内停落在格栅上的蝇数，同时记录温度、湿度和风速等气候数据。

4.1.1.3　排泄物药物污染物高灵敏识别方法

排泄物中的药物污染物对环境和人类健康构成了潜在威胁。因此，发展高灵敏的识别方法至关重要。首先，这类方法可以精准测定药物残留物的种类和浓度，提供了用于环境保护与水质治理的科学依据。其次，高灵敏度的识别方法有助于深入了解药物在生态系统中的行为和转化规律，为药物的环境行为研究提供了重要数据支持。此外，通过及时准确地监测排泄物中的药物污染物，可以预警潜在的环境风险，为采取有效的控制措施提供了时间窗口。因此，发展高灵敏的排泄物药物污染物识别方法对于保护环境、维护健康以及实施科学合理的资源管理策略具有重要意义。

在医学上，对药物污染物的识别技术发展较为成熟，且在不断发展高灵敏、低成本、快速的识别方法，表 4-3 是药物污染物的常见检测方法。

药物污染物的常见检测方法　　**表 4-3**

<table>
<tr><th colspan="2">方法</th><th>原理</th><th>特点</th></tr>
<tr><td rowspan="3">微生物法</td><td>棉签法</td><td rowspan="3">在一定条件下选择某种微生物测定相应物质含量的方法</td><td rowspan="3">操作较为复杂，耗时长，误差较大</td></tr>
<tr><td>液体稀释法</td></tr>
<tr><td>固体平板法</td></tr>
<tr><td rowspan="8">免疫分析法</td><td>化学发光免疫分析方法（CLIA）</td><td rowspan="8">利用抗原、抗体特异性结合反应检测各种物质的分析方法</td><td rowspan="8">特异性强、选择性好、灵敏度高</td></tr>
<tr><td>胶体金免疫测定法（GICA）</td></tr>
<tr><td>量子点荧光免疫分析法（QIA）</td></tr>
<tr><td>荧光偏振免疫分析法（FPIA）</td></tr>
<tr><td>酶联免疫分析方法（ELISA）</td></tr>
<tr><td>电化学免疫分析法（EIA）</td></tr>
<tr><td>微阵列技术</td></tr>
<tr><td>免疫传感器</td></tr>
</table>

续表

方法		原理	特点
电化学分析方法	电导分析法	将待测物质构成化学电池，并利用电池的电位、电流、电导和电量等物理量的测量实现分析待测物质的目的	灵敏度高、仪器设备便宜、成本低、耗量少、易于实现自动化和微型化等
	电位分析法		
	伏安法		
	极谱法		
化学发光分析法	根据化学发光反应，或采用直接法，或采用间接法	基于被测物含量与化学发光强度的关系而建立起来的一种分析方法	背景低、灵敏度高、线性范围宽、设备简单、分析快速等优点
	根据化学发光反应，制成化学发光检测器与其他技术联用		
高效毛细管电泳		高电压在散热效率很高的毛细管内进行电泳	操作简单、样品用量少、分离效率好、运行成本低
分光光度法		通过测定待测物质在特定波长处或一定波长范围内光的吸收度，对物质进行定性和定量的一种方法	操作简单、灵敏度高、快速
色谱-质谱法	薄层色谱法	将适宜的固定相涂布于玻璃板、塑料或者铝基上，成一均匀薄层。待点样展开后，根据比移值与适宜的对照物按同法所得的色谱图的比移值作对比，用以进行药品的鉴别、杂质检查或含量测定的方法	灵敏度和专属性都较好
	气相色谱法	利用试样中各组分在气相和固定液相间的分配系数不同，当汽化后的样品被载气带入色谱柱中运行时，组分就在其中的两相间进行反复多次分配，由于固定相对各组分的吸附或溶解能力不同，因此各组分在色谱柱中的运行速度就不同，经过一定的柱长后，便彼此分离，按顺序离开色谱柱进入检测器，产生的离子流信号经放大后，在记录器上描绘出各组分的色谱峰。可以根据色谱图中的出峰时间和顺序对其进行定性分析；再根据峰高或者峰面积进行对待测物进行定量分析	效能高、分析速度快、灵敏度高、应用广泛以及操作简单
	高效液相色谱法（HPLC）	以液体作为流动相，采用高压输液系统，使不同极性的单一溶剂或混合溶剂、缓冲液等流动相流经装有固定相的色谱柱，在色谱柱中各组分因在固定相中的分配系数不同而被分离，并依次随流动相进入检测器进行检测，检测到的信号送至数据系统记录、处理或保存	分析速度快、载液流速快、高灵敏度、应用范围广、样品量少易回收；它的缺点是具有“柱外效应”

玻碳电极在药物制剂、人尿和血清中的电氧化具有显著的应用前景。Bruno 等人研究了磺胺类药物在玻碳电极上的电氧化以及它在药物制剂、人尿和血清中的伏安测定。循环伏安试验表明，在 0.1mol/L 的布列顿-罗宾逊缓冲液 BRBS（pH=2.0）中，50mV/s 时，在 1.06V 处出现了不可逆的氧化峰。同时，不同的伏安扫描速率（10～250mV/s）表明磺胺类药物在玻碳电极上的氧化是一个扩散控制的过程，在优化的试验条件下，方波伏安法在 5.0～74.7μmol/L（R=0.999）范围内有良好的线性关系，检出限和定量限分别为 0.92μmol/L 和 3.10μmol/L。该篇文章建立的方波伏安法的检出限和线性范围均优于计时安培法。研究者将该法成功地用于药物制剂、人尿和血清样品中磺胺类药物的检测，它的回收率接近 100%。在近年的研究中，科学家们在药物与毒物检测领域做出了重要的探索与突破。通过采用高效薄层色谱法结合质谱联用技术，Tames 等人通过高效薄层色谱法与质谱联用技术（HPLCT—MS 和 HPLCT—MS-MS）对尿液提取物中的吗啡进行了研究，并成功地应用于安替比林和非甾体类抗炎药的检测，首次将 HPTLC—MS-MS 无物质洗脱技术应用于尿液中滥用药物的检测和鉴定，HPTLC 已被广泛用于检查尿液样本中是否存在滥用药物，而 HPTLC—MS 的使用可能适用于相对纯净的物质，在这些物质中，相对大量的物质可以装载到平板上，但它可能不足以用于尿液提取液，因此，MS-MS 提供的额外光谱信息对于使人确信它是吗啡而不是样品中存在的某种共色谱干扰物是必不可少的。分散液相微萃取—气相色谱法是一项在尿液药物检测领域具有显著优势的方法。它通过精密的样品处理和灵敏的色谱技术，能够高效地提取并分析尿液中的药物成分。该方法的优点在于其对样品的要求较低，同时具备良好的灵敏度和准确性，使其成为药物检测领域的一项有力工具。通过利用分散液相微萃取—气相色谱法检测尿液中的 3 种苯并二氮杂（革）类药物，尿液的优化萃取条件为：将体积为 0.75mL 的含有 35μL 的氯苯甲醇混合溶液快速注入到 5mL 的样品溶液中，分散混匀后以 4000r/min 离心 4min，吸取有机相直接进样分析；使用极性色谱柱 DM-1，在最佳试验条件下，三种药物（地西泮、尼美西泮和氟西泮）在 1～400μg/L 浓度范围内有良好的线性关系（R=0.9981～0.9990），检出限为 0.33～0.66μg/L（S/N=3），RSD<3.9%（n=5），富集倍数为 231～242 倍。将建立的方法运用到对人尿中三种苯并二氮杂（革）类药物检测时，它的平均加标回收率在 90.3%～92.8%，RSD 在 4.4%～7.6%。

在现代医学和法医领域，准确检测尿液中的有毒药物对于保障公共健康和解决法律问题至关重要。曹洁等人提了一种串联四级杆气相色谱质谱检测法，具有检测 35 种毒药物的能力，实现了技术上的重大突破。该技术首先是利用 35 种毒药物的标准品在串联四级杆气相色谱质谱联用仪上建立多重反应检测方法，确定 2～3 对特征母离子和子离子对以及每种毒药物的保留时间。在进行检测前，先要用乙醚萃取尿液中的目标物质，提取液经过超声、离心、吹干和溶解之后，用串联质谱 MRM 对毒药物进行定性定量分析。

随着科技的发展，药物与毒物检测领域取得了显著的进展。研究者应用超高效液相色谱—串联质谱法对云南省某县村民尿液中的农药残留情况进行深入研究该研究通过合理的样品处理和分析手段，成功地揭示了当地居民尿液中农药的检出情况，这也为农药在使用过程中的潜在风险提供了重要参考。具体方法是：尿液经 Waters Oasis MCX 柱固相萃取，然后用甲醇和 5%的氨水甲醇溶液洗脱后再离心浓缩，经过乙腈定容后注入超高效液相色谱-串联质谱仪；以 0.01%的甲酸乙腈溶液和 0.01%的甲酸水溶液为流动相对前处理后的尿液进行等梯度洗脱，经 Cosmosil 色谱柱（150mm×4.6mm）分离，采用电喷雾离子源正离子模式检测。结果显示，该方法在 0～1.0μg/mL 的浓度范围内显示出良好的线性相关性（R>0.990），在 230 份尿样中，检出阳性率为 65.2%。由此可见，该地居民尿液中的农药检出率较高，也反映了农药在使用过程中的风险性。

在现代科技手段的辅助下，AL-Hashimi 等研究者们采用了高效的十六烷醇增强中空纤维固相/液相微萃取技术，结合精密的高效液相色谱-二极管阵列检测器，成功实现了对人体血浆和尿液中依西替米贝和辛伐他汀的高效提取和检测。这一成果不仅为药物分析领域提供了有力支持，也展现了科技在解决实际问题中的巨大潜力。在最佳实验条件下，人体血浆中的依西替米贝和辛伐他汀的线性范围为 0.363～25μg/L（R=0.9992）和 0.49～25μg/L（R=0.9994），检出限分别为 0.109μg/L、0.174μg/L；人体尿液中的依西替米贝和辛伐他汀的线性范围为 0.193～25μg/L（R=0.9994）和 0.312～25μg/L（R=0.9996），检出限分别为 0.058μg/L、0.093μg/L。将该方法应用到药物治疗后患者血浆和尿液中所选分析物的浓度测定，取得了满意的结果，它在药物分析中显示了巨大的潜力。此外，通过高效液相色谱技术检测尿液及粪便中的地高辛及其代谢产物，这项研究在样品处理和分析方法上取得了显著进展。其准确度与可靠性为地高辛相关代谢产物的检测提供了强有力的支持，为药物代谢研究提供了重要参考。例如，通过利用高效液相色谱检测尿液及粪便中的地高辛及其代谢产物（地高辛配基、地高辛配基洋地黄毒苷、地高辛配基二洋地黄毒苷和二氢地高辛），用二氯甲烷萃取尿液样品或粪便上清液，以洋地黄毒苷或洋地黄毒苷作为内标；使用 1-萘甲酰氯可实现柱前衍生化，然后在具有荧光检测功能的正相或反相系统上分离衍生化的化合物；粪便样品中地高辛和所有代谢物的回收率在 60%～74%，与先前确定的尿液样品的回收率相当；标准曲线显示了在宽浓度范围内的线性良好，每 1mL 尿液 5～125ng 和每 200mg 粪便 10～250ng，所有化合物的分析变异系数均小于 10%。

郝敬梅等人应用超高液相色谱—串联四级杆/线性离子阱质谱（QTRAPUPLC-MS/MS）技术，成功地建立了一套高效的尿液滥用药物筛查方案，涵盖了 30 种常见滥用药物的检测，为滥用药物的准确识别与鉴定提供了可靠手段。利用蛋白沉淀法处理尿液样品，实现对多类别滥用药物的高效提取；采用分段多反应监测（ScheduledMRM，sMRM）联合信息依赖性采集（IDA）与增强离子扫描（EPI）模式，结合 EPI 谱库检索匹配确证检出物信息，并引入内标辅助定量；30 种滥用药物在 0.5～50ng/mL 内线性关系良好（R^2>0.99）；检出限为 0.01～0.25ng/mL，定量限为 0.1～0.4ng/mL；各化合物低、中、高浓度的加标回收率为 76.2%～112.5%，相对标准偏差为 3.1%～11.2%，其中，30 种滥用药物在尿液中的检出限、定量限、线性范围、线性方程如表 4-4所示。该方法适用于实际尿样中痕量滥用药物的定性与定量分析。

30 种滥用药物在尿液中的检出限、定量限、线性范围、线性方程　　表 4-4

中文名称	英文名称	线性范围 (ng/mL)	线性方程	相关系数 R^2	检出限 (ng/mL)	定量限 (ng/mL)
苯丙胺	Amphetamine	0.5～50	$y=3.178x+0.068$	0.9972	0.20	0.40
甲基苯丙胺	Methamphetamine	0.5～50	$y=6.944x-0.009$	0.9990	0.10	0.25
4,5-亚甲基二氧基苯丙胺	MDA	0.5～50	$y=3.944x+0.036$	0.9909	0.10	0.25
3,4-亚甲基二氧甲基苯丙胺	MDMA	0.5～50	$y=11.802x-0.009$	0.9987	0.10	0.25
卡西酮	Cathinone	0.5～50	$y=0.657x+0.005$	0.9913	0.10	0.25
甲卡西酮	Methcathinone	0.5～50	$y=1.633x+0.008$	0.9908	0.10	0.25
麻黄碱	Ephedrine	0.5～50	$y=0.733x+0.102$	0.9916	0.20	0.40
甲基麻黄碱	Methylephedrine	0.5～50	$y=6.851x-0.077$	0.9923	0.10	0.30
氯胺酮	Ketamine	0.5～50	$y=3.319x+0.725$	0.9959	0.01	0.10
去甲氯胺酮	Normeketamine	0.5～50	$y=1.764x+0.742$	0.9990	0.10	0.30
吗啡	Morphine	0.5～50	$y=0.415x+0.004$	0.9972	0.10	0.25
单乙酰吗啡	Monoacetylmorphine	0.5～50	$y=1.92x-0.062$	0.9993	0.05	0.20
可待因	Codeine	0.5～50	$y=0.646x+0.011$	0.9932	0.05	0.20
美沙酮	Methadone	0.5～50	$y=23.170x-0.918$	0.9978	0.05	0.20
哌替啶	Pethidine	0.5～50	$y=6.985x+0.053$	0.9993	0.10	0.25
曲马朵	Tramadol	0.5～50	$y=16.684x-0.133$	0.9992	0.10	0.25
芬太尼	Fentanyl	0.5～50	$y=24.662x-0.253$	0.9987	0.10	0.25
可卡因	Cocaine	0.5～50	$y=22.406x-0.016$	0.9962	0.05	0.20
苯甲酰芽子碱	Benzoylecgonine	0.5～50	$y=20.624x+0.229$	0.9994	0.01	0.10
大麻酚	Cannabinol	0.5～50	$y=3.290x-0.156$	0.9988	0.10	0.30
四氢大麻酚	Tetrahydrocannabinol	0.5～50	$y=0.448x-0.006$	0.9980	0.10	0.30
地西泮	Diazepam	0.5～50	$y=4.074x+0.301$	0.9992	0.01	0.10
硝西泮	Nitrazepam	0.5～50	$y=18.909x-0.112$	0.9984	0.05	0.20
氯硝西泮	Clonazepam	0.5～50	$y=2.388x+0.721$	0.9980	0.05	0.20
氟硝西泮	Flunitrazepam	0.5～50	$y=5.024x+0.381$	0.9977	0.05	0.20
劳拉西泮	Lorazepam	0.5～50	$y=0.889x-0.015$	0.9987	0.10	0.25
阿普唑仑	Alprazolam	0.5～50	$y=63.872x+0.205$	0.9986	0.05	0.20
艾司唑仑	Estazolam	0.5～50	$y=54.028x+0.144$	0.9989	0.01	0.10
咪达唑仑	Midazolam	0.5～50	$y=4.290x+0.002$	0.9995	0.05	0.20
氯氮平	Clozapine	0.5～50	$y=21.223x-0.044$	0.9994	0.10	0.30

4.1.1.4 病原微生物环境传播规律及人类健康风险

1. 传播规律

在一个完整的环境系统中，物质通过蒸发、溶解、降落、转化等方式循环。而病原微生物可以通过尘埃、土壤、水、气溶胶、活的媒介物等传播方式接触到人体，从而危害人体健康。

（1）尘埃传播

病原体附着物经干燥后，由于空气流动冲击，带有病原体的尘埃在空气中飘扬，被吸入而感染。

（2）土壤传播

粪污下渗到土壤中，或者被用为农家肥而进入土壤，这样粪污携带的病原体落入土壤而能在其中生存。

（3）水传播

由于粪污的渗漏到地表水或地下水中，病原微生物在水中生存繁殖下来进入饮用水、食品等中而传染人。

（4）气溶胶传播

气溶胶（≤5μm）传播或扩散距离大于1m成为空气传播，而飞沫传播指大颗粒液滴（>5μm）扩散至较近范围。有研究表明，病原微生物能由空气或空气中的气溶胶进行传播扩散。包含病原体的大颗粒物质（>6μm）主要影响人上呼吸道，中性颗粒（2～6μm）主要集中至呼吸道中部，而小颗粒（<2μm）会侵袭人肺部的肺泡区域。研究人员向马桶中添加阳性菌种后进行冲水，使用放置在离马桶不同距离的沉降平皿捕捉受重力影响下落的气溶胶颗粒。放置于地面的平皿上生长出菌落，且在冲水后8min的空气中也捕捉到微生物，因此推断马桶冲水后使得空气中产生了某种微沫状气溶胶。

为了模拟因病原微生物导致的急性腹泻通过马桶传播的可能性，Barker和Jones向马桶内接种了黏质沙雷菌和MS2噬菌体，在马桶周围放置了沉降平皿，并在马桶前30cm处和马桶上方20cm处采集空气样本。马桶开盖冲水后，试验人员在一定时间内持续捕捉到生物气溶胶的存在。此外，他们对马桶内的水也进行了检测。随着冲水次数的增多，马桶水内的微生物含量逐渐降低。尽管冲水能够减少马桶水内的微生物数量，但仍然会有大量微生物附着在马桶内水及侧壁上，并有可能通过后续的冲水行为继续传播至空气中。不同的马桶类型也可能对气溶胶的产生有所影响，相较于直冲式马桶，虹吸式马桶可能会产生较少的生物气溶胶。

（5）活的媒介物传播

节肢动物中作为家畜传染病的媒介者主要是蝇、蚊等。传播主要是机械性的，通过在病畜、健畜间的刺螫吸血而散播病原体。

2. 粪污病原微生物对人类的健康风险

粪污可以传播细菌性病毒性、寄生虫性疾病，例如伤寒、蛔虫病、痢疾、甲肝、霍乱、皮肝、血吸虫病、传染性腹泻以及一些人畜共患病，对人体健康构成威胁。

在国内的一些农村地区，粪便收集率低，导致粪便暴露在环境中，而未经过卫生处理。有研究评估了印度农村的人类粪便污染与卫生覆盖率对人类健康的影响。在印度奥迪萨的60个村庄中，利用类杆菌微生物源追踪粪便标志物。在池塘里，贾第鞭毛虫最常被发现，其次是致病性大肠杆菌和轮状病毒。社区饮用水源粪便病原体检出率与测试后6周内儿童腹泻患病率升高有关，而在家中，高水平的人和动物粪便标志物检出率与儿童继发性腹泻风险的增加有关。

（1）粪大肠杆菌

大肠菌群是一种粪便污染指标菌，粪大肠菌群数的高低，表明了粪便污染的程度，也反映了对人体健康危害性的大小。大多数致病性大肠杆菌能够通过消化道、接触感染，也可能通过气源性呼吸道感染，可以导致人类的很多疾病，一般感染后2～10d出现腹泻、腹痛、呕吐等现象，严重可导致溶血性肠炎（HC）、血小板减少性紫癜（TTP）、溶血性尿毒症（HUS），伴随肾衰竭等症状。

（2）沙门氏菌

人感染沙门氏菌典型症状包括发热、恶心、呕吐、腹泻及腹部绞痛等。12～72h出现腹泻、发热、腹部绞痛症状，也可能导致胃肠炎、伤寒和副伤寒，虽为自限性疾病，但对儿童、老年人以及免疫低下者危害极大。

（3）志贺菌属

在粪便中，由于其他肠道菌产酸或噬菌体的作用常使本菌在数小时内死亡，但在污染物品及瓜果、蔬菜上，志贺菌可存活10～20d。在适宜的温度下，可在水及食品中繁殖，引起水源或食物型的暴发流行。志贺菌的菌毛粘附于肠黏膜上皮细胞，诱导细胞内吞。破坏肠黏膜和肠壁通透性，导致腹痛腹泻等。

（4）病毒

轮状病毒是引起婴幼儿腹泻的主要病原体之一，其主要感染小肠上皮细胞，从而造成细胞损伤，引起腹泻。感染途径为粪—口途径，临床表现为急性胃肠炎，呈渗透性腹泻病。

诺如病毒变异快、环境抵抗力强、感染剂量低，感染后潜伏期短、排毒时间长、免疫保护时间短，且传播途径多样、全人群普遍易感，因此，诺如病毒具有高度传染性和快速传播能力。诺如病毒感染发病的主要表现为腹泻或呕吐，称之为急性胃肠炎。诺如病毒是全球急性胃肠炎散发病例和暴发疫情的主要致病源。

甲型肝炎病毒主要通过粪—口途径传播，传染源多为病人。甲型肝炎的潜伏期为15～45d，病毒常在患者转氨酸升高前的5～6d就存在于患者的血液和粪便中。发病2～3周后，随着血清中特异性抗体的产生，血液和粪便的传染性也逐渐消失。

4.1.1.5 粪污药物污染物生态风险

人体服用的大部分药物都不能够完全分解，结果其组分及其代谢产物通过排泄进入厕所，如果将粪尿利用于农业、园林等土地中，将导致药物残余通过不同的途径流入食物链而影响人类的健康。药物本身具有较强的持久性、生物活性、生物累积性和缓慢生物降解性的特点。排泄物用作肥料浇灌土地，其中的药物污染物将污染土壤，使其中的细菌、真菌等微生物发生基因突变或耐药质粒转移成为耐药菌，还将破坏土壤微生物群落功能的多样性，生长在污染土壤上的农作物会富集不同浓度的药物，最终通过食物链传递到人体内，长期累积下将影响和破坏人体健康。土壤中的药物类污染物已被大量检出，检出率最高的六种药物为甲氧苄氨嘧啶、磺胺嘧啶、三氯生、布洛芬、双氯芬酸以及镇痫剂立痛定。其中，检出量最高的为甲氧苄氨嘧啶（60μg/kg）。

用作肥料的排泄物会被雨水冲刷至江河湖库等地表水体，那些强吸附性的药物污染物会累积在悬浮固体中（主要是吸附在小颗粒上）。如果持久性的药物污染物累积在悬浮物质或沉积物上，则会长期暴露在河流、溪流或湖泊中。药物具有环境激素效应、遗传毒性效应和生理生态毒性效应等，该类物质在水体环境中的转运和转归潜移默化地影响着水生生态系统中生命体的生长规律、性征演变及物种结构，直接干扰了水生生态系统的演替规律。水中低浓度的药物通过消化系统进入水生生物体内，在肠道内诱导出抗性细菌，由此诱导生命体内药物抗性基因的产生。水中抗性基因也可能通过水生细菌的水平基因转移进入其他生物体。有研究发现，药物抗性基因可以通过水生动物性食物链传递给高营养级的生物，人类食用鱼类等海产品可以使药物抗性转移到人体内。当这些地表水体被用于灌溉农作物，会进一步加重农作物的药物富集浓度。

含有药物污染物的排泄物施肥于农田，部分药物污染物通过渗透进入地下水，在淡水资源短缺的地区，地下水经过简单处理后会被部分农作物吸收。

4.1.2 粪污病原微生物防控技术

4.1.2.1 粪污病媒生物抑灭技术

粪污病媒生物的抑灭技术主要包括物理消毒和化学消毒。

1. 物理消毒

物理消毒主要通过紫外光的方式进行。高达 313nm 的紫外波长对大肠杆菌的灭活依赖于溶液中的氧浓度（直接内源性失活），影响因素包括细菌种类和生理状态、光的波长、细菌所处的环境等。

2. 化学消毒

在厕所消毒中，化学消毒是最常用的一种消毒手段。针对厕所中不同的部位进行消毒剂的选择，进行合理、安全的消毒。

不同消毒剂由于其性质有所差异，对细菌的杀灭效果也有所差异，如表 4-5 所示。

不同消毒剂的杀菌效果 **表 4-5**

消毒方式	杀菌效果
乙醇	浓度对乙醇杀灭微生物的影响较大。在一定水分的情况下才能发挥其杀菌作用，浓度太高不利于乙醇向微生物内部穿透，故一般 65%～80%乙醇的杀菌作用最强，浓度低于 50%时仅有抑菌作用

续表

消毒方式	杀菌效果
过氧乙酸	具有高效、快速、杀菌谱广等优点，在5～50mg/L时，1～15min可杀灭大肠杆菌；对细菌繁殖体的常用浓度为100～1000mg/L，作用时间为10min
过氧化氢	杀菌作用快、杀菌能力强、杀菌谱广、刺激性小、腐蚀性低、容易气化、不留有毒性
次氯酸钠	浓度愈高，杀菌作用愈强
复合消毒剂	含山梨酸、苯甲酸等抑菌剂的过氧化氢复合消毒液浓度分别为10.911g/L和7.272g/L，分别对金黄色葡萄球菌、大肠埃希菌作用45min，杀灭率均达100％

在厕所消毒中，除了要考虑消毒效果，还需要考虑不同消毒剂对人体健康的风险。所以对于消毒剂的选择可以考虑以下几点：

（1）严格按照国家卫生健康委、国家疾控中心等官方推荐的消毒剂、推荐的消毒剂量使用。

（2）接触皮肤的消毒剂，切勿选择腐蚀性强的，应以醇类消毒剂为主。

（3）消毒方法的选择应以消毒因子的性能、消毒对象、病原体种类为依据。选择消毒剂时，应选用能杀灭病原体的消毒剂，当温度、有机物含量变化较大时应注意选择合适的消毒剂，还应尽量避免破坏消毒对象的使用价值或造成环境污染。

（4）面积、大剂量和长时间连续性消毒，不仅要考虑消毒效果，还应考虑到远期环境污染问题。在选用消毒方法时，应首选物理消毒方法和过氧化物类消毒剂，如过氧乙酸和过氧化氢类消毒剂。

（5）明确每种消毒剂的安全使用注意事项，并了解每种消毒剂存在的局限。

常用消毒剂使用过程中注意事项如下：

1）75％酒精不适宜用于大面积消毒。酒精使用过程中不得接触明火或靠近明火，一个区域不宜囤积大量的酒精，酒精容器必须有可靠的密封，严禁使用无盖的容器。存放时远离火种、热源，温度不宜超过30℃，防止阳光直射。

2）含氯消毒剂因具有较强的刺激性与腐蚀性，必须稀释以后才能使用（按照说明书），使用时应戴手套，避免接触皮肤。盛消毒液的容器必须盖好，否则会很快失效。消毒液宜现用现配，一次性使用，勿用50℃以上热水稀释；不要把84消毒液与其他洗涤剂或消毒液混合使用，容易增加空气中氯气的浓度而引起氯气中毒。尤其是洁厕灵（一般都含有盐酸）与84消毒液千万不能一起使用，否则会引起化学反应，产生有毒气体（氯气），轻者可能引起咳嗽、胸闷等，重者可能出现呼吸困难，甚至死亡；

3）过氧乙酸溶液不稳定，应贮存于通风阴凉处，稀释后常温下保存，不宜超过2d，不可用于地面消毒。过氧乙酸对金属有腐蚀性，配制消毒液的容器最好用塑料制品，配制过氧乙酸时忌与碱或有机物混合，以免产生剧烈分解，甚至发生爆炸。

4.1.2.2 粪污病媒生物抑灭技术

1. 防治原则

调查摸清当地主要病媒生物的种类、密度及其繁殖场所和活动规律；实施综合防治，以环境治理为基础，化学防治为主要手段，因地制宜采用相应的有效措施；实行重点突击，对脏乱差的厕所进行环境防治；加强卫生厕所的宣传教育，提高公民维护公共卫生的责任意识。

2. 寄生虫防治

有研究表明，沼气池或者化粪池的粪便无害化效果显著。一是沉淀效果显著，粪块分解迅速，大部分的虫卵都沉于池底；二是沉于池底的虫卵在清底时可基本消灭。据有关报告表明，不论夏季和冬季钩虫卵和血吸虫卵在3个月内基本全可死亡。若在粪渣中加入生石灰和氨水，对沉积于池底的活虫卵可达到杀灭的目的。

3. 蚊类防治

（1）物理防治

物理防治是指利用各种机械、热、光、电等手段以捕杀、隔离或驱赶害虫的方法。在公共厕所中，可安装灭蚊灯、CO_2灭蚊器等灭蚊器具。早期的诱蚊灯是利用普通灯泡或紫外线灯管发光吸引蚊虫，靠着灯下风扇的吸力，把飞近的蚊虫吸入毒瓶或笼袋内。现在的灭蚊灯在此基础上有了一些改进，如在装置上有微型的和定时的，在电源上有直流电和交流电并用的，为了灭蚊，在诱蚊灯装上电栅，以电杀被诱集而与之接触的蚊虫或其他昆虫。

（2）化学防治

幼虫化学防制宜选用缓释型药物，如有机磷类、氨基甲酸酯类、昆虫生长调节剂类等药物。

成蚊防制可采用滞留喷洒和空间喷雾两种方式。滞留喷洒药物宜选用可湿性粉剂、悬浮剂、微胶囊剂等剂型，滞留喷洒器械宜选用手动、电动或机动的常量喷雾器。空间喷雾根据环境类型，选择弥雾、超低容量或热烟雾防制成蚊。推荐采用超低容量和热烟雾方式。

（3）生物防治

现在蚊虫的生物防治主要针对幼期，直接或间接应用蚊虫天敌，以防治传播疾病的媒介蚊虫，可交替使用苏云金杆菌、球形芽孢杆菌等生物杀虫剂。这两种杆菌能产生对蚊幼有毒的蛋白，使用作用不受幼虫密度的影响。对人畜无害，也不污染环境，对水中的其他生物，如鱼类、甲壳类等都是安全的。这两种杀幼剂的主要缺点是一般制剂无残效或残效期不是很长，毒效也不高。

4. 蝇类防治

（1）滞留喷洒

滞留喷洒是通过将杀虫剂直接喷洒在蝇类停栖物体表面，用以防治蝇类的方法。杀虫剂主要通过蝇类的爪垫进入蝇体。药物宜选用可湿性粉剂、悬浮剂、微胶囊剂等剂型。滞留喷洒产生效果的关键，一是保证受药面获得推荐使用剂量的杀虫剂有效成分，二是受药面必须是蝇类停栖的场所。

（2）空间喷雾

空间喷雾是通过施药器械将杀虫剂施放到空间，以杀灭在空间飞行活动的蝇类的技术，应采用超低容量空间喷雾控制成蝇。空间喷洒产生效果是喷雾器械与药物共同作用的结果，关键是杀虫剂要有效，产生的雾粒粒径要在 10～30μm 之间，现场有蝇类活动。

两种控制方式都需要根据蝇类活动特点有选择性地处理，既可以减少杀虫剂的用量，也可以提高杀虫效果。

4.1.2.3 因地制宜的病原微生物防控策略

在厕所的日常清洁卫生管理中以及发生突发公共卫生事件时，病原微生物防控是至关重要的环节。此防控流程可以分为疫情期间和非疫情期间两个阶段，以确保环境卫生与公共健康安全。在非疫情期间，厕所的日常清洁卫生管理是持续保持公共卫生的重要保障。清洁人员可按如下流程进行病原微生物防控。

1. 一般厕所清洁消毒流程

（1）便器清洗与消毒

先用清水便器冲洗干净，用浓度为 250～500mg/L 的含氯消毒液对便器及其周边消毒。

（2）高频接触的物体表面清洗与消毒

高频接触的物体表面消毒，如门把手、门锁、冲厕按钮、便器盖等应进行清洁处理，用 250mg/L 含氯消毒液或 0.2%过氧乙酸溶液擦拭消毒，用水洗干净。

（3）卫生间清洗

卫生间地面、墙面用干净的拖把浸适量水，将便池台面、台阶立面和地面全部清洗一遍，用地刮从外至里刮干净地面积水。

（4）检查

每次清洁过程中注意检查厕所标识是否缺失，通风、照明设施是否正常，粪箱是否满溢，洗手盆是否堵塞，厕纸、洗手液或免清洗消毒液是否充足，及时做好保修和更新工作。

（5）记录

每次清洁、消毒过程中做好消毒或清洁指示，准确记录好清洁或消毒时间。

（6）撤离

工作结束后及时洗手（可用 AHD 2000 消毒液对手进行消毒），换洗工作服，保持个人卫生，一次性护具按照区域要求放置到统一收集区域，可重复使用护具按照要求放回到清洁人员专用场所进行消毒。

2. 粪便污水的灭菌

（1）粪便加入漂白粉混匀后，作用 12h 以上，消毒剂用量按每 1L 粪便 20g 有效氯计。消毒后，清理暴露的粪便，并严格禁止粪便暴露。

(2) 已建设三格式化粪池等粪便无害化处理设施的厕所，使用中尽量减少冲洗厕所用水量，确保粪便在化粪池中有足够停留时间，保证无害化效果。

(3) 将粪便运送到相应的处理厂后，一般采用高温堆肥、厌氧消化等方式来达到粪便的无害化标准。但实际中特别是冬季，堆肥时很难将温度控制在 50～60℃，可以添加石灰和石灰氮等抑菌剂可提高杀灭病原性大肠杆菌的效果。石灰氮分解为尿素的过程中所产生的中间产物氰氨和双氰氨对有害生物具有杀灭作用，在土壤中与水分反应生成氢氧化钙和氰氨，氰氨水解成尿素，且进一步水解成碳酸铵，成为植物可吸收的氮素营养，也可进一步被分解成氨素供植物直接吸收利用。

4.1.3 粪污药物污染物防控技术

4.1.3.1 尿液药物污染物源头阻控技术

目前，处理尿液中的药物污染物的方法有沉淀法、吸附法、膜处理法和高级氧化法。

1. 沉淀法

在尿液资源化过程中，为回收其中的磷，需去除其中的药物污染物。研究表明，通过控制尿液储存时间，可以减少从合成尿液和人尿中回收的鸟粪石晶体中的药物（四环素，去甲环素和土霉素）含量，并提高鸟粪石生产的质量；在 Patiya 等人的研究中，自发性沉淀可从合成尿和人尿中去除了 17%～24%的磷酸盐，在 5d 内大量去除了药物，后续通过投加额外的镁便于鸟粪石结晶，结果表明，鸟粪石在 5d 的储存时间内结晶可实现最大的 P 回收效率，鸟粪石晶体中残留的药物不足 1%。Saad 等人投加混凝剂——ZnO 纳米颗粒以去除尿液中的药物污染物，ZnO 纳米颗粒具有在表面吸附药物活性化合物（PAC）的能力，并结合吸附的颗粒加速沉淀，通过电荷中和、包裹、吸附和与凝结离子络合形成不溶性沉淀物去除胶体和沉淀，试验结果表明，布洛芬、麻黄碱和普萘洛尔的浓度分别从 5.0mg/L、10.15mg/L 和 15.2mg/L 降低到 0.01mg/L、0.10mg/L 和 0.03mg/L。

2. 吸附法

吸附法是利用多孔性固体材料吸附水中的某种或几种污染物，达到回收或去除该污染物的目的，从而净化污水。尿液中天然存在高浓度的营养素，在药物污染物降解的同时，仍需要存在高浓度的氮和磷。生物炭具有去除药物的能力，同时能保持尿液中的营养物浓度。Avni 和 Treavor 利用了四种生物炭（椰子壳、竹子、南部黄松和北部硬木）和一种活性炭（活性椰子炭）去除尿液中的药物（乙酰水杨酸、扑热息痛、布洛芬、萘普生、西酞普兰、卡马西平和双氯芬酸）。试验结果表明，在使用高剂量（10g/L）的生物炭下，未活化的生物炭能去除 90%以上的药物，对尿和废水中的磷和氮的去除率低于 20%。研究表明，生物炭随药物和营养物质的吸附取决于生物炭比表面积、热解温度和生物聚合组成、药物化学结构和疏水性、废水化学性质和 pH 等多重因素。两位研究者还对合成尿和真尿中药物与生物炭的物理化学相互作用进行了研究，结果表明，生物炭利用物理吸附，吸附驱动力下降的趋势是范德华力大于氢键大于静电相互作用去除药物。生物炭可以利用多种物理化学相互作用进行吸附，因此，不同类别的药物可以从尿液中去除。

3. 膜处理法

尿液中的药物污染物可通过膜处理法去除，通过体积排斥、在膜上的吸附以及电排斥得以实现，去除机理决定于膜工艺类型、膜的性质、操作条件、特定的污染物的性质以及膜污染。膜处理法是用纳滤膜去除尿液中的药物污染物并回收其中的营养物质。Wouter 利用纳滤膜 NF270 去除尿液中的药物污染物，是试验测试的膜（DS5、NF270、N30F）中药物去除率最高的，可在最佳 pH 条件下，截留大多数药物污染物，渗透大部分含氮营养素，但磷酸盐和硫酸盐几乎完全保留，从保留物中回收磷酸盐通过添加 Mg 的鸟粪石沉淀来实现，从而产生不含药物污染物的营养产物。Lazarova 和 Spendlingwimmer 也利用膜分离法处理黄水，试验结果表明，纳滤膜 NF200 可以完全除去尿液中药物（布洛芬和双氯酚酸）以及激素（雌酮，雌二醇，乙烯雌二醇，雌三醇），但是它将损失尿素、降低渗滤液的电导率，而且它的浓缩物还要得到进一步的处理才能完全降解。

沉淀法、吸附法以及膜处理法只是物理去除的方法，只能将药物类污染物进行相间转移，不能彻底降解，因此，仍然需要与后续处理工艺结合。

4. 高级氧化法

药物类污染物通常较难降解，传统的物理化学和生物方法很难将这些污染物有效去除。尿液中的药物污染物常选用高级氧化法来去除，研究表明，它能高效且无选择性地去除此类微污染物。高级氧化法可利用反应中具有强氧化能力的活性基团（羟基自由基、硫酸根自由基等）氧化分解水体中的有机污染物，最终将其矿化并彻底去除。高级氧化法一般还具有消毒的作用，为后续的水资源再利用提供便利。目前常用的高级氧化法有 Fenton 及类 Fenton 法、臭氧氧化法、光催化氧化法、超临界水氧化法、湿式催化氧化法电化学氧化法、湿式氧化法等。

其中，臭氧本身可以降解部分尿液中的药物污染物，如立痛定、萘普生等，而臭氧反应生成的羟基自由基，因其具有更高的氧化能力和较低的选择性，可降解更多的污染物。研究发现，臭氧氧化法对尿液中药物类污染物以及人体代谢产物的去除率约为 90%，还可以达到消毒的效果。同时，可以将臭氧加入过氧化氢、Fenton 试剂和 UV 中，可以提高羟基自由基的产率。

相较于其他氧化法，高级氧化法的自由基氧化能力强，具有较低的选择性，可降解多种有机污染物，反应速度快，反应条件温和，操作简单，可与其他处理工艺结合降低总处理成本。

单过氧硫酸氢盐（Peroxymonosulfate，PMS，HSO_5^-）可以在无外加能量和催化剂的情况下快速降解 3 种青霉素（青霉素 G、氨苄西林、阿莫西林）、5 种头孢菌素（头孢匹林、头孢菌素、头孢拉定、头孢噻肟、头孢氨苄）和 2 种碳青霉烯（美罗培南、亚胺培南），去除过程中完全依靠自身的氧化能力，与 $SO_4^- \cdot$ 的非选择性反应性相反对 β-内酰胺类抗生素表现出对硫醚硫的高特异性反应。由于此方法不需要外部能量或催化剂，因此具有低成本，并且具有较高的降解效率。

(1) 基于羟基自由基的高级氧化法

羟基自由基有较强的氧化性（氧化还原电位为1.9～2.7V），氧化能力强于过氧化氢、臭氧以及氯气，仅次于氟。它的选择性较小，能与大部分的有机污染物以较高的速率发生反应，产生途径包括臭氧氧化、Fenton反应、电化学反应、光催化反应以及微生物燃料电池等。羟基自由基与污染物的反应主要通过三个途径：自由基加成（4-1）、氢原子转移（4-2）和电子转移（4-3）：

$$A + \cdot OH \longrightarrow \cdot AOH \tag{4-1}$$

$$A + \cdot OH \longrightarrow AOH + H_2O \tag{4-2}$$

$$A + \cdot OH \longrightarrow \cdot A(-H) + H_2O \tag{4-3}$$

基于羟基自由基的高级氧化技术在尿液药物污染物的去除中较为常见，Zhang等人研究了低压紫外光（UV）、紫外光与过氧化氢（UV/H_2O_2）及紫外光与过氧化二硫酸盐（UV/PDS）降解新鲜和水解人尿中磺胺甲恶唑（SMX）、甲氧苄啶（TMP）和N4-乙酰基磺胺甲恶唑（乙酰基SMX）的动力学及其机理，并评估尿液基质的影响。IJpelaar等人对比了低压（Lowpressure，LP）和中压（Mediumpressure，MP）的UV/H_2O_2的降解效果和能耗，证明低压的UV/H_2O_2的降解效果更好更经济。表4-6总结了药物类污染物与·OH的二级反应速率常数，可以看出，·OH可与多种药物污染物发生反应，且反应速率较高，这也说明了·OH的选择性低，可去除多种药物污染物。

药物类污染物与·OH的二级反应速率常数　　表4-6

药物名	$K_{\cdot OH}$ [L/(mol·s)]
阿司匹林	3.6×10^{10}
利多卡因	1.92×10^{10}
尼古丁	4.5×10^{8}
特敏福	$(4.7\pm0.2)\times10^{9}$
扑热息痛	$(7.1\pm0.58)\times10^{9}$
磺胺甲恶唑	$(7.02\pm0.20)\times10^{9}$
茶碱	6.3×10^{9}
苯扎贝特	$(7.4\pm1.2)\times10^{9}$
美托洛尔	$(8.1\pm0.98)\times10^{9}$
可的松	$(6.3\pm0.41)\times10^{9}$
心得安	$(1.1\pm0.26)\times10^{10}$
阿莫西林	3.9×10^{9}
心得怡	$(7.9\pm3.2)\times10^{9}$
氢氯噻嗪	$(5.7\pm0.3)\times10^{9}$
二甲苯氧庚酸	$(9.1\pm0.88)\times10^{9}$
别嘌呤醇	1.81×10^{9}
氰西汀	$(9.0\pm1.8)\times10^{9}$
安定	$(7.2\pm1.0)\times10^{9}$
环丙沙星	$(2.15\pm0.1)\times10^{10}$
布洛芬	$(7.4\pm1.2)\times10^{9}$
阿替洛尔	$(7.1\pm0.75)\times10^{9}$

续表

药物名	$K_{\cdot OH}$[L/(mol·s)]
诺氟沙星	$>1\times10^9$
双氯芬酸	$(8.2\pm2.6)\times10^9$
立痛定	$(8.8\pm1.2)\times10^9$
乙炔雌二醇	$\sim7\times10^9$
纳多洛尔	$(12.3\pm0.09)\times10^9$
红霉素	$(3.8\pm0.76)\times10^9$
碘普罗安	$(3.3\pm0.6)\times10^9$
青霉素 G	$(1.26\pm0.25)\times10^{10}$
哌拉西林	$(7.84\pm0.49)\times10^9$
替卡西林	$(8.18\pm0.99)\times10^9$
雌二醇	$(1.15\pm0.28)\times10^{10}$
黄体酮	$(8.5\pm0.9)\times10^8$
青霉素 V	$(8.76\pm0.28)\times10^9$
甲氧苄啶	$(6.99\pm0.11)\times10^9$
N4-乙酰基磺胺甲恶唑	$(6.09\pm0.17)\times10^9$

UV/H_2O_2工艺可以有效去除尿液中的药物污染物，其发挥氧化作用的三条途径有：(1) 部分药物可吸收 UV，光子的激发可直接降解药物污染物；(2) H_2O_2本身具有氧化性，可以在一定程度上降解药物污染物；(3) 主要降解途径是·OH 的氧化作用。在紫外线的照射下，H_2O_2被激化产生具有强氧化性的·OH，它会与药物污染物发生氧化还原反应，其反应步骤如式（4-4）～式（4-8）所示：

$$H_2O_2 + hv \longrightarrow 2\cdot OH \tag{4-4}$$

$$H_2O_2 + \cdot OH \longrightarrow \cdot HO_2 + H_2O \tag{4-5}$$

$$OH\cdot + \cdot HO_2 \longrightarrow H_2O + O_2 \tag{4-6}$$

$$OH\cdot + \cdot OH \longrightarrow 2H_2O_2 \tag{4-7}$$

$$OH\cdot + RH \longrightarrow H_2O + R\cdot \tag{4-8}$$

(2) 基于硫酸根自由基的高级氧化法

基于硫酸根自由基的高级氧化法可以有效去除尿液中的多种药物污染物。在中性条件下，硫酸根自由基（氧化还原电位为 2.5～3.1V）的氧化能力比羟基自由基强，可以降解多种药物污染物。而且，硫酸根自由基受介质中背景因素的影响比较小，适合在尿液这种复杂介质中有效去除包括药物类的多种污染物。硫酸根自由基的主要反应机理是氢原子提取、加成和电子转移这三种方式，其中，饱和有机化合物（如烷烃、醇类、酯类及醚类等）的降解主要是通过氢原子提取这种方式，含有不饱和键的烯烃类化合物的降解主要是通过加成反应，芳香类化合物降解多通过电子转移。硫酸根自由基主要通过单过氧硫酸氢盐（Peroxymonosulfate，PMS，HSO^{5-}）和过氧化二硫酸盐（Peroxydisulfate，PDS，$S_2O_8^{2-}$）通过 UV（波长<270nm）、热（活化能约需 140kJ/mol）和过渡金属（Fe^{2+}、Ag^+、Cu^{2+}、Mn^{2+}、Co^{2+}等）等方式激活，如式（4-9）～式（4-12）所示：

$$S_2O_8^{2-} \longrightarrow 2SO_4\cdot^- \tag{4-9}$$

$$S_2O_8^{2-} + e^- \longrightarrow SO_4 \cdot^- + SO_4^{2-} \tag{4-10}$$

$$S_2O_8^{2-} + M^{n+} \longrightarrow SO_4 \cdot^- + SO_4^{2-} + M^{(n+1)+} \tag{4-11}$$

$$HSO_5^- + M^{n+} \longrightarrow SO_4 \cdot^- + OH^- + M^{(n+1)+} \tag{4-12}$$

基于硫酸根自由基的高级氧化法已证实可以降解多种污染物，很多研究者利用这种方法有效降解了尿液中的药物，深入研究了其降解过程的动力学和影响因素。表 4-7 总结了药物类污染物与 SO_4^- ·的二级反应速率常数。从表中可以看出，除了碘普罗安，其他种类的药物对于 SO_4^- ·的反应活性和·OH 的差不多，说明 SO_4^- ·可有效降解尿液中的药物污染物。

药物类污染与 SO_4^- ·的二级反应速率常数 **表 4-7**

药物名	$K_{SO_4^-}$· [L/(mol·s)]
磺胺甲恶唑	$(12.5\pm1.9)\times10^9$
阿莫西林	$(3.48\pm0.05)\times10^9$
双氯芬酸	$(9.2\pm0.6)\times10^9$
立痛定	1.92×10^9
乙炔雌二醇	$(3.01\pm0.28)\times10^9$
碘普罗安	$(1.60\pm0.53)\times10^4$
青霉素 G	1.4×10^9
哌拉西林	$(1.74\pm0.11)\times10^9$
替卡西林	8.0×10^8
雌二醇	$(1.21\pm0.16)\times10^9$
黄体酮	$(1.19\pm0.16)\times10^9$
异冰片	$(5.28\pm0.13)\times10^8$
氨苄青霉素	$(2.35\pm0.3)\times10^9$
羧苄青霉素	$(1.23\pm0.04)\times10^9$
邻氯青霉素	$(1.25\pm0.13)\times10^9$
青霉素 V	$(2.89\pm0.05)\times10^9$
甲氧苄啶	$(7.71\pm0.29)\times10^9$
N4-乙酰基磺胺甲恶唑	$(3.01\pm0.32)\times10^9$
柳氮磺吡啶	$(1.33\pm0.01)\times10^9$

4.1.3.2 粪便排泄物药物过程阻控技术

我国一直将粪便作为农肥，施用于农作物，但是未经无害化处理直接使用，会使大量的污染物进入土壤，造成土壤污染。粪便中的药物可通过径流和渗流分别污染地表和地下水，而且粪便中残留的抗生素也会导致抗生素抗药性基因的出现，从而危及人类和其他生物的健康。

目前，国内外处理粪便的方法较多，常见的有化学法、热解法、焚烧法、卫生填埋、厌氧消化和好氧堆肥法等。而对于粪便中的药物处理一般采用厌氧消化和好氧堆肥。

厌氧消化是在无氧的条件下，通过厌氧微生物降解粪便中的有机污染物生成甲烷和二氧化碳的过程。它既能生产可再生能源，又能提供优质的有机肥，是有效处理粪便的一种关键技术。药物污染物在厌氧消化过程中能得到降解，但是过量的药物会抑制厌氧消化，对厌氧菌产生抑制作用。

好氧堆肥是指在人为控制下，在一定水分、C/N、通风等条件下，通过好氧微生物的发酵作用，将粪便中的有机污染物氧化分解为可利用的肥料，并产生热量的过程。它是一种处理粪便的简单易行的方法，堆肥的产品可作为肥料和土壤改良剂使用。但粪便也是一种污染物，含有的大量病原微生物和有害有机物成分，在堆肥过程中仍存在一定的环境风险。

虽然堆肥和厌氧消化过程没有直接的比较，但粪便的好氧堆肥对抗生素的去除率相对较高。但是，这些研究是在受控的实验室条件下进行的，工业化堆肥和厌氧消化过程中抗生素的去除还没有得到证实。此外，在这些实验室研究中研究的药物浓度和类型通常不同于人粪便中的药物污染物浓度和类型，因此，将厌氧消化和好氧堆肥应用到粪便排泄物中的药物处理虽然是可行的，但实现其实际应用仍需要进一步的研发。

4.2　乡村厕所室内环境改善与节能技术

落后的乡村厕所的环境卫生设施与服务制约了当前乡村地区发展，应以现代化为导向，注重厕所室内环境的改善。在广大的乡村地区，虽然进行了厕所改造，但厕所的卫生设施简陋，用厕环境较差，尤其是厕所产生的臭味严重，不仅影响如厕体验，对于空气质量甚至人体健康也会产生负面作用。此外，在北方寒冷地区，厕所大部分未采取任何保温和供暖措施，尤其是部分家庭厕所设在庭院外，厕所的墙体以及门窗气密性较差，冬季使用极为寒冷，舒适度低。在实现乡村厕所环境改善的同时，可通过集成应用高效低碳节能技术，充分优化建筑本体的环境调控作用。

4.2.1　厕所室内空气质量改善技术

4.2.1.1　厕所臭味源解析及扩散规律

1. 厕所臭味源解析

臭味能被人感知是由于恶臭物质具有较高的挥发性和亲水亲脂性。恶臭物质致臭主要原因是其含有特征发臭基团。含发臭基团的气体分子与嗅觉细胞作用，经嗅觉神经向脑部神经传递信息，从而完成对气味的鉴别。恶臭物质根据其化学组成可以分为5类：

（1）含硫化合物，如硫化氢、硫醇和硫醚等；

（2）含氮化合物，如氨、胺、吲哚和酰胺等；

（3）卤素及其衍生物，如氯、溴和卤代烃等；

（4）含氧化合物，如醛、酮，以及有机酸等；

（5）烃类化合物，如芳香烃、短链烷烃、烯烃以及炔烃等。

通常情况下，厕所中恶臭物质主要为含氮、含硫化合物，包括氨和有机胺、硫化氢和有机硫化物（硫醇）以及杂环化合物（吲哚、三甲基吲哚）等。其中，硫化氢、氨、甲硫醇、甲胺、吲哚等嗅阈值较低，对人体刺激性大，是厕所恶臭污染物控制的重点。

厕所中形成恶臭环境的原因主要有排气效果不佳、霉菌的滋生、排水管道的密封较差以及坐便器的臭味溢出。其中，坐便器的臭味主要来源有两个方面：一是人体代谢过程中产生的粪便和尿液中含有的恶臭气体释放并扩散周边空气中。健康人日常代谢时，平均每日排出的尿量为1000～2000mL，排便量为250～300g，产生肛肠气800～1000mL。其中，尿液中含有的恶臭物质主要有尿素和尿酸等，粪便中含有的恶臭物质较多，含有吲哚、粪臭素、硫化氢、丁酸以及0.02%～0.16%的氨等，肛肠气中也含有氨和粪臭素，并经常混有硫化氢，均会伴随排泄过程释放到空气中，是厕所恶臭污染物的来源之一。二是尿液、粪便中的有机物在微生物作用下持续发酵分解，产生和释放大量恶臭气体。尿液中含有无机盐、尿素、酶、维生素、脂肪烃和尿酸，粪便中主要成分为纤维素、氨基酸、未消化的蛋白质和脂质，以上部分物质可在微生物作用下氨化、硫矿化，产生氨气、甲胺、硫化氢以及硫醇等恶臭气体，直接释放至环境，造成厕所空气环境的进一步恶臭。

厕所中产生的恶臭气体进入人体后会对人体的呼吸系统、循环系统、消化系统、内分泌系统和神经系统等产生危害，诱发心血管病、精神类疾病、头痛等。一些烃类物质（带香味的芳香烃类物质）、放射性物质（如氡）、金属微粒有诱发癌症的可能性。在不同浓度条件下，恶臭污染物对人体健康影响差异较大。例如，低浓度的氨对人体的眼、鼻、喉等有刺激作用；高浓度的氨则会抑制人体的中枢神经系统，引起惊厥、抽搐、嗜睡和昏迷，并引发肺水肿、脑水肿和喉头水肿等，当人体吸入极高浓度的氨后可以反射性引起心搏骤停、呼吸停止。低浓度硫化氢浓度为70～150mg/m^{3}时，可使人体出现呼吸道及眼刺激症状，并且可以麻痹嗅觉神经，吸2～5min后不再闻到臭气，长期接触时会发生慢性中毒反应；硫化氢浓度达到300mg/m^{3}时，人体吸入6～8min会出现眼急性刺激症状，稍长时间接触会进一步引起肺水肿；吸入硫化氢还能引起中枢神经系统的抑制，有时由于刺激作用和呼吸的麻痹而导致人体死亡。

厕所中几种常见恶臭污染物的嗅阈值、毒性阈值（TLV-TWA）见表4-8。毒性阈值中TLV-TWA为美国工业卫生协会的8h加权平均值，人员8h暴露在低于该浓度的环境中不会引起不可逆的伤害。

厕所常见恶臭污染物部分限值及危害　　表4-8

名称	嗅阈值（mg/m^3）	TLV-TWA（mg/m^3）	吸收途径和危害
硫化氢	0.57×10^{-3}	10.0	几乎全部经呼吸道吸收，也可经皮肤吸收，强烈的神经毒素，对黏膜有强烈刺激作用，可引发恶心和呕吐，损害和麻痹呼吸中枢细胞，严重时导致休克死亡
甲硫醇	1.305×10^{-4}	0.98	通常经呼吸道吸入，对眼睛、皮肤、黏膜和上呼吸道有强烈的刺激作用。可对肝肾产生损害，可引起头痛、恶心及不同程度的麻醉作用

续表

名称	嗅阈值（mg/m³）	TLV-TWA（mg/m³）	吸收途径和危害
氨	1.04	17.0	通常经呼吸道吸入，可引发鼻炎、咽炎、支气管炎和气管炎，高浓度可引起心脏停搏和呼吸停止
甲胺	0.44	6.4	主要经呼吸道吸入和皮肤吸收，可引发鼻炎、咽炎、支气管炎、肺炎和呼吸窘迫综合征等
吲哚	1.44×10^{-3}	48.0	主要经呼吸道吸入，长时间暴露可引发动物肾和肺部脓肿
粪臭素	3.02×10^{5}	19.0	主要经呼吸道吸入，长时间暴露可引发动物肺部炎症

2. 厕所恶臭污染物扩散规律的模拟

目前对于预测和分析室内空气污染物分布及扩散规律的方法主要有模型试验和数值模拟两种。其中模型试验方法需要的试验周期较长，成本很高，搭建实验模型需要昂贵的费用，对于不同工况，有时还会需要多次试验，并且周期甚至可能长达数月以上。乡村地区不同家庭厕所的空间结构以及环境条件差异较大，在实际应用中采用模型试验的方法难以满足要求，因此不能被广泛地采用。相比模型试验，数值模拟方法实现起来较容易，可根据所要模拟厕所情况的复杂程度、调研参数的不同以及对结果精度的要求等不同情况选择适合的模拟方法。目前用于模拟的方法主要分为单节点模型方法、多节点模型方法、区域模型方法和计算流体力学（Computational Fluid Dynamics，CFD）方法。其中，CFD 方法相对模型实验和其他方法有不可比拟的优点，例如使用成本低，运算速度快，结果准确度高，可以任意设置不同边界条件，方便地模拟各种不同工况，因此在厕所中恶臭气体扩散规律的模拟中可优先选用 CFD 模型。

CFD 模型是利用厕所室内空气流动遵循的动量、能量等守恒原理，采用合适的湍流模型，设置合适的边界条件，给定初始条件，利用离散求解各控制方程，计算可得流场中各处的温度场、速度场和污染物浓度等。利用这些计算的结果可以计算得厕所室内各处空气龄分布、通风效率、污染物排除效率等相关值，从而评估厕所室内空气质量和恶臭污染物的扩散规律等。针对厕所内恶臭污染物传播情况，可选用 CFD-FLUENT 软件对厕所内具代表性的恶臭污染物的扩散规律及浓度场分布进行计算机模拟。

厕所 CFD 模型的建立，在充分考虑其框架结构的基础上可以对厕所内的一些细微结构处做一定的局部近似处理。为了不影响模拟结果的准确性，模型应与原厕所结构的尺寸和布局基本保持一致。在边界条件的设置中，应根据实际测量值设置。如厕所内的恶臭气体来源于坐便器，此处采用速度入口边界条件，应根据试验测得的数值确定；外窗缝隙以及门缝隙的渗透作用，应作为自由进风口，缝隙宽度根据原厕所结构设置；若厕所安装有排风机，应设置为出口边界，并选择相应的压力；其他内墙边界条件可定义为壁面。

4.2.1.2　厕所臭味原位控制技术

原位除臭技术在解决乡村厕所的臭味问题方面发挥着重要作用。主要包括负压坐便器除臭技术、化学除臭技术、微生物除臭技术和植物型除臭技术。负压坐便器是利用冲水通道作为吸气通道，通过排水阀的中空通道，将人体排泄过程产生的恶臭气体完全吸进除臭装置中，防止恶臭气体向上溢出，恶臭气体再经除臭装置快速过滤，将各种有害气体净化后排出，从根源上解决了厕所的臭味问题。化学除臭技术是通过向坐便器中添加某些化学药剂，使之与坐便器中产生的恶臭物质发生反应，从而降低恶臭气体组分浓度，从源头进行控制的技术。微生物除臭技术是利用有效微生物群（Effective Microorganisms，EM）分解厕所臭气。在有机物分解过程中所产生的氨、硫化氢等恶臭气体可以作为 EM 除臭剂中有效微生物群的营养物质，它们通过新陈代谢作用，化害为利，生成有益的有机营养，放出氧气，消除了恶臭气体产生的物质基础。植物型除臭剂是以天然植物萃取液或天然植物的花、叶、茎、根等器官为主要原料加工而成的除臭剂，具有抑菌、杀菌和除臭功效。表 4-9 列举了适用于乡村厕所的原味除臭控制技术的主要特点。

适用于乡村厕所的原味除臭控制技术 **表 4-9**

技术	原理	优点	缺点	适用范围
负压坐便器除臭技术	利用冲水通道吸入恶臭气体并通过除臭装置净化	自动运行，无需添加药剂	制造和安装成本较高，能耗相对较大	人口密度和卫生条件要求较高的地区
化学除臭技术	使用化学药剂与恶臭气体反应降低恶臭气体浓度	快速反应，可定制化，适用于不同场景	可能产生副产品或化学废物	水资源缺乏，较为偏远的农村地区
微生物除臭技术	使用有效微生物群降解恶臭气体	长期效果稳定，生态友好	微生物群对环境条件要求高	人口密度相对较低、气候温和的地区
植物型除臭技术	使用植物萃取液或植物材料反应、吸附或掩盖恶臭气味	适用于多种环境，无二次污染	持续性效果有限，香味可能过于浓烈	资源有限、经济条件较差的农村地区

4.2.1.3 厕所臭味传送过程控制技术

厕所内臭味传送过程控制技术主要是在恶臭产生后，通过吸附、掩盖或通风等方法来处理已经释放到厕所室内环境的恶臭气体。不同技术的主要特点如表 4-10 所示。

适用于乡村厕所的臭味传送过程控制技术 **表 4-10**

技术	原理	优点	缺点
吸附法	使用吸附剂吸附恶臭物质，降低恶臭气体浓度	有效率高，使用简单，成本较低	需要定期更换或再生吸附材料，不适用于高浓度恶臭气体
芳香掩盖法	使用强芳香气味掩盖恶臭气味，改变嗅觉感官判断	快速改善空气质量，不涉及化学反应	恶臭物质仍存在，未真正去除，可能导致综合臭味
通风稀释法	通过通风稀释改善室内空气，将污染物排出并吸入新鲜空气	有效改善室内空气质量，节省能源，适用于不同布局	需要合理布局和控制送风参数，机械通风需能源

1. 吸附法

吸附型除臭剂是采用具有优异吸附能力的物质将环境中的恶臭物质吸附于多孔性结构中，从而达到除臭的效果。吸附型除臭剂具有比表面积大、孔隙率高等特点，产品一般为固态。一般将吸附性除臭剂置于厕所臭气浓度较高的位置，如坐便器的内部或者周边位置，通过吸附作用，可将氨、硫化氢等恶臭物质有效吸附去除，具有效率高、使用简单、成本低等优点。吸附过程为物理变化，无化学反应。根据吸附剂能否再生将吸附材料分为可再生吸附剂和不可再生吸附剂。在众多吸附剂中，常用的吸附剂有活性炭基材料、氧化锌、活性氧化铝、沸石分子筛、硅胶和白土等。

2. 芳香掩盖法

芳香掩盖法是使用强的芳香用作气味掩蔽剂，来改变人体嗅觉的感官判断，从而消除不愉快臭味的感觉。气味掩蔽剂是一种气味更强的芳香味药剂用于掩蔽厕所中的恶臭成分，对恶臭气体有掩蔽作用的物质有乙硫醇桉树油、甲基吲哚香豆素、樟脑油香水等。该方法用于厕所室内臭味的改善具有见效快，成本低的优势，但是掩蔽过程中恶臭物质不发生任何化学变化，使恶臭物质依然存留于空气中，不适用于厕所恶臭气体浓度较高时使用，并且会造成更高水平的综合臭。

3. 通风稀释法

通过通风稀释和合理气流组织控制室内污染物，是稀释厕所室内臭味和污染物、去除余热和余湿、改善厕所室内空气品质的常见措施。新风系统按照通风动力的不同，可分为自然通风和机械通风。自然通风是依靠室外风力造成的风压和室内外空气温度差造成的热压，促使空气流动，使得厕所室内外空气交换，它不消耗机械动力，在适宜的条件下又能获得巨大的通风换气量，是一种经济的也是普遍使用的厕所空气改善方式。机械通风是依靠风机提供的压力使空气流动，可以有效地将厕所内空气排出，并吸入室外新鲜空气，是有组织通风的主要技术手段。这一控制方法的关键是，在有限新风量的前提下，确定最优的通风方式，实现最优的气流组织，提高厕所室内空气品质并最大程度地降低能耗。影响控制效果的主要因素有送回风口的形式及布置、送入新风量、送风速度等。通风方式应与厕所污染源及也就是坐便器的位置相适应，研究表明，室内布局为下异侧上送下回风方式对恶臭气体的排出比较有利，并且排风口应尽量靠近坐便器。在送风不含污染物的条件下，增大送风速度可以有效降低厕所室内污染物的浓度。所以，同种通风方式下采用自然通风或全新风的通风方式，并增大送风速度，可以有效地降低厕所室内恶臭物质的浓度，改善空气质量。

4.2.1.4　厕所臭味末端治理技术

1. 光催化氧化技术

光催化氧化技术是指在紫外光或可见光照射下，TiO_2、ZnO 及 CdS 等具有光催化活性的物质价带上的电子（e^-）跃迁到导带上产生电子—空穴，进而生成具有超强氧化作用的超氧离子自由基、超氧羟基自由基、羟基自由基等活性物质，将厕所室内空气中的恶臭气体氧化降解的方法（图 4-1）。光催化氧化法不仅可以有效地分解醛类、芳烃、脂肪

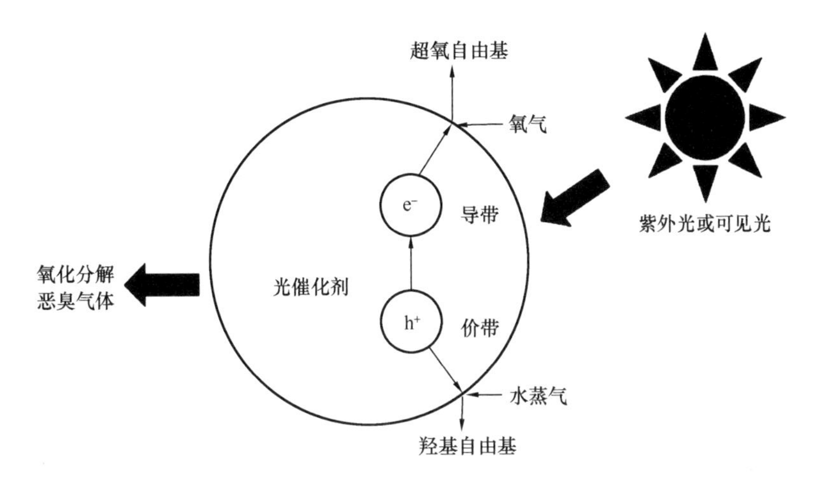

图 4-1 光催化氧化技术处理厕所臭气

烃、醇、醛、酮、卤代烃和硫醇等有机污染物，也能够去除氮氧化物、硫氧化物、硫化氢和氨气等无机污染物。该方法在去除厕所中恶臭气体的同时，又可以高效灭杀暴露于空气中的大部分细菌和病毒。因此，光催化氧化技术用于厕所臭味的末端治理，不仅可以有效净化空气中的恶臭气体，同时可有效抑制细菌和病毒对人的感染。影响光催化氧化效果的因素主要有以下几点：

（1）光催化剂

光催化剂也叫光触媒，是光催化过程的关键部分，其活性的高低严重影响光催化效果。目前常用的光催化剂大多是 N 型半导体材料，具有禁带宽度低等特点，半导体材料具有与金属不同的不连续能带结构，一般由填满电子的低能价带和含有空穴的高能导带构成，价带和导带之间存在禁带。当用能量等于或大于禁带宽度（又称带隙）的光照射时，价带上的电子（e^-）会被激发跃迁至导带，在价带上产生相应的电子空穴并在电场的作用下分离迁移到表面。常用的光催化剂主要包括 TiO_2、ZnO、CdS、WO_3、PbS、SnO_2和Fe_2O_3等。其中光催化活性较好的有 TiO_2、ZnO 和 CdS，但 ZnO 和 CdS 在光照下容易发生光腐蚀，而 TiO_2的化学性质、光学性质都十分稳定，且无毒价廉。因此是目前研究最活跃的光催化剂。另外，催化剂的结构、晶型、表面颗粒大小、孔隙率以及表面羟基浓度对光催化效果都有很大影响。

（2）光源与光强

光源的光子能量必须大于半导体的禁带宽度，如 TiO_2的禁带宽度为 3.2eV，只有波长小于 387nm 光子才能激发它。另外，光强与光催化效率关系比较复杂，当光照强度较小时，光催化降解的速率与光照强度呈正相关；当受中等强度光照时，光催化反应速率又可能与光照强度的平方根成正相关；在光照强度过大时，随着光强的提高，光催化并没有提高效果，可能存在中间氧化物在催化剂表面的竞争性复合。

（3）外加氧化剂

为了保证光催化反应的有效进行，就必须减少光生电子和空穴的简单复合，由于氧化剂是光生电子的有效捕获剂，外加氧化剂能提高光催化氧化的速率和效率。已发现的能促进气相光催化氧化的氧化剂是 O_2 和 O_3，在反应系统加入 O_2 或 O_3 有利于反应的进行，因为它们不仅仅是光生电子的理想捕获剂，而且还可以作为氧化剂直接参加反应。适当的氧化剂可以起到促进光催化降解恶臭物质的作用，但是氧化剂浓度过高会与恶臭物质形成竞争吸附，从而降低光催化效率。

（4）恶臭气体的初始浓度

光催化氧化技术适用于处理微量恶臭气体，如果厕所内的恶臭气体初始浓度过高会导致催化剂失活，这些失活现象主要是由于反应中间物在催化剂表面上吸附并占据了活性位所致，采用不含恶臭物质的湿空气并同时用紫外光照射，可使吸附的中间产物脱附或被氧化，从而可使催化剂得到再生。因此，恶臭气体初始浓过高，将不利于光催化反应的继续进行。

（5）反应体系中水蒸气

TiO_2 表面的羟基自由基在光催化过程起着重要作用，而气相中水蒸气是产生羟基自由基的必要条件。若湿度较低，则随着反应进行，催化剂活性很快下降，其原因被认为是此条件下催化剂表面羟基自由基逐渐减少，从而增加了电子空穴的重新复合，使催化剂活性下降。由此可见，反应气氛中水蒸气的存在是维持催化剂活性的必要条件。但水蒸气浓度过高，会抑制反应的进行，其原因被认为是由于水分子与其他反应物及中间物发生竞争吸附的缘故。

（6）反应温度

光催化反应对温度的变化并不敏感。有研究表明，光催化反应的活化能很低，反应速率对温度的依赖性不大，温度太高反而会使紫外灯的寿命缩短。

2. 低温等离子体法

低温等离子体法也称非平衡等离子体法，是指物质在电极间高压电场作用下，产生电子、离子、光子、中性分子、激发态原子和自由基等高能粒子。温度极高的高能电子与气体分子或原子发生弹性或非弹性碰撞，将能量转化为基态分子的动能或内能，在非弹性碰撞过程中，气体经过一系列的激发、离解、电离等反应，使气体分子污染物分解，达到净化的目的。反应机理中能量传递过程如图 4-2 所示。该技术显著特点是对恶臭污染物兼具

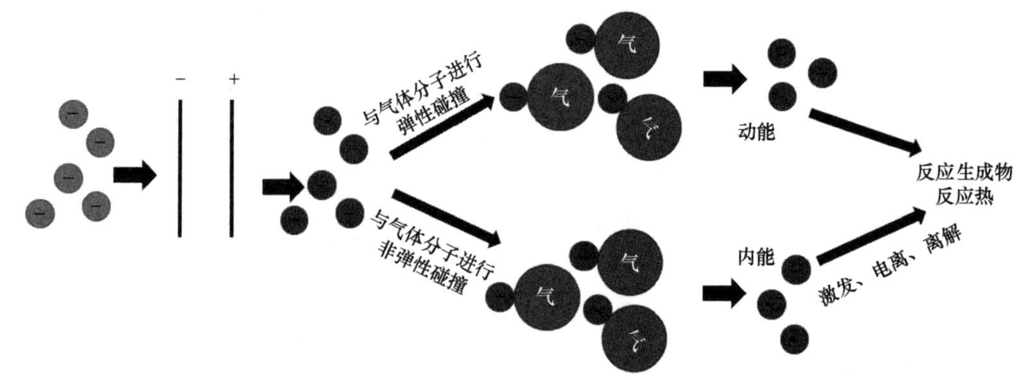

图 4-2　低温等离子体中能量传递图

物理效应、化学效应和生物效应，且有能耗低、效率高、无二次污染等明显优点。低温等离子体产生方法有很多，如辉光放电、微波放电、介质阻挡放电、电晕放电与射频放电等，最常见和应用最广泛的是介质阻挡放电。

低温等离子体用于厕所除臭的作用机理包含两个方面：一是在产生等离子体的过程中，高频放电所产生的瞬间高能足够打开一些恶臭气体分子内的化学键，使之分解为单质原子或无害分子；二是等离子体中包含大量的高能电子、正负离子、激发态粒子和具有强氧化性的自由基，这些活性粒子和部分恶臭气体分子碰撞结合，在电场作用下，使恶臭气体分子处于激发态。当恶臭气体分子获得的能量大于其分子键能的结合能时，恶臭气体分子的化学键断裂，直接分解成单质原子或由单一原子构成的无害气体分子。同时产生的大量·OH、·HO_2和·O等活性自由基和O_3，与恶臭气体分子发生化学反应，最终生成无害产物。

低温等离子体中的高能电子可使电负性高的气体分子（如氧分子、氮分子）带上电子而成为负离子，对人体及其他生物的生命活动有着十分重要的影响。低温等离子体的净化作用还具备显著的生物效应，发生的静电作用在各种细菌、病毒等微生物表面产生的电能剪切力大于细胞膜表面张力，可以使细胞膜遭到破坏，从而杀灭微生物。

3. 臭氧净化技术

臭氧净化厕所臭气是利用了臭氧超强的氧化性，能够和很多有机的恶臭污染物以及还原性的恶臭污染物发生化学反应，生成无毒无害的产物，可以有效地避免二次污染。臭氧的氧化能力对厕所中的一些病毒、细菌等微生物也具有较强的杀伤力，并且反应速度快，灭菌彻底。虽然臭氧灭菌技术非常成熟，是一种环保型的空气净化方式，但过高的臭氧浓度对人体的健康有着一定危害作用。当臭氧吸入人体体内后，能够迅速地转化为活性很强的自由基脂肪酸氧化，从而造成细胞损伤，并引起上呼吸道的炎症病变。当人体暴露在臭氧浓度为176.4μg/m^{3}环境中2h后，肺活量、用力肺活量和第一秒用力肺活量显著下降；臭氧浓度达到176.4μg/m^{3}时，80%以上的人感到眼和鼻黏膜刺激，100%的人出现头疼和胸部不适，我国在《室内空气质量标准》GB/T 18883—2022中限定了臭氧浓度的上限(0.16mg/h)，这也是使用臭氧进行厕所室内空气净化中应该注意的一个问题。因此，若臭氧大量发生用于净化厕所空气后，为了安全性，需要在臭氧发生以后间隔一段时间再进入厕所，并且应设置相应的臭氧浓度检测装置，臭氧净化的时间段适宜选择在夜间或白天外出时。乡村厕所可通过紫外线法产臭氧，产生臭氧的过程主要是利用光波中小于200nm的紫外线，使空气中的氧气分解聚合为臭氧。该方法的优点是纯度高，对湿度和温度不敏感，且使用安装方便，可配合定时装置，在如厕后打开紫外灯产臭氧，一定时间后自动关闭，可实现较好的除臭灭菌效果。

4. 催化燃烧法

催化燃烧是用催化剂使厕所内臭气中的恶臭污染物在较低温度下氧化分解的净化方法，催化燃烧又称为催化化学转化。与热力燃烧法相比，催化燃烧所需的辅助燃料少，能量消耗低，设备设施的体积小。催化剂是催化燃烧法的核心，其活性的高低直接决定了催化效果的好坏。催化剂可分为铂、钯和金等贵金属催化剂或铜、锰、铁、钴、锌与稀土等非贵重金属催化剂。由于催化剂的载体是由多孔材料制作的，具有较大的比表面积和合适的孔径，当加热到 300～450℃的有机气体通过催化层时，氧和有机气体被吸附在多孔材料表层的催化剂上，增加了氧和有机气体接触碰撞的机会，提高了活性，使有机气体与氧产生剧烈的化学反应而生成 CO_2 和 H_2O，同时产生热量，去除厕所恶臭气体中的污染物。

5. 生物除臭法

生物除臭法是利用微生物的代谢作用，将厕所空气中的恶臭污染物分解、转化、吸收，成为其所需的能量、养分或无臭物质的方法。生物除臭法用于厕所空气净化过程可分为三步：一是室内空气中的恶臭物质从气相进入液相的传质过程；二是液相中恶臭物质被微生物吸收过程；三是恶臭污染物在微生物作用下的分解、转化和被吸收过程。微生物在厕所臭气的生物除臭工艺中起着决定性作用。恶臭气体处理装置在启动期需对填料层接种微生物。接种的微生物菌种可以为活性污泥、专门驯化培养的纯种微生物或人为构建的复合微生物菌群。选育优异菌种并优化其生存条件是目前该技术的主要研究方向之一。此外，基于菌种的代谢特征，人为构建生态结构合理的复合微生物菌群，对缩短反应器的启动周期、提高接种微生物的竞争性和保持反应器持续高效性具有重要意义。

目前，根据微生物在除臭作用中的存在形式可将生物除臭法分为生物过滤法、生物滴滤法和生物洗涤法。

（1）生物过滤法

生物过滤法除臭工艺如图 4-3 所示。厕所产生的恶臭气体由风机送入增湿器，经过加压预湿使恶臭污染物和气态分子进入液相，然后进入生物过滤器与填料表面的生物膜接触，使恶臭物质进一步转移到生物膜，通过微生物的氧化分解作用，转化为微生物的自身

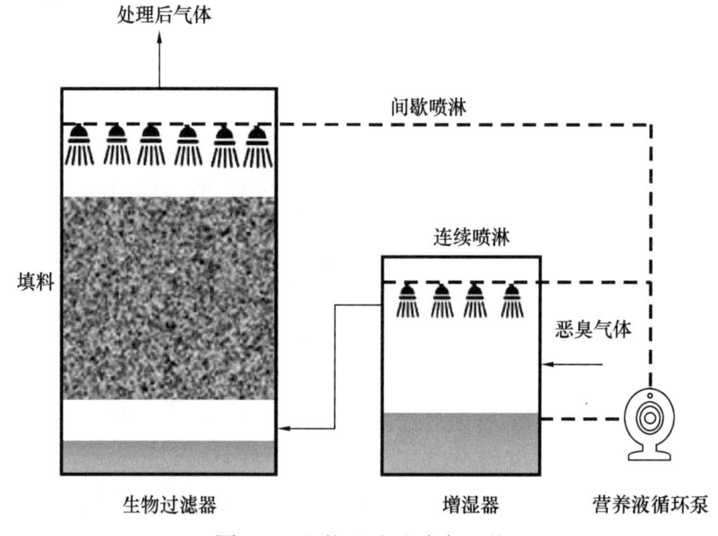

图 4-3　生物过滤法除臭工艺

物质、水、二氧化碳和其他无害的小分子物质，并去除臭味。其中的填料可以是泥炭、土壤、活性炭等具有吸附性的材料。该方法特点是操作简单，运行费用低、适用范围广，不产生二次污染，但反应条件不易控制、易堵塞、占用空间较大，且对进气负荷变化适应慢。

（2）生物滴滤法

生物滴滤法是生物过滤工艺的改进（图 4-4），其填料多为惰性物质，如聚丙烯小球、陶瓷、木炭、塑料等不能为微生物提供营养物质的惰性材料，与生物过滤法相比，不易发生堵塞。由于通过填料层的液体具有连续流动性，也使反应条件易于控制，单位体积填料的生物量高，可有效净化负荷较高的恶臭气体，同时克服了生物过滤不利于处理产酸废气的特点，可有效去除经生物降解产生酸性代谢产物的有机废气。但生物滴滤反应器由于连续流动液相的存在，使得亨利系数较大的污染物不容易被去除。

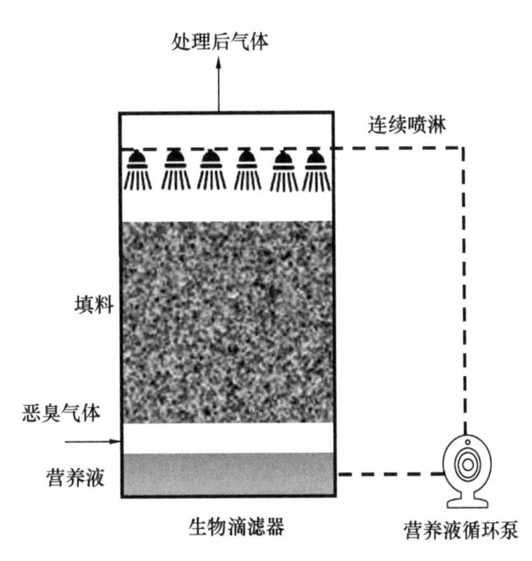

图 4-4 生物滴滤除臭工艺

（3）生物洗涤法

生物洗涤法又称为生物吸收法，是一个悬浮活性污泥处理系统（图 4-5）。首先，恶臭气体与含有活性污泥的悬浮微生物混合液逆流通过吸收器，悬浮液中的活性污泥吸附、吸收恶臭污染物，部分恶臭污染物在此被降解转化，液相中未被降解的大部分恶臭污染物进入生化反应器，被悬浮活性污泥通过代谢活动降解，净化后的气体由吸收器顶端排出。生物吸收法的优点是恶臭污染物被能够活性污泥吸附进入生化反应器中氧化降解，易于控

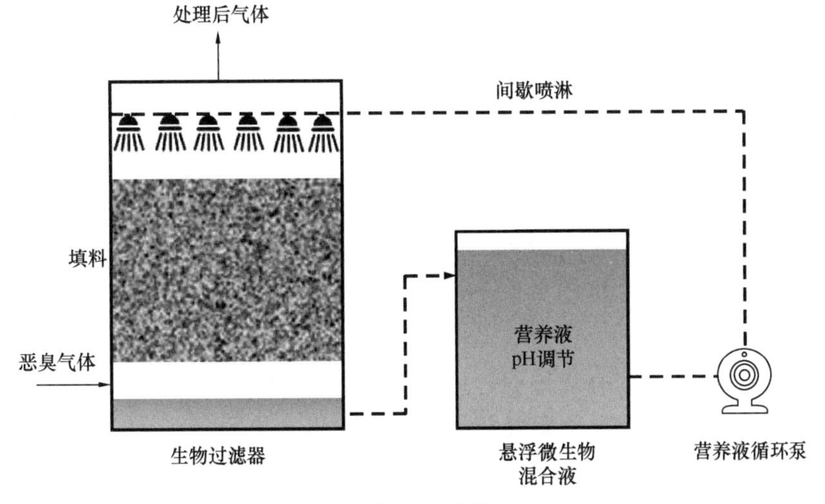

图 4-5 生物洗涤法除臭工艺

制液相基质的组成，具有较高的去除率。该处理过程虽然依赖于恶臭污染物的水溶性，但厕所室内的恶臭气体是以氨和硫化氢为主，因此对厕所的恶臭污染物有较好的去除效率。此外，该方法须控制微生物的增殖，以便减少污泥的产量。

4.2.2　基于太阳能的厕所热环境改善关键技术

太阳能作为一种可再生能源，具有分布广泛、总量大、长久性、清洁无污染的特点，并且可以通过光电、光热和光化学等多种转化技术被加以利用。我国具有比较丰富的太阳能资源，太阳能利用具有得天独厚的优势。乡村地区房屋建筑低矮，屋顶面积大，可铺设太阳能集热器，并且无高大建筑遮挡，可充分利用太阳能。目前，通过直接或间接利用太阳能改善室内环境条件的方式主要有主动式太阳能建筑和被动式太阳能建筑。主动式太阳能建筑是指用太阳能代替以往驱动冷暖空调设备的热源，采用集热装置来收集太阳能热辐射，并通过传热工质将集热装置的热源输送至室内；被动式太阳能建筑是指通过对建筑物的朝向、建筑材料和周围环境等进行合理布置，在不采用或尽可能少采用机械设备的条件下，使建筑物能充分吸收太阳辐射的热量，完成对太阳能热量的收集、蓄存和分配，从而实现建筑物冬季采暖。

4.2.2.1　主动式太阳能集热蓄热技术

主动式太阳能集热蓄热系统是由太阳能集热器、管道、风机或泵、储热装置、室内散热末端等组成的主动循环太阳能供热系统，它通过传热工质将集热装置的热源输送至蓄热器或待供暖房间内，可以满足乡村厕所的供暖需求。由于太阳辐射具有间歇、不稳定性，为保证室内供暖效果，系统一般设有辅助热源装置。主动式太阳能集热蓄热系统集换热效率较高，系统热量变化波动小，保温效果好，用于厕所室内供暖能够保证厕所室内的舒适度和环境质量，供暖效果可媲美传统供暖系统。但该技术前期投资大，系统比较复杂，运行管理困难，应和其他房间供暖联合使用。主动式太阳能集热蓄热系统的关键部件包括太阳能集热器、辅助热源和蓄热装置。

1. 主动式太阳能集热方式

太阳能集热器可以将太阳能辐射收集起来转变为热能，并将热能传递给传热工质（流体），是太阳能集热蓄热系统的核心部件。集热器的效率决定了整个太阳能集热蓄热系统的热能输出量和厕所的热环境改善效果。太阳能集热蓄热系统中采用的集热器主要有平板集热器、真空管集热器和槽式抛物面集热器。在我国，利用最多的是平板集热器和真空管集热器。槽式抛物面集热器是为了解决平板太阳能集热器热损大、难防冻、效率低以及真空管集热器易爆管等问题而研发的新型太阳能集热器。

（1）平板集热器

平板太阳能集热器主要有集热板、透明盖板、流体通道、保温层和外壳边框等几部分组成。图 4-6 是典型的平板太阳能集热器横截面图。当平板型太阳能集热器工作时，太阳辐射穿过透明盖板后，投射在表面涂有吸收层的集热板上，其中大部分太阳辐射能被集热板吸收并转化成热能，然后传递给流体通道内的传热工质，使传热工质的温度升高，加热后的传热工质带着集热器的热能进入蓄池中待用，同时较冷的传热工质进入集热器，继续吸收集热器的热量，达到系统的冷热循环。在这一过程中，温度升高后的集热器不可避免地要通过传导、对流和辐射等方式向四周散热，成为集热器的热量损失。平板太阳能集热器是太阳能集热器中一种最基本的类型，其结构简单、运行可靠、成本适宜，还具有承压能力强、吸热面积大等特点，是太阳能与乡村厕所结合最佳选择的集热器类型之一。

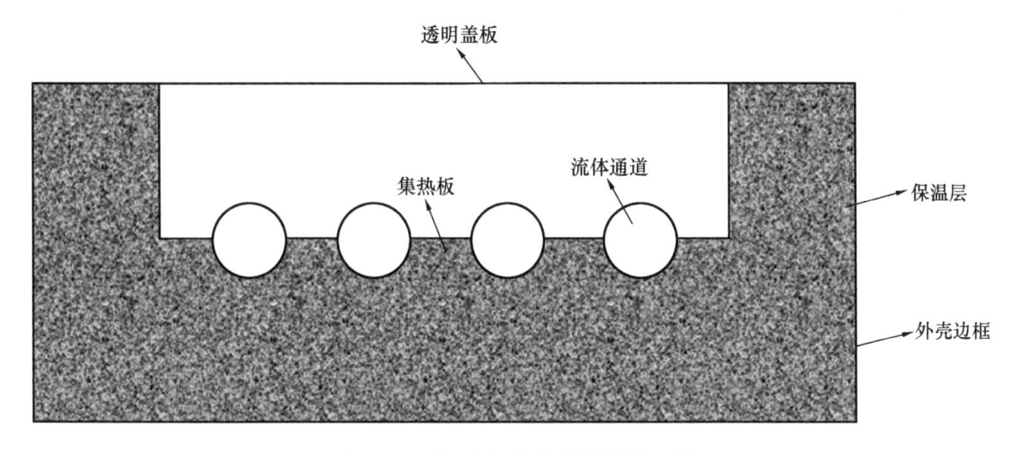

图 4-6 平板太阳能集热器横截面图

(2) 真空管集热器

真空管集热器是一种在平板集热器基础上发展起来的新型太阳能集热装置，其吸热体与玻璃管之间的夹层保持高真空度。构成这种集热器的核心部件是真空管，它主要由内部的吸热体和外层的玻璃管所组成，可有效地抑制因空气的传导和对流引起的热损失。由于集热器的选择性吸收涂层具有低的红外发射率，可明显地降低吸热体的辐射热损失。这些都使真空管集热器可以最大限度地利用太阳能，即使在高工作温度和低环境温度的条件下仍具有优良的热性能。

(3) 槽式抛物面集热器

槽式抛物面集热器利用的是光热转化方式，通过聚焦、反射和吸收等过程实现光能到热能的转化，使换热介质达到一定温度，以满足不同负载需求的集热装置。槽式抛物面集热器属于中高温太阳能集热器的范畴，可以使换热介质达到较高的温度。可以满足太阳能辐射较低的乡村地区的高热能需求。槽式抛物面集热系统是利用槽式抛物面聚光反射器聚集得到高热流密度的太阳辐射能来实现系统的光热转换过程（图 4-7）。太阳光透过大气层入射到地球表面，会产生较低热流密度的辐射能，直接利用会影响其经济性，只有将低热流密度的辐射能通过聚集，才会转化为高热流密度的辐射能。从光学理论分析可知，抛物线聚光是唯一一种可以把一束平行光汇聚到一点的线型。因此，抛物面聚光成为一种十分常见的聚光形式，太阳能槽式抛物面集热器就是其中的一种。太阳光入射到地球表面照射到加装太阳跟踪装置的抛物面反光镜上，此时太阳光线便可以保持大致与抛物面垂直的角度入射到槽式抛物面反光镜上，反光镜将接收到的太阳光聚集到集热管表面，这样集热管便接收到了高热流密度的太阳辐射能，通过与管内介质的热传递，将管内流动介质加热，从而为室内提供热能。

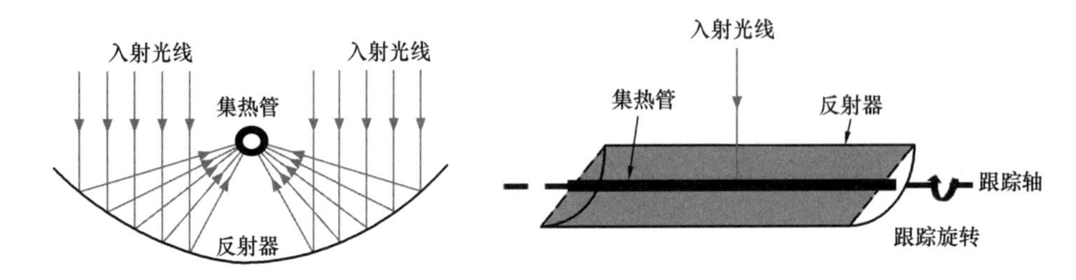

图 4-7　槽式抛物面聚光原理图

2. 辅助热源

由于太阳辐射具有间歇性和不稳定性，但在北方的冬季，乡村厕所对供暖需求又具有连续性和稳定性的特点，为了保证太阳能供暖系统的稳定和可靠性，满足厕所室内供暖舒适性的要求，必须设置辅助热源。当前太阳能供暖系统的辅助热源形式主要有电加热器、燃油锅炉、天然气锅炉、燃煤锅炉、生物质锅炉、工业余热、热泵等，考虑到乡村的能源供应状况、供暖负荷和节能性，乡村厕所宜选用太阳能辅助热泵的形式。太阳能辅助热泵是由太阳能集热器和热泵系统组成的联合系统向室内供热以保证室内的舒适度。热泵以蓄热器蓄存的热水为低位热源，因此系统中可采用低温集热，集热效率高，所需的集热器面积可以减少，更加适用于乡村的小型建筑物。根据集热介质的不同，太阳能辅助热泵一般可分为直膨式和非直膨式两大类。

（1）直膨式太阳能辅助热泵

直膨式太阳能辅助热泵系统可能是一种有潜力的供暖解决方案，可以在乡村地区提供有效的供暖卫生设施。直膨式系统中，太阳能集热器与热泵蒸发器合二为一，制冷剂作为太阳能集热介质直接在太阳能集热/蒸发器中吸热蒸发，然后通过热泵循环将冷凝热释放给被加热物体。这种系统节省了非直膨式系统中集热循环与热泵循环之间的换热设备，不仅简化了系统结构，而且可以有效提高集热器性能和热泵供热性能，极具小型化和商品化发展潜力。直膨式太阳能热泵系统集热器管道中流动的是制冷剂而非水，也可有效避免冬季的冻管问题。但是由于太阳能辐射条件受地理纬度、季节转换、昼夜更替及各种复杂气象因素的影响而随时处于变化中，而工况的不稳定容易导致厕所供暖效果的波动。

（2）非直膨式太阳能辅助热泵

非直膨式系统中，太阳能集热器与热泵蒸发器分立，通过集热介质在集热器中吸收太阳能，并在蒸发器中与循环工质进行换热。太阳能集热介质通常采用水、空气或防冻溶液等流体，使它们在太阳能集热器中吸收热量，然后将此热量直接传递给加热对象或作为蒸发器热源经热泵循环升温后再加热物体。根据太阳能集热循环与热泵循环的不同连接形式，非直膨式太阳能辅助热泵又可分为串联式、并联式和双源式三种基本形式(图 4-8)。串联式是指太阳能集热循环与热泵循环通过蒸发器加以串联，蒸发器热源全部来自集热循环所吸收的热量；并联式是指太阳能集热循环与热泵循环彼此独立，后者仅作为前者不能满足供热需求时的辅助热源；双热源式与串联式基本相同，只是热泵循环中包括了两个蒸发器，可同时利用包括太阳能在内的两种低温热源或二者互为补充。因此，双热源式太阳能辅助系统具有更好的稳定性。另外，可以在系统中增加蓄热装置，减小热泵机组额定容量、降低系统运行费用，提高太阳能依存率，并且夏季还可进行与太阳能无关的蓄冷运行以满足厕所空调的需求。非直膨式太阳能辅助热泵不同的连接形式可以适应不同乡村厕所场景，提供了灵活性和高效能的解决方案，同时还可以提高能源利用率，降低运行成本，使乡村地区的厕所供暖更加可持续和经济。

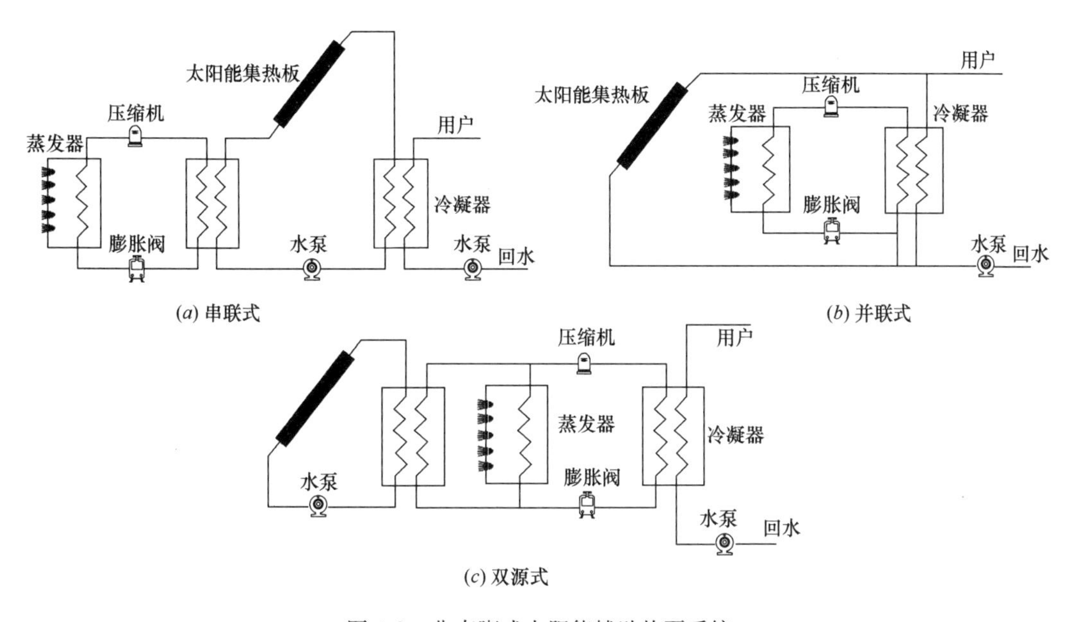

图 4-8 非直膨式太阳能辅助热泵系统

太阳能集热系统中，太阳能集热器通过光热转化将来自蓄热水箱中的低温水加热，并通过集热循环泵将加热后的高温水输送到蓄热水箱中进行换热。当集热系统的有效集热量大于室内采暖热负荷时，蓄热水箱将富余的热量存储起来，当集热量不足的时候释放储存热以满足室内采暖热需求。在蓄热水箱储热仍不能满足采暖热需求的时候，启动热泵热水机组，通过蓄热水箱进行蓄热和供热。该系统的运行模式可以按照不同的气象条件，分为太阳能单独供暖模式、太阳能与热泵同时供暖模式、热泵单独供暖三种模式。既可充分利用太阳能，节约能源，又能在太阳辐射不足时，利用热泵增强系统运行的稳定性，确保乡村厕所供暖的连续性。

1）太阳能单独供暖模式

当太阳辐射比较强烈时，由太阳能集热器吸收的热量制取热水并直接通入蓄热水箱中用来供暖，多余热量蓄存起来。此时热泵机组处于停机状态，整个系统只有少量循环水泵的电量消耗，其性能系数远大于传统的热泵机组。

2）太阳能与热泵同时供暖模式

当太阳辐射较弱、集热蓄热量只能承担一部分供暖需求时，需要热泵辅助加热，热泵启动以加热蓄热水箱中的热水，此时太阳能集热系统与热泵加热系统并联运行。

3）热泵单独运行模式

在阴雨天气条件下，太阳能集热系统基本上是无法制热的。此时，采暖系统的热负荷需要热泵机组全部承担，该运行模式下系统运行耗电量较大，热泵机组还要考虑结霜除霜问题，机组运行效率低。

3. 蓄热装置

太阳辐射的周期性和不稳定性使得太阳能与供暖需求出现了时间上的不匹配性。为了解决此问题，充分发掘太阳能资源潜力，通过蓄热装置将太阳能的热能储存，可以在实现厕所室内供暖的稳定性和持续性基础上，进一步减少辅助热源的使用，降低能耗。按照蓄热时间长短，蓄热装置有短期蓄热和长期蓄热之分。

（1）短期蓄热装置

短期蓄热是太阳能蓄热中一种简单常见的形式，短期蓄热的工质蓄热容积较小，其充热、放热循环周期比较短，最短可以24h作为一个循环周期。但其成本较低、设备简单、技术成熟，在乡村地区应用较广泛。

（2）长期蓄热装置

与短期蓄热相对应，长期蓄热的蓄热容积比较大，充热、放热循环周期比较长，一般为1年，这种蓄热方式又称季节性蓄热。季节性蓄热的装置可置于地面以上，常见的有钢质蓄热水塔，但是这种装置的投资相当高，对蓄热容积有一定的限制，对绝缘性要求较高。从长期运行的经济性来看，置于地下的蓄热装置更为有效。地下土壤和岩石的热传导系数比较低，其本身具有储热性能，同时又不影响建筑美观，从而使地下蓄热成为可能。土地蓄热以两根同心圆管道作为输热管，外管的端部封闭。在蓄热阶段，载热介质从分配管进入内管并从外管流出，形成一个闭合环路，把热量传给土壤并储存起来。利用土壤蓄热的太阳能蓄热系统，具有蓄热能力大、热损失较小的优点，它可以将太阳能集热器所获得的热量储存在土壤中，为室内全年提供温度较高的热工质。经济分析表明，这种系统目前可与电加热的系统相竞争，而我国的乡村地区，则可与用常规燃料供暖的系统相竞争。土壤蓄热太阳能供暖系统的年度成本仅为电加热系统的1/3左右；为常规太阳能供暖系统的2/3左右。因此，从长远的观点来看，地下土壤蓄热被认为是跨季度长期蓄热的最有前途的方式之一。

4.2.2.2 主动式太阳能新风预热与蓄热技术

为确保厕所室内的空气质量，必须对室内进行适当的通风换气。在夏季及过渡季节，采用自然通风实现厕所室内的通风换气是最直接的换气方式；但是传统的新风系统只是一个独立的换气设备，不具备对新风加热的功能，所以冬季通风换气时，由于室外新风的引入必会使室内的温度发生变化，影响厕所室内的舒适度，而且还会额外地增加厕所供暖负荷，造成能源的消耗。因此，必须寻求良好的空气品质与节能的较好结合点。太阳能新风系统预热系统可以很好地解决冬季通风换气时室内的舒适性以及节省能耗的双重需求，在冬季进行通风换气时，将太阳能作为系统的主要热源把室外新风加热后送入室内，既提高了室内温度，又改善了室内的空气品质，同时，也利用可再生能源节省了能耗。

1. 主动式太阳能新风预热系统

主动式太阳能新风预热系统本质上属于主动式太阳能供暖系统。该系统应用于建筑物冬季的辅助供暖，利用太阳能加热新风，保证厕所室内充足新鲜空气的同时，使得进入厕所的新风满足房间温度的要求，提高厕所的热舒适性。

主动式太阳能新风系统由太阳能集热器、风机（水泵）、管道、辅助热源（储热装置）等设备组成，其中集热系统换热介质有空气、水或防冻剂等。根据换热介质的不同可以将太阳能新风系统分为主动式太阳能热水供暖新风系统和主动式太阳能空气供暖新风系统。其工作原理如图 4-9 和图 4-10 所示，主动式太阳能新风系统主要利用太阳能的光热转换，将太阳能辐射能通过集热器转化为换热介质的热能，然后用这部分热量来加热新风，被加热的新风经新风处理机组处理后送入室内，满足厕所的热舒适需求。

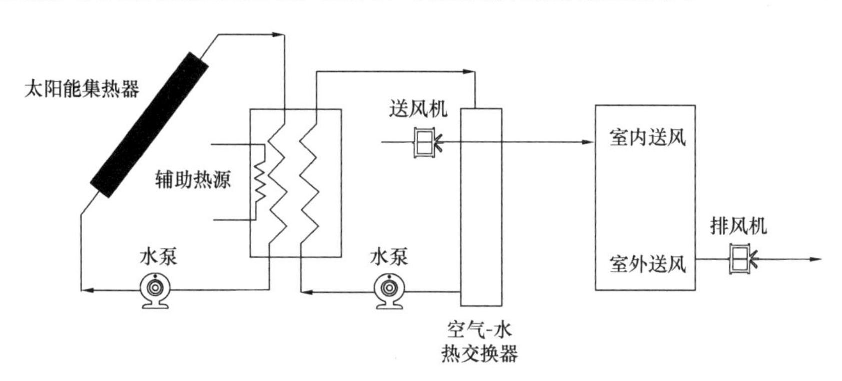

图 4-9　主动式太阳能热水供暖新风系统原理图

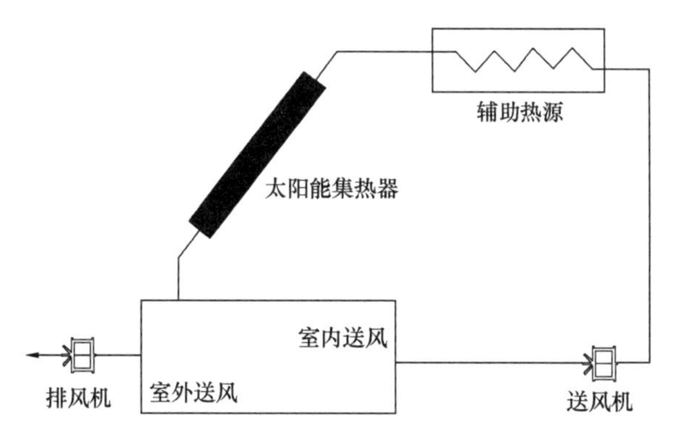

图 4-10　主动式太阳能空气供暖新风系统原理图

2. 相变蓄热技术

相变蓄热是以相变储能材料进行储能，进而提高能源利用效率和保护环境的重要技术，可用于解决太阳能供给与厕所热需求失配的矛盾。目前，主要的蓄热方法有显热储热、相变储热和化学反应储热三种。化学反应储热是利用可逆化学反应通过热能与化学热的转化来进行储能的。它在受热或冷却时发生可逆反应，分别对外吸热或放热进行储热，储热密度最大，不需要绝缘的储能罐。但目前化学反应储热尚处于实验室研究阶段，很多验证实验尚未开展，工业应用尚远。显热储热是通过蓄热材料的温度的上升或下降来储存热能，这种蓄热方式原理简单、技术较成熟、材料来源丰富及成本低廉，是目前市场中应用最为成熟的储热技术。但显热储热材料的储能密度偏低，容易导致储热系统体积庞大，成本过高。相变储热主要是依靠相变材料在相变过程中吸收和释放热量的特性来进行储热和释热，其在一定程度上综合了热化学储热储热密度高和显热储热工艺简单成熟的优点，发展潜力巨大；相变蓄放热过程基本保持恒温，可以减少储热和释热过程中能量品位的损失。相变材料种类繁多，分类方法也很多，表 4-11 列出了相变材料常见的分类方式。

相变材料常见的分类方式　　表 4-11

分类方式	类别
按相变形式	固—液相变材料（成本低，性能好，数量多）
	固—固相变材料（无封装，性能好，数量少）
	固—气相变材料，液—气相变材料（产生气体，体积变化大，对容器和使用环境要求高）
按化学成分	无机相变材料（碱及碱土金属的卤化物，硝/磷/碳/醋酸盐等）
	有机相变材料（石蜡、烷烃、脂肪酸、醇等）
	混合类相变材料
按相变温度	低温相变材料（15～90℃）
	中湿相变材料（90～550℃）
	高温相变材料（>550℃）
按所储能量	储热相变材料
	储冷相变材料

常见的相变过程主要有固—液、固—固相变两种类型。其中，固—液相变材料是现行研究中相对成熟的一类相变材料。它是利用固液间的相互转化进行能量吸收和释放。其原理是：当温度高于材料的相变温度时，相变材料由固态向液态转变而吸收热量；当温度低于相变温度时，相变材料由液态向固态转变而释放热量。由于该过程可逆，因此相变材料可重复使用。此外，价格低廉、储能密度大等特点使其适合在乡村地区应用。

典型的固-液相变材料包括结晶水合盐类和有机物类。结晶水合盐类是中低温相变材料中最常见的一类，主要包括碱及碱土金属的卤化物、硫酸盐、硝酸盐、磷酸盐等。优点是使用范围广、价格低廉、导热性能好、储能密度大。缺点是存在过冷结晶现象，即相变材料的结晶温度低于冷凝温度，导致材料不能及时发生相变，影响热量的释放；存在相分离现象，温度升高时，相变材料释放的结晶水数量不能将非晶态固体脱水盐全部溶解，在温度下降时沉到容器底部的未溶解脱水盐不能重新结晶，导致相变材料的相变过程不可逆，产生分层现象，造成储热能力下降。

有机物类主要包括石蜡、烷烃、脂肪酸或盐类、醇类等。优点是固态成形性好，不易出现过冷和相分离现象，腐蚀性小，性能较稳定、成本低等。缺点是导热性能差、单位体积储能密度小，相变过程中伴有较大的体积变化，易挥发、易燃等。相变材料种类繁多，性能各异。因此，将相变材料用于乡村厕所的供暖领域需要从材料的热物理性、物理化学性、经济性、环境等方面进行考虑。在筛选相变材料时应遵循以下原则：

（1）具有适合的相变温度和较大的变潜热、导热系数以及比热容；

（2）体积变化率应该较小，避免造成管道破坏；

（3）应具无毒性、无腐蚀性和低降解性，对环境影响小，具有回收的潜力；

（4）与乡村的建筑结构或建筑材料的兼容性好；

（5）过冷度小，晶体生长率快，材料易购，价格便宜；

在实际筛选过程中，很少有相变材料能够完全符合上述条件。因此，往往优先考虑合适的相变温度和较大的相变潜热，然后再逐步考虑实际应用过程中各方面影响。表 4-12 列出了建筑中常用的相变材料及其热性能。

建筑中常用的相变材料及其热性能　　表 4-12

名称	相变温度（℃）	相变潜热（J/mol）
聚乙二醇	22	127.2
正十八烷	28.2	235.6
正二十烷	36.8	239.0
硬脂酸甲酯	29	169.0
棕榈酸乙酯	23	122.0
六水氯化钙	29	190.8
十水硫酸钠	32.5	254.0
十水碳酸钠	32～36	246.5
葵酸	31.6	163.0
月桂酸	43.1	150.5
新戊四醇	42.8	116.0

4.2.2.3 被动式太阳能集热蓄热墙技术

集热蓄热墙是在厕所普通外墙的基础上进行改造，使厕所墙体能够更好地吸收和储存太阳能。这种形式属于被动式太阳能建筑，由透光的玻璃罩和蓄热墙体构成，中间留有空气夹层，墙体的上下部位设有与厕所内进行交换气体的通风口。在日间，被动式太阳能集热蓄热墙吸收穿过玻璃罩的阳光，并利用太阳能辐射吸收热量，同时夹层内空气受热后成为热空气通过墙体的上风口进入厕所；在夜间，集热蓄热墙储存的能量以传导、对流及辐射的方式传入室内。被动式太阳能集热蓄热墙非常适用于我国北方太阳能资源丰富、昼夜温差比较大的地区，如西藏、新疆等，它将大大改善厕所室内热环境，减少这些地区的采暖能耗。按照墙体结构的不同，集热蓄热墙又可分为特朗伯墙、百叶式集热蓄热墙、多孔式集热蓄热墙、热管式集热蓄热墙和花格式集热蓄热墙等类型。

1. 特朗伯墙

特朗伯墙（Trombe Wall）是最具代表性的集热蓄热墙。这种集热蓄热墙利用热虹吸管/温差环流原理，使用自然的热空气来进行室内的热量循环，从而降低厕所供暖系统的负担。其工作原理如图 4-11 所示。冬季白天有太阳时，太阳能辐射透过外层玻璃盖板被集热蓄热墙吸收热量，同时空气夹层的空气被太阳能辐射和集热蓄热墙散发的热量加热，被加热的空气通过热蓄热墙顶部与底部预留的通风孔向室内对流供暖；夜间则主要靠墙体本身的储热向室内供暖，提高厕所温度。在夏季，可以开启集热蓄热墙下部通风口和外层玻璃盖板上部通风口，并关闭集热蓄热墙的顶部通风孔，使夹层内的空气受到热压作用上升并排至室外，促进室内通风，降低厕所温度。

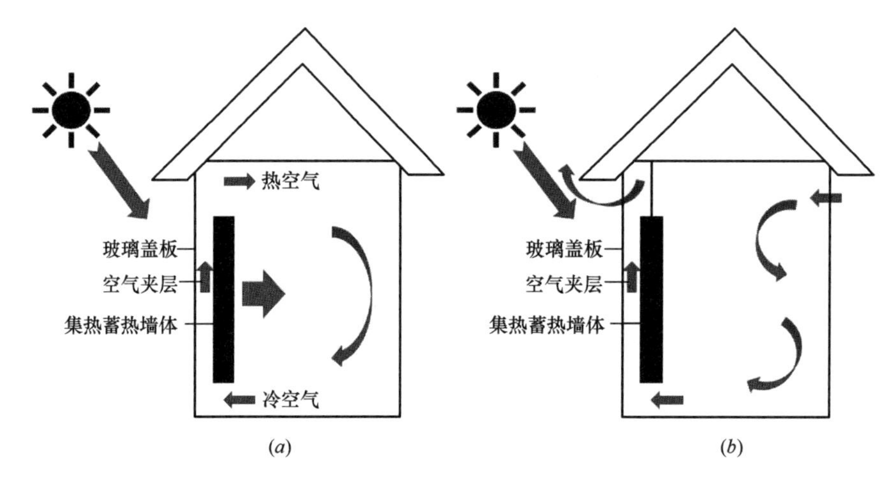

图 4-11　特朗伯墙工作原理图

（*a*）冬季采暖；（*b*）夏季降温

2. 百叶式集热蓄热墙

百叶式集热蓄热墙是在传统特朗伯墙的空气夹层中增加可以翻转的百叶窗帘。窗帘的叶片一面涂有高吸收率涂层，另一面涂有高反射率涂层，通过百叶窗帘的翻转可以更改对太阳能辐射的吸收效果。从视觉效果上，百叶式集热蓄热墙使厕所建筑外墙更加美观。在夏季，百叶式集热蓄热墙的工作原理如图 4-12（*a*）所示，关闭墙顶部的厕所出风口，并开启底部的厕所进风口和顶部厕所出风口，将涂有高反射率涂层的百叶窗帘叶片外翻，提高对太阳辐射的反射率，减少墙吸收的热量，使厕所温度控制在较低水平；在冬季白天时如图 4-12（*b*）所示，关闭室外出风口并开启厕所进风口和出风口，将涂有高吸收率涂层的百叶窗帘叶片外翻，提高对太阳辐射的吸收率，空气夹层内的空气受热通过对流和导热的方式将热量传送至厕所，提高厕所温度；在冬季夜间时如图 4-12（*c*）所示，关闭厕所进、出风口，闭合的百叶窗帘将空气夹层分为两个空气窄层，抑制对流，使墙体的热阻增加，降低厕所向室外环境损失的热量，减少室内温度下降速率。百叶式集热蓄热墙结构尺寸、百叶角度及集热板材料等因素对集热效率有着重要的影响，适当增加体型比、通风口尺寸并选择合适的百叶角度有助于提高太阳能集热墙的热性能。此外，夹层内空气体积流量也是影响有效利用能或集热效率的关键因素。

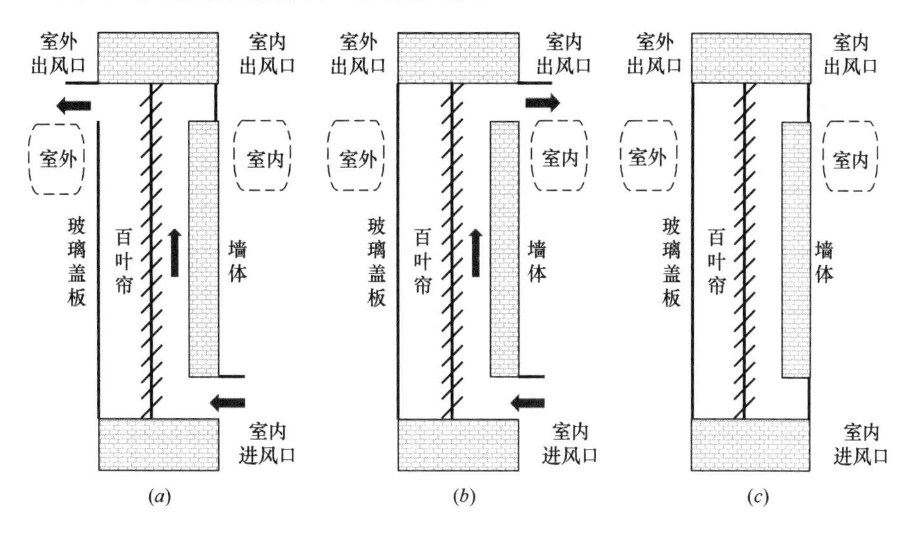

图 4-12 百叶式集热蓄热墙结构示意图

（a）夏季；（b）冬季白天；（c）冬季夜间

3. 多孔式集热蓄热墙

多孔式集热蓄热墙主要有两种形式：一是在厕所的集热蓄热墙内添加多孔介质；二是在厕所的向阳墙外表面安装多孔金属板。多孔太阳墙的表面涂有高吸收率的黑色涂层，其上端留有室内回风管，下方设有风机。在冬季时，多孔太阳墙和玻璃盖板之间的空气夹层起到了温室作用，可以将气体加热，如图 4-13 所示，风机启动后，室外冷空气和室内回风分别经室外进风口和室内回风管进入空气夹层，通过吸收太阳辐射和与多孔太阳墙进行热交换的形式升温，同时空气经过多孔墙体的空腔可以被加热至一定温度，在到达导流板通道后继续被多孔太阳墙和导流板加热，最后经过风机向室内空气进行热交换提高厕所室内温度。同时也给厕所内带来了新鲜空气，提高了厕所的空气品质。通过降低空气入口流速可减小空气流动阻力，提高多孔式集热蓄热墙的集热效率；附加玻璃通道的多孔集热蓄热墙可减小长波辐射损失，具有收集热空气、调整能量的作用。与普通采暖厕所相比，多孔太阳墙式厕所的热舒适性明显增加，在一定程度上解决了冬季开窗换气引起的厕所内热负荷，达到节能效果。通过对多孔式集热蓄热墙的传热与流动特性分析发现降低空气入口流速可减小空气流动

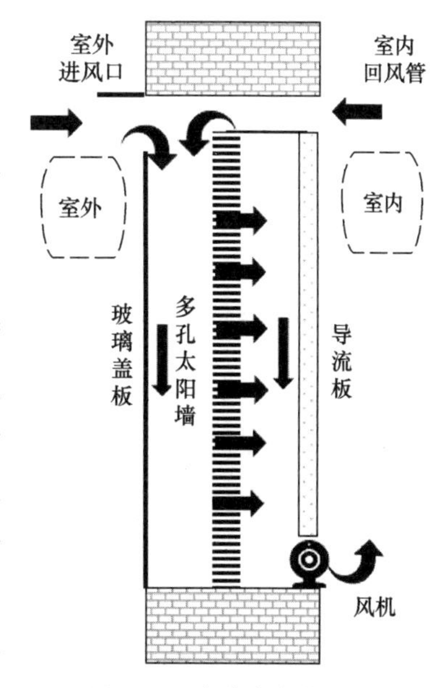

图 4-13 多孔式集热蓄热墙结构示意图

阻力，提高墙体的集热效率；附加玻璃通道的多孔集热蓄热墙可减小长波辐射损失，具有收集热空气、调整能量的作用。多孔式集热蓄热墙的热阻在无太阳辐射条件下增加幅度较大，并且多孔层存在温度梯度，可以将多余的热量储存起来。此外，多孔层的孔径大小、分布及安装位置和导热性对室内温度具有明显的影响。

4. 热管式集热蓄热墙

热管式集热蓄热墙是将热管铺设在被动式太阳能墙体中用于厕所供暖，热管的高导温性及等温性等性质，决定了热管式集热蓄热墙具有传热速度快、热能利用率高等特点。其工作原理为：在蒸发段，工作液吸热后由液态转为蒸汽态，在压力差作用下通过内腔进入冷凝段，将热量传递给冷源，并凝固为液态；在重力作用下工作液回流至蒸发段，然后继续吸热汽化，如此循环反复，不断将热量由热源传给冷源，进而完成热量的传递。由于热管布置在厕所墙体内，蒸发段的热阻（热管管壁）将比冷凝段热阻（热管管壁与墙体）小得多，所以应加大冷凝段所占的比例，这将有利于热管吸热量与放热量的平衡，同时有利于墙体和厕所内的温度均匀分布。热管式集热蓄热墙的热性能要明显优于普通墙体，并且外墙表面温度对厕所墙体的传热系数具有可调节性，能够降低热负荷，提高厕所节能性和热舒适性。

5. 花格式和水墙式集热蓄热墙

花格式集热蓄热墙的墙体上布满很多通风孔，厕所墙体外侧设置隔热反射板，室内一侧设置后挡板。隔热反射板表面具有较高的反射率，白天打开隔热反射板，太阳辐射经反射后投射到花格式集热蓄热墙上，厕所墙体出现集热蓄热状态；夜间，关闭隔热反射板，打开后挡板，花格式集热蓄热墙将白天积蓄的热量向厕所内放热，达到采暖的目的。花格式集热蓄热墙不仅通过墙体本身导热，同时，通风孔加热花格内表面，提高了墙体蓄热能力。水墙式集热蓄热墙采用水代替砂石或混凝土作为蓄热材料，故称为“水墙”。由于水的比热容大，更利于集热蓄热。水墙式集热蓄热墙不需要通风口，表面吸收热量后，由于对流作用，吸收的热量在整个墙体内部快速传播，再通过辐射和对流传至室内。水墙通常位于受太阳辐射较多的南墙，透过玻璃板加热墙体。由于建造水墙的容器材料一般为塑料、金属，运行管理相对复杂，在乡村厕所应用仍存在较多的局限性。

4.2.3　厕所室内环境改善关键技术效果验证与能耗评估

乡村厕所室内环境的改善直接关系到居民的健康。通过验证关键技术效果，可以确保改进措施如通风、卫生设施的性能提高和室内环境的改善，减少了细菌、病毒、异味等的存在，提高了卫生和健康水平。通过能耗评估，可以确定改善措施的实际能耗情况，有助于节约能源和资源，并减少对环境的不利影响，更有效地推动相关技术在乡村厕所的应用推广。

4.2.3.1　厕所空气质量与热环境改善效果评价

乡村厕所空气质量和热环境可以显著提高村民的生活质量。目前，已经开发了一系列适用于空气质量和热环境的改善技术。但是，这些技术在不同的地区或场景应用可能会具有一定的局限性。因此，通过厕所空气质量与热环境改善效果评价可以更明确不同技术的效果及其适用性。

1. 厕所臭味评价方法

（1）厕所臭气强度评价

臭气强度是以人体的嗅觉器官为检测感应器从而对恶臭进行评价的方法，虽然这种方法有一定的主观性，但是实用性较强。目前我国采用的是日本的6阶段臭气强度法，将人对周边气体的嗅觉感受划分为6级，见表4-13，其中0级为无臭，臭气越浓，数字越大。一般2.5～3.5级为环境标准值，在这个范围内的臭气强度可以被明显感觉到。厕所中的主要恶臭污染物浓度与臭气强度的等级关系可由表4-14大致确定。

臭气强度的分级法　　**表4-13**

臭气强度（级）	主观感受
0	无臭
1	勉强感觉臭味存在（检知阈值）
2	确认臭味存在（认知阈值）
3	极易感觉臭味存在
4	恶臭明显存在（强臭）
5	恶臭强烈存在（剧臭）

恶臭污染物浓度（μL/L）与臭气强度关系　　**表4-14**

恶臭污染物	恶臭强度分级						
	1	2	2.5	3	3.5	4	5
NH_3	0.1	0.6	1.0	2.0	5.0	10.0	40.0
H_2S	0.0005	0.006	0.002	0.06	0.2	0.7	3.0

臭气强度调查评价法体现了群众参与的原则，群众参与的主要方式有问卷调查等。在对乡村厕所的室内臭气强度进行评价时，可以将事先拟好的问答式调查表发给周边村民，在告知不同等级臭气强度的主观感受后，由他们对每一户的厕所室内的臭气强度分别进行评价，由此掌握臭气达到的强度。此外，嗅辩员现场调查是群众问卷调查的一个改进，该方法是由经过培训并熟练掌握臭气测试程序的专业人员来完成对厕所的臭气强度进行评价。

（2）厕所臭气浓度（臭气指数）评价法

臭气浓度是指用无臭空气稀释臭气样品直至样品无味时所需的稀释倍数。臭气浓度以嗅觉测定为基础，我国与日本、韩国等采用三点比较式臭袋法，臭气浓度以稀释倍数（无量纲）表示，日本在新的《恶臭防治法》中将臭气强度与其浓度结合起来，确定了臭气强度的限制标准值。日本研究人员认为，与臭气浓度相比，臭气指数更加能够反映人类的嗅觉感觉。通过大量归纳法计算得出的数据表明，人的嗅觉感觉与恶臭物质的刺激量的对数成正比。恶臭气体的浓度和强度的关系符合韦伯定律—费希纳（Weber-Fechner）公式。

厕所室内臭气强度评价可采用标准指数法，计算公式见式（4-13）：

$$Y = K\log(22.4 \cdot X/M) + A \tag{4-13}$$

式中　Y——臭气强度（平均值）；

X——恶臭污染物的质量浓度，mg/m^3；

K、A——常数，不同恶臭污染物的 K、A 值不同；

M——恶臭污染物的相对分子质量。

其中，恶臭的质量浓度和臭气浓度之间的转换关系见式（4-14）：

$$X = M \cdot C/22.4 \tag{4-14}$$

式中　C——臭气浓度，mol/L。

三点比较式臭袋法是在六级臭气强度法基础上改进的方法，在《空气质量　恶臭的测定　三点比较式臭袋法》GB/T 14675—1993 中规定了恶臭污染源排气及环境空气样品臭气浓度的人的嗅觉器官的测定法，是目前我国使用最广泛的测量方法。它适用于各类恶臭源以不同形式排放的气体样品和环境空气样品臭气浓度的测定。

三点比较式臭袋法测定臭气，是先将 3 只无臭袋中的 2 只充入无臭空气，另一只则按一定稀释比例充入无臭空气和被测定的臭气样品供嗅辨员鉴别，当嗅辨员正确识别臭气样品袋后，再逐级进行稀释、嗅辨，直至稀释样品的臭气浓度低于嗅辨员的嗅觉阈值时停止试验。每个样品由若干名嗅辨员同时测定，最后根据嗅辨员的个人嗅觉阈值和嗅辨小组成员的平均阈值，得出最终测定结果。这种方法不受恶臭物质种类、种类数目、浓度范围及所含成分浓度比例的限制，其特点不是直接判断臭气强度的大小，而是通过判定恶臭的有无，再进行计算来间接判定恶臭的强弱，适合于乡村厕所的臭气浓度评价。虽然国标法简单、操作易行、设备要求也不高，但在实际运用中存在许多疑惑和干扰，逐渐显露出许多弊端。

（3）厕所恶臭厌恶度评价法

厌恶度表示某个气味样品令人愉快或不愉快的程度，也称愉悦度。人们对某种气味的厌恶感与这种气味的浓度、强度、性质都有关系，此外与个人的身体健康及精神状况等也有关系，因此厌恶度比气味浓度更能反映恶臭对人的心理影响及危害程度。为了区分物质对人感官影响的程度，日本提出了厌恶度的 9 段表示法，即用－4、－3、－2、－1、0、＋1、＋2、＋3、＋4 这 9 个数值表示从极端不愉快到特别愉快，也有研究提出 21 段表示法（从－10 到＋10）。然而，由于影响因素的复杂性以及缺乏标准的量度约定，目前厌恶度在恶臭污染评价中的实际应用较少。为了对恶臭污染的厌恶度进行定量评价，可采用 James A Nicell 提出的恶臭污染剂量—反应数学模型来对恶臭厌恶度分类。用 A 来表示恶臭的厌恶度，则：

$$A = \frac{10}{1 + \left(\frac{C_{5AU}}{C}\right)^{\frac{1-\alpha}{\alpha}}} \tag{4-15}$$

其中，A 表示人群对于恶臭污染物的厌恶程度，其值的大小从 0 到 10。当 $0<A<2$

时，恶臭污染可以忍受；当 $2 \leqslant A < 4$ 时，恶臭污染会引起人体的不愉快感觉；当 $4 \leqslant A < 6$ 时，恶臭污染会造成人体非常不愉快的感觉，当 $6 \leqslant A < 8$ 时，恶臭污染已经达到了糟糕的程度，当 $8 \leqslant A < 10$ 时，此时的恶臭污染是不堪忍受的，应当采取果断的防治措施，以防中毒。C 是恶臭污染物的实际浓度值（mg/m^3），C_{5AU} 对应于当 $A=5$ 个单位恶臭厌恶度时的恶臭污染物浓度，无量纲参数 α 表示该恶臭污染物的厌恶持久性。

（4）动态嗅觉仪法

动态嗅觉仪是一个在闻味的过程中收集人体嗅觉感受的设备。该仪器带有 2 个出气孔和若干臭气进气孔，另有 2 个腔室与空气进气孔相通，腔室内装有活性炭。使用时嗅辨员将 2 个出气孔与鼻孔相连，刚开始时臭气进气孔是关闭的，吸气时空气先通过活性炭腔室，经过滤而除臭，从而获得无臭空气，无臭空气被用作稀释气体，同时充当一个空白测定。开始测定时，先打开最小的臭气进气孔，臭气和无臭空气混合后让嗅辨员辨别，试验过程中通过改变进气口数量获得不同稀释倍数的恶臭气体。动态嗅觉仪是在结合先进自动控制技术而开发出的自动化仪器，使用微电脑控制自动完成样品定比稀释。稀释过程无需人工干预，大大节约人力，同时提高了稀释精度和重复精度。但其测量精度不高，而且嗅辨员在污染现场测试容易出现嗅觉疲劳。

近年来，使用动态嗅觉仪测定恶臭的方法取得了极大的进展，它使得试验灵敏度、重复性和再现性有了很大的提高，因此动态嗅觉仪在乡村厕所用于评价臭气强度可以提供更准确、客观、安全和持续的监测，有助于改善环境质量和卫生条件。

2. 热环境改善评价方法

（1）主观评价法

主观评价法通常通过问卷调查的形式获得评价人对环境因素的感觉来对热环境做出评价。乡村厕所热环境的问卷调查的内容一般分为两大部分，一为个人与家庭建筑资料的调查，包括评价人的性别、家庭成员构成、建筑的基本状况以及当地的环境资料等；二是评价人对厕所室内环境的主观感觉。

主观评价的独特之处在于能对一些模糊、抽象，又不能用数据、公式描述的事物进行评价。目前，所有对室内热环境研究的目的归根结底都是使人在所处环境中能感觉舒适，因此，人主观感受的重要性是不能被忽视的。主观评价的主要表现形式为问卷调查。问卷问题是被精心设计过的，用来反映被调查者对于厕所环境的态度。但主观评论的局限性也较大，评价结果随调查个体的性别、年龄、健康状况等的不同而变化，不同的人对于厕所环境的可接受性存在明显的差异，并且取决于受调查群体的日常所处的环境影响较大。问卷问题是否具有代表性，如何找到具有代表性的调查期，调查者合作意向等都会影响结论的准确性。收集的资料往往比较表面，影响问卷效率，因此常作为一种辅助评价方式，实际科研中应凭借更为科学的客观评价方式综合评价。

（2）客观评价法

客观评价为厕所室内热环境评价的另一角度。客观评价力求在评价中，应用科学的方法，尽力排除个体差异性对结果的影响，使评价结果具有科学性，更符合科学研究的严谨性。

1）厕所实地测量

实地测量法是评价厕所室内热环境最常用的办法之一。一般在对厕所的热环境进行测量前，先确定对厕所环境有影响的参量，根据参量选用相应仪器；然后，制定合理可行的测量方案，按照试验要求和规定，测量所需数据。最后，对所测数据进行处理和分析，从而得到相应的评价结果。实地测量的关键在于借用精密科学仪器进行，设备的好坏与精准度，直接影响数据采集结果，进而影响评价结果。这种方法常应用于厕所的室内热环境评价，具有直接性、客观性与方便性等优点。

2）数学方法

在对厕所热环境的评价中可以根据人体的热感觉划分为冷、凉、稍凉、舒适、稍暖、暖、热7个级别，但这7个级别很难用一个绝对判据划分开来，因为它是一个连续渐变的过程。经典集合论规定一个元素x与一个集合A之间，只存在“x属于A”或“x不属于A”两种情况，不允许有中间状态存在。所以用传统的经典数学来描述人体热感觉就很难得到令人满意的结果。而模糊数学认为，人体有可能处于两个热感之间，例如处于舒适和稍暖之间，对两个热感觉级别都有隶属关系，只是对两个等级的隶属程度不同而已。模糊数学通常是采用隶属度的概念来刻画这种隶属程度的，隶属度通常用隶属函数来表示。

模糊综合评判就是指对多个因素所影响的模糊性事物或现象进行总的评价。它主要分为按每个因素单独评判和按所有因素综合评判两步。其基本步骤包括：建立因素集U、建立评价集V、建立权重集A和评判空间R，并进行模糊综合评判。

因素集U是以影响评判对象的各种因素为元素而组成的一个普通集合。根据理论分析和试验条件，影响厕所室内热环境的因素主要有4个：环境温度、空气流速、相对湿度和平均辐射温度。评价集A是对评判对象可能做出的各种评判结果所组成的集合。对厕所室内热环境的评价通常是由人们的热感觉来反映的，可划分为冷、凉、稍凉、舒适、稍暖、暖、热7个级别。由于各个因素对评判对象的影响程度不同，对各个因素赋予相应的权数，由各权数组成的集合即为权重集A。在进行模糊综合评判时，权重集的确定是综合评判的关键环节之一。常用的权数值的确定方法有：德尔斐法、专家调查法和判断矩阵法。评判空间R是建立单因素评判关系，即测定单个环境影响因素与人体热感觉级别之间的模糊映射，确定其隶属函数，人体热舒适受室内空气温度、空气流速、相对湿度、平均辐射温度、服装热阻、人体活动量等环境因素综合作用的结果。

4.2.3.2　厕所室内环境改善关键技术的能耗水平评估

1. 厕所臭味控制技术能耗水平

在厕所室内空气质量改善的技术中，由于设备的小型化以及乡村地区能源的局限性，因此多以电力为主要能源输入。涉及能源消耗的系统主要有通风系统、给水排水系统和电气系统，对于厕所内能耗单一的除臭设备，可直接采用设备法的计算方法，将各个设备的能耗进行简单地相加即可得到其能耗水平。

（1）通风系统的主要的耗能设备是厕所内安装的机械排风设备和除臭设备的进风泵和

排风泵，耗电量可由式（4-16）确定：

$$Q_F = \sum N_n T_n \tag{4-16}$$

式中 Q_F——风机的总耗电量，kWh；

N_n——第 n 台风机的功率，kW；

T_n——第 n 台风机的累计运行时间，h。

（2）给排水系统主要的耗能设备是生物法除臭技术中的水循环泵，耗电量可由式（4-17）确定：

$$Q_S = N_S \cdot T_S \cdot a_S \cdot b_S \tag{4-17}$$

式中 Q_S——给水排水设备的总耗电量，kWh；

N_S——给水排水设备的功率，kW；

a_S——同时使用系数；通过能源审计及能耗普查的数据分析，水泵多为变频控制，同时综合考虑各水泵的满载、轻载运行时间，加压水泵同时系数一般按 0.5 取值；

b_S——水泵电机负荷系数，取值按 0.75 考虑。

（3）电气系统的主要的耗能设备是除臭工艺中涉及用电的核心处理设备，耗电量可由式（4-18）确定：

$$Q_H = N_H T_H \tag{4-18}$$

式中 Q_H——核心设备的总耗电量，kWh；

N_H——核心设备的功率，kW；

T_H——核心设备的累计运行时间，h。

除臭设备的总的能耗量由以上三项相加而得：即，厕所臭味控制技术能耗量＝通风系统用电量＋给水排水系统用电量＋电气系统用电量

2. 主动式太阳能集热蓄热系统辅助热源能耗比较

主动式太阳能集热蓄热系统其热量 Q 来源包括太阳能集热系统收集的太阳能 Q_{sol} 和辅助热源提供的热量 Q_{aux}，即：

$$Q = Q_{sol} + Q_{aux} \tag{4-19}$$

在向厕所室内供暖期间太阳能提供的热量占系统总热量的比例为太阳能贡献率 f 见式（4-20）：

$$f = \frac{Q_{sol}}{Q} \tag{4-20}$$

太阳能贡献率间接反映了辅助热源的使用情况，太阳能贡献率越大，辅助热源的贡献率就越小，对同一种辅助热源来说就越节能。在系统总供热量一定的情况下，太阳能贡献率与集热器性能参数、集热面积、当地的气象条件、蓄热容积及系统的运行模式等多种因素有关。供暖期的供热量、辅助加热量及太阳能贡献率可以通过太阳能供暖系统的实际监测数据计算得出。在设计阶段，f 可以采用系统模拟值或由简化计算方法计算得出，例如，供暖耗热量可采用度日法计算，整个供暖期的太阳能贡献率可以采用 f-chart 法计

算。f-chart 法的优点是根据设计关键参数（集热器面积、集热器的采光效率和热损失系数、蓄热水箱体积、供回水平均温度）和当地的月平均气象参数（各月的室外平均气温和平均太阳辐照量）就可以较准确地用公式计算出全年的太阳能贡献率，无需用软件模拟或编程计算，为太阳能供暖系统的优化设计提供了一种简便方法。

主动式太阳能集热蓄热系统的能源消耗包括太阳能集热系统的能耗和辅助加热系统的能耗。太阳能集热系统的能耗主要来源于集热泵和换热泵，其能耗大小取决于具体的系统和设备性能。

采用 TRNSYS 软件可以对厕所室内整个供暖期进行逐时模拟分析，并得到太阳能单位集热耗电量 λ 。具体设计参数可参考以下值：集热温差通常为5～8℃，集热系统的作用半径通常较小，集热泵的扬程一般为 10～20m；换热温差为 5～8℃，换热泵的扬程为 5～10m；两泵的效率可取 0.7，电动机的效率取 0.9。

辅助热源的能耗 E_{aux} 可以通过式（4-21）计算：

$$E_{aux}=\frac{Q_{aux}}{\eta} \tag{4-21}$$

η 为设备的能源使用效率（所提供的热能与所消耗能源的比值），可以是某个特定工况的瞬时值，也可以是整个供暖季或全年的平均值。

电属于二次能源，因此水泵、电加热器和热泵的耗电量需要折算为一次能源。热能到电能的能源转换效率为 δ ，能源使用效率为 η_{ele} ，则供热量为 Q 时，以电加热为辅助热源的太阳能供暖系统总的一次能耗可通过式（4-22）计算：

$$E_{ele}=\frac{\lambda fQ}{\delta}+\frac{(1-f)Q}{\delta\eta_{ele}} \tag{4-22}$$

燃油和燃气属于一次能源，因此燃油燃气锅炉消耗的油气量直接作为一次能耗。燃油燃气锅炉的能源使用效率为 η_{fue} ，则供热量为 Q 时，以锅炉为辅助热源的太阳能供暖系统总的一次能耗可通过式（4-23）计算：

$$E_{fue}=\frac{\lambda fQ}{\delta}+\frac{(1-f)Q}{\eta_{fue}} \tag{4-23}$$

通过对 E_{ele} 和 E_{fue} 能耗的比较可以得出主动式太阳能集热蓄热系统不同辅助热源的能耗大小。

4.3　乡村厕所系统节水与回用技术

我国的乡村地区覆盖广阔，不同的地区由于经济发展水平、气候、地理、传统习俗以及卫生习惯的差异使其有自己独特的地域性特征。这些地域性的差异使得不同的乡村在厕所革命的推进以及后续用户的使用过程中面临着不同的问题。尤其是东北高寒地区、西北寒冷干燥地区以及部分地形复杂地区在厕所改造中还面临着许多现实问题需要迫切解决。目前，广大乡村地区的家庭中不符合卫生厕所规范标准的旱厕均要改造成水冲式卫生厕所或者无害化的生态厕所。水冲式卫生厕所的建设对乡村家庭中管网分布以及用水有着一定的要求，但是大量发展落后的乡村地区水利设施建设滞后且供水方式不稳定，水资源也比较缺乏，因此乡村厕所系统的节水以及灰水回用等关键技术的应用也成为推进乡村厕所改造、缓解用水紧张、提高群众生活品质以及生态文明建设的重点。

4.3.1 乡村厕所系统节水方法与技术

4.3.1.1 典型区域乡村家庭用水排水特征

我国地域广阔，不同乡村地区的气候、地形和经济水平都相差较大，所以在选择乡村厕所系统的节水技术与方法时需要充分考虑技术的经济性、适应性以及改造地区的气候、地形和生活习惯。通过对全国的气候、地形地貌、各地的经济水平以及人们的生活习惯进行总结，可将全国划分为东北高寒地区、华北平原地区、东南水系发达地区、中南地形复杂地区、西北寒冷干旱地区和西南少数民族聚集区 6 个区域。在设计和选择乡村厕所系统的节水方法以及灰水处理回用技术时应充分考虑各区域的特点和乡村家庭的用水排水特征，因地制宜地选择合适的方法与技术。

1. 东北高寒地区

东北地区是我国传统的农业区之一，从地域上讲包括黑龙江省、吉林省、辽宁省和内蒙古自治区的东部。东北地区的乡村村落规模通常较小，村落之间距离较远。由于各地经济发展水平的差异和气候的问题，目前尚有大部分乡村家庭未进行水冲式卫生厕所的改造。东北地区的气候以夏季温和，冬季寒冷干燥、多风为主，属于典型的严寒地区气候。该区域在冬季极端天气下温度可降到－30℃以下，分布着广泛的季节性冻土，最北部的地区存在着永久性冻土，这使得该地区冬季供水管线冻胀率极高。另外，东北地区的乡村的供暖以及管道保温措施未同步跟上，庭院内以及厕所供水管道冻胀率更高，严重影响正常的管道供水。因此，东北地区地理、气候与经济发展的特征决定冬季供水排水管道冻胀是影响乡村家庭用水排水以及污水处理回用技术效能的重要因素。

东北地区乡村家庭生活污水的水质受污水来源、有无水冲厕所以及用水特征等情况等影响。在确定污水水质时，可参考表 4-15 结合当地乡村家庭厕所排水、厨房排水以及淋浴排水水质等进行确定。

东北地区乡村居民生活污水水质参考取值　　表 4-15

pH	SS (mg/L)	COD (mg/L)	BOD_5 (mg/L)	NH_3-N (mg/L)	TP (mg/L)
6.5～8.0	150～200	200～450	200～300	20～90	2.0～6.5

图 4-14 为典型的东北地区乡村庭院排水示意图，大部分家庭的厕所（旱厕）位于庭院门口附近或者房屋的左右位置。使用旱厕的家庭排水主要为厨房排水和院落洗漱排水，改厕后的厕所排水经化粪池处理后进入排水管道或者用于农田。化粪池既有单户设置，也有相邻住户集中设置。改厕后的家庭可根据庭院的管网布置情况对产生的灰水收集处理并用以冲厕达到中水回用的目的。

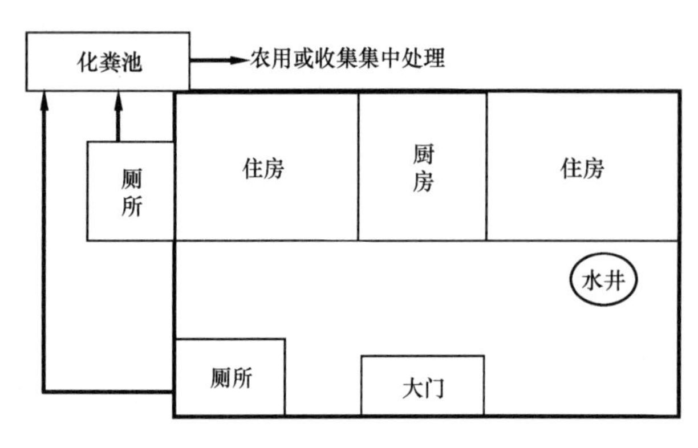

图 4-14　东北地区乡村庭院排水示意图

2. 华北平原地区

华北地区包括北京市、天津市、河北省、山西省、山东省大部、河南省北部和内蒙古局部地区。该地区的地形以平原和高原为主，气候则表现为夏季炎热、冬季寒冷干燥，以干旱、多风为主要特征。华北地区各地经济发展水平不同，除北京、天津外，其他地区的乡村经济发展普遍较低，目前大部分乡村虽已开展改厕工作，但污水治理以及中水回用等工作尚未开展。华北地区属严重缺水地区，在进行乡村厕所改造的同时应与节水技术的使用结合，同时应提高水资源的循环使用。寒冷地区应采用适当的保温措施，保障冲厕以及污水处理回用等设施在冬季正常运行。

华北地区乡村家庭的排水量宜根据当地的卫生设施水平、排水系统的组成和完善程度等因素确定。根据《华北地区农村生活污水处理技术指南》，北方地区乡村生活污水的排水系数为 0.33～0.39，远低于城市居民生活污水的排水系数。受居民生活习惯的影响，部分家庭的厨房用水或者洗衣用水直接泼洒到庭院内，也有部分可利用的污水被直接再利用（如用于菜地浇灌或冲厕），没有排入下水道。因此，华北地区乡村生活污水排放量与农户卫生设施水平、用水习惯、排水系统完善程度等因素有关，其数值可参照表 4-16 中的用水量。

华北地区农村居民生活排水量参考取值　　表 4-16

排水收集特点	排水系数
全部生活污水混合收集进入污水管网	0.8
只收集全部灰水进入污水管网	0.5
只收集部分混合生活污水进入污水管网	0.4
只收集部分灰水进入污水管道	0.2

华北地区乡村家庭的生活污水主要来自农家的厕所冲洗水、厨房排水、洗衣机排水、淋浴排水及其他排水等。在确定污水水质时，可依据表 4-17 并结合调查情况（如当地是否使用水冲厕所，以及厨房排水和淋浴排水）来酌情确定。

华北地区农村居民生活污水水质参考取值　　表 4-17

pH	SS (mg/L)	COD (mg/L)	BOD_5 (mg/L)	NH_3-N (mg/L)	TP (mg/L)
6.5～8.0	100～200	200～450	200～300	20～90	2.0～6.5

华北地区乡村经济差异程度大，部分落后地区家庭旱厕较为普遍，并且“连茅圈”也是华北地区的传统居住格局。庭院地面多为土地，并且庭院中种有菜地，大部分的生活污水直接用于浇灌或泼洒到地面。此类居民庭院典型的污水排放系统如图 4-15 所示。

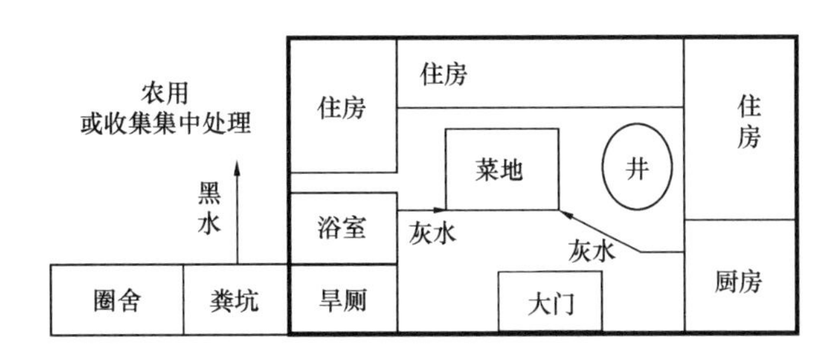

图 4-15 户厕建在室外的华北地区院落典型排水系统示意图

随着美丽乡村以及生态文明建设的推进，经济较发达的乡村地区室内卫生设施已经比较完善，庭院地面硬化，厕所也由原来的室外旱厕改为室内水冲厕所，此类农户庭院的典型污水排放系统如图 4-16 所示。

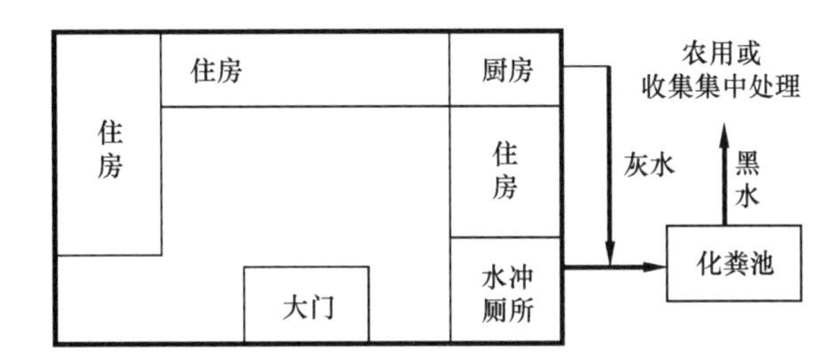

图 4-16 户厕建在室内的华北地区院落典型排水系统示意图

3. 东南水系发达地区

东南地区包括江苏省、上海市、浙江省、福建省、广东省、海南省、山东省南部地区。该地区的地形以山地、丘陵为主，年平均气温高、降雨充沛是主要的气候特点。东南地区水系发达、河网、湖泊密布，是我国工农业生产、经济产值和人均收入增长幅度最快的地区之一，该地区很多乡村的生活水平以及用水方式已经和城市接近。乡村的用水量和生活污水排放量逐年增加也导致该地区的水质下降。因此该地区对农村污水治理以及改厕工作开展得较早，并取得了一定的成效。东南地区经济发达、人口密度大、土地资源紧张，水环境污染严重造成的水质性缺水问题突出，因此在选择乡村厕所系统的节水与回用技术时应充分考虑上述特点，应选择处理效果好、占地面积较小的生物处理或者采用生物生态联用的技术进行中水的回用，做到因地制宜。

根据《东南地区农村生活污水处理技术指南》，东南地区乡村家庭的生活排水量宜根据实地调查结果确定，在没有调查数据的地区，总排水量可按总用水量的 60%～90%估算。各分项排水量可根据以下方法进行计算：洗衣污水可根据相应用水量的 60%～80%进行估算（洗衣污水室外泼洒的家庭除外），厨房排水量则根据是否有他用（如喂猪等），如果通过管道排放则按用水量的 60%～85%估算，沐浴和冲厕排水量可按相应用水量的 70%～90%计算。

东南地区乡村家庭的生活排水水质宜根据实地调查结果确定，若无当地数据，可参考表 4-18 中对浙江、福建农村生活污水水质的调查结果。

东南地区农村生活污水水质调查结果　　表 4-18

类别		COD (mg/L)	SS (mg/L)	NH_3-N (mg/L)	TN (mg/L)	TP (mg/L)
浙江平原水网 1 号村	厨房污水 1	10880	2304	18.5	63.9	54.1
	化粪池污水	2370	356	475.0	—	32.4
	厨房污水 2	3440	368	6.1	26.8	6.5
	厨房污水 3	9370	1490	51.2	169.0	50.8
浙江平原水网 2 号村	生活污水 1	150	102	5.8	7.4	2.7
	生活污水 2	168	132	3.3	4.7	1.3
福建农村	生活污水	100～200	100～200	20～30	30～40	3.0～8.0

东南地区的乡村经济发达、生活水平较高，室内卫生设施齐全，水冲厕所普及率高，庭院地面多为水泥地面。如图 4-17 所示，化粪池或沼气池不仅作为污水收集池，同时是污水的预处理单元，其出水可农用或进一步处理以达到达标排放的要求。当农民使用户外洗衣设施时，洗衣污水多纳入排水系统，通过管道或明渠进入化粪池，东南地区的乡村家庭可在原有的管网基础上，将黑水、灰水单独收集，灰水在处理后用作冲厕用水或其他用途，统一进入化粪池后再集中处理，充分做到水资源的循环使用，同时避免污水的直排造成周边水体的污染。

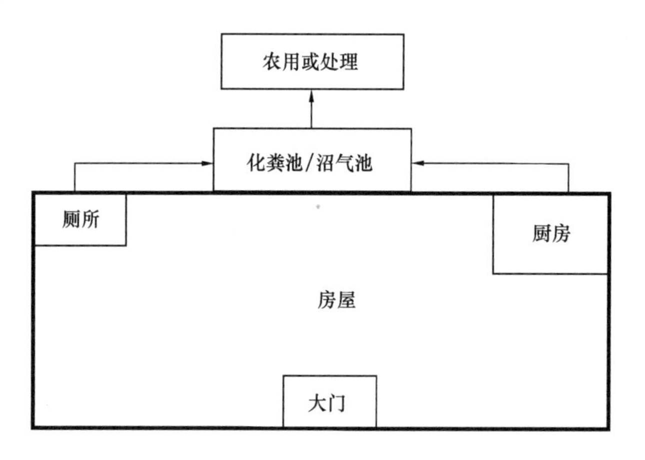

图 4-17　东南地区典型农户住宅排水系统

4. 中南地形复杂地区

中南地区包括河南、湖北、湖南、安徽和江西。该地区的地形地貌复杂，包括山地、丘陵、岗地和平原等。中南地区乡村的人口数量、村落以及人口密度均较大，且很多村落沿流域分布（如淮河、巢湖、鄱阳湖、洞庭湖等）。虽然很多乡村已经进行了改水、改厕的工作，但由于污水管网完善程度不高，致使大量灰水和化粪池污水直排，对周边的水环境污染较大。中南地区的地形复杂，山地、丘陵较多，在乡村家庭灰水处理以及厕所系统的节水回用系统时应充分利用当地地形，如利用陡坡地势结合生态处理工艺，以更低的能耗和处理成本实现灰水的回用。

中南地区的村落数目较多，且不同村落的人口密度相差大，不同乡村的家庭生活污水排水量宜根据当地调查结果确定。在没有调查数据的村落，可采取如下方法确定排水量：沐浴和冲厕的排水量可按相应用水量的60％～80％计算；洗衣污水排水量为用水量的70％；厨房排水量应考虑是厨房排水是否有其他用途，若通过管道排放则一般按用水量的60％计算。

乡村家庭的排水水质因排水类型不同而差异较大。根据排放地点和水质特征不同，排水类型可分为厕所污水、洗衣污水、厨房污水和洗浴污水等。其中厕所污水的污染物浓度最高；洗衣所排放的第一遍污水和厨房洗刷排水的COD也很高，可高达10000 mg/L以上；厨房的淘米水和含磷洗衣洗涤水对总磷的贡献较大；洗浴、洗澡水相对较干净，各项指标值都较低，最适合于回用。中南地区乡村家庭生活污水综合排放后的具体水质情况宜根据实地调查结果确定，在没有调查数据的地区，可参考表4-19的建议取值范围。

中南地区农村生活污水水质范围参考表　　表4-19

主要指标	pH	SS (mg/L)	COD (mg/L)	BOD_5 (mg/L)	NH_3-N (mg/L)	TN (mg/L)	TP (mg/L)
建议取值范围	6.5～8.5	100～200	100～300	60～150	20～80	40～100	2.0～7.0

由于中南地区面积辽阔，不同乡村的经济发展差异较大，人们的生活习惯、管网的完善程度也不尽相同，因此庭院布局也存在差别。中南地区可以秦岭一淮河线为界划分，秦岭—淮河线以北的河南和安徽北部这些地区的乡村用水量较小且经济欠发达。部分家庭仍采用旱厕或圈养家畜，并且污水和厩肥多被自家的菜地或农田消纳，污水外排量较少。该地区乡村较为传统庭院布局是采用粪坑式旱厕，且旱厕多与房屋分开建设或紧邻房屋，这种类型的农户庭院排水系统如图4-18所示。

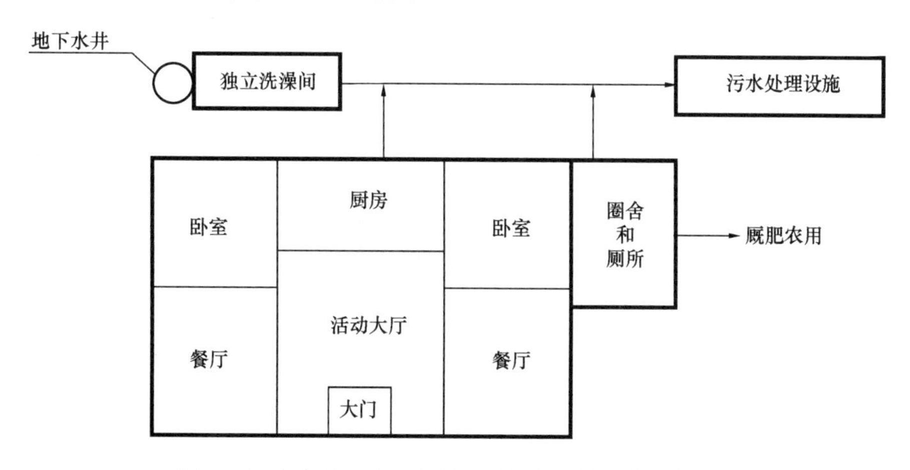

图4-18　中南地区传统房屋布局农户生活污水排水系统

5. 西北寒冷干旱地区

西北地区包括陕西省、甘肃省、青海省、宁夏回族自治区、新疆维吾尔自治区和内蒙古自治区西部。该地区的地形以高原、盆地和山地为主，属于内陆干旱半干旱区，夏季炎热少雨，冬季寒冷干燥，水资源匮乏。该地区的年降雨量和年均径流量均低于全国的平均值，大部分区域的年降水量在400mm以下。西北地区的土地总面积约占全国的32%，而人口不到全国的8%，其中70%以上人口居住在农村。其经济发展状况处于全国下游水平，该地区大多数乡村经济落后。随着西北地区乡村集中供水的改造，自来水入户率也越来越高，用水量的增加也导致排水量的增大。西北地区的人口较少，且居住分散，使污水收集难度增大，不易集中化处理。冬季温度较低，使处理工艺受限，增加了污水处理的难度。该地区生态环境脆弱，水资源短缺，在进行厕所改造的过程中迫切需要推行适合运行费用低、管理简便的节水方法及灰水处理回用的工艺或技术。

西北地区大部分乡村家庭目前仍以旱厕为主，一些人口集中、发展规划较好的乡村卫生设施较齐全。该地区乡村家庭的污水排放量应根据当地的卫生设施水平、排水系统完善程度等因素确定，不同地区的乡村家庭的排水量具有明显的差异，应根据实际的调查统计结果确定。在没有调查统计数据的地区可通过《西北地区农村生活污水处理技术指南》中提供的西北地区不同乡村生活污水排放情况（表4-20）进行估计。

西北地区不同乡村生活污水排放情况 **表4-20**

乡村居民生活供水和用水设备条件	排放量占用水量的百分比（%）
用水设施齐全，黑水和灰水混合收集	70～90
有基本用水设施，收集黑水和部分灰水	50～80
基本用水设施不完善，收集黑水和部分灰水	30～60
基本用水设施不完善，收集部分灰水	30～50
无基本用水设施，污水不收集	基本无排放

西北地区乡村家庭的排水水质因排水类型不同而差异较大，宜根据实地监测确定。若无条件实地监测，可参考表4-21中的建议取值范围。

西北地区乡村生活污水水质参考值 **表4-21**

pH	SS (mg/L)	COD (mg/L)	BOD_5 (mg/L)	NH_3-N (mg/L)	TP (mg/L)
6.5～8.5	100～300	100～400	50～300	3～50	1.0～6.0

西北地区的大部分区域干旱缺水，并且乡村分布较分散，在厕所的改造过程中更应注重节水的技术，同时应注重灰水的回用冲厕实现生活污水的资源化利用。西北地区乡村家庭的污水排放系统可参见图4-19。

6. 西南少数民族聚集区

西南地区包括四川省、云南省、贵州省、重庆市、广西壮族自治区和西藏自治区部分地区。该地区地形复杂，以丘陵、山地、高原和平原为主，大部分地区的气候类型属于亚热带、热带季风气候。西南地区经济发展情况在全国处于中下水平，农村人口众多，是我国少数民族聚集集中的地区，定居了我国近八成的少数民族人口。该地区独特的自然风光和人文风光使旅游业得到发展迅速。随着近年来经济发展、生活习惯的改变以及旅游业的

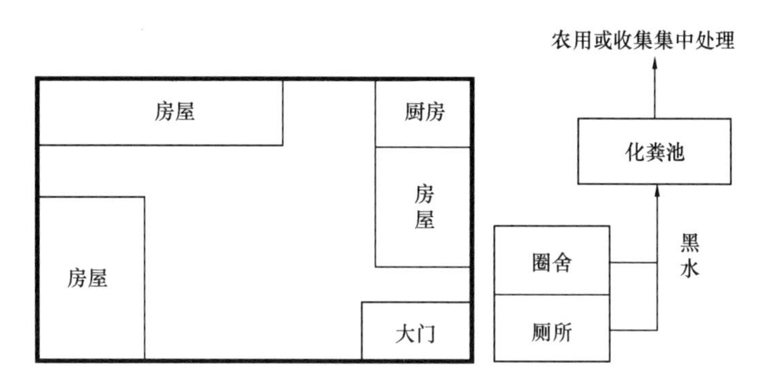

图 4-19 西北地区乡村农户生活污水排水

发展，当地的环境问题也日益突出。西南地区是农村水污染控制技术较为薄弱的地区，大部分地区的改厕工作开展得较晚，加强西南地区农村厕所环境，对解决当地农村的生活环境和维持旅游资源的可持续发展，均有十分重要的意义。根据西南地区的区域特征和水环境的特征，农村厕所改造以及节水回用技术应选择投资较低、运行费用较低、便于运行管理的技术，并综合考虑污水治理与利用相结合；在对水环境要求较高的农村，应采用生物生态结合的工艺。

西南地区乡村家庭的排水量宜根据实地调查结果确定，在没有调查数据的地区，可取用水量的 60%～90%作为排水量或者参考表 4-22 中各省的调查数据。

西南地区乡村排水量调查结果 ［单位：L/(人·d)］ **表 4-22**

地区	四川	重庆	云南	贵州
灰水排水量	5.85～14.82	3.23～10.54	2.89～10.26	4.02～12.85
污水排水量	52.6～66.9	15.22	17.0～26.4	—

乡村居民生活污水水质宜根据实地调查结果确定，在没有调查数据的地区，可参考同类地区的调查数据，或表 4-23 建议取值范围或表 4-24 中西南地区各省的调查结果。

西南地区乡村生活污水水质 **表 4-23**

主要指标	pH	SS (mg/L)	COD (mg/L)	BOD_5 (mg/L)	NH_3-N (mg/L)	TP (mg/L)
建议取值范围	6.5～8.0	150～200	150～400	100～150	20～50	2.0～6.0

西南地区乡村生活污水处理工程进水水质检测 （单位：mg/L） **表 4-24**

项目	pH	SS (mg/L)	COD (mg/L)	BOD_5 (mg/L)	NH_3-N (mg/L)	TP (mg/L)
贵州	—	150	150～250	60～150	35～50	3～5
云南	7.1～7.3	—	162～242	—	28～68	3.9～4.9
四川	6～9	150～200	300～350	100～150	20～40	2.0～3.0
重庆	—	—	99～413	—	14～24	1.1～5.7

由于西南地区面积辽阔，地区差异较大，且少数民族众多，人们的生活习惯、风俗文化也不尽相同，因此庭院的布局也多种多样。具备水冲厕所的典型庭院生活污水排水系统如图 4-20 和图 4-21 所示方式。

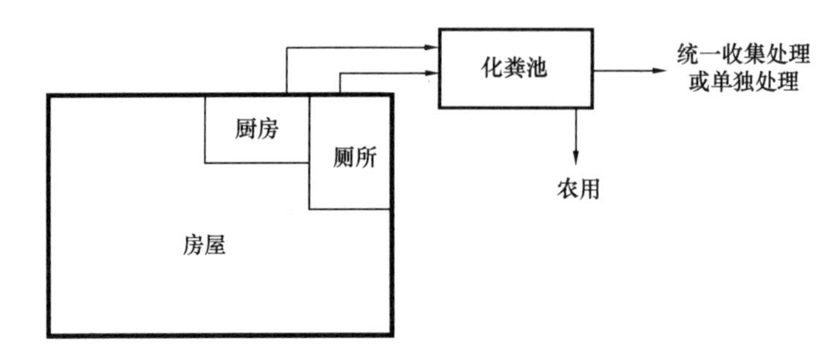

图 4-20　农户厕所建在室内的西南地区典型农户住宅排水系统

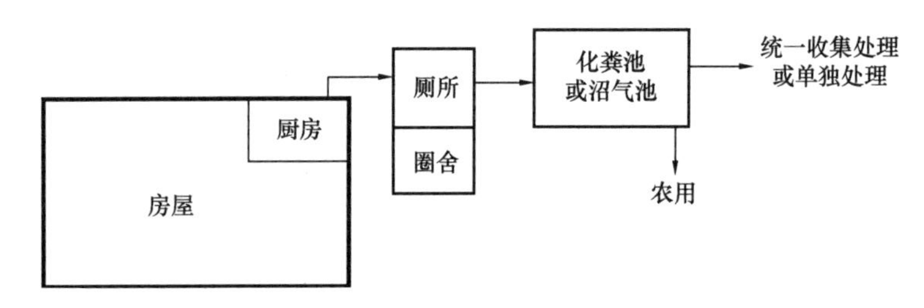

图 4-21　农户厕所建在室外的西南地区典型农户住宅排水系统

4.3.1.2　乡村厕所系统节水回用技术体系

在进行乡村厕所节水与回用改造的过程中，需要综合考虑乡村当地的实际情况，不能够将城镇厕所系统的节水回用技术和工艺按部就班地进行使用，应结合不同乡村的气候、地形和生活习惯等情况采取适合的处理工艺及管理方法，做到因地制宜。

乡村厕所的节水一般包括提高冲厕水的利用效率或减少冲厕水的使用量、增加家庭灰水的处理回用量、防止厕所用水的浪费等技术和措施。对于乡村家庭而言，养成节约用水的生活习惯以及更换节水便器和设备是实现厕所系统节水的两大主要途径。从国家的农村厕所革命来看，乡村厕所节水是促进节能减排、完善厕所设计、降低使用成本、保护水资源的重要内容。

实现家庭中水的回用冲厕是乡村厕所节水回用的重要环节。乡村家庭污水中含有较高的氮磷等营养元素，若直接排放，进入周边的河流和湖泊后，会导致水体的富营养化，污染水体。乡村污水处理设施出水想要达到一级 A 排放标准，往往需要复杂的处理步骤和设备，成本较高，而且运行需要消耗大量能耗和定期的维护保养，这在经济条件和发展水平相对落后的乡村地区很难维持长久运行，从而出现晒太阳工程或形象工程。若能将污水进行适当处理，过滤掉颗粒较大的杂质并进一步降低 COD、BOD 等指标，将这部分水作为便器冲洗用水，可以让污染源变成资源，实现水资源循环。这一环节不仅可以改善周边的水环境，解决部分乡村地区用水紧张的问题，而且减少了家庭污水的深度处理量，冲厕水也可以在后续的处理中进一步用作沼肥得到利用。

在推行乡村厕所革命过程中，某些传统的水冲式便器或设备在结构和功能上存在缺陷，导致水资源的浪费。虽然我国一直推行节水便器，但目前针对管网不完善以及供水不稳定的农村地区节水便器依然有待改进。另一方面，在非常规水资源的使用和开发方面，亟须开展雨水的收集、处理和贮存研究及雨水利用工作，同时需要开展乡村家庭的灰水处理作为中水回用的输送关键技术，以及水质保障技术的研究和应用示范。

1. 乡村厕所系统用水终端节水技术

通过计量器具和节水器具的安装可以使乡村厕所起到有效的节水效果。美国一项研究表明：通过计量和节水器具的安装可使家庭的用水量降低 11%。以色列、日本等国通过在家庭推广节水型器具的使用，使家庭用水量降低了 20%～30%。一些国家和地区在开发节水器具的同时还采取了相关的政策措施以推广节水器具的使用。早在 20 世纪 70 年代，西方发达国家就开始对坐便器的用水量进行控制，要求坐便器在满足卫生标准的前提下，冲水量必须从原来的 9～15L/次降至 6L/次。在新加坡等缺水的国家，很早就开始推广使用用水量更小的坐便器，其用水量可降至 3～4.5L/次，取得了较好的节水效果。以色列和意大利要求在新建住宅内安装的用水设施必须达到一定的节水标准，日本还通过奖励政策对节水效果好的节水器具进行支持。

研发节水型卫生洁具是实现乡村厕所系统节水的一条重要途径。我国在节水型卫生洁具研发方面开展的较晚，但开发和支持的力度很大。在 2015 年发布的《节水型卫生洁具》GB/T 31436—2015 的标准中对卫生洁具的冲水量做出了要求：节水型蹲便器≤6L/次，坐便器≤5L/次，小便器≤3L/次。河北省通过对中北社区的旧马桶更换为节水型马桶，有效节水达到了 70%，一台马桶一年可节约 30t 水。

水冲型厕具以水冲的压力作为驱动力和输送载体，这也使传统的水冲型厕具（包括节水型卫生器具）具有高耗水、高耗能及资源流失等弊端。如果不从结构和原理上对水冲型厕具进行改进，乡村厕所实现大幅度降低冲厕用水量较困难。因此开发超低用水量的真空便器、无水气冲便器以及基于负压的新型节水卫生器具等，可以实现大幅降低冲厕用水量（即节水）的目的，对于乡村厕所的节水降耗、缓解用水紧张和构建美丽乡村具有明显的现实意义。假设每人每天大便 1 次，小便 5 次，按照常规便器用水量为 10L/次，常规节水型便器大便和小便的用水量分别为 6L/次和 3L/次，常规粪尿分离便器的用水量分别为 5L/次和 2L/次，负压便器用水量为 1L/次，负压粪尿分离便器用水量分别为 1L/次和 0.1L/次，以一个三口之家冲厕用水为例，使用不同便器每天的冲厕水用量如图 4-22 所示。

2. 乡村灰水收集及处理技术

乡村家庭的生活污水主要来自于沐浴、洗衣、冲厕以及厨房用水的排放，其污染物的浓度差异较大，根据其排放源可简单地分为灰水和黑水。其中灰水由洗浴、洗衣、盥洗和厨房等废水组成，污染物浓度较低，易于净化。黑水主要由厕所的大小便和冲洗废水组成，有机碳和氮磷等含量极高，且含各类病原微生物和寄生虫卵。其中灰水在乡村家庭中

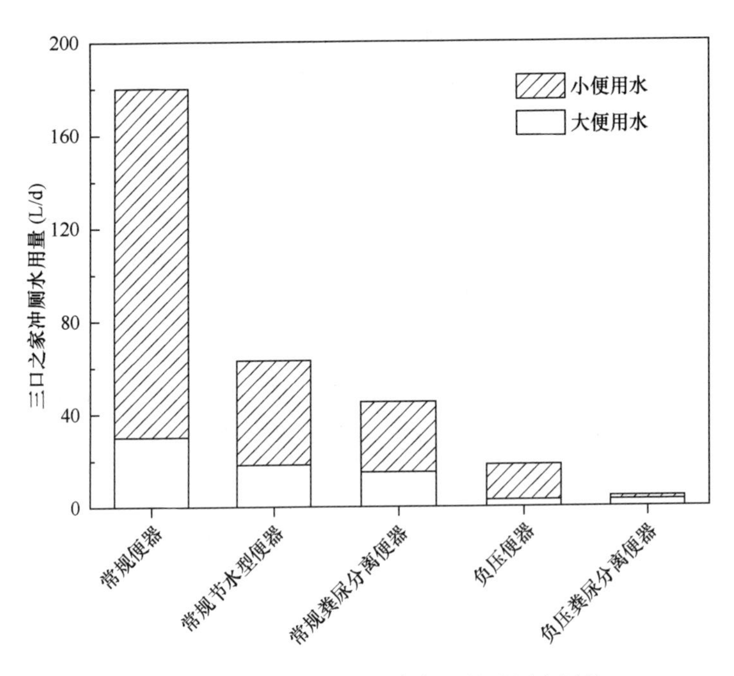

图 4-22　不同便器三口之家每天的冲厕水用量

产生量较多，且易于处理净化，若处理后用作冲厕用水，不仅可以减少乡村污水的深度处理量，而且可以实现水资源的循环利用与节水。

(1) 乡村灰水的收集

乡村家庭的灰水收集主要涉及管网的问题。灰水收集首先要将浴室、洗衣房以及厨房等场所的排水管道与厕所的排水管道分离，然后再将灰水统一排入一个或数个汇水井，集中收集后的灰水可用泵输送至处理设备进行处理。

考虑村落的密集程度不同，对于住户分布密集、规划较好的乡村可优先考虑集中的灰水收集方式。集中收集灰水时，乡村灰水管道应该独立，避免混入黑水和雨水。乡村村落地形差异较大，灰水管道的铺设应充分利用地势高差。少量由于地势无法收集的灰水应利用水泵等提升设施排入灰水管道。灰水收集所需的排水管网宜沿路铺设，并尽量做到雨污分流。同时，应尽可能收集整个村落的生活灰水。在进行灰水管道铺设的过程中，每家每户都应该设收集管道或预留接入口，管道应铺设在用户用水量较多的一侧，方便灰水的后续接入。对于住户分布较分散的村落应考虑就近处理，将家庭产生的灰水通过分散式污水处理设施或小型化的处理设备进行处理，节省灰水管道铺设的成本。

(2) 乡村灰水的处理

近年来，国内外对灰水处理技术的研究逐渐深入，从城镇到乡村特色的灰水处理，从集约化到分散型灰水处理，灰水处理技术发展很快。我国也已在许多乡村地区进行了从简单到先进的灰水处理及回用技术工程实践，在灰水回用或排放之前，使用合适的处理方法或工艺来降低灰水中的污染物浓度。在进行乡村灰水的处理回用时，应根据当地的经济条件以及环境条件选择合适的处理方法，以达到经济适用的目的。目前常用的乡村灰水处理方法主要包括物理法、化学法、和生物法。

1）物理法处理乡村灰水

物理法是通过物理作用分离和去除灰水中不溶解的颗粒物或呈悬浮状态的污染物的方法。处理过程中污染物的化学性质不发生变化。物理法处理速度快，主要是采用筛滤截留，重力沉淀等方法净化灰水，使其达到设计出水水质要求。筛除、沉淀、气浮、过滤和膜分离等技术都是近年来应用较广的物理处理技术。使用的主要设备有格栅、沉淀池、气浮池、过滤池、膜处理设备等。物理法设备简单，维护方便，适合于处理氮磷浓度较低的乡村灰水。其中膜技术处理效果好，设备占地面积小，但到目前为止，膜分离技术研究不够成熟，并且膜的成本较高，导致其在乡村灰水处理方面应用受到限制。因此，开发经济适用的优质膜，是进一步推广膜技术在乡村灰水处理应用的重要策略。

2）化学法处理乡村灰水

化学法是通过化学反应和传质作用来分离、去除灰水中呈溶解和胶体状态的污染物或将其转化为无害物质的废水处理法。化学法主要有混凝法、中和法、氧化还原法等。在几种化学法中混凝法相对应用较广，但由于需处理沉渣，工作量较大，药剂消耗量大，运行成本偏高等缺点，其应用范围仍比不上其他中水处理技术。与生物处理法相比，化学法能较迅速、有效地去除更多的污染物，可与生物处理联合作为后续的处理措施。此法还具有设备容易操作、容易实现自动检测和控制、便于回收利用等优点。

3）生物法处理乡村灰水

生物法是利用微生物新陈代谢功能，使灰水中呈溶解和胶体状态的有机污染物被降解并转化为无害的物质。生物法处理灰水成本较低，处理效率较高，对于生态环境脆弱的地区不会产生二次污染。乡村家庭灰水中富含有机物，化学污染物和重金属等有害物质相对较低，特别适合于微生物的生长和作用。生物法主要包括好氧生物法、厌氧生物法以及生态处理法。最典型的好氧生物法为生物接触氧化法，生物接触氧化法操作简单，维护方便，投资成本低，在处理乡村家庭灰水方面具有很大的优势，应用广泛。此外，好氧生物法还有生物滤池、活性污泥法等方法。厌氧生物法应用较少，主要用于处理高浓度的有机废水或作前处理设备使用，若厨房排水量较多或灰水中污染物浓度较高时，则可考虑使用厌氧生物法。UASB反应器、厌氧生物膜法及复合式生物膜反应器是常见的厌氧生物法。生态处理法利用形成水体（土壤）、微生物、植物组成的生态系统对污染物进行一系列的物理、化学和生物的净化。生态系统可对污水中的营养物质充分利用，有利绿色植物生长，实现污水的资源化、无害化和稳定化。该法工艺简单、费用低、效率高，是一种符合生态原理的污水处理方式，但容易受自然条件影响，占地较大，不适合于部分用地紧张的乡村地区。

3. 乡村雨水的收集利用技术

雨水是一种具有巨大利用潜力的资源，我国对其重视程度越来越高。在一些供水不稳定的乡村地区，可以通过雨水的收集的方式来进行冲厕，缓解用水压力。雨水相对灰水水质好，但是降雨过程中雨水溶解了空气中的污染性气体，又在对乡村建筑表面的冲刷作用下混合了大量污染物质，其污染程度之高甚至超出一般生活污水，因此，部分雨水的收集处理工艺都对初期雨水进行弃流。乡村地区雨水的收集根据雨水来源不同，可大致分为屋顶雨水和地面雨水两类。屋顶雨水相对干净，杂质、泥沙及其他污染物少，可通过初期雨水弃流和简单过滤后，直接排入蓄水系统，进行处理后作为冲厕用水使用。地面雨水一般杂质多，污染物源复杂，且大部分地面雨水的收集管道为明渠，泥沙等杂质较多。在初期弃流和粗略过滤后，还必须进行沉淀才能排入蓄水系统。雨水一般经过简单的物化处理后便可作为冲厕用水。雨水的物化处理一般包括混凝、沉淀、过滤、消毒工艺等。

从已有的研究来看，目前雨水存蓄期间的水质变化缺乏系统研究，尚无存蓄前后高效节能的初期雨水分流和作为补充水资源的强化处理技术；蓄水设施多采用钢筋混凝土和塑料模型构件；对不同乡村地质条件的针对性不强；而且，由于部分地区的雨水 pH 较低，水质偏软，在存储输配过程中极有可能造成管网、设施腐蚀，容易造成的水质稳定性降低、微生物滋生等问题。因此，乡村厕所系统的雨水利用模式以及能耗等方面缺乏系统数据的技术支撑，有必要对我国乡村雨水收集利用的模式与系统开展研究，探索乡村厕所系统雨水利用的途径和雨水水质处理技术，并进行规模化乡村厕所雨水利用工程示范，为全面实现乡村厕所节水目标提供技术依据。

4. 乡村中水回用方式

乡村中水的回用方式主要包括分散型乡村中水回用和集约化乡村中水回用，选择何种中水回用的方式，应根据乡村村落的聚集程度以及排水管网的完善情况来确定。分散性乡村中水回用系统总造价低，方便灵活，节省管网的建设费用，但单位制水成本较高。集约化乡村中水回用系统规模大，污泥便于集中处理，总造价高，可根据进水情况调节工艺，单位制水成本低，更能发挥良好的经济效益。

（1）分散型乡村中水回用系统

分散型乡村中水回用系统的污水收集、处理和回用均在乡村用户的室内或院内完成，其最大的特点是污水处理的管道均建在室内，维护方便，规模较小，适用于乡村布局分散的单户家庭或者相邻家庭的使用，如图 4-23 所示。对于排水管道完善的乡村家庭，建立中水回用系统时可不另设污水收集系统，利用原有的排水管道收集建筑物排水和屋面雨水作为中水水源，经过中水处理设备处理后供家庭冲厕使用。对于排水管道不完善的乡村家庭，须建立污水收集系统，将单户或者相邻家庭的污水统一收集，经过处理后用作冲厕用水。

（2）集约化乡村中水回用系统

在村庄分布较密集且排水管道完善的乡村地区可以采用集约化乡村中水回用系统，见图 4-24。该系统需要有二级处理设施，即必须建设区域性污水处理厂，污水经过污水处理厂的初步集中处理之后流向中水处理系统。处理后的中水经过单独的中水供水系返回各用户家庭，供冲厕或浇灌等使用。

5. 中水回用供水方式

中水供水系统与自来水给水系统相似。回用水的供水高度由供水高度、室外中水配水

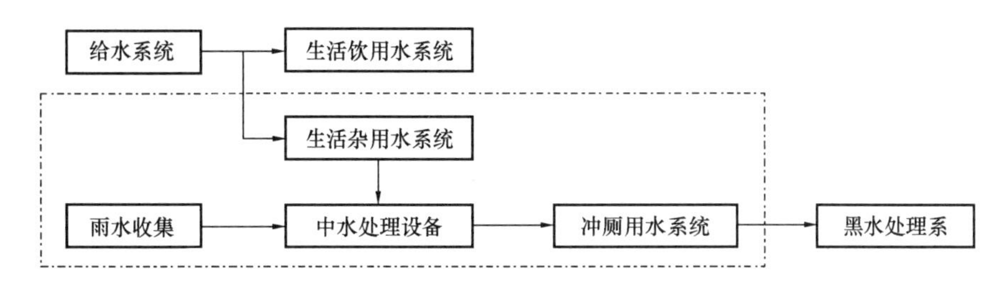

图 4-23　分散型乡村中水回用系统

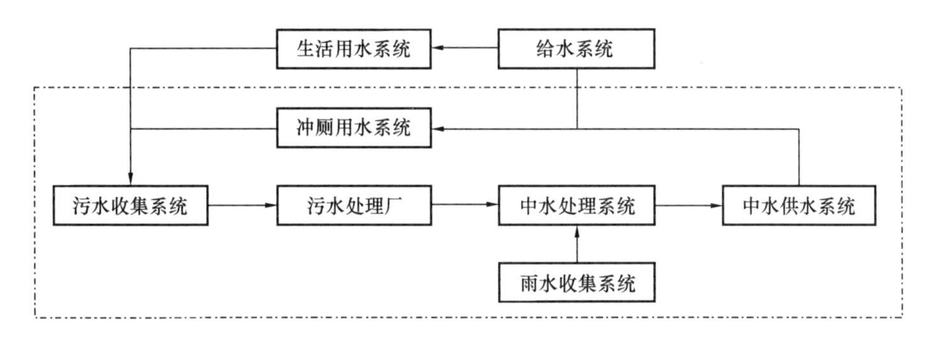

图 4-24　集约化乡村中水回用系统

管网的可靠压力、室内管网所需压力等因素决定。乡村家庭厕所系统的供水方式主要有以下几种：

（1）直接供水方式

直接供水方式在供水时不需要泵和水箱等设备，该种供水方式适合于集约化的中水供水系统，冲厕用水一般需要一定的水压才能达到节水的目的，因此只有在供水水压较高且出水稳定时乡村家庭厕所的中水供水才采用该供水方式。直接供水方式只设供水管网系统，维护简单、投资节省、安装维护简单，与自来水类似，节约能源，但用户内部无调节、贮备水量，当中水供水系统进行维护时系统随之停水。

（2）单设屋顶水箱供水方式

由于灰水的处理以及雨水的收集具有一定的周期性，在白天厕所用水较多时可能导致水量或者水压不足，晚上用水较少时回收的水量富余，此时适宜采用单设屋顶水箱的中水供水方式。水压充足时，一般为夜间，可将屋顶水箱补给满。水压不足时，就通过水箱供水。因水箱设在屋顶，屋顶承重能力有限，水箱容量受到限制，所以这种供水方式适用于规模较小的乡村家庭中水回用系统。

（3）采用泵和屋顶水箱的供水方式

如果中水的供水水压较低，不能满足厕所用水需求，则供水必须借助水泵来完成，可以单设恒速或变频水泵，也可在使用水泵的同时在屋顶设置水箱。水箱内安装水位继电器控制水位，当水位较低时，水泵自动启动并抽水至水箱，到达一定水位时自动停止，此种方式增加了供水的灵活性，能够保障厕所的用水需求，但建设的成本也较高。

（4）气压供水方式

利用密闭压力水罐代替泵和屋顶水箱的供水方式，形成气压供水方式，该供水设备可以设在任何高度上，能够满足厕所的用水压力，安装方便，利于隐藏，投资少，建设周期短，便于实现自动化。但该供水方式给水压力波动较大，容易造成能量的浪费。

4.3.2　集约化乡村灰水处理与联合回用技术

4.3.2.1　高效低耗的乡村灰水生态处理技术

生态处理工艺能够很好地结合我国乡村地区的自然地理条件，如当地的废塘、滩涂、废弃的土地。使用生态法处理乡村灰水的基建费用和能耗低，并且运行过程无需投加药剂，工艺运行相对稳定，抗冲击负荷能力强，易于维护，污泥产量少，不容易产生二次污染。对乡村家庭产生的灰水进行适当处理还能够达到回用的标准，出水也可以直接回用于乡村的厕所系统。目前用于乡村灰水处理的生态技术主要有人工湿地、土地渗滤和稳定塘等。生态处理技术处理乡村灰水的优缺点见表 4-25。

生态处理技术处理乡村灰水优缺点　　**表 4-25**

技术优缺点	人工湿地	土地渗滤	稳定塘
优点	投资费用省，运行费用低，维护管理简便，水生植物可以美化环境，增加生物多样性，生态环境效益显著	对污水的缓冲性能较强，运行管理简单，氮磷去除能力强，出水水质好，可回用	结构简单，出水水质好，投资成本低，无能耗或低能耗，运行费用省，维护管理简便
缺点	污染负荷低，占地面积大，易堵塞，处理效果受季节影响，随着运行时间延长除磷能力逐渐下降	负荷控制不当，易发生堵塞，防渗不当，则会污染地下水，设施埋于地下，投资相对高	负荷低，占地面积大，处理效果随季节波动大，污染物浓度过高时会产生臭气和滋生蚊虫

1. 人工湿地

人工湿地是指用人工建造和控制运行的与沼泽地类似的地面，将污水、污泥有控制地投配到经人工建造的湿地上，并在表面种植水生植物构成独特的生态系统。人工湿地很好地利用了人工介质、植物、微生物的物理、化学、生物三重协同作用来达到净化污水的目的。人工湿地技术具有系统简单、操作管理方便、运行成本低的优点，但也具有占地面积大的缺点。由于乡村灰水量小、用地相对充裕，人工湿地占地大的劣势被削弱，而操作简单、低能耗的优点则适用于发展相对落后乡村地区，成为乡村灰水处理的常用技术。在《农村生活污染防治技术政策》及《农村生活污染控制技术规范》HJ 574—2010 中都将人工湿地列入推荐的农村污水处理工艺清单。

人工湿地技术处理农村灰水存在着一些问题，尤其是进水 SS 浓度过高时，湿地的堵塞问题容易发生。人工湿地堵塞的过程实质上就是有效孔隙率减少的过程。孔隙率的急剧下降必然会引起湿地过水能力的降低，从而降低对污染物的去除效果，同时缩短运行寿命。因此，结合一定的前处理工艺可以有效提高人工湿地对乡村灰水的处理效率和其自身的运行寿命。在北美和欧洲，一般将潜流人工湿地用于处理沉淀池预处理后的生活污水，即作为二级处理工艺。在我国北京、广东等一些条件允许的村落，以人工湿地作为主处理单元也取得了良好的效果。在相关规范中也明确了化粪池、沉淀池等均可以作为人工湿地的预处理设施，并非只有经过二级处理的污水才适合采用人工湿地进行净化。但在用地紧张的情况下，从技术经济角度考虑，人工湿地更适宜作为深度净化单元。部分农村污水人工湿地工程工艺组合及运行情况见表4-26。当前，活性污泥法二级处理＋人工湿地深度净化的工艺流程目前已成为污水处理厂的常用方法。这种工艺组合同样适用于集约化的乡村灰水处理，但对于分散型乡村灰水处理的适用性值得商榷。

部分农村污水人工湿地工程工艺组合及运行情况　　　　表4-26

地点	工艺流程	出水水质
北京平谷	化粪池—隔油沉淀池—垂直潜流湿地	COD=26mg/L、NH_3-N=0.45mg/L TP=0.1mg/L
四川成都	A^2O—水平潜流湿地	COD=39～50mg/L NH_3-N=4.7～8.0mg/L TP=0.5～0.9mg/L
广东郁南	格栅—水解酸化—人工湿	COD=28mg/L NH_3-N=3.83mg/L TP=0.28mg/L
江苏常州	调节沉砂池—垂直潜流湿地	COD=52～58mg/L NH_3-N=5～10mg/L TP=0.6～0.9mg/L
河南平顶山	格栅—沉淀池—水解酸化—水平潜流湿地	COD=41mg/L NH_3-N=3.5mg/L TP=0.3 mg/L

2. 土地渗滤

土地渗滤处理系统是一种人工强化的污水生态工程处理技术，利用土壤—微生物—植物—动物的综合净化功能，吸附、微生物降解、硝化反硝化、过滤、吸收、氧化还原等多种作用过程同时起作用，将灰水中的污染物去除，处理后的水可以渗透并通过集水管收集，属于小型的灰水土地处理系统。该技术具有节能、高效，工艺简单，投资节省，不受外界气温影响、无臭味，不滋生蚊蝇等优点。适合资金短缺、土地面积相对丰富的乡村地区灰水处理。

单一的土地渗滤系统在处理乡村灰水时存在易堵塞、水力负荷小、脱氮除磷效果欠佳等缺点，通过与其他技术联合处理乡村灰水，可以有效地改善这些问题。采用复合工艺实际上就是加强土地渗滤系统的预处理措施，预处理措施不仅承担一定的污染物去除，更多的是和土地渗滤工艺互补不足，共同完成污染物的降解。土地渗滤的复合工艺需结合不同的乡村地区灰水的水质来综合选择（图4-25）。在乡村灰水的收集过程中，若颗粒性污染物较多，可以通过初沉池、水解酸化或砂滤池对灰水进行预处理，可以有效降低进水负荷并避免土地渗滤系统堵塞。若灰水中的可溶性污染物较高，则需采用更为有力强化预处理手段，如好氧生物滤池、接触氧化池和膜生物反应器等，使灰水进入土地渗滤系统之前污染物的浓度进一步降低。

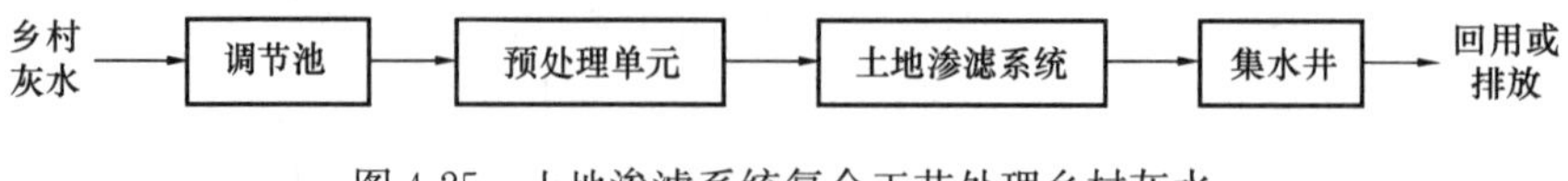

图 4-25　土地渗滤系统复合工艺处理乡村灰水

3. 稳定塘

稳定塘是一类利用藻菌共生系统自然净化污水中各污染物的生态处理构筑物，又称为氧化塘或生物塘。其净化过程与自然水体的自净过程相似。通常是将土地进行适当的人工修整，建成池塘或利用乡村中废弃的鱼塘、洼地，并设置围堤和防渗层，依靠塘内生长的微生物来处理灰水。灰水在塘内水停留时间较长，可充分利用微生物（藻类、细菌、真菌、原生动物）的代谢活动及伴随的物理、化学、物化过程来降解灰水中的有机污染物、营养盐类和其他污染物的。稳定塘具有基建投资和运行费用低的优点，其基建单价仅为常规二级处理厂的 1/5～1/3，其运行费用单价仅为常规二级处理厂的 1/20～1/10。但同时具有占地面积大、去除氮磷不稳定、水力停留时间长、容易引起二次污染等缺点，适用于缺水干旱的乡村地区的灰水处理以及资源化利用。东北等高寒地区在冬季气温低于 0℃，可以将乡村收集的灰水采用稳定塘存贮，长时间停留后可将颗粒物沉降，部分有机物被缓慢分解。夏季则可正常运行并将处理后的灰水进行回收利用。

稳定塘用于处理乡村灰水的复合工艺可分为两大类型：一是稳定塘与传统的生物法组合，作为二级处理；二是各类稳定塘组合。

（1）与传统生物法组合

1）SBR 工艺＋生态塘

采用 SBR 法串联生态塘处理乡村灰水，是利用 SBR 工艺耐有机负荷、出水效果好、运行费用低的优点，以及生态塘出水水质稳定的优点，达到降低乡村灰水处理建设投资，提高出水水质的目的。经过该复合工艺处理后的乡村灰水可以达到回用的标准。

2）水解酸化＋稳定塘工艺

水解酸化池能将灰水中大分子难降解有机物转化为小分子物质，从而加速了灰水在后续稳定塘中的降解。采用水解酸化池＋稳定塘工艺可以较传统稳定塘工艺减少停留时间 50％，相应的占地面积减少 50％以上。

（2）各类稳定塘组合

1）多级串联塘系统

目前，国内外稳定塘运行方式已由单塘转为多级串联或并联等。如通过厌氧塘＋兼性塘＋好氧塘工艺的串联，可以起到 A^2O 处理工艺的效果。厌氧塘置于塘系统的首端，也可以作为预处理设施，并且可以大大减少后续兼性塘和好氧塘的容积。串联稳定塘各级水质在递变过程中，各自的优势菌种会出现，从而具有更好的处理效果。

2）生态综合塘系统

生态塘可将乡村灰水的处理与利用相结合，实现灰水资源化，具有基建投资省、年运行费用低、管理维护方便、运行稳定可靠等诸多优点，不足之处就是占地面积比较大。目前生态塘组合工艺主要包括以下两方面：筛选、培育高效水生净化植物（营建诸如水葫芦塘、芦苇塘、等水生植物塘）；利用组合曝气、水生植物、水产养殖多个生物处理单元的综合功能，营建生化一体化水生动植物复合生态体系的生态塘。

3）高级综合塘系统

该系统由高级兼性塘、高负荷藻类塘、藻类沉淀塘和熟化塘组成。高级兼性塘上部好氧，底部有一个厌氧坑进行沉淀和厌氧发酵。高负荷藻类塘装有搅拌桨，使藻类通过光合作用释放大量的氧气，从而供微生物降解有机物。藻类沉淀塘用来沉淀高负荷藻类塘出水中的藻类。熟化塘一方面用来对出水进行消毒，一方面将出水存储进行中水回用。二级处理可以由位于最前的高级兼性塘及后面的高负荷藻类塘完成，营养物的去除及生物回收由各塘间的优化组合实现。高级综合塘系统几乎不需要污泥处理，较传统塘占地面积小，水力负荷率和有机负荷率较大，而水力停留时间较短，基建和运行成本较低，能实现水的回收和再用。

4.3.2.2 雨水收集与灰水联合处理回用技术

1. 雨水收集处理技术

对于乡村而言，雨水收集处理应该遵循“流程简单，及时处理，就近回用”的思路，大型复杂的处理方式不适合乡村地区的使用，因此以分散、小规模、低影响著称的“低影响雨水收集技术”处理乡村雨水是比较合适的。目前，低影响的雨水收集技术主要有透水路面、下凹式绿地、植草沟、绿色屋顶、生物滞留设施等技术。

（1）透水路面

透水路面是指在乡村道路上建设具有蓄水功能的路面，在保证道路必需的强度和耐久性的前提下，降落在路面上的雨水通过路面结构直接下渗到周围土基或通过路基下面的排水管及蓄水层进行排水和蓄水。透水路面可以发挥表层土壤对雨水径流的净化作用。多孔沥青路面、草皮砖和无砂透水混凝土路面是比较常见透水路面形式。不同的路面材料和路面结构收集雨水的效率不同，应根据乡村的气候条件、土基状况、交通量以及道路规划等因素综合确定。透水路面适用于村落内对路面强度要求较低的场所。此外，在抵抗水损害和冻融破坏能力方面，水泥混凝土路面要优于多孔沥青路面，在高寒的乡村地区，应优先考虑水泥混凝土路面。

（2）下凹式绿地

下凹式绿地是国内外使用最为广泛的雨水收集方式，相比于普通的绿地，下凹式绿地利用其下凹的空间来收集周边雨水。下凹式绿地可建设在乡村的主辅路周边，绿地的高程需低于周边道路的高程，使绿地的下凹部分可以形成蓄水区域，通过雨水在绿地的下渗以及在绿地的积蓄作用可以实现对周边区域雨水的收集。一般下凹式绿地会在绿地下增加卵石层或安装渗排管以增加雨水的下渗量及下渗速度。为防止绿地内雨水量太大超过绿地蓄存能力，一般会在绿地内建设溢流口，溢流口与雨水管网相连，溢流口的高程要高于绿地高程，但要低于周边路面的高程，当雨水量过大时，绿地内雨水蓄满后则可通过溢流口溢流至雨水管网中，通过雨水管网输送至相应的处理设施。下凹式绿地具备雨水的收集和处理双重作用，前者主要体现在下凹式绿地具有一定的蓄水区域和雨水的溢流收集作用，后者主要体现在绿地内植被对雨水的 SS、COD 的削减作用。

（3）植草沟

植草沟是一段种植植被的地表沟渠，同时具有收集、输送和贮存雨水径流的作用，可以根据当地的地形、气候等环境条件设计成不同形式。植草沟可以减缓雨水的径流流速，削减径流污染物。植草沟在乡村内使用时，可替代原有道路周边排水明渠起到输送雨水的作用。在国外，一般将植草沟作为入渗措施，用来入渗和削减径流量。植草沟在小范围收集区域内使用的效果最好，其对雨水的 SS 去除率较好，能达到 70%以上，对 COD、总磷和氨氮也有很好的去除作用。植草沟可以单独作为雨水收集渠道，也可与生物滞留系统和人工湿地配套使用，起到收集输送的作用，是一种很好的雨水收集方式。

（4）绿色屋顶

绿色屋顶也称种植屋面、屋顶绿化等，通过在房屋屋顶种植一定绿色植物使之能起到减少屋面径流，削减污染的效果。根据建筑屋面承载能力由弱至强，绿色屋面可分为拓展型绿色屋面、半密集型绿色屋面和密集型绿色屋面。乡村地区的房屋多为低矮建筑物，人均房屋屋面面积要远高于城镇，因此若能充分利用乡村屋面的雨水收集作用，将极大缓解缺水地区的乡村用水紧张问题。绿色屋面与地面绿化的最大区别是，绿色屋面的植物生长基质由人工合成，一般铺设在一层防水膜之上。绿色屋面雨水收集系统是在屋面雨水排水系统的基础上增加了屋面绿化系统。绿色屋面的结构一般自上而下分为植被层、种植土壤（基质层）、过滤层、蓄排水盘、保湿毯、屋顶结构。绿色屋面也具有削减雨水的洪峰流量和净化雨水水质的潜能，可作为雨水处理环节的预处理单元。

（5）生物滞留设施

生物滞留设施类似于小型的土壤渗滤系统，是在地势较低的区域，通过植物、土壤和微生物的物理、化学及生物联合作用来收集处理雨水。处理过程主要是依靠土壤颗粒的过滤作用、表面吸附作用、离子交换、植物根系和土壤中生物对污染物的吸收分解。生物滞留设施分为简易型生物滞留设施和复杂型生物滞留设施，按应用位置不同又称作雨水花园、生物滞留带、高位花坛、生态树池等。生物滞留设施形式多样、适用区域广、易与景观结合，径流控制效果好，建设费用与维护费用较低。但在地下水位与岩石层较高、土壤渗透性能差、地形较陡的地区，应采取必要的换土、防渗、设置阶梯等措施避免次生灾害的发生，将增加建设费用。

2. 雨灰水联合处理回收技术

雨水和灰水混合处理系统的优点是雨水和灰水只需要一套管道和储水池。在独立的雨水和灰水处理系统中，雨水处理系统通常需要较大的集水池，但可以不进行处理或只需进行简单的处理。而灰水系统所需储水池相对较小，但是灰水通常必须经过处理才能回用。因此优化设计的雨水和灰水混合处理系统应根据两种水的不同特点进行折衷处理。

（1）雨灰水分流的处理回用工艺

在一些规划较好具有单独灰水收集管网的村落宜选用雨灰水分流的处理回用工艺（图4-26）。将住户家庭产生的灰水收集后，统一经过预处理后，进入生物处理单元，将大部分的SS、COD和氨氮等污染物去除后，再进入生态处理单元进行深度处理，可以减少生态处理单元的进水负荷并提高其运行寿命。降雨时，雨水则通过不同的收集渠道进入雨水管道或者排水明渠，过滤去除大颗粒杂质后直接进入生态处理单元。经过深度处理后的雨灰水进入储水池，通过中水供水系统进行回供，可作为住户的冲厕用水或其他用途。雨灰水分流的方式的适用于降雨量较多和汇水面积较大的乡镇。

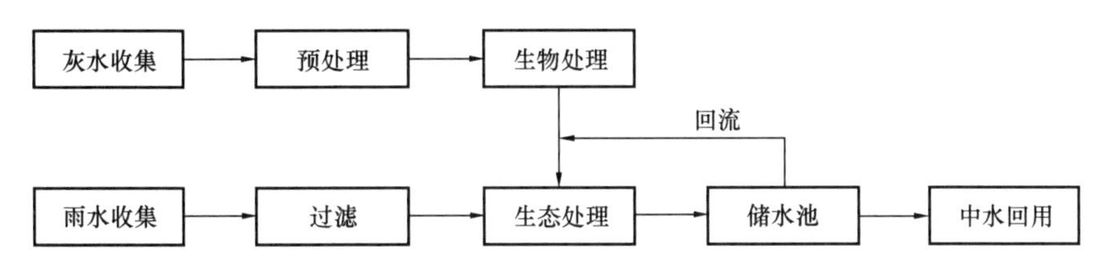

图4-26 雨灰水分流的处理回用工艺

（2）雨灰水合流的处理回用工艺

在一些管网不完善的乡村地区，可以采用雨灰水合流的处理回用工艺（图4-27）。雨水和灰水通过排水管网收集并进行处理。该种方式虽然能够截留部分初期雨水，进行净化，并且对雨水的处理效果较好，但降雨强度较大的时候容易产生溢流，会导致雨灰水混合物大量进入水体，对周围水体产生污染。雨灰水合流的处理回用工艺对降水量较少的西北地区和汇水面积较小的乡镇尤为适用。

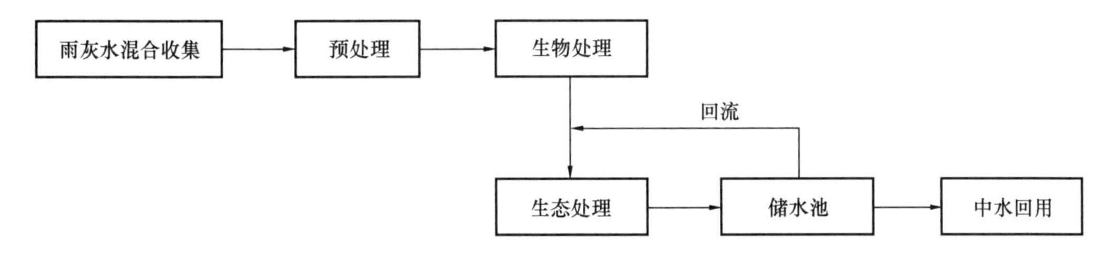

图4-27 雨灰水合流的处理回用工艺

4.3.3 分散型乡村灰水处理与回用技术

我国部分地区的乡村居住人口密度较少，且整体的居住较为分散，如果将分散住户产生的灰水全部收集，纳入污水处理系统，会耗费大量的财力和物力。因此，应根据部分乡村居住人口分散的特点，选用分散型的灰水处理技术。分散型乡村灰水处理技术具有资金成本投入较低、便于运行管理等优势，能够有效满足乡村的发展和水资源的循环。针对分散型乡村灰水的特点以及其处理的难点，在选择处理技术时，应遵循以下原则：

（1）因地制宜

乡村地区的经济条件较弱，应充分利用当地的地形地势、可利用的水塘及废弃洼地，优先采用节能降耗、管理方便的生态处理技术，在土地面积有限的情况下，可采用生物生态组合处理技术实现污染物的去除，降低灰水处理能耗和运行成本。此外，还应结合当地农业生产，加强灰水的资源化和中水的回收利用。

（2）抗冲击负荷能力强

乡村灰水水质水量变化很大。当夜间灰水排放量较小时，容易造成处理系统的资源浪费，白天灰水排放量大时，容易超出灰水处理系统的处理负荷，造成出水恶化，不利于中水回用。因此，应尽量选择抗冲击负荷能力强的灰水处理技术。

（3）管理维护简单

乡村居民的文化程度相对较低，对灰水处理技术了解较少。复杂的灰水处理系统出现问题后可能面临无人修理、维护的状况，进而使灰水处理系统退化、毁坏，失去净水功能。因此应选用运行管理简单，维护方便的灰水处理工艺。

（4）低耗高效

由于大部分乡村地区经济落后，灰水处理设施的建设费用主要来自政府的投资和支持，因此灰水的处理应尽量选用成本低和能耗较低的工艺。

（5）占地面积相对较小

乡村地区虽然土地面积较广，但是对有些地区来说，大部分是山地、丘陵，可供乡村居民生活、生产所用的土地很少，考虑到农村今后的发展，应节约土地。应考虑采用占地面积较小的灰水处理工艺。

（6）无二次污染

在城市污水处理中，在使水质得到净化的同时，有时也会带来空气污染、蚊虫增多、化学药剂污染等其他环境问题，因而在乡村灰水处理中，应尽量选择无二次污染或二次污染少的处理工艺。

总体来说，分散型乡村灰水的处理方式，应结合当地的地理条件、经济条件、环境条件和管理水平综合考虑，乡村灰水处理方式必须符合经济、高效和简便易行的原则。

4.3.3.1　节水型冲厕设备与厕所改造技术

1. 节水型冲厕设备

（1）无水免冲厕具

无水免冲厕具由可降解薄膜制成的包装袋、机械装置、座圈、外壳、储便桶组成。如厕者使用后，由薄膜包装袋将粪便包装，通过机械装置向下牵引并包装袋封闭，粪便随包装袋下移进入储便桶内，同时厕坑表面的包装袋更新，厕坑也由封闭装置再次封闭，避免异味排出，便后不用水冲洗。无水免冲厕具很好地做到了节约水资源、无臭味外泄，无交叉感染，自动化程度高，使用方便，适用于供水设施不便或冬季寒冷的乡村地区。

（2）无水箱坐马桶

无水箱坐马桶是一种不设水箱，采用自来水直接冲洗的新型节水型马桶。充分利用自来水的水压并应用流体力学原理，使冲洗的水量和冲洗的动能巧妙匹配，冲洗水量按大、小便量确定，大便一般在2～3L，小便一般在1～2L，节水效果可达50%以上，不仅杜绝了有水箱坐马桶因水质可能污染而产生的异味外，还能防止水倒流和防堵塞技术，防止或杜绝了因事故或人为停水时造成的负压使得污水倒流到自来水管网污染自来水质事件的发生，适用于供水和水压稳定的乡村地区。

（3）负压抽吸节水马桶

负压抽吸节水马桶的具体运行过程是在用户使用马桶后，使用气泵将集便器中的气体被抽至下水道，当压力传感器检测到压力变化，打开水箱冲洗马桶的壁面。此时，吸污阀门和排污阀门均处于关闭状态。继续使用气泵抽气，在马桶的集便器空腔中形成一定的负压，单片机根据压力传感器检测的压力信号控制吸污阀门，将其转为开启状态，便池与集便器之间的压差可以使粪便瞬间被吸入集便器。最后，打开排污阀门将粪便排入下水道后，吸污阀门关闭，放入水液封管道，完成整个排污过程。

（4）泡沫密封式免水冲厕具

泡沫密封式免水冲厕具是一种高效节水型环保厕具。它利用发泡混合液产生的泡沫封堵便器的排污口，从而阻止不良气味向厕间内扩散，同时泡沫有很强的润滑作用，使粪便可以很顺畅地滑落到处理池内，从而大量节约冲厕用水的使用量。该类厕所有如下特点：人均耗水量低于 0.3L，节约大量水资源；厕具功能单元相对独立，安装灵活；厕具采用独特防臭味反排装置，占用空间小。

（5）气喷式少水冲厕具

气喷式少水冲厕具采用空压机向储水罐内充气，提高储水罐内水的压力，从而提高冲厕水出水速度和冲击力，配合以特制的大坡度厕具，冲厕时用少量的水就可排清粪便，达到节约用水的目的。该类厕所人均耗水量低于 1.0L，可节约大量水资源，且符合人们传统习惯，方便卫生安全，加之厕具功能单元相对独立，安装灵活，可使化粪池或储粪箱容量大为减少，节省建设投资。

2. 节水型乡村厕所改造技术

（1）粪尿分集式生态卫生厕所

粪尿分集式生态卫生厕所又称干式厕所、堆肥厕所，是利用粪、尿不同的理化性质，对粪、尿进行单独处理和应用。粪便是导致人类肠道传染病的主要传染源，其中含有大量肠道致病菌、肠道病毒、肠道寄生虫等致病因子，每克粪便中的致病微生物的数量可达 10^{10} 个。粪便中的主要成分是未消化的有机物，在经过秸秆粉末、锯末、草木灰、炉渣等粉料覆盖消解腐熟方可利用。干、热有利于粪便的减量化和无害化。尿中含有的微生物在自然环境中大量存在，几乎不含有肠道致病微生物，在开放的条件下极易分解丢失肥效，需要在低温密闭的环境下保存。与传统旱厕相比，粪尿分集式生态卫生厕所不仅能够大量节约水资源，缓解用水紧张问题，防止污水排放带来的生态污染，保护生态环境。而且能将腐熟后粪便用于农田，增强土壤肥力，改善土壤的持水能力，减少了农作物对化肥的依赖，达到了有机肥料肥效的最大化，提高各种养分的利用率。同时能减少尿液中的氨与粪便中硫化氢等混合发酵产生的恶臭气体，减少了蚊蝇和生蛆带来的视觉污染，预防传染病的发生。粪尿分集式生态卫生旱厕尤其适合于供水不便、寒冷缺水以及难以下挖的山地地区的乡村厕所的改造。

1）结构

粪尿分集式生态卫生厕所由便箱、粪筐及取出装置、粉末喷洒系统、排气排尿装置等组成。

便箱主要包括便箱顶板和便箱侧板组成。箱体为生态便箱的承力结构，箱体顶部放置便箱顶板，顶板分为外框和蹲板，可以供蹲便器和坐便器自由切换，能够满足不同用户的需求。顶板上预留孔固定尿便分离器，尿便分离器上前后有两个便孔。粪便经过后面的便孔落入粪便存储筐内，便孔上设有便器盖，如厕完事后盖板可以防止臭气的外泄以及粪便的视觉污染，尿液从前面的便孔中经塑料管流入到贮尿桶，这样就能保证在不用水冲的情况下将粪尿单独收集。箱体周边固定有侧板，一个侧边设有台阶，台阶可直接用砖石砌起即可。另一个侧面贴近墙体预留粪筐出口，其余侧边固定有侧板，一个侧板的顶部留有排气孔和导尿管孔，另一侧板靠近另一墙体。

粪筐直接置于便箱尿便分离器下方导轨上方，粪筐上套上可降解方便袋回收粪便，同时保证粪筐内部的干燥，尿液、水等要绝对避免进入内部，粪便在内部脱水干燥，通过喷洒装置将覆盖料覆盖于粪便之上，覆盖料既能吸水使粪便容积变小，又能阻断硫化氢、硫醇等恶臭物质向空气扩散，经过堆肥后使粪便达到无害化处理。导轨上放粪筐并平铺在地面上，其末端设置转轴使之可折起，当往外拉动粪筐时，将轨道末端放平同时伸出墙外末端由悬拉绳悬吊，使轨道居于同一水平线。粪便收集门直接固定于墙上，回收粪便时直接打开将粪筐从室内拖出。

覆盖料喷洒装置由料斗、料管、喷洒器组成。料斗用于盛装覆盖料，覆盖料用草木灰、炉灰、锯末或黄土等，覆盖料喷出后覆盖于粪便之上以消除气味和堆肥。料管置于料斗之下连接料斗和喷气囊口。喷气囊口对准料斗底部将覆盖料喷洒至粪筐。覆盖料喷洒装置固定在厕墙上，可通过脚踏式喷气囊直接将覆盖料喷洒覆盖粪便。

排气排尿装置包括排气管、排尿管。排气管能将便箱内的臭气排出，保证堆肥期间的氧气供给并能排湿，排尿管通过连接落尿口将尿导至贮尿桶，通过避光密闭贮存，控制了蒸发量，不至于使尿的盐类析出，同时延缓了氨的释放及尿素分解，而且避免因尿液渗漏对地表水和地下水的污染。

2）粪尿分集式生态卫生厕所的设计规范

粪尿分集式生态卫生厕所的选址应根据当地的地形、气候以及用户的生活习惯来选址，可建于室外（院内）或室内。应尽量利用用户原有的房屋结构，若能接受阳光照射，则尽可能建成太阳能式厕所。粪便和尿不可混合收集，尿不能流进贮粪池，粪、尿单独处理和利用，是设计粪尿分集式生态卫生厕所的基本要求。可以根据不同乡村地区的特色在此基础上进行改动，以适应不同用户的需求。

覆盖料的选择应就地取材、因地制宜，可以选择一种或几种混合作为覆盖料。常用的覆盖料及其组合有草木灰、炉灰、锯末、黄土、生石灰/炉灰、生石灰/沙土、锯末/黄土等，可根据乡村地区当地的资源进行选择。不同覆盖料达到粪便无害化的时间不同，具体时间可参考表 4-27。

选用不同覆盖料时粪便达到无害化的时间　（单位：d）　**表 4-27**

指标	草木灰	炉灰	锯末	黄土
粪大肠杆菌（达国标）	33	214	250	250
蛔虫卵（达国标）	55	214	250	303
噬菌体（检不出）	75	303	250	250

粪尿分集式生态卫生厕所在不同地区实际应用时，由于气候环境的差异，不同地区粪便达到无害化的时间也不同，在设计时应考虑地区的差异。不同地区粪便的生物指标下降状况见表 4-28。

不同地区粪便的生物指标下降状况　**表 4-28**

地点	时间（d）	粪大肠杆菌数（下降 log 值）	蛔虫卵（死亡率）	噬菌体（下降 log 值）
粪大肠杆菌	150	7～8	95%～97%	—
蛔虫卵	195	6～8	96%～99%	5
噬菌体	322	8	97%～99%	7

粪尿分集式生态卫生厕所在安装时应保证便箱的密封性以及结构的稳定性，贮尿桶应避光保存，可存放在密闭阴凉的空间或设置在地面以下，来延缓尿液中氨的释放及尿素等物质的分解，保证肥效。在使用过程中注意粪尿的分离，避免尿液和水流入粪筐，若流入粪筐，应及时清理，不可使用冲洗方式进行清理，可用刷子沾粉料擦拭或用厕纸擦拭。厕所屋内要保持通风并安装便箱排气管，排气管的高度应在屋顶以上，顶部设置三通以防雨水落入粪筐。如厕后应及时喷洒覆盖料覆盖粪便，覆盖料用量以完全覆盖住粪便为宜，使用后将盖板封住，防止蚊蝇进入粪筐产卵和进入室内污染环境。厕纸应单独收集放入纸篓，满后集中焚烧或填埋。一般情况下，尿液低温密闭存放时间为 7～10d，可用水稀释后直接给回田用作肥料。当粪筐集满取出后应再堆放 3 个月进一步地将粪便堆肥和减量化，达到无害化后可直接给农作物施肥。清掏的粪筐更换可降解方便袋后，应先喷洒 5～10cm 厚的覆盖料（草木灰、炉灰、锯末或黄土等），使其底部保持干燥。

（2）太阳能微动力组合式中水回用系统

太阳能微动力组合式中水回用系统是将乡村家庭产生的灰水（包括淋浴污水、洗衣污水、厨房污水）一并处理并作为中水用做冲厕或其他用途。处理过程是以生化反应为基础，并由太阳能为整个系统提供能量，可有效促进乡村家庭灰水的回用，促进厕所系统的节水。该系统是由太阳能曝气系统、电路系统、污水管道系统和污水处理系统组成，适合于分散型的家庭灰水处理及回用。

1）工作原理

太阳能微动力组合式中水回用系统采用的主要工艺为 A/O（厌氧—好氧活性污泥法），产生的灰水统一收集后进入该系统，依次经过沉淀池、厌氧过滤池、好氧曝气池、沉淀池、消毒池处理（图 4-28），最后处理达标的水可以直接回用至厕所用于冲厕。

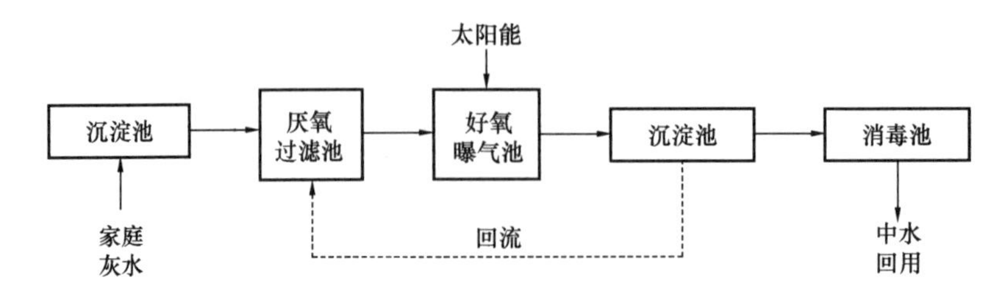

图 4-28　太阳能微动力组合式中水回用工艺流程图

灰水排放后首先进入系统的沉淀池，将一些不溶性的颗粒物沉淀去除，然后进入厌氧过滤池，灰水中的有机物被池中的厌氧菌或兼性厌氧菌吸附水解，将大分子的有机物水解为小分子有机物，不溶性的有机物转化为可溶性的有机物，并可以将厨房污水中的蛋白质、脂质的污染物进行氨化。进入好氧池曝气池后，好氧微生物将有机物进一步分解为二氧化碳和水，氨氮在硝化菌的作用下转化为硝酸根。通过在沉淀池回流后，在缺氧条件下，经过反硝化作用将硝酸根还原为分子态氮。处理完的污水经消毒池消毒后可以直接回用至厕所系统。

2）系统的设计规范

设备的构造要耐水、耐压，能够承受一定的土压、水压及其他载重。在管道的连接处和焊接点要做好防漏、防腐、防锈的工作。在设备顶部预留直径大于 450mm 可用于清掏和巡检用的孔口及盖板，系统的进水管道、出水管道应根据家庭产生的灰水量设计确定，管径应不小于 100mm。设备在安装前应进行清扫，清除内部的铁锈、泥沙、边角料和木块等杂物，对于不方便人工清扫的地方，可采用空气吹扫的方式。

系统对家庭灰水的处理流程中应具备沉淀分离、厌氧滤床、填料流动、固液分离、消毒的功能，要定期对出水的水质进行检测。太阳电池板的安装应根据不同地区确定安装方向。鼓风机在通常的设置及使用条件下，应能够长时间连续运转、不易发生故障、结构牢固，并且其构造不会因振动和噪声引发问题，噪声不应高于 45dB。当厨房污水动植物油含量＞50mg/L 时，进入处理设施前应设除油装置，不得直接进入一体化灰水处理设备。

3）太阳能微动力组合式中水回用系统的优势

太阳能微动力组合式中水回用系统结构紧凑，占地面积小，适应各种安装要求，适用于不同特征的乡村地区。安装形式可以是一户一套或多户一套，安装布置灵活，处理后的污水就近回用，而不需经排水管网收集进行集中处理，既没有污染环境，也不会增加排水管道。另外，不同的乡村地区由于用水习惯以及用水量的差异，每天的灰水排放量也不一样，该系统可以根据灰水排放量的不同来选择合适的灰水处理桶的容积，自由组合方便灵活。同时可以将设备采用地埋处理，可以起到很好的保温效果，解决北方寒冷的乡村地区的管路和设备冬季防冻问题，并且不占用地表面积，大幅度减少用地面积，缓解部分乡村用地紧张的矛盾。

太阳能微动力组合式中水回用系统采用生物处理方法，有较强的耐冲击负荷能力，处理效率高，出水水质比较稳定，且能满足乡村家庭灰水的处理要求，对环境无任何伤害。

同时经该设备处理过的灰水可以经过回流管进入厕所系统，有效实现中水回用，节约水资源。该系统所需的电能均来自太阳能，不需要外接电源，可以有效降低处理成本，符合节能环保的理念。

（3）自循环水冲式生态厕所

自循环水冲式生态厕所是以太阳能供电，通过生化处理方法处理污水和雨水，不需要外部水源，实现厕所系统内部水资源的自循环的生态厕所。彻底解决了因缺水、缺电以及寒冷乡村地区厕所冬天无法使用的问题。

1）自循环水冲式生态厕所工作原理

自循环水冲式生态厕所不需要利用任何外部能源，所需的全部能源（冲水、照明、污水处理）均来自太阳能光伏屋面板，太阳能光伏屋面板发出的电供空压机运作，并以气压能的方式存储于压力罐中，如厕后冲水将压能转换为水的动能，为大小便冲水及污水处理提供能量，大大减少了对蓄电池的依赖性，延长整个系统的运行使用寿命。厕所内产生的污水经污水处理装置中微生物强化处理达标后，与存储在雨水收集池内的雨水集中混合在储水桶内，再次作为冲厕水被加以利用，从而实现了整个水系统的自循环，基本不需要注入外部水资源，不仅大大节约了水资源，而且不会对环境造成任何污染。

2）自循环水冲式生态厕所结构

自循环水冲式生态厕所由太阳能储压曝气污水处理系统、深坑式组合便器系统、气压式防冻自动冲水系统、雨水收集利用系统等部分组成。

太阳能储压曝气污水处理系统是由太阳能光伏屋面板、蓄电池、储气罐及污水处理设备组成，低流量高压气泵通过单向阀用管道与储压气罐相连，太阳能光伏屋面板将电能储存在蓄电池内，通过蓄电池为气泵供电，将气存储在储气罐内，储气罐通过减压阀为污水处理设备微生物提供氧气，并通过单向阀用管道与低流量高压气泵连接。

深坑式组合便器系统由直落式便器、集便槽、冲厕水进水扁口及污水排出口组成。集便槽深度不能低于当地最大冻土深度，粪便直接落入集便槽内，通过设有斜坡式的冲厕进水扁口冲水头将粪便冲入污水处理设备内。为保证集便槽槽底形成一定高度的存水，污水排出口底面略高出集便槽槽底。

气压式防冻自动冲水系统由储水桶、气压冲水器及冲水软管组成。储水桶内的水依靠重力作用流入气压冲水器，通过气压冲水器加压经冲水软管将水充至集便槽内。储水桶深埋于最大冻土层以下，气压冲水器可经管道与储水桶连接，也可直接放置于储水桶底部。

雨水收集利用系统由雨水收集池、防水层及出水管道等部分组成。在厕屋旁挖雨水收集池，并在池底及侧壁铺一层土工膜防水层，池底设出水管道连接储水桶，池中竖放几根高出自然地面的PVC塑料管，顶部盖多孔盖板并用黏土层或透水砖覆盖，坑底设水平管汇水管连接各集水井，并与储水桶相连。

4.3.3.2 灰水处理回用技术及设备

分散型乡村灰水处理回收是对集约化灰水处理的补充，其分布位置广，处理规模小，使用场地小，可以适应水质水量的变化，因此应用在住户分布较分散、灰水难以集中化收集处理的乡村地区具有可行性。

1. 灰水处理回用技术

（1）物理过滤技术

物理过滤技术处理灰水指通过滤料截留的方式将灰水中的颗粒物或絮状物等其他污染物质从灰水中分离出来的方法。该种方法属于最原始也是最简单的灰水处理方式。但仅采取粗过滤的方法往往无法满足出水水质的要求。若乡村家庭出水仅用作冲厕或灌溉，可采用较简单的过滤加消毒两段式处理工艺。该工艺的特点是设备较小，成本低，并且维护简单，适合于乡村地区家庭的使用。两段式灰水处理工艺的流程为：家庭排放的灰水首先进入前端贮水池，经过沉降后去除灰水中的大颗粒杂质和菜叶、塑料等漂浮物；从贮水池流出后的灰水进入砂滤池，砂滤池一般由石英砂填料和滤布构成，灰水在经过砂滤池时大部分的杂质被截留，并可去除部分 COD；从砂滤池流出的水再进入后端贮水池，出水经过加氯或紫外线消毒后回用。两段式灰水处理工艺在欧美的许多家庭中应用较多，节水效果显著，但该工艺的缺点是出水的 SS 和 COD 浓度较高，并且消毒效果较差，大肠杆菌容易超标。

目前研究较多的物理法处理灰水的形式是膜分离技术。膜分离技术是利用膜的不同粒径将灰水中的污染物和水分离的技术，可以有效实现家庭灰水的处理和回用。膜分离技术常用的有微滤技术、纳滤技术、超滤技术以及渗透技术，不同技术的适用范围也不一样，微滤技术一般用于操作过程中压力小于 0.2MPa 的污水处理，适用于乡村家庭的灰水处理，可以对灰水中的小颗粒物质进行过滤，并且占用的面积较小。对于出水水质要求高的家庭，也可以通过调整透过性膜孔径的大小有效地去除虫包囊和阴胞子虫卵囊，可以起到杀菌、消毒的作用。膜分离技术操作简便、易于量化，可以达到较好的出水效果，并且能够在一定程度上去除灰水中的致病菌，出水通常可达到乡村家庭的杂用水水质标准，但也存在一定缺陷，膜的孔径较小，容易堵塞，维护成本较高，间接增加回用水的成本。

（2）电化学处理技术

在灰水的电化学处理技术中应用较多的是电絮凝技术。电絮凝是通过外电压作用使铝、铁等金属阳极被氧化生成金属阳离子，在经过一系列的水解、聚合过程后，生成各种羟基络合物、多核羟基络合物和氢氧化物，最终形成高分子絮凝剂，形成过程类似于化学混凝法。带电的污染物颗粒在电场中泳动，其部分电荷被电极中和而促使其脱稳聚沉，可以使溶液中的污染物和胶体颗粒被有效吸附去除。此外，水的解离和部分有机杂质被电解氧化可在反应中产生由氧气和氢气形成的气泡，电解中产生的凝聚胶团和悬浮物被这些气泡带到水面，起到分离污染物的效果。当阳极板附近溶解的金属离子与阴极附近氢离子被还原会产生的氢氧根离子接触反应时，生成的物质可吸附水中的污染物质。

电絮凝技术处理家庭灰水时主要包括絮凝作用、气浮作用和氧化还原作用。絮凝作用是指反应过程中阳极金属氧化后生成的阳离子凝聚生成大量吸附性强、活性高的多核水解产物，它又能产生很强的絮凝作用，此类产物与灰水中的可溶性有机物、病毒、病菌、悬浮物、胶体等结合成可由沉淀或气浮去除的体积更大的絮状体。气浮作用是指反应过程中在液体内部会生成较小的气泡，灰水中的污染物会和气泡附着在一起，在气体上浮到水面上时，污染物得以去除，因此，电絮凝过程中产生的小气泡有较强的气浮能力，可有效地除去水中污染物。氧化—还原作用是指在高电流和高电压情况下，会把灰水中的有机物氧化成小分子有机物，或者直接氧化为成 CO_2 和 H_2O，阴极也会因发生电子交换而产生还原能力强的新生态氢，把水中污染物还原从而降解污染物。

电化学处理法不仅可以直接降解灰水中的污染物，同时还具有消毒等协同作用。灰水电化学技术出水效果良好，与传统的化学处理方法相比具有系统可控、更加智能化等优势，适用范围广，可应用于不同地区的乡村家庭的灰水处理，与其他技术联用更可以进一步提升出水的水质。

(3) 生物接触氧化技术

生物接触氧化技术是一种介于活性污泥法与生物滤池之间的生物膜法工艺，其特点是在池内设置填料，池底曝气对灰水进行充氧，并使池体内灰水处于流动状态，以保证灰水与其中的填料充分接触，避免生物接触氧化池中存在灰水与填料接触不均的缺陷。其净化乡村灰水的基本原理与一般生物膜法相同，通过生物膜吸附灰水中的有机物，在有氧的条件下，灰水中的有机物被微生物氧化分解，使灰水得到净化。该工艺因具有高效节能、占地面积小、耐冲击负荷、运行管理方便等特点而被广泛应用于分散型乡村灰水处理系统。在作为单户或多户灰水处理设施时，为减少曝气耗电、降低运行成本，宜利用地形高差，通过跌水充氧完全或部分取代动力曝气充氧。

生物接触氧化池前应设置沉淀池等预处理设施，以防止堵塞。沉淀单元可以是单独的沉淀池或一体化设备中的沉淀单元。此外，需要合理布置生物接触氧化池的曝气系统，实现均匀曝气。单户或多户小型接触氧化池的曝气装置较为简单，可采取市售养鱼用的曝气泵和曝气头进行充氧即可。

对于可利用土地的散户或对灰水处理要求较高的乡村地区，可采用生物接触氧化技术处理灰水。在丘陵或山地，宜利用地形高差，采用跌水曝气，节省部分运行能耗。其工艺流程如图 4-29 所示。不同处理规模接触氧化池设计参数可参考表 4-29。

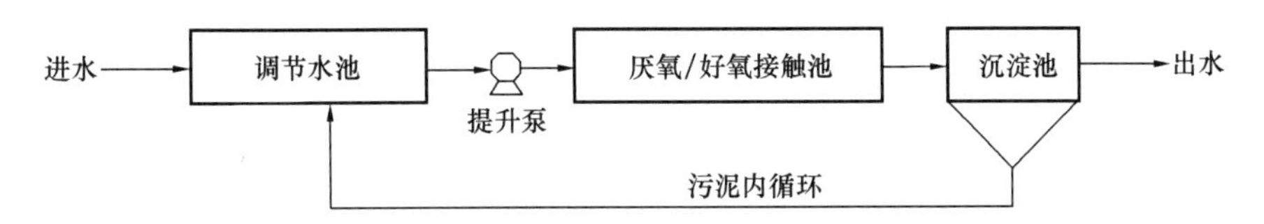

图 4-29 生物接触氧化技术处理乡村灰水工艺流程

不同处理规模接触氧化池设计参数表 **表 4-29**

规模	池体尺寸	适宜填料	施工材料	备注
单户	底面积 0.3～0.5m²，池高 1.0～1.5m，填料层高度 0.6～1.0m	软性、半软性	热塑性复合材料、PVC 塑料材料、玻璃钢	均匀曝气
多户	底面积 2.0～4.0m²，池高 1.2～1.8m，填料层高度 0.8～1.3m	半软性、软性	热塑性复合材料、PVC 塑料材料、玻璃钢	均匀曝气

填料是决定生物接触氧化池处理效果的关键，应采用适于长期浸入污水环境的弹性填料、软性填料及其组合，填充率大于 55%。填料应分层装填，一般不超过 3 m，在好氧生物接触氧化池中应与底部保持合适的距离。填料安装需搭建支架，支架材料要能抗腐蚀，支架应根据待安装的填料的体积和重量进行结构设计，保证其结构可靠性和稳定的承载能力；填料的安装有一定的要求，需疏密适中，单户或多户污水处理时，其具体安装参数可咨询环保工程师或填料供货方。

(4) 湿地生态系统

人工湿地与传统污水处理工艺相比具有投资少、运行成本低等明显优势，在分散型的乡村地区，人工湿地同传统污水处理厂相比，一般投资可节省 1/3～1/2。在处理过程中，人工湿地基本上采用重力自流的方式，处理过程中基本无能耗，运行费用低。利用人工湿地处理家庭灰水可以充分利用农户住房周边的地形特点，因地制宜、实施简单，可造在住宅旁的空地上，也可利用水塘改造；规模可大可小，可以二三十户家庭共用一块，也可以一户人家造一块；投资少，维护方便，且占地面积小，配合种植水生植物，还可达到美化景观的效果。另外，在人工湿地上可选种一些具备净化效果和一定经济价值较高的水生植物，在灰水处理的同时产生经济效益。

(5) 其他处理技术

除了上述几种适合用分散型的乡村灰水处理技术外，生物转盘、高级氧化、混凝絮凝等灰水的处理技术同样适用于乡村灰水的处理。生活墙系统最近开发的一种低能耗、低维护的灰水处理技术，主要通过在建筑物一侧设置砂滤池并种植观赏性植物（包括藤蔓植物）以处理家庭灰水，并同时起到调节微气候的作用。试验研究表明，植物选择是污染物去除的关键，美人蕉、忍冬、观赏葡萄等大部分植物对总氮的去除率均能够达到 80%以上，但是对总磷的去除率波动较大，介于 13%～99%，该系统对 TSS 和 BOD 的去除率均可达到 80%和 90%以上。此外，通过不同类型的灰水处理工艺进行组合，其出水效果也要优于单独处理，对灰水中的致病菌的去除效果尤佳，出水也可进行回用。

2. 一体化灰水处理设备

针对一体化灰水处理，实际上就是属于不同技术单元的科学集成，这样就可以达到整体的运行要求，并且也可以实现装置的现场安装。实施一体化的灰水处理，由于其本身带有集成化程度高、结构紧凑、占地面积小、处理效果良好、使用寿命长、安全可靠等诸多优点，从而在分散型乡村灰水中具有明显的优势。

(1) 净化槽

净化槽是源于日本的一种小型生活污水处理装置，起初就是为分散型生活污水或者类似生活污水的处理而设计的。净化槽技术是对一系列单元处理工艺所构成的技术组合的笼统称呼。通过合理的空间设计，集传统污水处理工艺的各部分功能于一体。净化槽主要采用的工艺有接触氧化、厌氧过滤、活性污泥、膜处理和消毒工艺也有一些工艺采用了在生化反应单元内投加有效微生物菌液，用强化系统内微生物的作用的方式来增强处理效果。

净化槽之中主要结构为沉淀分离池、生物处理池和消毒池。在处理过程中，灰水从净化槽的一端进入，在沉淀分离池去除大颗粒物质和灰水中的悬浮物，减轻后续生物处理单元的压力。经过预处理的灰水可先进入厌氧分离室进行厌氧生物处理或者直接进入好氧生化处理室进行好氧处理，可根据需要选择。在厌氧处理池有各种类型的塑料填料供厌氧生物生长成膜，将灰水中的有机物水解酸化，提高污水的可生化性，便于在进入好氧生化处理室后能更好更高效地进行处理。好氧处理池目前是以生物接触氧化为主的工艺，其依靠附着在填料上的生物膜中的微生物对污水进行氧化分解。在净化槽之中，还设置有对应的沉淀槽，在实施处理之后，就可以满足污水的沉淀处理要求，并且在其对应的末端，也可以通过固体氯料消毒盒的设置，使得其出水经过消毒盒，实现与固体氯料之间的相互接触，这样就可以对灰水进行消毒处理。另外，在净化槽之中的灰水处理，其规模为1～30m^3/d，拥有良好的出水质量，并且也能够达到对家庭冲厕的要求。

（2）移动床生物膜反应器

移动床生物膜反应器是一类新型的生物膜反应器，是在固定床反应器、流化床反应器和生物滤池的基础上发展起来的一种改进的新型复合生物膜反应器。它克服了固定床反应器需要定期反冲洗，流化床反应器需要使载体流化，淹没式生物滤池需清洗滤料和更换曝气器的复杂操作等一系列不足，又保留了传统生物膜法抗冲击负荷、污泥产量少、泥龄长的特点。与活性污泥法相比，由于泥龄较长，可保持较多的硝化细菌，具有更好的脱氮效果。其中，一体化或地埋式移动床生物膜反应器装置在我国分散型的乡村地区拥有很好的推广应用前景。

在移动床生物膜反应器中，生物膜生长在较小的载体单元上，载体在反应器中随水流自由移动来实现。在好氧反应器中，通过曝气推动载体移动；在缺氧/厌氧反应器中，通过机械搅拌使载体移动。为防止反应器中填料的流失，可在反应器出口处设一个多孔滤筛。一般为长方体或圆柱体。长方体反应器沿池长方向用隔板均匀分为几格或不分格。从总体上看，水流在反应器中呈推流态，而在每格中，由于曝气流化，水流呈完全混合态。池内填充相对密度接近于水、比表面积大的聚乙烯或聚丙烯悬浮填料。穿孔曝气管在一侧曝气，使填料在池内循环流动。圆柱体反应器底部设有微孔曝气头。另外，有的反应器不仅在池底安装了曝气装置，还安装了搅拌装置。这些搅拌装置可以使反应器方便灵活地应用于缺氧状态下。使用移动床生物膜反应器处理灰水，拥有良好的出水水质，能够满足水环境质量较高的家庭灰水的处理和回用。

（3）膜生物反应器

膜生物反应器因其兼具良好的污染物去除和泥水分离效果，在对家庭灰水的处理与回用研究中也得到了广泛应用。膜生物反应器一般由生物反应器、泵和膜组件三部分构成。膜组件在这里的作用是取代常规污水处理工艺中的二沉池、沉降过滤单元，使水力停留时间和污泥龄不再关联，可保证出水的稳定和水质的优良。膜生物反应器对灰水中的各种污染物均有较好的去除效果，而且该方法处理成本低，技术较为成熟。由于膜分离效率高，分离效果比传统的沉淀池更好，出水清澈，浊度和悬浮物接近于零，细菌和病毒基本被清除，可以直接作为非饮用中水回用。同时，膜也使微生物完全被截留在生物反应器，系统能够维持住较高的微生物浓度，不仅可以提高污染物的去除效率，保证出水质量，还使得反应器的进水负荷（数量和质量）中各种变化具有很好的适应性，耐冲击负荷强，可以获得稳定的出水水质。

第5章　水冲式厕所排泄物处理与资源化技术

人体新陈代谢每天都会产生大量的排泄物，这些排泄物中有机质和营养元素含量较高。在城市，这些排泄物主要通过市政管网系统进入污水处理厂，极大地增加了污水处理厂的处理负荷，导致运输成本升高，也造成了一定的资源浪费。相比之下，在我国一些偏远的农村地区，由于缺乏良好的管理制度和完善的处理工艺，排泄物产生之后得不到及时的妥善处理，而被直接堆存在露天场所，不仅破坏环境，而且排泄物中存在的病原微生物还会带来一系列潜在的卫生安全问题。从物质循环和能量流动的角度来说，这些排泄物中所含有的营养物质未能得到很好的利用，阻断了营养物质回归土地或资源化利用的生态之路。

根据如厕完毕是否需要用水冲洗，厕所系统可分为水冲式厕所和无水冲式厕所。其中，水冲式厕所对排泄物具有良好的冲洗能力，可避免粪便与尿液在便器内的堆积问题和造成视觉上不悦的问题，也可通过虹吸式结构阻止臭气返流，避免传统旱厕存在的恶臭、蚊蝇滋生等问题，卫生性相对较好。在水冲式厕所系统中，水的冲洗作用会使排泄物以更易运输的流态进入排水管网系统，使排泄物的收集和运输更便捷。

近年来，一些新型厕出现，但这些厕所系统大多是概念化的产物，往往价格高、发展不成熟，用户不易接受度，因而无法大规模推广应用。相比之下，随着城市和广大农村地区管网系统的不断建设与完善，水冲式厕所已发展十分成熟，在未来很长一段时间内仍将是厕所的主流形式。针对水冲式厕所系统，本章主要介绍了其结构与分类，并针对不同的厕所系统类型中的污水处理技术进行了总结与分析。

5.1　粪尿合集水冲式厕所黑水处理技术

厕所污水是生活污水的重要组成部分。如图5-1所示，厕所污水以占生活污水不足3%的总量，贡献了超过80%的磷和90%的氮。传统水冲式厕所用约98%的水稀释2%的排泄物，使得普通厕所污水中氮、磷和有机物浓度大大降低，但也使排泄物资源回收利用的难度和运输处理所需的能量投入随之增加。同时，未经处理的厕所污水中有大量的微生物（粪便细菌、病原菌、病毒），氨和有机污染物，悬浮固体多、臭味大、病原微生物含量高等特点，直接排放将导致受纳土壤和水源受到污染，是危害公共健康安全的潜在隐患之一。

在水冲式厕所系统中，根据污水的不同来源和性质，可以将其分为黑水、黄水和褐水三类。这三类污水的组成成分和水质特征不同，因此其处理方法以及资源化潜力和方向也不同。其中，产生于粪尿合集式厕所系统的黑水是最常见的厕所污水，包括尿液、粪便、冲洗水等，有时也包含厕纸等杂质。

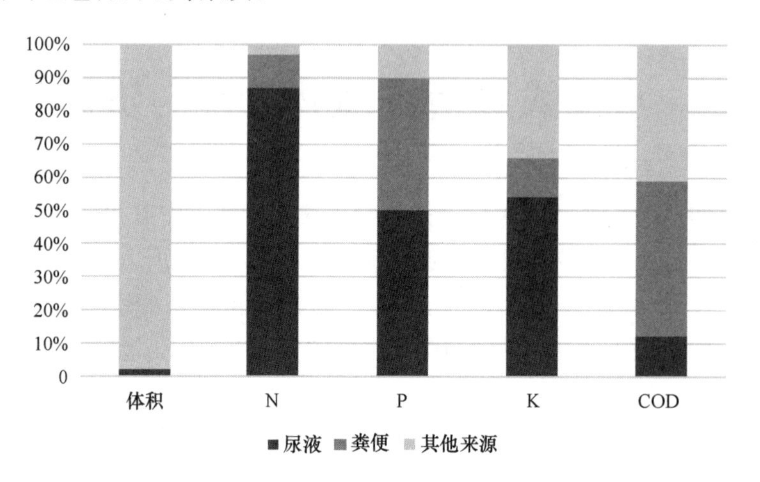

图 5-1　生活污水各项指标来源占比

5.1.1　黑水的水质特征

黑水指由水冲式厕所排出的含粪便、尿液、冲洗水、厕纸等的混合物，是生活污水的重要组成部分。黑水的主要特点是有机物、N、P 浓度高，此外还有较高的病原微生物浓度。与工业废水相比，黑水在水质和水量上较为稳定。黑水的水量和污染物浓度主要取决于所用水冲式厕所的类型，例如冲水量的大小。冲水量的不同直接影响黑水中有机污染物和营养元素的浓度，进而导致其处理难度和资源化潜力各不相同。具体而言，传统水冲式卫生厕所每次冲水需消耗 6～9L 水，是节水型便器的 2～3 倍。冲水量的减少会带来黑水总量的降低，但较高的污染物浓度会给黑水的后续处理带来挑战。在不同的国家和地区，受当地居民生活水平、饮食习惯、如厕风俗等的影响，黑水的组成和水质特征也会呈现出一定的差异。研究表明，人体排出的营养物质的数量取决于饮食的摄入量，而饮食的消化率决定了营养物质在尿（已消化）和粪便（未消化）之间的分配。食物中蛋白质、糖类等各类营养物质的比例也对排泄物中的元素比例有明显影响。表 5-1 展示了文献中报道的不同国家黑水的水质特征。该表中也列出了不同国家的人类发展指数（Human Development Index，HDI）值，用以衡量该国的社会经济发展水平。就元素组成而言，黑水中干固体所含的主要元素为碳、氮、磷和钾。其中，碳主要表征了黑水中有机污染物的含量，而氮、磷和钾则代表了黑水中的植物性营养物质。黑水贡献了生活污水中 60%～70%的 COD、80%～90%的氨和 50%～57%的磷。通常黑水中大部分的碳来源于粪便，而尿液贡献了黑水中绝大多数的氮。

与其他类型的生活污水不同，黑水中粪便和尿液作为人体主要的代谢产物，除具有较高含量的营养物质外，往往还含有较多的病原微生物，给人体健康带来巨大威胁，也会引起潜在的水传播疾病。已有不少传染病被证实具有经粪口传播的能力，因此病原微生物的防控与去除也是黑水处理与回用过程中需要着重关注的一个方面。一般来讲，黑水中的病原菌主要来自于粪便，健康成人的尿液中基本不含病原菌。黑水中的病原微生物主要可分为四类，即细菌，病毒，蠕虫卵和原虫。除了这些原始存在于黑水中的微生物外，一些昆虫也可借助黑水繁殖，成为疾病的传播媒介。在黑水的处理中，最常监测和关注的微生物指标包括粪大肠菌群和粪便链球菌。在可能随粪便排出的病毒中，最常见的是肠病毒、轮状病毒和人类杯状病毒群（如诺如病毒等）。这些病原体主要导致的健康危害有肠道疾病，如腹泻、腹痛等，有时也会引起发热。在原虫中，溶组织内阿米巴和肠贾第鞭毛虫可分别导致阿米巴病和贾第鞭毛虫病，这些疾病感染率的高低同各地环境卫生和居民营养状况等因素的关系极大，因此对一些公共卫生条件相对较差的国家构成了较大威胁。

不同国家黑水的水质特征 **表 5-1**

水质指标	单位	澳大利亚	加拿大（普通）	加拿大（真空）	中国	埃及	德国	印度	荷兰	瑞典	土耳其	美国
HDI*		1	1	1	2	2	1	3	1	1	1	1
pH			8.4	8.6	7.3～8.6	7.4～8.3		7.2～8.1	8.6±0.5	8.9～9.1	8.0±0.3	8.9～9.0
浊度	NTU							100～600				248～461
SS	mg/L				46～161	363±131		374～1030				180～667
NH_3-N	mg/L		96.4	1040	18～130	150±16	1100±140	80～300	850±150			
TN	mg/L	275	190	1700	49～191	214±14	1500±250	100～350	1200±180	130～180		
TP	mg/L	40	38	330	67～95		202		150±64	21～58	25±9	
COD total	g/L	1.44	2.58	29.52	0.26～1.57	1.16±0.39	8.7±4.0	0.28～2.82	7.7±2.5	0.81～3.14	1.2±0.56	0.86～1.82
COD ss	g/L		1.54	19.32					4.9±2.0			

续表

水质指标	单位	澳大利亚	加拿大（普通）	加拿大（真空）	中国	埃及	德国	印度	荷兰	瑞典	土耳其	美国
COD sol	g/L	0.40	0.89	8.88			2.4±0.65		2.3±0.81		0.41±0.12	
COD col	g/L		0.15	1.32					0.5±0.22			
BOD	mg/L					558±107				410～1400	338±55	
TOC	mg/L						2500±950					
TS	mg/L	1441	2390	17140		1764±288				920～4320	625±437（TSS）	2001～2634
VS	mg/L	896	1847	14200			4500±2680（VSS）			420～3660	529±377（VSS）	

* HDI：Human Development Index Classifications，人类发展指数（联合国开发计划署，2019）：1. 非常高；2. 高；3. 中等。

由于黑水中含有丰富的营养物质，对黑水进行适当处理并使其达到特定标准后应用于农业生产是目前的一种常见做法，尤其是在传统农业为主的发展中国家。然而，国内外现有灌溉用水的相关标准均未对新兴污染物提出限制。以我国为例，《农田灌溉水质标准》GB 5084—2021 对灌溉用水的悬浮物、化学需氧量、含盐量等常规水质指标，以及铅、汞、铜、锌等重金属指标和苯、甲苯等有机物指标进行了明确规定。但由于各地农业生产方式和社会发展水平的不同，以及新兴污染物种类的多样性，该标准无法对这类污染物提出明确要求。微污染物是黑水回用过程所涉及的一个重要但却易被忽视的问题，特别是持久性有机污染物（Persistent Organic Pollutant，POPs）和药品和个人护理产品（Pharmaceuticals and Personal Care Products，PPCPs）等。这些微污染物往往具有难降解、浓度低等特点，常规的黑水处理工艺对其处理能力往往十分有限。因此，它们仍然存在于处理后废水或生物肥料中。随着黑水处理后施用于土壤或排入水体，这些微污染物仍可以极低的浓度存在于土壤或水体中，但却可以持续存在很长时间，并可通过水或食物的摄入再次进入人体。同时，这些化合物的残留物与土壤结合十分紧密，这使得它们的生物降解性进一步降低。虽然目前对微污染物没有一定的排放要求或标准，但由于其分布的广泛性和影响的持续性，微污染物的去除也是十分迫切的，特别是对于以农业使用或地下水补给为目的的黑水处理与回用技术而言。许多文献已经证明，有机微污染物在生物体组织中积累对人体健康有负面影响，引发包括男性雌化、肾衰竭等在内的一系列疾病。此外，环境中一些 PPCPs 的排放可能会加速耐药菌株的产生或增殖。

除这些微污染物外，重金属也是黑水中值得注意的污染物，如镍（Ni）、砷（As）、汞（Hg）、铅（Pb）、锌（Zn）、铜（Cu）等。研究表明，冲洗水是黑水中Pb、Cu和Zn的主要贡献者，这可能与所使用的给排水管道材料有关。粪便是Cd、Ni、Hg的主要来源，而尿液和冲洗水是As的主要来源。统计分析显示，粪便是黑水中除了As外重金属的主要来源。除了Hg以外，黑水中的重金属主要来源于日常饮食，如面包、谷物、蔬果和饮料等。

由于黑水中多物质混合的特性，目前黑水的处理工艺虽然十分普遍，但单独黑水的高效处理仍存在一定难度。在城市处理系统中黑水主要还是通过排水管网排至污水处理厂统一处理；在农村地区，黑水经常不经处理直接排放，或者只经过简单的化粪池存储与处理后排入水体。经过化粪池后的黑水虽仍达不到较高的水质标准，但相比直接排放对环境的影响更小。由于其混合粪便的特点，黑水中浊度和悬浮固体很高，为提高其处理效率，往往需对其进行混凝、过滤等预处理，以降低黑水中的悬浮固体含量，减轻后续处理负荷。

5.1.2 黑水处理与资源化技术

根据收集、运输、处理方式的不同，黑水的处理模式可以分为粪污收集、与城市污水一并处理的高成本的欧美模式，黑水和其他城市污水合并处理、现场分散式的粪便单独处理的中成本日本模式和具有卫生性和多样性等特点的低成本发展中国家模式。

由于下水道管网普及率低，污水处理技术不成熟，广大发展中国家采取同早期日本类似的做法，将粪便用作农家肥和土壤改良剂。随着健康和环保意识的增强，以及化肥的大量使用，粪便的土地利用率不断降低。为解决大量未利用粪污导致的环境问题，开始涌现出改良化粪池厕所、真空收集便器、沼气发酵池等粪便收集和处理系统。目前，我国城市形成了以末端收集处理为特征的“水冲厕所—污水管网—污水处理厂”的排水模式，基本实现了黑水的大规模收集。然而，据统计，2015年我国收集的城市粪渣总量为1428万t，其中处理676万t，处理率仅为47.3%，在广大的农村地区，由于排水管网建设尚不健全，该比例甚至更低。

与生活污水类似，厕所黑水的处理方法主要分为物理法、化学法和生物法，主要包括混凝沉淀、厌氧生物处理、好氧生物处理、厌氧—好氧联合处理等技术。此外，膜分离、电化学、高级氧化等处理技术近年来也屡有报道。由于黑水中COD、N和P的浓度都很高，直接将其排入自然水体或污水处理厂将不可避免地带来营养元素的流失和处理负荷的增加。因此，为降低后续处理负荷，往往需要对黑水进行预处理。

5.1.2.1 黑水的预处理技术

由于黑水中同时含有固体（粪便、厕纸）和液体（尿液、冲厕水），因此过滤是一种常用的黑水预处理手段。过滤不仅可以去除较多固体，降低后续处理负荷，还可以减少病原微生物在黑水固体上的附着。过去，常见的黑水滤料有木屑、泥煤、沙砾、无纺布等。2014年，Todt等人报道了一种由泥煤和木屑制成的混合滤料，通过错流过滤可去除初沉黑水中60%～75%的TSS。近些年来，随着膜技术的不断发展，膜过滤也越来越多地应用于黑水的预处理中。

化粪池是重要的黑水预处理设备之一。化粪池也因其构造简单、维护便捷，成为许多对水质要求不高的地区黑水处理的普遍选择。目前，我国已有相当部分的厕所黑水经过化粪池处理后直接排入自然水系。与强化生物处理相比，化粪池出水虽然无法达到国家污水综合排放二级标准，但可作为黑水的预处理设施。化粪池经过沉淀分离与厌氧发酵，对黑水中SS的去除率为60%～70%，对黑水中的病原微生物、N、P等也有一定的去除效果，且可得到粪渣用于还田。

需要注意的是，虽然化粪池已被证明是一种适合于农村黑水的预处理设施，但其对环境的潜在污染仍需重视。Samia等人为了评估化粪池污水（Septic Tank Effluent，STE）对地表水的污染程度，研究了几种示踪剂来识别低稀释和高稀释水平的河流系统中STE污染潜力。Withers等人指出化粪池系统是营养元素排放的潜在来源，通过对一个典型英国村庄化粪池排水的小溪中养分浓度进行为期一年的监测，发现乡村住宅下游的养分浓度平均值比上游地区高4～10倍，氨氮和可溶性磷的年流量加权浓度分别从上游的0.04mg/L和0.07mg/L上升到下游的0.55mg/L和0.21mg/L。

化粪池对地下水的影响同样受到了广泛关注。有研究利用同位素追踪分析化粪池对地下水的污染，分别在2005年3月、7月和2006年7月，从广州市丰村的水井和池塘中采集了水样。结果表明，地下水中的NO_3^-浓度主要受到人类活动的影响，且NO_3^-污染源为点源污染，浓度由东北向西南递减。2005年3月，NO_3^-浓度小于10mg/L。而2006年7月，该浓度增加到120mg/L，化粪池的渗漏迅速污染了地下水。Gondwe等人研究了坦桑尼亚达累斯萨拉姆市广泛使用化粪池渗水坑系统对浅层非承压含水层的影响。通过对浅层含水层的调查，化粪池—渗水坑系统未能充分处理生活污水，严重污染了地下水。

由于传统砖砌化粪池易出现渗漏问题，同时对粪便的处理效果较差，研究者对化粪池的结构形式展开了一系列改良化研究，产生了上流式化粪池、折流式化粪池、生态耦合化粪池、生物强化化粪池等多种形式，提高了化粪池出水水质，获得了良好的经济与社会效益。化粪池的材质也由原来单一的砖砌发展为目前的高密度聚乙烯、玻璃钢等，化粪池的强度逐渐增大。

1. 上流式化粪池

1993年，Lettinga等人在上流式厌氧污泥床（Upflow Anaerobic Sludge Blanket，UASB）原理的基础上，对常规化粪池进行改进，即在常规化粪池的顶部设置气/液/固三相分离器，并采用上升流式进料，提高悬浮固体的去除率和溶解性组分的生物转化率。该学者在热带地区使用上流式化粪池（UASB化粪池）处理生活污水，BOD的去除率可达75%～95%，剩余污泥产量低且脱水特性良好，反应器排泥周期较长，说明了UASB系统可应用于场地污水处理。此后Zeeman等人、Kujawa等人、Mohammad等人和Wafa等人研究了UASB化粪池在常温和低温下对灰水和黑水的处理效果。结果表明，该化粪系统对黑水具有良好的处理能力，但在不同水力负荷和反应器容积的实验表明，单独使用UASB化粪池可能无法满足农村地区的污水排放要求，需后期处理以去除残留的营养物质。

为了改善上流式化粪池的处理效果，Nidal 等人对比了 UASB 化粪池和添加填料的厌氧混合化粪池的处理污水性能，在温度较低和较高的条件下，UASB 化粪池和厌氧混合化粪池对 COD 的去除率分别为 50%±15%和 48%±15%，66%±8%和 55%±8%，说明在长期运行条件下，UASB 化粪池的处理性能优于厌氧混合化粪池，填料的添加并未带来处理性能上的较大提升。Tsagarakis 等人使用两段厌氧混合化粪池处理来自厕所浓缩黑水，当水力停留时间为 5d 时，该化粪池对 COD 的平均去除率高达 94%，在化粪池中加入网状聚氨酯泡沫（Reticulated Polyurethane Foam，RPF）介质，COD 去除率可进一步提升。Meena 等人设计了由上流式化粪池和上流式厌氧过滤器组成的反应器来处理生活污水，该系统在稳态条件下对污染物的去除效果显著，对 COD 和 SS 的平均去除率分别为 88.6%±3.7%和 91.2%±9.7%，同时，该系统具有良好的耐水冲击负荷。上流式化粪池的研究脉络图如图 5-2 所示。

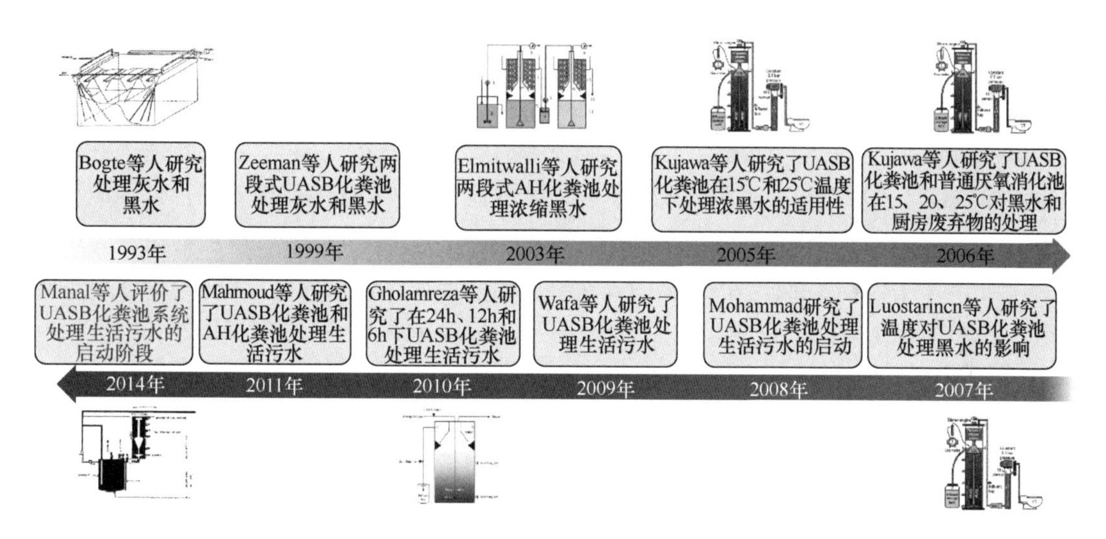

图 5-2　上流式化粪池的研究脉络图

2. 折流式化粪池

利用厌氧折流板（Anaerobic Baffle Reactor，ABR）技术对传统化粪池进行改造，可以提高污水与微生物之间的传质效率，进而提高处理效率。根据其进水方式和结构的不同，分为 ABR 型化粪池（ABR—ST）和升流化粪池-ABR 组合反应器（UST—ABR）。ABR 型化粪池是在常规化粪池内安装折流板，将其分为几个单独的室，并且通过折板形成自下而上的水流，从而提高出水水质。而 UST—ABR 则包含升流化粪池单元和厌氧折流板单元。在升流化粪池单元内主要发生沉淀和厌氧发酵反应，升流式运行方式可以通过重力沉淀和污泥床截留作用来提高悬浮物的物理去除效果，再进一步被厌氧菌所分解；厌氧折流板单元是强化单元，进一步将剩余挥发性脂肪酸和小分子有机物等转化成沼气。

Fayza 等人对传统污水处理工艺与折流式化粪池进行比较研究，结果表明，在水力停留时间（Hydraulic Retention Time，HRT）为 72h、48h 和 24h 的条件下，折流式化粪池均有较好的效果。同时又比较了常规、单挡板、填充式和双挡板化粪池对生活污水的处理，发现各类型化粪池的 COD、BOD_5和 TSS 的平均去除量与 HRT 成正比，粪大肠菌群去除率受化粪池类型和 HRT 的影响。在每一个 HRT 中，观察到水箱排泥的适宜时间为：常规＞单挡板＞填充式＞双挡板化粪池。试验表明，两个挡板或填料式化粪池是一种可行的高浓度生活污水的现场分散处理工艺。

2015 年，Rrtu 等人探讨了改良化粪池对生活污水的处理，采用立式挡板厌氧反应器，铜改性沸石作为吸附剂和过滤介质。结果表明，该工艺对进水中 NH_3-N、NO_3^--N、SS 和总大肠菌群去除率分别为 46.83%、31.08%、99.57%和 99.99%，表明这是一种经济有效的处理方法。

在水流状态优化方面，吴珊等对改良型化粪池进行示踪试验，结果表明由于反应器内部存在一定的死区，化粪池的实际水力停留时间与理论停留时间存在一定的差距。通过 FLUENT 软件进行模拟分析，结果表明在对化粪池进口和出口附近添加挡板，可以优化水流流态，延长污水的停留时间，提升化粪池处理效能。

除了对化粪池进行构型改造外，外加生物填料的设置也是化粪池的优化路径之一。其中，填料既可供微生物附着生长，也可起到过滤的效果。在填料方面，汤克敏等人在化粪池中添加填料，采用折板上下翻腾式过水，显著提高了对 COD 的处理效率；付婉霞等人研究了不同填料厚度下化粪池的出水水质，选择了 1cm、5cm 和 10cm 厚度的填料，结果表明，随着填料厚度的增加，污染物的去除率也随之增加。在化粪池内添加 10cm 厚的填料后，该化粪池对 COD、氨氮、色度、SS 的平均去除率达到 68.8%、19.2%、26.2%、94.9%，这说明增加填料的厚度可改善处理效果，但对色度和氨氮的去除能力有限。闫亚男等人对一座两格化粪池进行改良，通过增加一格，并在三格化粪池中的第三格铺上隔板，添加石灰石填料，后接土壤渗滤系统，整个处理系统对 COD、SS、TP 的平均去除率均在 89%以上。

在水力条件优化和填料设置方面，关华滨等人设计了 ABR（Anaerobic Baffle Reactor，厌氧折流板反应器）化粪池和 YDT 填料化粪池，在水温（24℃）稳定阶段，ABR 化粪池和 YDT 填料化粪池对 COD 的去除率比传统化粪池提高了 30.5%和 9.2%。总体效果上，ABR 化粪池比 YDT 填料化粪池效果好。韦昆等人对传统三格化粪池进行结构优化，第一格设置多层孔板、第二格设置折流板、第三格设置陶粒填料，当第一格孔板的孔径为 20cm，间距为 60cm 时，对有机物的去除效果最好。稳定运行后整个反应器对 COD 和 BOD_5的去除率分别可达到 72%～84%和 80%～92%。

同济大学赖竹林等人设计了一款基于两级 A/O 耦合移动床生物膜反应器（Moving Bed Biofilm Reactor，MBBR）的改良化粪池。在好氧段投加改性聚氨酯填料，在水力停留时间为 25.5h 的条件下，该改良化粪池对黑水中 COD、NH_3-N 和 TP 的去除率分别高达 94.4%、99.7%和 74.6%。通过两级陶粒滤池的深度处理，平均 TP 出水浓度可进一步降至 0.067mg/L。同时，该改良化粪池在低温下对黑水、黑水/灰水混合污水均显示出良好的处理效果，改善了传统化粪池低温下脱氮效率低的不足。

3. 生态耦合化粪池

早期的单格化粪池以临时储存粪便为主，功能单一。在两格化粪池中，第一格作为沉淀区，粪液流入第二格继续发酵分解，沉淀虫卵和杀灭病原体，但容易发生堵塞现象，目前改厕中用三格化粪池取代两格化粪池，提高无害化程度，第三格中粪液较为腐熟，可作为农家肥。随着社会经济发展，化肥逐渐取代传统粪肥的作用，粪液由农业利用为主转为排入水体为主，但三格化粪池的出水仍然具有较大的异味和较高浓度的污染物，提出了以化粪池/土壤和化粪池/人工湿地组合工艺的耦合技术。

在化粪池/土壤系统中，宋伟民等人、闫亚男等人利用土壤过滤就地处理化粪池出水，结果表明渗坑周边土壤污染物符合国家标准限值，出水水质良好。在化粪池/人工湿地系统中，耿琦鹏采用复合型芦苇人工湿地，系统对 COD 的平均去除率为 80%；刘雯等人采用水平流—垂直流复合人工湿地，在不同季节、不同停留时间及不同回流比条件下的处理效果；徐德星等人探究了四种复合人工湿地处理化粪池出水，结果表明潜流—垂直流和垂直流（下行流）—垂直流（上行流）复合人工湿地分别对 COD、TP 有较好的去除效果。

在采取这两种耦合技术时，需要考虑到土壤的污染风险。研究表明，土壤处理可能会对地下水源（尤其是浅层含水层）造成污染，其污染程度主要与地下水源环境土壤性质、深度及地下水源与化粪池的距离有关，因此在实际工程应用中，需要注意土壤的承受能力和人工湿地的结构布局、运行方式及冬季保温措施。

4. 生物强化化粪池

由于化粪池会产生大量的粪便污泥，化粪池的清掏是其日常维护的重要内容。由于处理效率、体积等的不同，不同类型化粪池的清掏周期并不相同。其中，双瓮化粪池的清掏周期约为 2 个月，厌氧沼气池为 2～3 年，三格化粪池为 3～12 个月。Philip 等人对 33 个单独的卫生系统进行了 3 年的实地调查和研究，发现化粪池排空周期可控制在 5 年，并且在化粪池底泥中发现纤维素酶、磷酸酶、蛋白酶等水解酶。Pradhan 等人研究了 3 种生物添加剂对化粪池中微生物总数的影响，结果表明与不含添加剂的化粪池相比，添加剂的使用没有显著增加化粪池中的微生物数量。复合菌剂（HBH-Ⅱ）、有效微生物（EM）和多功能复合微生物制剂（MCMP）对粪便污泥中的 TS、SS 均有显著的减量效果，可使浮渣层厚度和臭氧浓度维持在较低水平。

近年来，国内在引进日本净化槽产品的同时，结合国内农村污水的水质水量和排放规律等特点，对净化槽结构、生物载体、反应条件等进行了深度研究，并利用其处理含粪尿的农村生活污水。苏杨等人研究了以厌氧—好氧工艺的高效净化槽处理生活污水，当停留时间为 18h 时，COD 和 BOD_5 的去除率分别大于 90% 和 95%。张增胜等人采用钢筋混凝土一体化的净化槽联合生态浮床（Biological Purification Tank/Enhanced Ecological Floating Rafts，BPT-EEFR）处理崇明岛的农村生活污水，其对 COD、NH_3-N、TP 和 SS 的平均去除率均在 80% 以上，其中生物净化槽（Biological Purification Tank，BPT）可以有效地对有机物进行生物降解，强化生态浮床（Enhanced Ecological Floating Rafts，EEFR）则进一步去除了氮和磷。王昶等人研发了多户联用的多功能高效新型净化槽，将二级厌氧、一级好氧的单户净化槽改为一级厌氧、二级好氧的联用净化槽，增强了好氧生物处理的效果。王智成研究了波纹板填料、YDT 型弹性立体填料和卷发器填料对净化槽的影响，结果表明波纹板填料有较快的挂膜速度和较好的 COD 去除效果。

混凝沉淀法也可用于黑水的预处理。通过混凝剂的投加可实现黑水的固液分离，分离后对沉淀物与上清液分别进行处理，固体可配制成有机肥用于农业，上清液可进一步处理达标排放或回用于市政工程。朱瑞卫等人采用无机凝聚剂、有机絮凝剂和有机—无机混凝剂对公共厕所的水冲物进行了混凝沉淀试验，并在此基础上采用气浮的方法进行了分离，出水的主要水质指标可达到国家二级排放标准，可用于公共厕所的循环冲厕。该方法是黑水农林回用与污水处理的结合，既可以减轻市政污水处理厂或集中式粪便处理厂的处理负荷，同时又可以节约水资源，并实现废物的资源化利用。

5.1.2.2　黑水的生物处理技术

污水的生物处理是指在微生物的作用下，利用其生命活动，去除污水中呈溶解态或胶体态的有机污染物或营养物质，从而达到废水净化的目的。生物处理技术因其能耗低、效率高、成本低、操作管理方便等优点而被广泛用于污水处理中。

黑水具有较高的营养物质浓度和适宜的 B/C 比，因此具有很好的可生化性。同时，在化肥生产成本高企和磷资源日益稀缺的背景下，通过生物处理回收黑水中的 N 和 P 十分必要。黑水生物处理的主要目的在于实现水的回用或资源的回收，其中前者主要通过好氧技术实现，将黑水中的大部分有机物转化为 CO_2 和 H_2O；而后者则可通过好氧堆肥、厌氧消化等实现。目前应用于黑水生物处理的技术主要有好氧堆肥、膜生物反应器（Membrane Bioreactor，MBR）、序批式生物反应器（Sequencing Batch Reactor，SBR）、上流式厌氧污泥床（UASB）、连续搅拌反应器系统（Continuous Stirred-Tank reactor，CSTR）、生物转盘等。生物处理系统的效率主要取决于物料的含固量、能量密度、蛋白质与脂肪浓度等因素。根据处理过程是否需要氧的参与，可将生物处理技术分为厌氧处理技术、好氧处理技术及好氧—厌氧联合处理技术等。与好氧技术相比，厌氧生物处理的速率较慢，因此会导致所需反应器尺寸的增大。但相比之下，厌氧生物处理对能量投入的需求较低，同时可实现黑水中营养物质的回收。

1. 厌氧生物处理技术

人类很早就有利用排泄物作为肥料施用于农田的经验。在农业生产中，将粪便与秸秆、落叶等收集后混合，可利用粪便中微生物菌群和土壤微生物的协同作用和粪便与土壤在元素组成上的互补，对二者进行共发酵，腐熟后用作农肥。由于黑水中有机物浓度高且具有良好的可生化性，因此厌氧技术被大量运用于黑水的处理中。利用微生物的厌氧消化处理污水可制得沼气或产氢，在净化污水的同时还可产生清洁能源，获得沼气、肥料等高附加值产物，兼具生态效益与经济效益。

污水的厌氧生物处理是指在无氧或缺氧条件下通过厌氧微生物的作用，将污水中的各种复杂有机物分解转化为甲烷等物质的过程，也称为厌氧消化。该过程不以分子态氧作为受氢体，而是以化合态的氮、碳、硫等作为受氢体。厌氧消化具有节约能源、处理成本低等优势，且对高浓度有机污染物处理效率较高。利用厌氧消化技术处理污水制取沼气或产氢，具有开发新能源、节省能源及净化污水等作用，可产生突出的经济效益和环境生态效益，是未来可持续发展最有希望的处理方法。

粪尿废水的厌氧生物处理是在化粪池的基础上不断发展而产生的。1895年，英国学者唐纳德设计出了世界上第一个厌氧化粪池，这是厌氧处理工艺发展史上的一个重要里程碑。在此之后，随着厌氧微生物学、生物化学等领域理论研究的不断深入，厌氧生物处理技术取得了长足发展，逐渐成为目前黑水处理的主流技术之一。目前已相继开发出厌氧消化池、厌氧滤池、上流式厌氧污泥床（UASB）、厌氧膨胀颗粒污泥床（Expanded Granular Sludge Bed，EGSB）、厌氧序批式反应器（Anaerobic Sequencing Batch Reactor，ASBR）等多种厌氧生物处理装置。

目前，文献报道的黑水厌氧生物处理技术对黑水中COD的去除率在60%以上，甲烷化率在40%以上。数据产生差异的主要原因在于所用厌氧反应器种类与反应温度的不同，也与反应器中微生物的种类和含量有关。例如，在处理真空收集黑水时，厌氧接触法（Anaerobic Contact，AC）和CSTR系统的水力停留时间（20～150d）普遍长于UASB反应器（低至8.7d），主要是由于UASB反应器内部形成了气/液/固三相分离系统，可以在较短的水力停留时间下保证较长的污泥停留时间。同时，处理效率的高低也与反应温度紧密相关，Kujawa—Roeleveld等人采用UASB反应器处理黑水的研究表明，25°C下COD的去除率高达78%，而在15°C时的COD去除率仅为61%。

黑水厌氧生物处理的主要影响因素包括以下几种：

（1）pH。环境pH可引起细胞膜电荷的变化，从而影响微生物对营养物质的吸收，影响代谢过程中酶的活性，对反应效率和反应路径的选择带来影响；对产甲烷菌而言，其最适pH为6.8～7.2，其中，黑水中的碱度可以在一定范围内中和黑水酸化过程中产生的有机酸，起到缓冲作用，使污水的pH维持在6.8以上，从而使酸化和产甲烷两大菌群共存，提高反应效率。

（2）温度。温度也可通过影响酶的活性来影响生物处理的反应效率；目前厌氧生物处理最常采用的温度范围分别是35～38℃（中温消化）和52～55℃（高温消化），但与常规的好氧生物处理相比，这两种消化温度均较高，加热所需的能耗也相对较高。

（3）污泥龄，由于产甲烷菌的生长增殖速率较慢，因此厌氧消化过程往往需要较长的污泥龄才能达到稳定良好的处理效果，基于该原因，厌氧MBR成为目前研究的热点之一。

（4）搅拌与混合。由于厌氧消化过程的核心在于酶上活性位点和底物的接触反应，因此一定的搅拌可使微生物与底物充分混合，提高反应效率。但需要指出的是，过度的搅拌会对产酸菌和产甲烷菌的共生关系造成破坏，从而抑制厌氧消化过程。

（5）物料的C/N比，与好氧生物处理相比，厌氧消化过程对N和P的需求较低，较适宜的C/N比为20∶1～10∶1，过高的C/N比会造成细胞内的N不足，降低消化液的缓冲能力，而过低的C/N比则会导致pH上升，对厌氧过程造成破坏。同时，由于用于厌氧消化的黑水浓度普遍较高，还需要关注重金属、氨氮、硫化氢等物质在反应器内的积累和对微生物活性的抑制作用。

由于便器类型、是否有厨房杂用水、浴室用水引入等的不同，黑水的水质特征往往呈现出较大的差异性，其厌氧消化性能也受到显著影响。传统水冲式厕所、节水型厕所和真空厕所冲水量的不同，也会导致黑水的厌氧消化性能的显著差异。由于耗水量较小，近年来文献中关于真空厕所的报道越来越多。已有文献报道，采用 UASB 对传统冲水便器（每次冲水耗水量 9L）黑水进行处理，在平均水力停留时间为 24h 的条件下，可获得 68%的 COD 去除率（初始 COD 浓度为 1160mg/L）；采用改良化粪池和上流式厌氧滤床组合工艺对冲水耗水量 5L 的黑水进行处理，在 HRT 为 50h 的条件下，COD 的去除率高达 72.6%。处理真空厕所收集的黑水时常需要更长的水力停留时间，在中温、水力停留时间 20d 的条件下采用厌氧 CSTR 反应器对真空黑水进行处理，所得 COD 去除率为 61%。以上文献证实了黑水厌氧生物处理的可行性，但所得数据的差异也表明了评估不同类型便器所收集黑水的厌氧消化性能的重要性。真空厕所具有节水、有机污染物浓度高等特点，因此可最大程度提高黑水的能量利用效率。然而，厌氧微生物对温度、pH 等环境条件的敏感度较高，黑水中其他污染物（如金属离子、氨、硫化物等）的高浓度也会对厌氧消化过程造成一定抑制，因此在黑水的厌氧处理中需要重点关注这些污染物的浓度。将厌氧技术应用于真空厕所黑水、旱厕黑水等的处理时，黑水中的氨氮浓度往往可达到氨抑制水平，降低厌氧消化效率和产甲烷速率。目前已有研究表明，向黑水中投加适量的零价铁粉末、活性炭粉末，或与厨余垃圾混合共发酵等，均可提高产甲烷菌群的活性，促进甲烷的产生。黑水的 C/N 比较低，而厨余垃圾作为一种 C/N 比较高的有机废弃物，将其与黑水混合，可将发酵底物的 C/N 比调节至厌氧发酵的最适范围。Zhang 等人的研究表明，与黑水单独厌氧处理相比，在黑水与餐厨垃圾之比为 1∶2 和 1∶3 的条件下，底物的生物甲烷潜力（Biochemical Methane Potential，BMP）可提高 150%以上，甲烷的实际产率提高了 50%以上，同时水解效率也随之提升。除了共消化外，也有研究认为，超声可以通过破坏黑水中生物质的细胞壁来促进其厌氧消化。此外，零价铁、颗粒活性炭等也可以通过富集对高浓度氨氮具有耐受性的电活性微生物、刺激产甲烷菌生长、降低底物的氧化还原电位等促进黑水的厌氧消化。

利用厌氧生物处理技术处理厕所黑水，可实现黑水的源头减量，降低后续污水处理的负荷。浙江省金华市的一座生态公厕以沼气净化池为主体，利用生物分解和沉淀分离作用，可实现黑水的无害化处理，同时回收沼气，实现自身的良性循环。消化后的沼液可作为肥源或水源送到周围的生产基地，进行进一步利用。

除了传统的厌氧消化技术外，也有研究者将厌氧氨氧化技术应用于黑水的处理中。Graaff 等人对黑水进行部分硝化—厌氧氨氧化处理，在没有严格的工艺控制情况下，34℃和 25℃下出水水质在很长一段时间内都保持稳定。Zhou 等人在固定膜连续流反应器中，通过亚硝化-反硝化/厌氧氨氧化两步法处理高浓度黑水。该系统对黑水中 NH_4^+-N、NO_2^--N、总氮（TN）和 COD 去除率分别为 80%、82%、76%和 78%。其中，厌氧氨氧化和反硝化步骤分别占总氮去除量的44%～48%和52%～56%。该技术能够有效去除黑水中大部分有机物及氮磷，但其缺点在于厌氧氨氧化菌培养难度大，系统运营维护成本高，管理技术要求高，且无法回收黑水中的可再生资源，因此该技术在实际工程中应用很少。

2. 好氧生物处理技术

好氧生物处理对黑水中有机物的去除率可达90%以上，对有机物的氧化较为彻底。由于好氧生物处理的终产物为CO_2和H_2O，因此在工艺运行的过程中基本无臭味产生。好氧生物处理对有机物的分解速度远高于厌氧生物处理，这就使得反应器的容积大大缩小，明显降低了工艺所需的固定资产投入。但由于黑水的有机物浓度较高，在实际运行过程中对氧气的需求量较大，因此能量消耗很大。针对于不同浓度的黑水，常见的好氧生物处理技术包括好氧堆肥、活性污泥法和生物膜法等。其中，好氧堆肥往往适用于真空便器产生或经过浓缩预处理的黑水，可将黑水中的有机物转化为稳定的腐殖质。由于该工艺建设成本低廉、生产周期较短，且可产出生物有机肥料进行农业回用，在世界各地都有广泛应用。

在黑水的好氧生物处理中，目前研究最多的是MBR技术。MBR是生物反应器与膜过滤组合工艺的统称，它是集好氧生物处理与膜分离于一体的连续流反应装置，利用微滤、超滤或反渗透等膜过滤装置取代传统的二沉池，实现生物处理后的固液分离。与传统的污水生物处理工艺相比，MBR具有容积负荷高、占地面积小、剩余污泥产量低、出水水质稳定、运行管理方便等优点。20世纪80年代，第一台用于厕所污水处理的高负荷超滤装置在日本投入运行，开启了膜过滤和膜生物反应器在厕所污水处理中的广泛应用，并代替了原有的由脱氮、混凝、过滤、活性炭等处理方法组合而成的复杂工艺；夏世斌等人针对传统膜生物反应器能耗高的缺点，开发了一种复合MBR装置，以气升为动力完成SBR单元和膜单元之间混合液的水力循环，并依靠SBR的液位水头实现膜单元的无动力出水，对厕所污水COD、NH_3-H、TN、TP和SS等水质指标的去除率均在90%以上，出水水质可达到国家标准《城市污水再生利用 城市杂用水水质》GB/T 18920—2020中对冲厕水质的要求。研究表明，与传统的好氧生物处理工艺相比，MBR处理的初期投资较高，其中膜组件的更换费用为300元/年左右，但传统方法要达到同样的处理效果所增加的吸附工艺与运行费用十分高昂。Magara等人比较了高效反硝化—超滤、高效反硝化—重力分离、传统反硝化的投资与运行费用，结果表明，在不计算占地面积的情况下，高效反硝化—超滤MBR工艺的投资与运行费用低于传统的反硝化处理工艺，与高效反硝化—重力分离工艺相当，但其占地面积远小于二者。吴志超等人也认为，虽然MBR处理黑水的投资要高于传统生物处理方法，但传统方法要达到和MBR相同的处理效果，所需增加的工艺和运行费用也十分高昂。北京景山公园的一处实际厕所污水处理工程，采用气升循环分体式MBR（AEC-MBR）工艺，对黑水中COD、BOD_5、NH_3-N、浊度等的去除率都在90%以上，色度去除率为80%。在4～9kPa的跨膜压差下，最大膜通量可维持在13.5L/m^2长达5个月以上的时间，系统能耗为 0.32～0.64kWh/m^3，吨水运行费用为 0.11 美元。以这一工程经验为指导，完成了 15 处以上厕所污水处理与回用工程。

虽然 MBR 工艺在黑水处理中的应用已十分成熟，但在实际应用于农村黑水处理的过程中仍然面临着一定问题，如黑水中高浓度的难降解有机物以及钙、镁等二价无机盐等会在系统内不断积累，并通过耦合作用，在膜面形成无机—有机耦合污染，导致膜清洗周期短，工程管理操作复杂。同时，采用传统的清洗方法对膜通量的恢复效果有限。另外，MBR 系统在冬季低温时运行稳定性难以保障，且其产生的剩余污泥如何处置仍是实际应用中的难题。在后续的实际运行中，高效低耗抗菌膜的研发和运维成本的降低将是需要重点突破的瓶颈。

3. 厌氧—好氧联合处理技术

黑水的组成成分十分复杂，各组分对氧的需求不尽相同。同时，黑水是典型的低C/N 污水，其中悬浮态 COD 的比例较高，且氮、磷大多集中于此，而这些组分的去除对氧的需求不尽相同。因此，为实现厕所黑水中污染物的高效去除，常需要采用厌氧与好氧相结合的处理技术。

苟剑飞等人选用如图 5-3 所示的工艺，研究了其对循环水冲生态厕所黑水中有机污染物和 NH_3-N 的去除效果。结果表明，当进水 COD 和 NH_3-N 分别为 1.2～1.4kg/(m^3 · d) 和 0.1～0.11kg/(m^3 · d) 时，出水 COD 和 NH_3-N 分别稳定在 15mg/L 和 5mg/L，达到国家标准《城市污水再生利用　城市杂用水水质》GB/T 18920—2020 要求，沉淀污泥经烘干之后可作为有机肥农用。

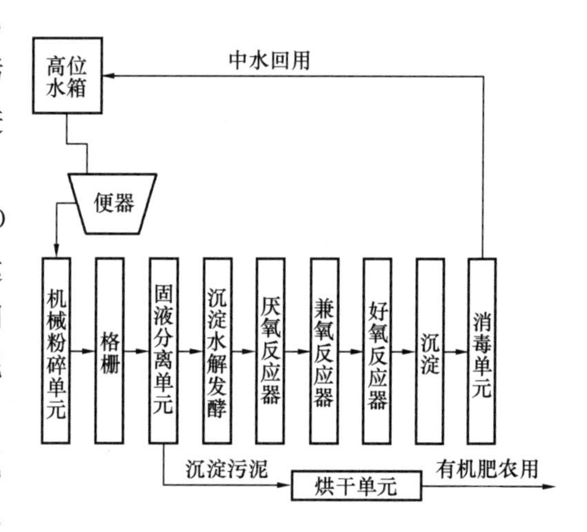

图 5-3　黑水的厌氧—好氧联合处理工艺

Graaff 等人对黑水进行部分硝化—厌氧氨氧化处理，在没有严格的工艺控制情况下，在 34℃和 25℃时很长一段时间内都可保持出水稳定。

徐庆贤研究了厌氧—好氧工艺中厌氧段水力停留时间对高浓度黑水处理效率的影响，当厌氧段停留时间为 36d，好氧段 15.2d 时，出水 COD、总氮、总磷、SS 均优于国家标准《污水综合排放标准》GB 8978—1996 中的二级排放标准。

郑敏等采用厌氧/缺氧/好氧 SBR 技术，试验用水的 COD 为 1800～2300mg/L，总氮为 300～600mg/L，氨氮为 120～180mg/L，总磷为 40～60mg/L，当系统稳定运行时，对 COD、总氮、氨氮的去除率均在 93％以上，投加硫酸铝钾进行化学除磷，出水的总磷最低浓度为 0.9mg/L。

在黑水的生物处理技术中，好氧和厌氧技术均存在各自的优势与不足。好氧处理技术的最大优势在于处理周期较短，且对有机物的降解更为彻底，这就大幅降低了处理设备所需的占地面积和建设成本，但所需曝气、搅拌等过程的能量投入相对较大。厌氧生物处理技术作为发展历史最悠久的黑水处理与资源化技术，对能量投入的要求相对较低，且能够回收沼气能源，同时获得有机肥料，对黑水中营养元素的回收效率较高，具有良好的发展前景，但厌氧技术的稳定性相对较差，对有机物的降解不够彻底，对黑水中大量的氮和磷几乎没有去除，出水水质较差，往往需要较长的处理周期，因此反应设备尺寸和运行维护难度相对较大。厌氧—好氧联用法可以充分结合厌氧法和好氧法的优点，控制一定的工艺条件下，可以对黑水取得较好的出水效果。在实际工程应用和方法比选时，需充分考虑处理负荷、用肥需求、维护成本等因素。

5.1.2.3 黑水的化学处理技术

相较于生物处理技术，化学处理技术往往具有更高的稳定性和处理效率，因此黑水的化学处理技术正受到越来越多的关注，包括混凝、吸附、石灰处理、氨处理等的传统化学处理技术，以及以电化学催化、臭氧化、光催化等为代表的高级氧化技术等。混凝等传统的化学处理技术往往无法满足出水的排放要求，因此无法作为黑水处理的主体工艺，只能用作降低后续处理负荷或营养物质保持的附加手段。近年来，鸟粪石法用于黑水或尿液的处理备受关注。Gell 等人向尿液和经厌氧消化后的黑水中投加 $MgCl_2$，并将反应体系的 pH 控制在 8.6，最后通过沉淀分离与 40℃鼓风干燥获得了 N、P 和 Mg 含量分别为 5%、12%和 11%～14%的鸟粪石产品，实现了黑水中 N、P 的回收。

在黑水的化学处理中，高级氧化技术通常置于生物处理之后，作为处理过程的最后一步，以进一步降低出水的 COD 浓度，还也可去除水中的痕量污染物、色度和病原微生物等。有时，高级氧化技术也可以单独使用。当处理出水需要进行回用时，高级氧化技术通常是必不可少的。与生物处理相比，高级氧化技术反应速率和效率更高，对有机物的去除更为彻底，占地面积更小。通常而言，当使用高级氧化技术时，由于其在病原微生物的去除方面也有较高的效率，消毒过程往往可以省略。

1. 电化学处理技术

在黑水的高级氧化处理中，电化学技术提供了一种有效的去除污染物与病原体的方法。由于电化学技术对进水组分变化的适应性、模块化设计、较小的占地和较高的能量效率，被誉为污水处理领域潜在的“下一代技术”。该技术在黑水的处理中主要包括以污染物去除为主要目的的电解技术，以及有机物去除协同产能的燃料电池技术。

2. 微波技术

除了电化学技术以外，微波（Microwave，MW）技术是黑水处理的另一种快速、高效的选择，其特点是可以对输入功率进行即时、准确地控制，并对目标材料进行快速、均匀的加热。已有许多研究报道了微波技术在黑水、粪便以及多种污泥处理中的应用，显示出其在病原菌灭活和污泥减量方面的良好性能。微波对病原体的破坏可归因于电磁辐射的非热效应和温度上升的热效应。实验室规模的微波黑水处理单元可实现黑水总体积减小70%以上，同时在 1min 的接触时间下可完全去除大肠杆菌（微波能量 8 Wh，温度71℃），显示出微波技术在黑水处理和消毒上的潜力，尤其是对消毒效率要求较高的应急厕所领域。该技术操作简单，运行稳定，但能耗相对较高。

3. 湿式氧化技术

湿式氧化是指在高温高压下，利用氧化剂将水中的有机物氧化为 CO_2 和 H_2O，从而去除污染物的过程，具有适用范围广、处理效率高等特点。在黑水的湿式氧化中，厕所污水中的病原体可在该条件下灭活，有机物则可被转化为可溶解易降解的小分子，可同时实现黑水的无害化和污染物质的去除。

目前，湿式氧化技术尚存在能耗较高、运行不稳定、热量难以回收等不足，因此其发展与应用主要集中于工业废水物料回收等领域，且由于湿式氧化出水水质较差，维护难度和处理成本较高，因此该技术在小水量黑水处理中较为鲜见。

总体而言，黑水化学处理技术的优势在于运行稳定性高，不易受外界环境的影响，因此其处理效果更为可靠。但化学处理技术同样存在能耗高、易产生二次污染等问题，且通常需要另加后续处理单元来达到无害化处理的目标，导致反应器建设成本和运行维护费用等也相对较高。

5.1.2.4　黑水的生态处理技术

黑水的生态处理技术是指利用植物和土壤等组成的土地系统进行黑水处理的技术，它可以被视作生物处理技术与物理处理技术的结合。与生物处理系统相比，以人工湿地系统和土地渗滤系统为代表的生态处理系统具有低成本、低能耗、高处理能力、维护方便、用户友好等显著特征，还可通过经济作物的收获产生一定的经济效益。生态处理系统对技术和维护的要求较低，但所需占地较大，因此在发展中国家的农村地区尤为常见。

通常而言，生态处理系统包括过滤媒介的物理过滤过程和系统内植物和微生物的生物处理过程。化学沉淀、吸附、微生物作用和植物吸收也被认为发生在此系统中。生态处理系统对黑水中的营养物质具有较好的处理与利用效果，但为降低出水中病原微生物的含量，生态处理系统的出水通常需要经过消毒处理。

虽然生态处理系统常被认为具有低成本、低能耗和无需机械操作等优点，但它也存在一些不足，如较大的占地面积和较长的水力停留时间，还可能滋生蚊蝇、产生臭气，因此对人工湿地的运行管理要求相对较高。此外，由于生态处理系统对病原微生物的去除效率较低，可能存在传播疾病的潜在风险。为解决以上问题，在实际的工程应用中，常常将生态处理与生物处理技术相结合，既可达到较好的污水处理效果，也可有效提高黑水的处理效率，缩短处理周期。

5.1.2.5　黑水的资源化利用技术

黑水中含有丰富的有机物以及 N、P 等营养物质，根据所在地的实际需求，因地制宜对黑水进行资源化利用，不仅可以省去黑水处理所需的物质与能量投入，而且会带来良好的生态效益与经济效益。我国的第一条粪便无害化处理资源化利用工程便是利用絮凝剂对黑水固液分离后，对固相又进一步脱水处理，膨化造粒制成颗粒肥料；液相经兼氧发酵等进一步降解可溶性有机物，大大降低了黑水排放对水体环境的危害。

日本科学技术振兴机构（JSTA）开发的生态厕所，将黑水与具有良好多孔性与吸水性的锯末混合，为微生物营造条件适宜的繁殖场所，在反应箱内进行人工强化堆肥处理，通过温度、湿度等条件参数的控制使好氧微生物在该环境中快速繁殖，加速粪尿与厨余垃圾的分解速率，产物亦可作为有机肥料及土壤改良剂。

黑水是一种极具价值的资源，但其较低的C/N在一定程度上限制了其资源化利用效率。因此，选择含碳量较高的其他废弃物与黑水进行协同资源化，利用各类工艺实现黑水中营养物质的回收是一种环境友好型、资源节约型的方法，也是今后黑水处理与利用中应该着重考虑的方向。

5.2 源分离水冲式厕所黄水、褐水处理技术

5.2.1 源分离理念的产生背景

传统的水冲式厕所通过水实现污染物的冲洗与运输，每次用水量至少需要约为3～6L，而人体每日排泄3～6次，排泄物总量却只有1～1.5L。因此，传统的水冲式厕所使用大量的清洁水稀释少量的排泄物，造成了水资源的严重浪费，还导致污水中营养物质浓度的降低，阻碍了其资源化利用。这些营养物质若得不到妥善处理而排放，易造成水体富营养化。同时，在可持续发展理念的推动下，这种排泄物处理方式不再是绝对的首选，在大量冲洗水对排泄物的稀释过程中，大量能量被消耗于污水的输送和处理的过程中。因此，污水中所含的氮、磷等营养盐一部分随出水流失，一部分被降解或转移至污泥中。由于混合污水的污泥成分复杂，很难直接作为农业营养源，如需要实现营养盐的再利用则又需要投入能量进行浓缩或分离，既浪费了能量，又造成技术上的困难。因此，这种粪尿合集的模式对营养物质的有效利用带来了极大阻碍。

基于以上不足，“源分离”的概念应运而生。广义的“源分离”概念主要是将生活污水中的粪便污水和灰水（粪便污水以外的其他生活污水），甚至雨水等进行分离，该技术的主要是为了实现节水和水资源的回收利用。而在厕所系统中，源分离的概念则主要指排泄物中粪便和尿液的分离，从粪尿产生的源头——便器出发，将粪便（褐水）和尿液（黄水）单独收集、运输、处理和利用。根据实施的具体要求，源分离既可以是“全分离”，也可以是“部分分离”。顾名思义，全分离是指将黄水、褐水、灰水甚至雨水全部进行分离式收集的排水系统；部分分离通常是指分离式收集其中的一种或几种污水、其余污水混合收集的排水系统，以黄水和褐水的分离式收集为主，这也就是本节所讲的源分离厕所系统。在厕所污水中，由于粪便和尿液性质的不同，褐水和黄水在成分上也有较大差异。其中，黄水中水、有机物和无机盐的含量分别约为95%、3.5%和1.5%，而褐水则贡献了排泄物中绝大部分的有机质和磷，氮和钾含量相对较低，同时含有排泄物中的绝大部分病原微生物。

20世纪末，多国学者相继提出分散排水与再利用、替代排水、可持续排水、生态排

水等新概念，这些新概念的核心都是通过源分离进行能量和资源的回收，其中最受国内外推崇的就是 ECOSAN 工艺。源分离在资源回收与利用方面有着天然的优势，在发达地区的城市污水处理系统中，隔离尿液、粪便和其他污水可以减轻水体的受污染程度，降低其处理难度，提高处理效果。在尚不发达的农村地区，分离处理后的资源化产物在农村土地肥力短缺的地区可以作为肥料缓解土地退化，提高排泄物的资源化利用价值，同时在资源化无害化利用的过程中不会有直接尿液粪便灌溉产生的异味、污染、病原微生物传播疾病等诸多问题。在如今发展中国家的偏远地区污水处理系统情况尚不发达的背景下，源分离厕所系统提供了一条较好的卫生排泄物收集与处理模式，同时也有助于在农村地区形成一种实用的排泄物资源化利用模式。

源分离水冲式厕所是源分离理念在水冲式厕所结构和技术应用上的具体体现。它借助于特定的源分离装置或结构将污水中的粪便和尿液在源头收集时就分离开，进行单独的收集、输送、处置、利用，不再进行混合，或者只进行少量的稀释。通过这种方式，可以实现粪便、尿液的分离收集，有助于实现其中营养物质的分质高效处理和资源化利用，大大降低厕所污水的处理难度和成本，几乎可以实现生活污水的“零排放”，同时建立水和营养物质的闭路循环。

在我国，生态排水和厕所源分离的理念近十年才引起重视。建设源分离厕所的必要性在于：首先，由于我国人口密度高，环境容量相对较小，使得污染物在总量上仍有超过受纳体环境容量的可能；其次，我国人均资源短缺，对生活污水废水进行处理回用可减少农业生产对水、肥的需求，对于构建资源节约、物质能量循环的农业生产模式具有重要意义；最后，我国水资源在地域上的分布差别明显，生态排水和源分离可以减少因自然条件导致的水资源短缺，有效促进节能减排和可持续发展。

5.2.2　源分离技术的主要特点

相比于排泄物不经分离的混合收集与直接处理，源分离技术最根本的优势在于可以实现排泄物的分质回收与利用，提高粪便和尿液中的营养元素和物质的利用价值。提取营养元素后的剩余水资源可继续处理至不同的水质级别进行回用，在用水、处理与回用之间建立起能量流动与物质循环。

总体来说，源分离技术的主要特点是：实现营养物质的分质循环利用，改善污水处理厂的营养物质去除性能并降低运行能耗，缓解部分水体富营养化现象，减少水资源的消耗。接下来我们将逐一进行详细阐述。

5.2.2.1　实现营养物质的分质循环利用

源分离技术将粪便和尿液分离出污水，同时又将粪便及尿液中的氮、磷等营养物质分离处理，以此来实现粪尿的分质处理。粪尿分集后所得污水成分相对固定，后续的处理过程也相对简单，包括稳定与消化等工序。所得产物可作为绿色肥料灌溉，使营养物质重新回到土地中供农作物吸收利用，农作物又被人类食用，消化吸收，并以粪便及尿液的形式排放出来，实现营养物质从农作物到人体再到农作物的良性循环。

除此之外，在将尿液从污水中分离后，可将粪便与其他有机废料（如餐厨垃圾或植物秸秆等）混合进行厌氧消化，可有效缓解尿液中高浓度氨氮对厌氧消化的抑制作用。由于含水率的大量降低，这一过程释放的大量热量可因水分蒸发量的减少而被大量收集和储存，用于农村的生产与生活，降低农村家庭对外部能源的依赖，起到节约能源和碳减排的目的。

5.2.2.2 改善污水处理厂的营养物质去除性能并降低运行能耗

如前所述，粪便及尿液贡献了生活污水中大部分的COD以及营养元素，占据了城市污水处理厂中被处理总指标的绝大部分。分离粪便和尿液，使其不进入污水管道，会明显降低生活污水处理的负荷，同时降低处理难度与能耗。

相比于COD指标，排泄物中所含的氮、磷等营养元素的去除需要的物质和能量投入较大。研究表明，当尿液被完全从排泄物中分离后，污水中的氮、磷负荷显著降低，处理后出水的氮的浓度可降低80%～85%，磷浓度可降低50%。这说明源分离技术对于降低污水处理负荷、提高营养元素资源化潜力有很大的促进作用。被分离出来的尿液或粪便即使由于各类原因难以进行资源化时，也会因成分更为简单、状态相对稳定而处理起来更方便有效。

5.2.2.3 缓解部分水体富营养化现象

对排泄物产量和营养元素含量的调查数据显示，正常成年人每日平均尿液产量约为1.4L，营养元素含量可以占到生活污水中总氮的87%、总磷的50%；粪便产量约为140mL，氮含量占生活污水总氮含量的10%，磷含量占30%～40%。虽然现行农村分散式污水处理装置出水一般能满足国家标准要求，但是，进入水体的营养元素含量仍远超自然水体净化能力。因此，粪尿合集的方式很容易造成水体的富营养化。源分离技术的使用会大大减小水体富营养化发生的可能。

5.2.2.4 减少水资源的消耗

传统水冲式厕所为了保证清洁和处理效果，会使用大量水流进行冲洗，而源分离技术可节约大量的水资源。源分离技术的节水主要体现在：首先，水冲式源分离厕所可根据大小便的不同选择不同的冲水量，所用水量大大小于传统冲厕技术，因此可有效减少冲厕水的使用；其次，经源分离便器收集的黄水因成分简单且水所占比例极高，易于对其进行溶液与溶质的分离，实现水的再生与回用。

5.2.3 源分离便器的结构与分类

源分离便器以源分离技术为核心，旨在在尽量避免粪尿交叉接触的情况下将粪便和尿液分开收集，以便后续的处理与资源化利用。从源分离便器的分离原理来看，可以分为传统式源分离便器和可控式源分离便器两种。传统结构式源分离便器一般结构固定不可变化，而可控式便器会通过一些新型的便器设计理念和方法自由改变便器结构来实现粪尿的分离，现行的可控式便器包括电控感应式，人工控制式，以及机械传输式等种类。

5.2.3.1　传统结构式源分离便器

传统结构式源分离便器通过结构设计将便池分为前后两区，实现排泄物的物理源分离。该类便器将前后两区通过隔板分隔，前区将尿液通过小孔径排放孔排出，后区的大孔径排放口处理粪便，是目前最常见的源分离便器。水冲系统在小便后仅前区出水，靠重力流汇入专用收集通道。后区的排污管与粪便排污管道连接，冲水时两区同时冲水。

该类便器的一个典型产品就是瑞士的 No Mix Toilet（图 5-4）。Judit Lienert 等人报道，这种新型生态厕所已在七个欧洲国家（瑞士、德国、奥地利、卢森堡、荷兰、瑞典和丹麦）投入使用。文献中指出，该便器对粪便和尿液分开进行收集，该便器收集的尿液中，含有总排泄物中约 80%的氮和 50%的磷。对这七个欧洲国家中的约 2700 人进行满意度调研的结果显示，民众对该产品的满意度较高。调研的其他结果显示，超过 80%的用户表示支持分离式便器的使用；有 75%～85%的用户评价源分离便器的设计构型、卫生条件、异味程度和使用舒适度都较传统厕所更好；85%左右的用户表示接受将储存的尿液作为肥料进行资源化使用，显示出该源分离便器在资源化利用上具有较高的民众接受度。

图 5-4　传统结构式源分离便器实际产品

5.2.3.2　新型可控式源分离便器

由于传统结构式源分离便器在用户使用体验上存在一定的缺陷，包括对使用者的要求过高，不易规范使用，粪尿分离不够彻底等，近年来，又产生了多种其他形式的新型源分离便器。

Koller 公司和 EOOS 公司联合发明了一种以尿液智能感应器和电阀门为核心的蓝色分流厕所（Blue Diversion Toilet），可以通过智能感应和电控设备来实现粪便和尿液的源头分离与收集。当感应器检测到尿液时，自动控制阀门打开，尿液进入前端管道进行单独收集；大便时阀门则关闭，粪便及冲厕水由后端管道进行收集。该便器的具体结构如

图 5-5 所示。该源分离便器对使用者的如厕行为无过多要求并且能提高后续处理效率，但是也存在核心部件造价昂贵，难以大规模推广的缺点，产品实用性和公众接受度尚需接受考验。另一种电动感应便器有荷兰的 Piet Urine Diversion Toilet，它在排污管道的起始端加装传感器和三通阀实现源分离，传感器控制三通阀的角度将粪便和尿液导入不同的管道中。与其他源分离便器相比，由于使用了三通阀，便器只需一个排放口，简化了源分离系统，便器体积更小。

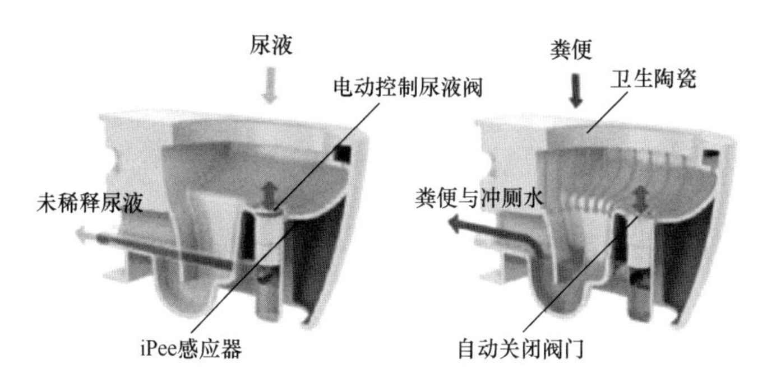

图 5-5 电控感应式源分离便器示意图

电控系统的缺陷限制了其大规模推广，特别是在一些贫困地区，因此 Keim 等人设计了通过人力和机械装置改变便器的结构，实现粪尿源分离。使用者根据自身需要，利用机械装置改变便器结构，以此实现分离并将粪便和尿液分别输送到不同的后续处理设施中。图 5-6 为一种人工驱动源分离便器的示意图，尿液正常流入后续处理设施；排便需要人先踩踏板，使粪便落入下方储存容器中，然后推动按压杆将粪便推送到后续的堆肥干化处理设施中。相比电控系统，这种人工驱动厕所造价低、结构简单，方便在经济落后的地区推广。

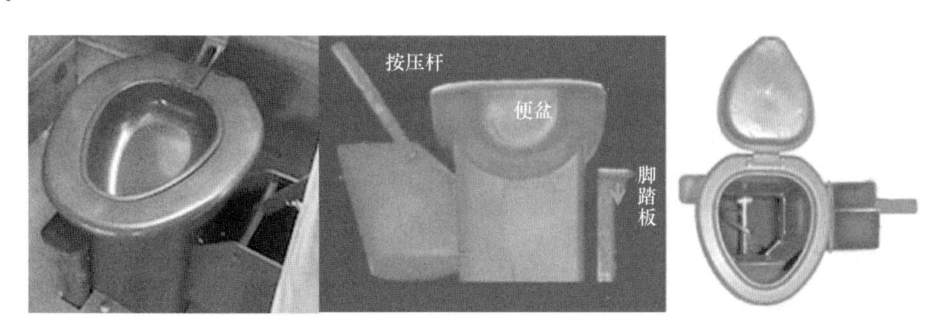

图 5-6 人工驱动源分离便器示意图

此外，除了通过电动或人工装置改变便器结构的方法，还有一种机械传输式源分离便器。该源分离便器底部为机械传送带，使用后传送带运转将粪便输送至后方进行单独收集，而尿液则由传送带边缘流下，从而实现粪便和尿液的分离。目前，该机械传输式源分离便器已应用于杭州皋亭山景区、洛阳龙峪湾森林公园等多处景区公共厕所，其底部构造如图 5-7 所示。

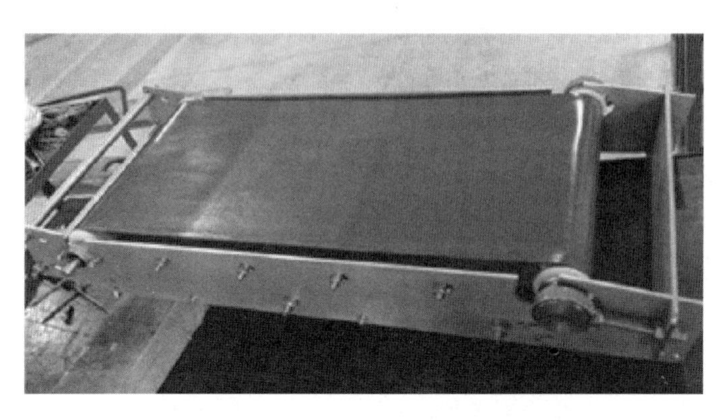

图 5-7　机械传输式源分离便器底部构造图

5.2.4　源分离厕所系统黄水处理技术

黄水在通常情况下指混杂有冲洗水的尿液，由水冲式小便器或水冲式源分离厕所的小便口收集得到。一般来说，黄水中很少含病原微生物，因此不需要进行专门的无害化处理，甚至在要求不高的情况下，通过源分离便器将尿液和粪便分别收集后，可直接将尿液用作农业生产活动中的肥料。尿液是人体代谢的重要产物，除含水之外，还含有大量的有机物和无机盐。黄水中所含有的有机物主要是尿素，此外还有少量的尿酸、肌酸、肌酸酐等。而无机盐主要是钙、钠、镁、钾、磷酸盐、氯化物和硫酸盐等。健康人体产生的黄水中重金属和致病菌的含量非常低。正是因为如此，黄水中氮、磷、钾等营养元素回收的可行性和潜力较高。相对于城市生活污水而言，黄水中氮、磷、钾等营养元素的含量较高，其中氮主要以氨氮的形式存在，磷主要以磷酸盐的形式存在，而钾则以钾离子的形式存在。在正常情况下，黄水呈碱性，其 pH 为 8.8～9.1。根据冲水量的不同，黄水的水质特征也有较大差异。根据文献报道，以 5 倍去离子水稀释尿液所得黄水的 COD、氨氮和总氮分别大约为 800～1200mg/L，300～500mg/L 和 350～550mg/L。

而在传统的粪尿合集式便器中，尿液和粪便会经过水力剪切后混合，再一同进入排水管道。这种情况下即使将两者再次分离，分离出的尿液也已经是被粪便污染的，粪便中潜在的病原菌会进入到尿液中。这种尿液如果直接用于农田灌溉，可能导致作物感病而死，甚至有可能成为人类疾病的传播媒介，危害公众健康。因此，这种经传统粪尿合集式便器收集后再分离的尿液，至少应密闭储存半年后才可进行使用。

20 世纪 90 年代初，以瑞典国际发展合作署（Swedish International Development Co-operation Agency，SIDA）为代表的一些欧洲组织提出了“生态卫生”的概念，强调利用“分散式”的污水处理理念，构建一种新型可持续的卫生系统，从源头上收集和处理尿液，并最终将尿液或其处理后产物作为植物肥料回归农田，形成“人体—土壤—植物—人体”的闭合循环，以实现从“尿液污水”到“肥料资源”的转变，这也被认为是尿液或黄水的最佳处置方式。这一可持续卫生理念随即受到全球学者与工程技术人员的青睐，不少研究者纷纷着手开展相关研究与应用工作。目前，在水冲式源分离厕所构建及污水处理领域，以瑞士、瑞典、德国等为代表的一些欧洲国家的研究相对全面且成熟，其排泄物源分离收集与处理技术的相关研究成果也已在当地和亚洲、非洲等地区进行了中试或小范围的实际工程应用。

5.2.4.1 黄水的腐熟

相比于大量清水稀释后的城市生活污水而言，黄水中的氮、磷、钾等营养元素的平均浓度都较高。其中，氮基本上以尿素的形式储存在新鲜尿液中。新鲜尿液中的尿素、无机盐、氨基酸等物质可为农作物的生长提供良好的营养条件，但若将新鲜黄水直接大量施用于农田中，会因较高的[illegible]对植物根系造成一定的胁迫作用，而黄水在土壤中腐熟散发[illegible]造成一定的胁迫，影响其正常功能，甚至导致农作物根系腐[illegible]

[illegible]氮主要以尿素的形态存在，同时碳源和其他营养物质丰富[illegible]繁殖条件，从而使得黄水在储存的过程中发生一些生物化学[illegible]熟，就是指在营养物质丰富的条件下，微生物在黄水中快速[illegible]素发生酶解转化为氨的过程，因此该过程也被叫作黄水的氨[illegible]

[illegible]在正常收集到的黄水，即腐熟黄水中，作为营养元素的氮[illegible]元素形式变化不大，如磷仍以磷酸盐的形态存在，而钾仍以[illegible]于尿素，作为无机物的氨氮可更好地被提取和利用，因此一般[illegible]行后续的资源化处理。新鲜黄水与腐熟黄水的性质对比如表[illegible]

[illegible]鲜黄水与腐熟黄水的性质对比　　表 5-2

[illegible]	[illegible]位	新鲜黄水	腐熟黄水
[illegible]	[illegible]	6.2	9.1
[illegible]	[illegible]/L	8180	8200
[illegible]	[illegible]/L	480	8100
[illegible]	[illegible]/L	740	540
[illegible]	[illegible]	9700	10000
[illegible]	[illegible]	2200	2200
[illegible]	[illegible]	1500	505
[illegible]	[illegible]	2800	2600
[illegible]	[illegible]	3800	3800
[illegible]	[illegible]	190	18
[illegible]	[illegible]	100	11

从[illegible]鲜黄水和腐熟黄水在 pH 和氨氮的数值上有较大的差异。新鲜黄水中的氨氮浓度约为 480mgN/L，经过腐熟，在未稀释的情况下，黄水中氨氮浓度大幅上升至 8100mgN/L，这也是腐熟黄水具有更强刺激性气味的主要原因。同时，

腐熟黄水的 pH 也会随着氨氮的产生而上升，由弱酸性转变为碱性。

黄水的腐熟（氨化）过程会受一些影响因素的控制，如温度会影响微生物的生长速率和脲酶的活性，因此提高温度对黄水的腐熟具有一定的促进作用，降低温度则可以有效抑制氨化。尿素分解的有效温度范围是 20～35℃，当平均温度在 5℃以下时，尿素的分解就已经十分缓慢了。由于腐熟过程伴随着游离铵根离子和氨气的大量形成，因此黄水的 pH 也会随之升高。pH 也是氨化过程的一个重要影响因素，酸性环境对氨化作用的抑制作用很强。对黄水进行稀释能够提高其腐熟程度，从而促进氨氮含量的升高。在用作农用肥料时，有研究者建议使用尿液稀释倍数为 3～10 的黄水，但是另有研究表明过高的稀释倍数不利于杀灭大肠菌群，因此具体的稀释倍数不宜太高。

接种和直接投加脲酶是促进氨化过程的有效技术手段。粪便同样也含有脲酶菌，投加污水或粪便进行接种能够导致尿素更快地分解，更高的粪便浓度能够产生更快的尿素分解速度。但这种投加粪便的方式往往会造成尿液的污染，增加后续处理负荷，因此不适用于实际工程。黄水中接种已完成氨化过程的黄水，同样能够促进尿素短时间内的快速分解。

5.2.4.2　腐熟黄水的稳定化处理

黄水腐熟后一般用作农用肥料。从表 5-2 可以看出，经过腐熟后，黄水中主要营养元素的浓度基本保持不变，这可以避免黄水先稀释后浓缩过程中的能源浪费情况。因此，一般也将用作农业肥料的黄水腐熟称作为非稀释黄水的资源化利用。

研究发现，对黄水腐熟 180d 左右即可有效杀灭大肠杆菌和其他类似的致病菌，满足农用液体肥料的安全标准。正是基于此项研究，提出了黄水可作为液体农用肥料，该资源化途径具有成本低、操作简单的优点，目前多数的源分离示范工程的黄水资源化都采用了这一途径。

黄水中的尿素可以在脲酶的催化作用下被水解生成氨氮，但腐熟后黄水中的氨氮浓度的大幅升高会带来极其严重的气味问题。因此非稀释黄水处理中需要重点解决的问题是如何控制尿素水解的程度，也就是关注如何抑制脲酶的活性问题。抑制尿素水解的处理过程也被称为稳定化，涉及的技术包括投加酸碱法、加热法、抑制剂投加法。

1. 投加酸碱法

脲酶的活性与黄水的 pH 紧密相关。其中，中性环境下脲酶的活性达到最高，在酸性或碱性的条件下，酶的活性均会受到抑制。因此，在实际操作过程中，可通过投加强酸或强碱来改变脲酶的活性进而控制黄水的腐熟程度。

研究表明，当 pH＜5 的时候，结核杆菌产生的脲酶的活性会受到明显的抑制，这种抑制通过改变蛋白质的活性从而达到不可逆的效果。根据 Larson 的研究，当 pH＜5.2 时，普通变形杆菌的脲酶会永久失活。一些学者开展了酸化试验来研究投加浓酸的影响。试验表明，在黄水中按照 2.9g/L 的剂量加入硫酸，能够实现对脲酶活性的长效抑制。但是实际上在使用酸化法时，由于浓酸的强腐蚀性和尿素在强酸性条件下的分解，实际操作中对浓酸的投加精确性要求极高，操作较为困难。

与酸化法相比，提高 pH 的效果并不显著，但是从安全性和成本的角度来说，加碱更有优势，更适用于腐熟黄水的原位处理。Kai M. Udert 等人通过投加氢氧化钙粉末提高黄水的 pH 来防止其中的脲酶水解。在新鲜尿液中加入了 10g $Ca(OH)_2$，以确保始终有固态 $Ca(OH)_2$保留在反应器中，这样可以保证足够高的 pH。除了提供足够的 $Ca(OH)_2$外，反应器内的温度也必须保持在一定范围内以防止尿素的化学水解。在低于 14℃的温度下，饱和 $Ca(OH)_2$溶液的 pH 在 13 以上，较强的碱性有利于尿素水解。但与此同时，还需选择 40°C 的预防性上限温度，因为尿素水解的速率在较高温度下会加快。作为一种常用的工业原料，熟石灰 $Ca(OH)_2$在自然界中广泛存在，同时也是良好的土壤肥力改造剂，通常用于降低土壤酸性，提供钙元素等。因此，使用 $Ca(OH)_2$既可实现黄水稳定化的目的，还可得到土壤调节剂、肥料等，在黄水的处理和资源化上有相当好的利用前景，可能是黄水资源化利用未来的发展方向之一。

2. 加热法

与 pH 的作用机制相同，温度的变化也会导致酶活性的变化，因此加热法也是黄水稳定化的方法之一。在同一温度下，不同种类的脲酶的活性也有所差异。当温度高于 60℃时，奇异变形杆菌和反刍兽新月形单胞菌的脲酶会很快失活。而对于雷氏普罗维登斯菌的脲酶来说，在温度高达 80℃的环境下仍能够保持较高的活性。不过，与调节 pH 相比，维持较高的温度会耗损更多的能量，因此该方法在实际的大规模工程应用中不太实际，具有较大的局限性。但对于一些在较高温度下仍能保持高活性的菌种，可以考虑将其应用于污水处理的其他领域。

3. 抑制剂投加法

与提高反应速率的催化剂（促进剂）不同，抑制剂的投加会从不同的方面减慢甚至停止反应的发生。目前所知，脲酶的抑制剂有重金属、氟化物、磷酸酰胺类化合物等多种类型。

微量重金属会对脲酶的活性产生影响，重金属使得脲酶失活的机理，大多数是一样的，主要通过与脲酶的活性部位结合使其失去活性。剂量很小的 Ag^{+} 和 Hg^{2+} 就可以使大部分的脲酶完全失活，Mn^{2+}、Pd^{2+}、Co^{2+}、Cd^{2+}、Ni^{2+}、Cu^{2+} 等也对脲酶具有很强的抑制性。根据阳离子的不同，氟化物对于不同脲酶的抑制作用并不相同，并且抑制机制也会随脲酶的种类的不同而变化。另外，已有许多磷酸酰胺类化合物被证明为强效的脲酶抑制剂。

然而，需要指出的是，从抑制剂的作用机制来看，大部分的抑制剂都存在极大的健康风险，如使用不当会对人体健康构成威胁，因此抑制剂的使用对腐熟黄水的应用有不利影响。在这一问题得到妥善解决之前，该技术很难进行广泛的推广应用。

5.2.4.3 黄水物化处理与资源化利用

虽然腐熟黄水的直接利用对黄水中营养元素的利用效率较高，但一般来说这种黄水腐熟与资源化技术只适用于农村或偏远地区，因为黄水作为农用液体肥料同样有着很大的局限性。首先，长达 180d 的腐熟时间需要巨大的储存空间，极大地增加了基建成本；其次，在黄水腐熟的过程中还中存在氮、磷等营养元素的损失和异味影响周边环境的问题，这也限制了腐熟黄水在城市地区的大规模应用。

相比之下，黄水中营养元素通过处理工艺回收则更适合在城市地区大规模应用和推广。借鉴污水处理中的已有技术和工艺，以黄水减量为主要目的的工艺包括膜分离、蒸发、冻融等；以氨氮为目标产物的回收工艺包括离子交换法、吹脱汽提法（减压蒸馏）、折点氯化法等；以尿素为目标产物的回收工艺主要是化学沉淀法中的异丁叉双尿素结晶法，而化学沉淀法中的鸟粪石结晶法以及膜分离法则可以对黄水中的大多数营养元素均进行回收。

1. 黄水的浓缩脱水技术

黄水中绝大部分组分相对于传统商业肥料具有营养物质浓度低、氨气易挥发（不仅会带来异味，还会导致氮的损失）、所需储存空间大和运输成本高等缺点，这大大限制了其收集和利用。因此，对黄水进行脱水浓缩以减少其体积对黄水的运输和后续处理很有必要。黄水的浓缩脱水是通过某种技术手段实现黄水中水相和溶质分离从而得到高浓度黄水甚至固体肥料的过程，常见的技术手段有膜分离、蒸发、冻融等。

膜分离法可实现黄水的脱水和营养元素的浓缩，同时根据所用膜孔径和驱动力的不同，膜分离法还可有效去除黄水中的药物、重金属等微量污染物。基于通过半透膜的驱动力，膜技术可分为反渗透（Reverse Osmosis，RO）、纳滤（Nano Filtration，NF）、正渗透（Forward Osmosis，FO）和膜蒸馏（Membrane Distillation，MD）等。上述四种技术可单独用于尿液脱水，也可以与其他技术联合使用提高脱水性能。其中，反渗透和纳滤的能耗较大，因膜污染导致的结垢问题十分突出，长期操作可行性差，且滤出液可能被盐、重金属和微量污染物污染；正渗透的低水化学势溶液很难再生，形成的鸟粪石导致膜结垢；膜蒸馏过程需要消耗大量能量，运行过程中存在着较大的氮损失，且挥发性物质会对滤出液体造成污染。

正渗透技术是一种绿色的膜技术，在膜的一侧加入高浓度溶液（汲取液），另一侧则为需要浓缩的原料液，利用二者之间的渗透压差对原料液进行浓缩，无需外加压力，对膜强度要求低，污染后的膜通过简单的处理即可恢复，对物质的截留率高等。尿液中含有大量的无机盐和有机物，正渗透膜技术对其进行浓缩后可作为高效液态肥，方便运输和使用。目前已有以正渗透膜技术为核心的新型生态厕所，采用正渗透技术进行黄水的浓缩。有研究对比了新鲜尿液和水解后尿液的浓缩和截留效果，结果表明，正渗透膜对尿素的截留率仅为20%～50%；对尿素水解后产生的氨截留率为50%～80%；对磷和钾的截留率在90%以上。有研究收集了新鲜尿液（pH＝6）进行正渗透浓缩处理，发现正渗透膜对总有机碳、总氮和氨氮的截留率均可达到98.5%以上。

蒸发是通过加热促使黄水中的水分不断蒸发而溶质不断浓缩的过程。通过对黄水的直接蒸发，最终能够得到含有氮、磷、钾、钠、硫等多种营养元素的结晶产物，实现营养物质的有效浓缩，如图5-8所示。这是回收黄水中营养元素最为简单、直接的途径。但是，该技术存在的问题也很多，如能耗高、氨气易挥发、部分微量污染物无法去除而残留于浓缩产物中等。在黄水蒸发脱水的过程中，随着温度升高，其中的NH_3会不断挥发，因此，

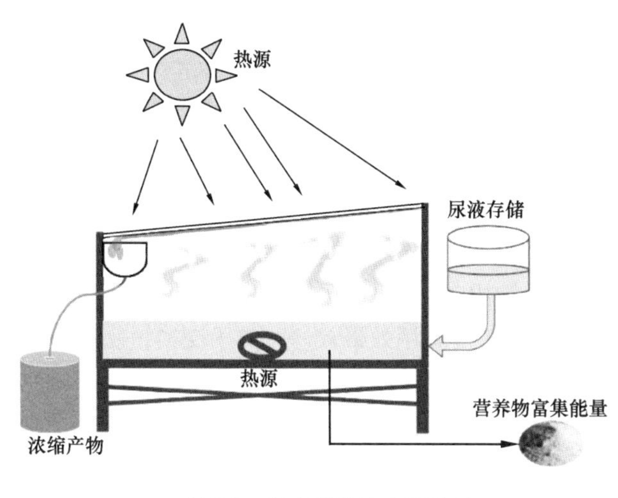

图 5-8 黄水蒸发技术示意图

在蒸发之前可以加入强酸固定尿液中的氮，还可以通过生物硝化将氨氮部分氧化成硝酸氮以防止挥发。另外，针对蒸发过程中需消耗大量热量的问题，在太阳能辐射良好的地区可用廉价的太阳能替代传统的加热方式。Bethune 等人利用垂直堆叠的塑料"自助式"托盘蒸发尿液，蒸发过程产生了深色、高盐分的盐水溶液，干燥后得到由 Na、Cl、N、P 和 K 组成的固体产品。Samantha 等人在越南某高校利用分批、循环和连续三种太阳能蒸发系统回收尿液中的资源。研究表明，对 50L 的酸化尿液进行为期 1 个月的蒸发回收，得到了 360g 总氮以及超过 2%的固体肥料。虽然蒸发过程中 pH 的降低可减少氨的挥发，但这往往依赖于硫酸的使用，成本高且不安全。为此，可利用稳定运行的 MBR 等生物反应器中的微生物先将尿液中部分氨氮硝化为硝酸盐，再蒸发脱水回收结晶产物。该技术能够完整回收尿液中的氮磷钾等营养盐，但是对残留药物等有机污染物在浓缩产物中的富集问题和转化特性仍需进一步研究。

冻融技术是利用冷冻等方法使尿液中的水分在低温下先形成冰晶而其他组分仍维持溶液状态以实现溶质和水分离。有研究表明，在－14℃的温度下，大约 80%的营养物可以浓缩为原始体积的 25%。该技术可以有效减少黄水的体积，而不对其中的营养元素产生任何损失，使黄水中的原有组分得到长时间的保持，便于存储和运输管理。但是，相对于蒸发，冻融所需的能耗更大，同时也很难直接得到晶体产物，因此冻融技术一般不单独使用，除非所在地区的气候十分寒冷。为了减小能耗，可将冻融作为辅助手段联合其他技术来应用。如 Ganrot 等人将冻融与磷酸铵镁（$MgNH_4PO_4 \cdot 6H_2O$）鸟粪石沉淀结晶及吸附技术相结合来回收尿液中的营养物质，不仅可提高氮和磷的回收率，还能有效减小回收产物的毒性。

2. 离子交换法

离子交换法是将黄水中欲去除的营养元素离子和交换剂表面的同电荷性离子进行交换，实现营养物质回收的过程。对于黄水而言，为实现其中营养物质的高效回收，其关键在于寻求一种对氮、磷和钾均具有很强的吸附性能且最终能够在土壤中将其释放出来的离子交换材料。常用的交换剂有活性炭、沸石、石灰石、生物炭和离子交换树脂等。沸石是一种呈骨架状结构的多孔性铝硅酸盐晶体，比表面积大，吸附性好，其中尤以斜发沸石最为常见，其本身也是一种很好的土壤改良剂。早期的研究主要关注利用沸石的离子交换原理吸收和回收尿液中的氨氮；而近期研究发现，沸石对尿液中的正磷酸盐同样具有很高的吸附率和回收率，并且最终吸附后产物的整体肥性与普通商用肥料非常相近，其不足之处就是对钾离子只能吸附不能回收。Lind 等人检验了沸石的性能，它们对稀释 2 倍后的黄水中的氮回收率约为 65%～80%。Beler-Baykal 等人使用沸石实现了黄水中 50%～60% 的氨氮回收率。Ban 等人以投加 MgO 强化沸石对未稀释黄水中氨氮的回收，最高可达 62%的回收率。由于斜发沸石的吸附容量有限，从 1L 尿液中完全回收氮磷钾需要消耗约 700g 斜发沸石，因此，采用单独的吸附技术并不经济。目前，更多研究是将沸石吸附与磷酸铵镁沉淀或冻融等多种方法相结合，其中沸石主要用来吸附磷酸铵镁沉淀后剩余高氨氮溶液中的氨氮。阴离子交换树脂主要回收尿液中的磷，具有吸附速度快、不受硫酸盐影响、回收率高等优点，同时具有很好的再生性，重复利用效果较好；离子交换树脂用于氨氮去除的效果较好，刘宝敏等人使用强酸性阳离子交换树脂吸收高浓度焦化废水中的氨氮时发现，树脂对于氨氮的静态吸附量为 13.3mg/g 树脂，去除率达到 90.87%。生物炭对尿液中氮的吸附回收强于磷元素，且不同生物炭的吸附能力有所差异，其最大优势在于吸附回收尿液中的营养物质后可直接作为土壤改良剂使用，但其价格相对昂贵。谢陶研究了生物炭对黄水资源化的研究，结果表明，水稻、小麦等农作物秸秆为原材料制备的生物炭对于氨氮的吸附效果较好，吸附量可达 8.8～10.1mg/g，而用树枝、木材生物炭对于氨氮的吸附量只有 4.5～5.2mg/g，与活性炭（约为 5mg/g）相当。与氨氮相比，生物炭对磷酸根的吸附效果不显著，甚至会释放一定的磷酸根。离子交换吸附技术不仅可以回收和吸附尿液中的氨氮，对尿液中的正磷酸盐的回收率也能高达 90%，吸附产物用作肥料的肥效可以与商业肥料相媲美，但它不能回收其中的钾元素。同时，该方法适用于氨氮浓度宜低于 500mg/L 的情形，过高的氨氮浓度会使材料再生操作过于频繁，不利于反应的长时间持续进行。

以上结果显示，通过吸附剂进行离子交换的方法可以有效地从黄水中回收氨氮。但若要将所回收的氨氮用于资源化利用，还需要对吸附剂进行脱附，该过程效率一般不到 60%，使得吸附法可以作为黄水的处理方法，但作为资源化方法的效率不高。

3. 气体回收法

黄水中的氮多以铵根离子（NH_4^+）和游离氨（NH_3）的状态存在，两者保持平衡，其中游离氨易于从溶液中逸出。气体回收法主要包括吹脱法、汽提法和减压蒸馏法。其中吹脱、汽提都是利用碱性条件下氨气易挥发的特点，通过气流来实现黄水中氨的气液相分离。通过将气体（载气）通入水中，使其相互充分接触，使水中溶解气体和挥发性物质穿过气液界面，向气相转移，从而达到脱除污染物的目的，其基本理论依据是气液相平衡的亨利定律和传质理论，主要包括鼓风曝气吹脱—酸吸收法和热蒸汽气提—冷凝法。研究表明，使用鼓风曝气吹脱—酸吸收法时，只要黄水 pH 升高到 12 以上且保持足够的空气流量，氨的回收率即可达到 97%以上，且回收时间随空气流通速率增加而减少。为减小曝气所需的能量，可以使生物燃料电池技术与吹脱吸收技术相结合，将燃料电池产生的电能用于曝气设备，实现能量零输入。相比于前者，热蒸汽气提—冷凝法用热蒸汽代替空气，回收的氨无需酸吸收，直接冷凝即可得到氨水溶液。可见，吹脱吸收技术的主要优点是能从黄水中回收纯氨，缺点则是回收到的是液态硫酸铵或氨水，不便于进一步储存与应用。因此，将吹脱吸收技术与太阳能蒸发脱水技术相结合得到硫酸铵晶体是一种值得推广的方法。

Behrendt 等人研究了吹脱法对未稀释黄水的作用效果，得到了超过 95%的氨去除率。吹脱工艺可有效回收氨氮，最终以铵盐形式回收利用，效果稳定，操作简便，易于控制。然而，吹脱法的高成本限制了该工艺在工程层面的推广。

汽提法主要通过向黄水中曝气或利用沸腾水蒸气的蒸发，使氨氮随之扩散到气相中。该方法适用于高浓度氨氮废水，但如果气体处理不当，则有可能造成二次污染，且由于需要使废水温度升高或沸腾，因而能源消耗较高。

减压蒸馏则是通过减少体系内的压力而降低液体的沸点，使一些沸点较高的物质在普通蒸馏时还未达到沸点的温度下即可以气体的形式从溶液中逸出。减压蒸馏法为气提法的改良工艺，它利用低压降低沸点并在气相中提供抽吸作用，使气体可以定向流动收集。该方法适用于高浓度氨氮废水中氨氮的回收，且相较于汽提和吹脱具有能源消耗少，回收彻底，无二次污染等优点，是目前氨氮废水物理化学处理方法的新技术。有文献报道，采用减压蒸馏法处理高氨氮出水，可取得 92%～99%的回收效果。

4. 化学沉淀法

化学沉淀法主要使用投加外加沉淀剂使黄水中的氮、磷、钾以沉淀结晶的形式得到去除或回收。该技术可行性强、所需设备简单、处理成本低，但往往需要投加相当量的沉淀剂。目前比较主流的有鸟粪石结晶法和异丁叉双尿素结晶法。

鸟粪石是对一类矿石的统称，最常见报道的是磷酸铵镁($MgNH_4PO_4 \cdot 6H_2O$，MAP)或磷酸钾镁($KMgPO_4 \cdot 6H_2O$，MPP)。其中 MPP 沉淀法相对 MAP 沉淀法研究较少，两种鸟粪石虽为同形体，但其形成机理和动力学都有所不同，结合实际黄水考虑，若要回收尽可能多的磷酸钾镁，需要额外添加钾源，增加了生产成本。

外加镁离子处理黄水中的氮、磷元素的反应式见式（5-1)：

$$Mg^{2+} + NH_4^{+} + PO_4^{3-} + 6H_2O \rightarrow MgNH_4PO_4 \cdot 6H_2O \downarrow \quad (5\text{-}1)$$

利用以上反应可以实现氨氮和磷的回收，这种方法已经被广泛用于处理厌氧消化液、禽畜养殖废水、黄水以及其他污水中。该方法的优点是能够同时回收多种营养元素，而且回收产物相对纯净，所得产物鸟粪石自身就是一种低释放型优质肥料，因此该方法是一种附加值较高的黄水资源化利用方法。然而，尿液的基本组成（氮、磷、钾物质的量之比为 18∶2∶5）又从根本上决定了该技术的缺陷，单纯的鸟粪石沉淀结晶技术往往只能回收尿液中约 13%的营养物质，而损失了大部分氮和钾等其他营养成分。要通过鸟粪石沉淀法完全回收尿液中的氮磷钾，不仅需要额外投加镁源，也需要大量投加磷源，这就增加了该反应的成本。由于需要过多投加磷源的不经济性，该技术常只在以单独回收磷为主时应用。

鸟粪石结晶反应受 pH、物料比、温度、搅拌等多因素影响。其中，pH 主要通过影响 NH_4^{+}和 PO_4^{3-}的存在形态进而决定结晶过程。当 pH 在 8.5～9.5 时有利于磷酸铵镁结晶。物料比是影响反应结晶的另一个决定性因素。多数黄水的氨氮和磷浓度较高，而缺乏镁，因此，通常需要通过投加可溶性镁盐的方式启动结晶。研究表明，当 Mg∶P 摩尔比介于（1.1～1.3）：1时，磷的回收率能够达到90%以上。随着温度的升高，磷酸铵镁溶度积常数变大，不利于反应结晶，较高的温度也会使得NH_3浓度升高而NH_4^+浓度下降，不利于反应结晶的进行。此外，搅拌速度可以通过影响冲击能而影响反应结晶，晶核的存在有利于反应结晶和大颗粒的生成。

在优化的反应条件下，鸟粪石结晶法中氮和磷的回收率都能达到95%以上，可以同时回收氮和磷，具有很大优势。但是，Liu等人认为黄水中氨氮浓度较高，鸟粪石结晶法所需的物料投加量过大，不易操作，不适宜用作氨氮的回收，而更适用于磷的回收。作为一种很好的缓释肥料，鸟粪石结晶技术受到了众多研究者的青睐，并已在部分地区实现规模化应用。

异丁叉双尿素结晶法，是一种回收尿素型氮元素的资源化方法。该方法可在黄水腐熟前，通过反应结晶回收尿素。一分子异丁醛结合二分子尿素，形成难溶的异丁叉双尿素。Behrendt等人利用该方法处理浓缩4倍的黄水，实现了75%的尿素回收率，同时伴随着磷和有机物的沉淀吸附。这种方法的特点是结晶对象为尿素，对黄水的氨化程度要求较低，但是结晶效率较低，且结晶产物中杂质较多，应用仍然受到限制。

5. 折点氯化法

折点氯化法主要利用氯气或者次氯酸根的强氧化性将氨氮氧化为氮气，达到去除氨氮的目的。该方法常用于给水处理，既可以作为单独的脱氮工艺使用，也用于生物脱氮工艺出水的补充处理，适用于氨氮浓度较低的废水。氨氮浓度过大会导致运行费用较高，且容易产生副产物。白雁冰等人提出了生物处理—折点氯化—活性炭吸附的高效脱氮方案，认为折点氯化的进水氨氮浓度在60mg/L以下时处理效果最佳，且成本预算显示折点氯化更适合处理低浓度氨氮废水。

6. 电化学法

电化学处理方法操作过程简单且设备占地小，是比较常用的一种方法，可以通过电催化反应过程进行脱氮处理、而后进行絮凝反应进行除磷。电解法是电化学常用方法，主要用于去除尿液中的氮元素和磷元素。Ikematsu等人将铂铱电极设置为阳极，通过电解过程产生的氯来处理稀释的尿液，由于脲酶在整个尿液储存期间的电化学失活，尿液中尿素的水解反应受到抑制，避免了氨异味的产生，这种处理方法使尿液得以储存并且可以在厕所中作为冲洗水重复使用。Ikematsu等人还利用铂铱和铁组合电极对稀释尿液废水进行处理来实现脱氮除磷目的，当阳极为铁电极时发生电催化过程用来脱氮，当阴极为铁电极时发生絮凝反应用于除磷，试验发现，当反应液中总氮的质量浓度小于1000mg/L时，电化学过程对尿液中氮磷元素的去除效果可以达到100%，对COD的去除同时也可以达到85%。Ieropoulos等人利用微生物燃料电池进行组合对移动厕所尿液废水进行处理，试验结果显示对于校园厕所废水的COD平均去除率在95%以上，并且可以利用装置进行移动照明。顾域锋等人利用表面涂覆有钌铱化合物的钛电极来模拟尿液的电催化氧化脱氮，试验结果显示对于氨氮去除效果为87.81%左右，TN的去除率可以达到53.08%。电化学方法可以应用在小型分散式污水处理设施中，但尿液电化学脱氮除磷的影响和机理还需进一步探讨。

综上所述，不同处理方法所适用的场合和氨氮浓度也不尽相同。其中，适用于中低浓度的有离子交换法、折点氯化法和膜分离法，根据各自的特点选择黄水资源化方向。化学沉淀法针对尿液作为处理对象时，需要大量投加沉淀剂的使用，可以采用该方法去除部分的氮和磷元素。吹脱、汽提与减压蒸馏适用于高浓度的废水脱氮处理，电化学法作为一种新兴的物化处理方法，具有操作过程简单、建设与运行成本较低等特点。在实际应用中，黄水具体处理方法的选择，需根据能源的消耗、氮元素回收的必要、对环境的影响等因素决定。具体的各物化处理方法汇总与优缺点的比较如表 5-3 所示。

黄水物化处理方法的优缺点比较 **表 5-3**

物化处理方法	优点	缺点
离子交换法	对中低浓度废水中的氨氮处理效果好	高浓度氨氮会增加吸附产品的更换速度；对磷的去除效果不佳
吹脱、汽提、减压蒸馏	可以用于高浓度废水脱氮，对低浓度的氨氮处理效果好	设备或能源成本较高；气体处理不当易造成二次污染；对磷的处理能力有限
化学沉淀法	鸟粪石结晶法可以同时有效回收氮磷；异丁叉双尿素结晶法可以用于处理腐熟前的黄水	相比磷而言，对氮的处理回收能力略差；需要投加一定量的沉淀剂
折点氯化法	可以用于给水处理；适用于处理低浓度黄水；处理后的水质好，氮含量极低	运行费用高；高浓度运行时可能会有产生副产物的风险
电化学法	占地面积小、运行费用低	能耗大，有副产物产生
膜分离法	使用方便，运行简单；适用于多浓度废水，处理效果好	反渗透技术需要外加压力；膜污染问题

7. 联合处理工艺

在实际黄水处理与资源化工程中，为发挥不同处理工艺的优势，达到高效资源化的目的，往往会采用多种方法进行联合处理，如瑞典的研究人员投加 MgO 来去除尿液中所含的 PO_4^{3-}，使黄水 pH 到达 9 左右，以鸟粪石的形式回收磷元素，而尿液中的氨氮则通过沸石吸附进行去除。这种方法对磷、氮的回收率分别可达 90%～98%和 95%～98%。Ronteltap 等人研究了鸟粪石结晶法回收尿液中的氮、磷营养元素并检测了黄水中来自人体的激素、难降解药物，所得的鸟粪石回收物中激素、药物和重金属含量极低，从另一方面证明了黄水资源化的可行性。

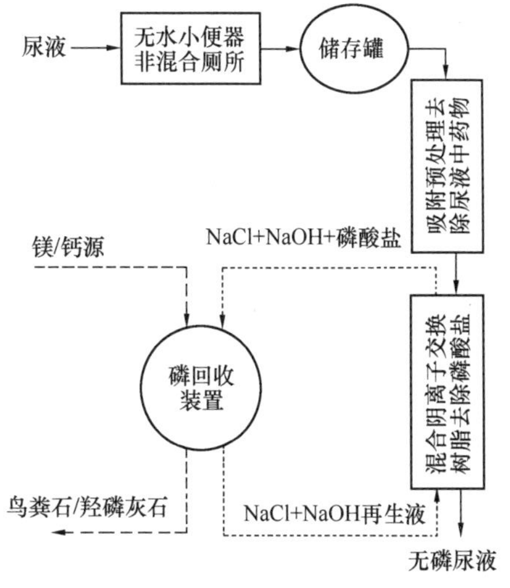

图 5-9 离子交换—鸟粪石结晶法联合工艺

Alicia 等人利用离子交换法和鸟粪石结晶法对源分离尿液中的磷进行回收试验。结果表明可以在 5min 内快速去除尿液中的磷酸盐，去除率达 97%。此试验流程中对树脂进行再生可形成一个如图 5-9 所示的闭合交换再生循环系统。树脂利用 NaCl 溶液再生，再生溶液可以经投加镁或钙进行沉淀形成鸟粪石，解决了传统源分离尿液鸟粪石沉淀过程中硫酸盐对结晶的影响，而且树脂可以重复利用，有助于降低鸟粪石的生产成本，具有一定的应用前景。

5.2.4.4　黄水生物处理与资源化利用

黄水的一个显著特点在于其具有很高的氨氮浓度，未稀释黄水中的氨氮浓度可高达6200～9200mg/L。针对这一特点，学者们对黄水的脱氮展开了大量研究。已有脱氮技术大致可以分为物化法和生物法两类，其中物化法脱氮已在之前章节进行了阐述，本节主要介绍黄水的生物脱氮。

经过几十年的发展，传统生物脱氮技术日渐成熟，在工程实践中得到了广泛的应用。该工艺主要利用活性污泥中的氨氧化细菌、硝化细菌和反硝化细菌的生化反应过程，将氨氮氧化成亚硝氮、硝氮，并反硝化生成氮气，从而降低黄水的pH，使其达到稳定，同时消耗有机物。

与此类似，黄水的生物处理主要是利用氨氧化细菌的氧化作用将黄水中的氨氮氧化为硝氮或亚硝氮，即硝化作用。硝化作用不仅可以将黄水中的铵盐转化为更加稳定的硝酸盐形式，还降低了黄水pH，增加了其稳定性。单独使用该技术通常是为了黄水的稳定化，这是由于黄水中氨氮的浓度很高且碳氮比相对较低，通常对处理系统有较高的生物量及良好的抗冲击负荷要求。目前对黄水的硝化（稳定化）处理采用的系统主要有膜生物反应器（MBR）和序批式反应器（SBR），二者可以保证氨氮的转化率达到50%以上且能将氨氧化细菌的数量维持在一定范围内。在回收尿液中的营养物质方面，生物处理技术一般与其他技术相结合来应用。一是利用硝化后的稀释尿液来培养藻类（小球藻、螺旋藻等），并通过回收藻类作为饲料或生物质原料等进一步资源回用；二是先硝化再浓缩脱水回收稳定的结晶产物。

传统的生物脱氮方法具有技术成熟，效果稳定的特点，但存在流程长、碳源和能源消耗大等缺点，往往不适用于黄水的处理，且常常需要联合其他技术回收黄水中的资源，因此正逐渐被其他黄水处理的新技术所取代。一方面是高氨氮浓度会抑制硝化菌的生长，更重要的是，另一方面，反硝化过程中需要消耗一定量的有机物，而黄水中的C/N比仅为1∶1左右，这意味着需要投加大量外加碳源。因此，有必要对生物处理工艺进行改进，使之更适用于黄水的处理与资源化。

1. 短程硝化—反硝化法

短程硝化—反硝化工艺是通过控制反应参数抑制硝化细菌活性和生长，促进亚硝化细菌优势生长，使氨氮在转化为亚硝氮之后直接利用有机物还原为氮气，并消耗有机物的过程。传统生物脱氮（全程硝化—反硝化生物脱氮）途径和短程硝化—反硝化生物脱氮途径对比如图5-10所示。短程硝化—反硝化工艺具有流程短，操作容易，处理效果好，氧供给量少，节

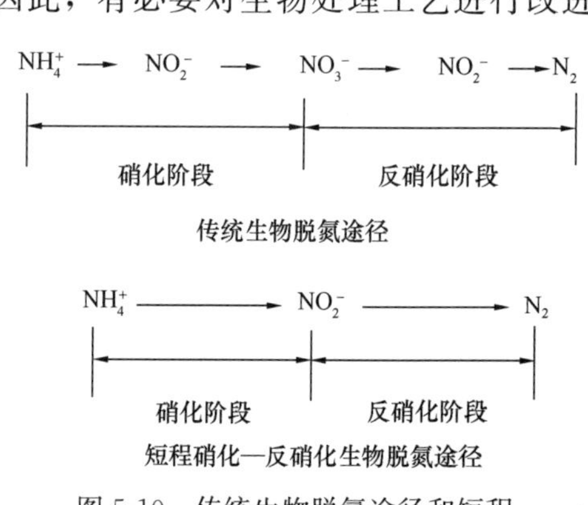

图5-10　传统生物脱氮途径和短程硝化—反硝化生物脱氮途径对比

省能源和碳源，消耗碱度少，减少了游离氨对微生物反应速率的抑制，处理效果好等特点。此外，在该工艺中还需特别注意的参数为好氧池中亚硝氮的积累。

陈丽萍通过高游离氨和游离亚硝酸盐的抑制作用，在 SBR 和 MBR 反应器中均实现了黄水的短程部分硝化过程。出水 TN 去除率分别可以稳定在 40%和 60%左右。Yao 等人以源分离尿液为处理对象，利用 MBR 反应器研究短程硝化反硝化工艺，在无外加碳源，在进水的氨氮浓度为 2250mg/L 的条件下，TN 去除率可达 45%。证明了源分离黄水在短程硝化反硝化工艺上的可行性。

2. 同步硝化反硝化法

同步硝化反硝化法是利用分离得到的好氧氨氧化细菌，在一定溶解氧浓度的环境中，借助于颗粒活性污泥或者生物膜的层次结构，同时完成氨氮的硝化和反硝化。由于该工艺的硝化和反硝化可以在同一个空间和时间中进行，所以具有经济、省时、同步脱氮和去除有机物等优点。但由于好氧氨氧化细菌的数量少，增殖慢，所以该技术目前尚处于研究阶段。自养菌和异养菌均在氨氮的去除过程中发挥重要的作用，其氨氮去除率可达到 98.4%；张瑞雪等人通过对同步硝化反硝化反应器溶解氧的控制和改变发现，DO=3.0～3.5mg/L 时，氨氮的处理效果较好，氨氮去除率大于 84%。

3. 厌氧氨氧化法

在最近十几年出现的脱氮新技术中，亚硝化/厌氧氨氧化工艺成为黄水脱氮的适宜选择。该工艺的原理是首先在好氧环境和氨氧化菌的作用下完成亚硝化过程，使得约 50%的氨氮转化为亚硝氮；然后在厌氧环境中，厌氧氨氧化菌以氨氮为电子供体，亚硝氮为电子受体直接将亚硝氮和氨氮转化为氮气。这种脱氮模式能够很大程度上降低氧气消耗，不需要有机碳源，同时污泥产量较低，但该方法对于环境条件的要求较为苛刻。传统氮循环途径和厌氧氨氧化的氮转化途径对比如图 5-11 所示。黄拓等人接种好氧 MBR 池污泥，以稀释后的腐熟黄水，成功启动亚硝化反应器，氨氮去除率约 55%；增设的亚硝化/厌氧氨氧化的联合处理工艺，对于最终黄水中的 TN 去除率可以达到 70%左右。

传统氮循环途径 —— 固氮-硝化-反硝化:

$$NH_4^+ \longrightarrow NO_2^- \longrightarrow NO_3^- \longrightarrow N_2O \longrightarrow N_2$$

厌氧氨氧化:

$$NH_4^+ + NO_2^- \longrightarrow N_2 + 2H_2O$$

直接转化为N_2

图 5-11 传统氮循环途径和厌氧氨氧化的氮转化途径对比

以上即为大多数的黄水生物处理与资源化方法，在实际工程应用中，采用多种处理工艺联用处理，往往能够取得更好的效果。

5.2.4.5 未来黄水的资源化利用展望

目前黄水处理与资源化的方向，仍然保持着利用其中的有机物或无机盐的思路，实现处理与资源化的同步进行。目前的资源化工艺中，黄水作为农用液体肥料在城市地区的应用具有一定的局限性，而随着城市化的不断推进，开发适用于城市地区的黄水营养盐回收技术是亟待解决的问题。同时，已有的营养盐回收工艺多以氮或磷的回收为目的，而对黄水中钾资源的回收关注较少。而从当前的工业生产技术角度考虑，以氮气和氢气为原料的合成氨技术已发展十分成熟，且大气中的氮源充足。相比之下，磷和钾主要来源于矿石资源，而随着这些资源的不断消耗，磷和钾的回收显然比氮的回收更有意义。同时，黄水中氨氮的回收已有较多研究，而磷和钾（尤其是钾）回收的相关研究相对较少，这意味着磷和钾的回收将成为未来研究的热点方向之一。

5.2.5　源分离厕所系统褐水处理技术

褐水是粪便和冲厕水组成的混合物，产生于源分离便器的大便口，具有较高的污染物浓度，其主要成分包括水、未消化的食物纤维、肠道内的细胞及细菌和部分新陈代谢物质等，主要特征污染物为COD、TN、TP。典型褐水的水质特征如表5-4所示。

典型褐水的水质特征　　表5-4

项目	COD	TN	氨氮	TP
数值（mg/L）	1800～2300	300～600	120～180	40～60

由于褐水的主要成分为粪便，因此褐水的处理与资源化技术与粪便较为相似，常见的褐水处理与资源化方法主要有卫生填埋、厌氧消化、好氧处理、湿式氧化等，下面主要介绍厌氧消化和湿式氧化方法。

5.2.5.1　厌氧消化

厕所污水源头分离与管理的主要目的是在回用水的同时减少系统的能量需求。厌氧消化技术由于具有同时降低化学需氧量和产生清洁能源的能力，成为褐水处理较佳的选择之一。褐水的厌氧消化通常是与厨余垃圾等其他有机废弃物结合的，即黑水的“共消化”。共消化可将2种或2种以上在碳氮比、缓冲能力等方面相互调节、相互促进的有机物混合，以达到厌氧消化所需的最佳碳氮比。其底物之间的协同效应，为厌氧微生物提供了平衡的营养元素和代谢环境，对可能存在的抑制因子，如氨氮、重金属、酸碱性等具有一定的稀释和缓冲作用，从而可以提高污水或废弃物的降解效率，保证消化过程的稳定高效运行。褐水可向微生物提供额外的营养物质，同时具有一定的缓冲能力，因而可以提高厌氧消化过程的稳定性。Rajagopal等人的研究也表明，褐水的缓冲能力可使其在与厨余垃圾共发酵时得到更高的沼气产率与生物降解速率。通过这一途径产甲烷是一种更加经济绿色的途径，可有效减少化石能源的使用。新加坡南洋理工大学Lim和Wang在批试验中探讨了微曝气预处理在褐水—食品废弃物共厌氧消化中的作用。在使用37.5mL O_2/（L·d）对液相反应物进行4d预处理之后，测定了随后40d厌氧条件下底物的甲烷产量。结果表明，预处理过程中加入的氧气被特定的微生物菌群完全消耗并为有机物的降解提供了还原性的环境。微曝气预处理过程提高了挥发性脂肪酸（Volatile Fatty Acid，VFA）的积累量，并使其他短链脂肪酸转化为乙酸。这主要是源于水解酸化菌群活性的增强，以及微曝气条件下生物降解速率缓慢的组分的降解。该研究还发现，底物接种率的不同会对微曝气的预处理效果产生影响。Afifah 等人在实验室规模的粪污厌氧发酵中加入食品和植物废弃物，结果发现当粪污的浓度为 25%～50%时，厌氧发酵 42d，沼气的产量是单独使用粪污的 10～20 倍。叶文风考察了源分离褐水与花生秸秆、花生壳和养猪废水等有机生物质共消化产甲烷的效果及机理，研究发现褐水与花生秸秆的混合比例为 3∶1 时，甲烷产量比单独褐水消化提高了 161%，碱预处理和低温热处理可进一步提高甲烷产量。机理研究表明，添加适宜的共基质与褐水厌氧共消化产甲烷，可以增加水解和酸化阶段溶解性有机物的浓度，为微生物提供更多可供利用的底物。同时，共基质的添加可以提高水解和产酸阶段的酶活性，以及相关的水解菌和乙酸型产甲烷菌的相对丰度，从而提高厌氧共消化的甲烷产量。而对混合基质进行预处理可进一步强化有机物的水解和产甲烷相关辅酶的浓度，从而促进氢营养型产甲烷过程，提高褐水厌氧共消化的甲烷产量。

5.2.5.2 湿式氧化

如前所述，湿式氧化过程对黑水中 COD、病原微生物等具有很高的去除效率。该技术同样适用于褐水的处理。杜克大学的研究者在超临界状态下（$T>374$K，21.8MPa）对粪便进行处理，可使有机物被快速分解为热量和 CO_2，同时产生清洁的再生水。该技术反应迅速，转化效率高，其技术流程如图 5-12所示。该系统中 COD 去除率可达 99.9%以上，TN 和 TP 的去除率也高达 98%以上。之后，密苏里大学的 Miller 等人更是实现了在无外加助燃物条件下粪便污泥的湿式氧化。

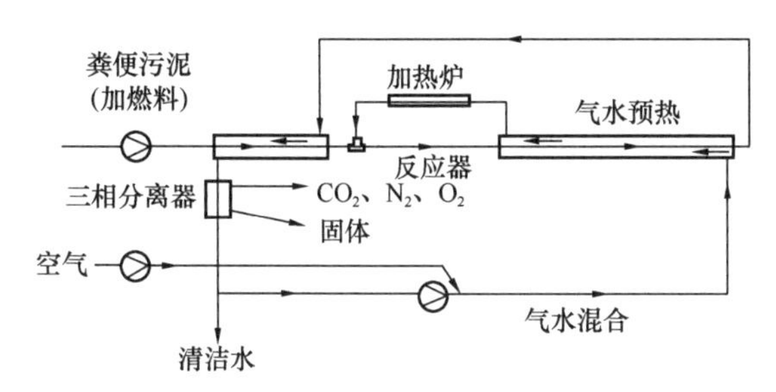

图 5-12 粪便/褐水的湿式氧化技术流程

与热解、焚烧等粪便的常规处理工艺相比，湿式氧化技术无需对粪便进行脱水干化，在反应过程中也不会有臭气产生，反应十分彻底。然而，该反应过程需要很高的动力投入，对反应设备的材质和精密性也有很高的要求，因此，目前该工艺距离实际应用尚存较大距离。

5.2.6 水冲式源分离厕所工程应用案例

从上述介绍中不难看出，水冲式源分离厕所系统在节水节能和提高排泄物资源化利用价值等方面具有明显优势。粪尿分集型源分离厕所起源于欧洲，并在德国、瑞典等国得到了一定应用。在我国，水冲式源分离厕所系统应用相对较少，但污水分质收集与利用的理念已深入人心，未来相关研究将会越来越多。本节通过两个案例介绍了水冲式源分离厕所的实际应用。

5.2.6.1 上海崇明岛某码头

上海崇明岛某码头地处上海长江隧桥崇明登陆口，是全国性生态岛建设和用水排污可持续的示范区，生态排水理念与技术在这里得到应用。该码头公共厕所是一座水冲式源分离厕所，如厕产生的黄水和褐水通过源分离便器收集，并利用负压排水技术分别将其输送至黄水储存池和褐水储存池，后续采用各自适宜的处理利用方式。其中，黄水经稳定化后用作液态肥，褐水经厌氧发酵后产生沼气用作能源，沼渣用作肥料。

该源分离工程的节水效果和经济效益是：（1）由于真空便器和源分离排水的双重节水效应，该厕所年冲厕水量可节省 97%；（2）厕所产生的污水总量减少 1/3 以上，除黄水、褐水进行分质处理外，不含粪尿的灰水也经过低成本处理后成为优质景观水；（3）减少用水成本，节省污水处理投资，将污水处理运行费用降至最低；（4）通过优质有机肥的施用，可收获品质更高的生态农业产品，并获得更好的市场回报；（5）该系统改变了污水中含碳有机物的氧化过程，通过厌氧发酵、能量回收及有机物利用，减少碳排放。

5.2.6.2　北京奥林匹克森林公园源分离示范项目

北京奥林匹克森林公园位于北京市朝阳区，占地面积 680hm^2。2005 年 6 月 30 日，奥林匹克森林公园开始建设奠基，于 2008 年 6 月 20 日全部竣工。2008 年以前，奥林匹克森林公园新建的各类功能建筑中，有 49 处具有生活污水（或废物）排放要求。根据公园的实际情况，对这些排水设施进行了技术改造，形成了四类污水处理技术，即：MBR 水处理技术、生物速分污水处理技术、生物降解粪便处理技术、FAST 污水处理技术，其中合并处理 4 处，共设 45 处处理设施。

源分离是奥林匹克森林公园排水设施改造的首要宗旨，改造后的收集设施对建筑产生的各类废水进行源分离，分别进行无害化生态处理，将含有氮、磷的尿液与粪便、盥洗类的生活污水相分离，实现灰水、黄水和褐水的分质收集，改善了粪便、生活污水的生态处理环境，使污水处理中的碳、氮、磷比例趋向合理，处理后的出水更易达标。基于以上思路，奥林匹克森林公园在园内生活建筑中布置了新型洁具及管道收集形式，引导生活排污实现基于粪尿分离的源分离形式，实现废物分类排除的构想。

在对人排泄物进行源分离的基础上，园内系统建立了物质循环处理中心。该中心由“绿色废物处理中心”和“黄水资源化处理中心”组成，共同形成公园内实现物质循环体系的重要枢纽环节。其中，“绿色废物处理中心”部分是以常年处理公园自产植被类废料为骨料，在适当时间段内配合将经过预处理的公园化粪池污泥与植物废料一起进行好氧发酵，以高品质有机肥为最终产品。“黄水资源化处理中心”的主要功能是对公园各建筑实现粪尿源分离后的黄水进行集中收集，同时进行腐熟肥化处理与配制，最终产品为液态有机肥。在黄水资源化处理中心的地下部分，构建了污泥预处理部分，处理好的污泥用管道送至绿色废物处理中心进行脱水堆肥。污泥脱水后的废液经过水解酸化与膜生物反应器处理，形成次肥水用于生物除臭系统补水和与黄水混合制肥。

该项目从源头上针对不同污水采用相对应的收集和处理方法，从而节约用水、回收营养元素、降低处理费用。该项目还解决了免水冲生物降解粪便处理技术中的尿液排出问题，对分离后的高浓度尿液经腐熟肥化处理为有机肥，为公园的园林种植与养护提供高效肥源，并将公园接待的各类人员转化为贡献者，形成资源型供给。

据估算，园区内每年收集的尿液量约为 8000m^2，其含氮量相当于 200t 氮肥，按市场价 2000 元/t 计算，可产生 40 万元的价值。同时，小便器可节约水量 6 万 t/年～9 万 t/年。该源分离项目有效化解了常规小型生活污水处理中的氮降解难题，使多项生活污水系统的处理效率得以提高，对高出水水质标准要求的项目，有极高的借鉴价值。

第 6 章　无水冲式厕所排泄物处理与资源化技术

水冲厕所除了收集粪污外，还会进入大量的水，其原理是将粪尿及水混合一起冲走，这种方法不仅不能实现资源化利用，还有可能造成二次污染。目前我国农村地区地下管网系统建立尚不全面，存在很多水冲式厕所在乡村地区无法正常使用的情况，尤其是干旱半干旱的缺水地区，自来水定时供水及保障率都很低，水冲式厕所的应用存在着较大的障碍，而且氮磷等宝贵资源无法得到高效回收利用。因此，无水冲式厕所广泛应用于在乡村地区。

无水冲厕所是指在保证各项卫生指标达标的前提下完全不用水或者是仅用部分液体微生物菌剂的一种厕所。采用无水冲厕所，由于不用水，也就不易产生污水，将保护我们的地下水、河流、湖泊及海洋免于粪源性污染，但在如厕后收集粪污，为了达到除臭、卫生的效果，一般会采用细土、炉灰等物质覆盖或者混合生活有机废弃物，导致收集到的粪污浓度会产生一定程度的变化。无水冲卫生厕所还可以回收利用粪便，用于农业生产形成良性循环。

6.1　分散处理型无水冲式厕所排泄物处理与资源化技术

6.1.1　无水微生物堆肥型厕所

无水冲微生物堆肥型厕所相当于一个生化反应器。在厕所中加入生物填料，接种菌剂后与粪便混合发酵，使粪便中的大分子复杂有机物逐步降解为简单小分子有机物，伴随降解过程还会产生大量代谢热，使反应器逐步升温，达到一定温度后，粪便中的病原体可被有效杀灭。最终的小分子有机物可以制成有机肥料最终回归农业生产。按照堆肥的温度来划分，可以分为冷堆肥和热堆肥。热堆肥一般能达到 40℃以上，可以有效杀灭排泄物中的病原体。有研究表明，堆肥的温度只要达到 50℃，大肠杆菌会在 24h 内被有效杀灭，而在冷堆肥条件下，则需要 6 个月或者更长时间。无水冲微生物堆肥型厕所的优点是无需铺设下水管，能够实现资源循环利用，减少水资源的浪费，适合缺水、干旱地区使用。缺点是需要定期添加填料，要求具备较高的通风条件，否则会产生很多异味，而且在寒冷地区需要做好充分的保温措施。

免水微生物堆肥型厕所工艺流程（图 6-1）是通过一个装有生物填料的反应器，将排入反应器的粪便进行加热、搅拌。此类厕所工作过程中不需加水，通过填料和粪便中的天然的微生物，对粪便进行发酵，有需氧和厌氧两种类型。两种处理类型的最终产物均为有机肥料，整个处理过程只需数小时到数日时间，远远短于当前常用的卫生厕所。此类厕所一体化程度高，成品安装方便。但此类厕所尚存在一些不足，例如厌氧处理型厕所在处理过程中产生胺类和硫化氢，臭味较大，需氧处理型厕所处理过程需要额外的供氧和搅拌装置、保温装置，耗电量大。此类型的卫生厕所目前减量化程度在70%左右，杀菌效果一般，处理能力较小。

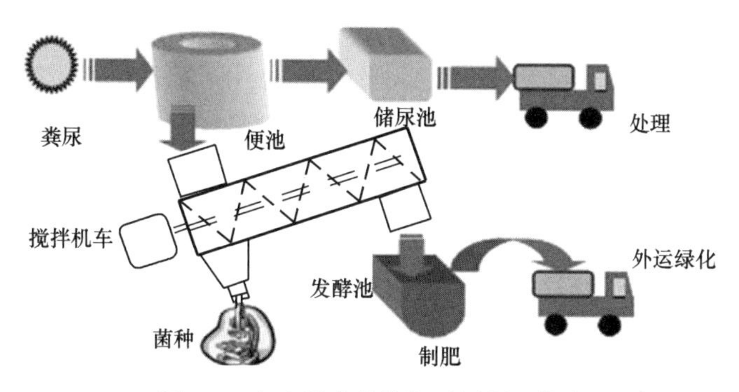

图 6-1　免水微生物堆肥型厕所工艺流程

在微生物堆肥型厕所选择的技术模式中，可以选择商业和家用两种模式。选择商业模式时，通过统一规划堆肥旱厕的建设，采取统一标准进行建设和使用。商业模式有一定的使用规模，需把每家每户的粪肥集中起来堆肥。这就要根据当地的生活习惯、人口结构、经济发展水平和自然地理等情况建设配套的堆肥场所。选择家用模式时，可以选用较为简单的设备，设备主要是堆肥桶和坐便器。新的堆肥桶在使用前，需要铺上适量的垫料，一般是木屑、锯末、谷糠、草木灰等，如厕后用稻草、锯木面、谷糠、草木灰等含碳量较高的材料盖上，可以强化保温，调节物料的含水率和碳氮比，减少臭味的释放，改善堆肥产物的品质。

厦门市某企业研制了免冲水环保厕所。该免冲水环保厕所是一种新型的堆肥式生态厕所，主要是将生物降解菌剂与生物反应器两者有效地结合，即在盛装粪便的反应器内预先装入生物基料，通过高效的生物降解菌剂使生物基料与粪便在一定的温度下充分反应，同时将排泄物处理为能达到高标准卫生要求的天然有机肥料。该厕所处理粪便的工作原理与自然界有机物生物降解类似，主要是依赖生物的降解作用，当人体排泄物进入预装有生物基料的生物反应器后，反应器的搅拌装置将粪便与生物基料均匀混合成被处理物料，在好氧条件下，物料中的有机质成为微生物的营养基质而被氧化降解，并转化为有机肥料。该厕所由于采用好氧降解，可消除因厌氧菌代谢产生的腐胺、尸胺及硫化氢等致臭物质。另外，该生态厕所配有良好的排气装置，空气可沿便器、反应器和通风管流动，使厕所没有异味停留，处理过程均在生物反应器中进行，无排放及外泄。带有堆肥功能的生态厕所能有效安全地回收人排泄物中植物所需的营养物质。

6.1.2　无水微生物降解型厕所

6.1.2.1　主要结构

无水微生物降解型厕所一般由玻璃纤维塑料蹲便器、泡沫润滑辅助冲厕设备（可选）、脚踏物理挡板、微生物粪污降解设备、无动力异味收集排放设备、厕所壳体等组成。

6.1.2.2　使用方法

此类厕所也是将工厂生产的成品运送到农户家中直接安装，生物填料和菌株的投放均由工厂委派专业技术人员负责，对农户而言十分方便。由于此类厕所中高效菌群在分解粪便时自然释放出大量热能，一般不需额外加热，较堆肥型厕所节约电能。

6.1.2.3　处理方式

无水微生物降解型卫生厕所是由堆肥厕所发展而来，主要利用高效复合微生物对粪便进行生态化降解处理，无需水冲，以特定的支持介质作为初始填充料，添加筛选、驯化好的微生物菌群，通过生物降解原理，将粪便加入菌种载体的发酵槽中搅拌、除臭、酵化、分解。粪便减量化程度可以达到 95%以上。该类型厕所在加入适宜的生物填料进行免水微生物堆肥的基础上，再加入专门培育的高效微生物菌种，该菌种可以释放蛋白酶，将大分子有机物分解为小分子。处理后，粪便大部分转化为 CO_2、H_2O 和热能，少量残渣中含有丰富氮、磷、钾等元素，半年至一年清掏一次，是高效有机肥料。

此类厕所降解粪便过程受较多因素限制，效果不甚稳定，如尿液比例过高、生物填料湿度过大，会影响菌群的生长活性和高效降解。同时，此类厕所具有微生物发酵处理的共同缺点，即处理能力有限，一次投入过量粪便会降低处理效果。

6.1.2.4　工程案例

1. 无水免冲生物降解马桶

河南省某生物科技有限公司研发的无水免冲生物降解马桶，采用了生物菌种降解技术，通过微生物菌种发酵对粪便进行干式降解处理。工作原理是粪便进入马桶内的发酵槽，通过发酵槽中螺旋搅拌器转动将生物降解原料：木屑、生物菌种与粪便混合，在恒温状态下将固态排泄物分解为 CO_2 和水，分解率达到 99%以上。生物菌降解原料使用的木屑本身变化很小，因此不需经常更换，正常 4 口之家使用，每6～12个月更换一次就可以，生物垫料和生物菌种更换一次的费用约 200 元。而生物菌种垫料失去降解能力后的残渣无臭味，经过第三方检测机构检测不含任何有害物质和病虫卵，是很好的有机肥料。

2. 无水免冲智慧生态厕所

甘肃省某生物公司，开发生产出高度集成一体化的无水免冲智慧生态厕所。通过滑板式粪尿分离器将粪便和尿液进行分离，滑板式粪尿分离器采用 304 不锈钢制作，经过涂层喷涂处理后，达到不沾污效果。当小便从便坑口落在滑板上，根据流体力学和重力学，可以快速通过倾斜的滑板流入尿液收集系统，且不会残留在滑板上散发异味；粪便遗留在滑板上，如厕完成后，通过按动按钮使滑板向后收缩，粪便落入发酵槽内。尿液在第一时间顺着滑板流向尿液收集系统，经尿液收集箱内的硝化菌降解为液体有机肥。同时，尿液收集箱还采用了保温装置，通过感应系统，使尿液收集箱内温度自动控制在0℃以上，保证冬季正常使用不会结冻。设备投入使用时，需在发酵槽中投入公司专利微生物菌激活液，激活液可使微生物菌迅速活化繁殖，吸附在载体上，方可使用。如厕完成后，粪便通过滑板移动，经刮板清理使粪便掉入发酵槽内。经过发酵槽中的搅拌装置搅拌，使粪便和发酵槽中的微生物菌及载体充分混合，这种菌群专门针对排泄物的组成部分培养，可将排泄物有效分解，分解率高达99%，快速发酵分解成有机肥。粪便就是微生物菌的养分供体，微生物菌通过粪便不断地传代繁殖，维持生态厕所的长期有效工作。同时，粪便的加入会迅速激活微生物菌发酵升温至70℃，达到杀死虫卵的目的。此外，如厕时产生的异味，通过新风系统除臭处理后从排气口排出，及时改善如厕环境。

（1）使用条件

使用人次：4蹲位1小便间的厕所每日可供1000人正常使用；维护频率：单次添加微生物菌和填料后，可以供不低于40000人次正常使用；发酵指标：清掏出的固体废弃物满足行业标准《有机肥料》NY/T 525-2021的规定。使用无水微生物降解/堆肥型厕所的条件：要求环境温度−40～70℃，湿度20%RH ～100%RH，气压60～101kPa。电源要求为AC220V～240V，50Hz（带尾气处理装置AC180V）。

（2）主要设备及运行管理

主要设备包括：粪尿分离系统、发酵处理设备、机械动力系统、智慧控制系统。

运行管理：定期检查门锁、灯具等是否正常使用；搅拌轴等设备是否正常运转；查看使用人次及生物菌活性，判断更换生物菌时间。

（3）投资和环境效益分析

投资情况：设备投资为34.8万元。日常清洁和维护：2人1日5次，在张掖地区清洁和维护费每年约5万元。微生物填料更换：每年7次，约21000元。电费：每年3500度约5000元。主体设备寿命：15年。

环境效益分析：

（1）节约用水：无水免冲生态厕所的便池清洁依靠滑板和机械系统实现，完全无需使用冲厕水。普通节水马桶大便冲厕约为6L/次，小便冲厕约为3L/次，按一个4蹲位加1小便间的厕所平均每日使用600人次，大便与小便比例为1∶4计算，一个无水免冲生态厕所1年约可节约用水788m^3。

（2）减少建设阶段的环境影响：无水免冲生态厕所不连接上下水管网，在农村、景区等现阶段没有上下水管网的地区建设时，无需铺设管道，减少了建造阶段的环境影响。

6.1.3 免水冲生物填料厕所

免水冲生物填料厕所是指通过投加生物填料与粪便混合进行原位堆肥或发酵反应，使粪便堆肥腐熟，达到除臭和粪便无害化的无水冲厕所。以本书编者研究开发的生态厕所为例，该厕所的核心装置是一个生物反应器，内部填充承载微生物的生物填料。生物反应器中安装一搅笼，可提供一定的动力搅拌，并配合风机给予微生物好氧降解以充足的氧气。

该生态厕所在运行过程中不需外加水源，生物降解所需的水分来自于人的粪、尿。整个处理过程都在生物反应器中进行，除降解过程中产生的气体经排气管排出室外，并无其他外排及外泄。由于采用好氧降解，极大地抑制了因厌氧降解所产生的腐胺、尸胺以及硫化氢等臭味气体。并且该厕所装有排气装置，降解产生的气体沿管排出室外，不会停留在厕所中。失效的生物填料还会富集大量的氮、磷等营养元素，可作为有机肥料投入到农业生产中。

免水冲生物填料厕所的关键技术指标有两个。第一是接种具有高效降解能力的微生物菌种；第二是填充适合微生物生长的生物填料，接种具有高效降解能力的微生物。

河南省鹤壁市鹤山区曾推行免水冲生物填料厕所。该范例覆盖 2 个乡镇、27 个行政村、1230 户。2019 年 4 月以来，鹤山区为解决山区和缺水地区改厕难题，积极探索推广草粉免水冲生物填料生态卫生旱厕。该厕所将便器与储粪仓库无缝连接，形成密闭腔体，使用前在储粪仓内铺垫 20～30cm 混有生物菌剂的草粉，如厕后再加 80g，粪便在腔体内发酵，实现无害化处理；使用过程免水冲，冬季不上冻。在建设投资方面，采取“上级争取、区级配套、村级补贴、群众投工、社会参与”的资金筹措机制。在处理利用方面，无需专业人员操作，农户自行清掏后堆放 10～15d 可就地就近还田利用。在运行维护方面，乡、村两级与第三方专业服务公司签订服务协议，明确技术服务管护责任；公司为农户免费提供 1 年维修服务、2 年草粉和 3 年菌剂，如农户自行购买草粉，按照三口之家每天使用 500g 计算，每天花费仅需 0.05 元。区政府配备草粉粉碎机和专用清掏工具，乡镇负责后期管理维护，村集体负责草粉制作、发放。该模式解决了山地丘陵、水资源缺乏、施工困难、居住分散等地区改厕难题，提高了当地秸秆资源化利用率，使农户用上了干净、无味、无臭的无害化卫生厕所，极大地改善了如厕环境。

6.2　集中处理型无水冲式厕所排泄物处理与资源化技术

在粪便混合污泥中养分、病原体、固体含量、化学需氧量（COD），生化需氧量（BOD）的浓度很高，还含有大量排泄的病原体，被植物吸收或土壤吸附后，可通过被感染的蔬菜或生物（如果是血吸虫和钩虫）危害人体健康。为了实现适当的粪便混合污泥处理目标，必须采用适当、合理且经济的技术，实现粪便混合污泥的卫生处理。

将粪便资源化的主要技术包括：堆肥技术、蚯蚓堆肥、浅沟渠、厌氧消化池、太阳能干燥等。完整的粪便污泥处理通常包括分离固体和液体部分的初级处理和污泥处理两个部分。通过初级处理可减少污泥量，从而将存储需求和运输成本降至最低。粪便污泥的现场存储的时间会影响污泥脱水的能力，新鲜污泥比旧污泥更难以脱水，后者更稳定，因此经常将粪便污泥在排泄位置储藏一段时间。初步处理后，将会产生三种类型的最终产品，即筛分出来的筛分物、初级处理过的污泥和液体废水。初级处理产生的液体废水必须进一步资源化处理，以满足对水回用或排放到环境中的要求。

6.2.1 初级处理技术（脱水）

初级处理即脱水技术，用于固液分离粪便污泥中的固体和液体成分。适用于农村或者城郊地区的初级处理的技术主要是非种植型干燥床、种植型干燥床、沉降增稠池和地袋。在这些技术中，地袋仅用于固液分离，而未种植的干燥床，种植的干燥床，沉降增稠槽既可以固液分离，也可以进一步分别处理分离后的固体粪便和尿液等其他液体部分。表 6-1 列出了这几种工艺的总体概述和去除效率。

初步处理工艺的概述和去除效率　　表 6-1

处理工艺	设计标准	去除效率	适用地区
非种植型干燥床	100～200kgTS/（m^2·a）	SS：＞95％ COD：70％～90％ HE 为 100％	城郊和农村地区
种植型干燥床	≤250kgTS/（m^2·a）， SAR＝20cm/Y	SS：96％～99％ COD：95％～98％ TS：70％～80％	城郊和农村地区
沉降增稠池	SAR＝0.13m^3/m^3 原始粪便； HRT≥4h	SS：57％ COD：24％ BOD：12％ HE：48％	城郊和农村地区
地袋	—	—	城郊和农村地区

注：TS 为总固体；SS 为悬浮固体；COD 为化学需氧量；HE 为蠕虫卵；SAR 为固体积累率；BOD 为生物需氧量。

6.2.1.1 非种植型干燥床

非种植型干燥床包含装有沙子和砾石的浅层过滤器，底部有排水沟以收集渗滤液。有 50％～80％的污泥以渗滤液形式排放，需要将其处理后再排入农田。干燥后，污泥可通过手动或机械方式从干燥床中去除，需要通过共同堆肥来进一步处理。由于存在病原体，非种植型干燥床产生的污泥不能直接用作土地肥料。非种植型干燥床的主要优点是成本低，脱水效率高，不需要能源以及可以用就地取材的材料建造和维修。该技术的局限性在于对土地的要求高、易产生气味和滋生果蝇生长。同时该工艺对于病原体的减少有限，并且需要对分离出的液体部分进行进一步处理。

6.2.1.2 种植型干燥床

种植型干燥床有时也称为垂直流人工湿地或者芦苇床，诸如兰茎草和亚香茅等类型的植物被用于处理干燥床中的粪便污泥。新兴植物对于改善种植型的干燥床的性能、稳定废物和减少病原体至关重要。与非种植型的干燥床相比种植型干燥床的主要优点是具有成本效益，易于操作，可以承受高负荷以及污泥处理效果更好。该技术的局限性在于对土地的高要求、产生气味和滋生果蝇等，也存在病原体减少有限以及对分离出的液体部分有进一步处理的需求。

6.2.1.3　沉降增稠池

沉降增稠池可以用于粪便污泥处理。粪便污泥通过一侧的顶部入口流入，上清液通过另一侧的出口排出。固体沉淀在水箱底部，而浮渣则浮在水面。粪便污泥处理的另一种方法是将石灰或者氨水直接添加到沉淀增稠池中。石灰稳定的优点是可以沉淀金属和磷，并减少废水污泥处理中的病原体、气味、可降解有机物等。它是一种相对有优势和可调节性的处理工艺，但对于病原体减少率较低，最终分离出的固体污泥和上清液都不能排入水体或直接用于农业。

6.2.1.4　地袋

地袋是一种具有渗透性的纺织用品容器，以渗透的原理进行脱水。在使用地袋进行固液分离后，分离出的固体粪便必须进行干燥，从而杀灭病原体和蠕虫，然后采用堆肥来提高粪便的无害化和资源化，处理后的粪便才能最终排放使用在土地上用作肥料。该工艺的优势在于成本极低，可操作性强。

6.2.1.5　初级处理技术的选择原则

在选择初级处理工艺来对粪便混合污泥进行脱水时，需要考虑所在环境的约束条件，例如土地需求、能源需求、地下水位、资本和运营成本、技能要求和可循环利用性等。其中，非种植型的干燥床、种植的干燥床具有较高的土地需求，但能耗较低。如果没有进一步的污泥处理，则不能直接重复利用地袋产生的已处理粪便分离物。

6.2.2　粪便无害化与资源化处理

6.2.2.1　好氧堆肥

好氧堆肥技术已被广泛用于处理人类粪便。好氧堆肥是指在有氧的条件下，依靠粪便中好氧微生物的作用，把粪便中可以降解的有机物转化为稳定的腐殖质。在堆肥过程中，堆肥堆的温高一般在 55～65℃，有时高达 80℃。堆肥后，最终产品是稳定的有机物，可用作肥料。共同堆肥过程需要 10～12 周，并且在共同堆肥过程中要维持高温 3 周，以消灭蠕虫卵和致病细菌。此后，温度逐渐降低直至堆肥成熟。

1. 堆肥效果的影响因素

堆肥是有机物分解的过程。微生物在有氧条件下氧化有机化合物，产生二氧化碳、氨、挥发性有机化合物和水，分解过程中释放能量，其中一些被微生物用于繁殖和生长；其余的作为热量释放。堆肥过程中有机物分解的主要生物是细菌、放线菌和真菌。为了使微生物存活并在堆肥室中进行堆肥过程，需要保持合适的环境条件。影响堆肥过程的因素包括水分含量、温度、C/N、pH、粒径、孔隙率、氧浓度。这些参数取决于堆肥混合物的配方。在此期间，如何通过添加剂、曝气、混合、加热和渗滤液收集来管理该过程，将影响堆肥的水含量、温度和氧浓度。影响堆肥的大多数因素是相互关联的。通常，堆肥系统没有任何监测器来检查堆肥的状况，维护需要人工关注。

（1）曝气（通风量）

通风量是好氧堆肥的重要工艺参数，通常需要充分保证通风以维持堆肥的有氧条件。

如果通风量不够大，堆中缺氧会导致厌氧条件，将没有足够的氧气供好氧微生物的代谢利用，影响有机物分解速度，堆体温度难以上升且容易发生厌氧发酵，从而导致气味问题并降低堆肥率。此外，过量通风也会从堆肥中带走过多的热量和水蒸气。因此，合适的通风可以调节堆体的温度。堆肥过程中，微生物分解有机质释放热量提升堆体温度有利于堆体无害化处理，但长时间的高温环境反而会抑制菌群的生长，因此可通过强制通风的手段来降低堆肥的温度，此外，在堆肥后期也可加大通风量带走堆体多余的水分，从而达到减少堆肥体积、重量的目的。通常堆肥中氧的体积分数（ε）可以使用式(6-1)计算：

$$\varepsilon = \frac{V_g}{V_g + V_w + V_s} \tag{6-1}$$

其中，V_g是气体体积，V_w是液体体积，V_s是固体体积。如式（6-1）所示，堆肥中的空气空间量受到影响，以堆肥的含水率计算；湿度越大，可用的空气空间就越小。一般认为氧的最佳浓度在5%～20%，氧含量低于5%会导致厌氧发酵而产生恶臭气体，氧含量高于15%时则会使堆体冷却，导致病原菌的大量存活。

（2）水分含量

堆肥过程中的水分对于微生物活动是必要的，因为水性介质使得营养物质在物理上和化学上可接近微生物。尿液、粪便中的水分以及来自冲洗马桶的水有助于堆肥中的水分含量。粪便的含水量为82%。由于微生物活动和有机物的生物氧化，堆体会产生额外的水分。而堆肥中过多的水分会产生厌氧条件。同时，如果水分含量太低（<40%），干燥条件会减缓分解过程，需要加水才能激活。有研究者发现在他们的生物固体堆肥试验中，在所有温度下观察到在低水分含量（30%～40%）时，存在滞后和微生物活性降低现象。一般来说，50%的水分含量是堆肥的最低要求。也有其他研究者指出水分含量小于64%适合好氧降解，而水分含量超过60%或65%有利于粪便的厌氧降解，因为高含水量抑制了堆中的氧气运动。许多研究表明，适当堆肥的最佳含水量为50%～60%，而Zavala和Funam-izu提出65%的水分含量被认为是应该避免的临界水平。

（3）温度

对于堆肥系统而言，温度是堆肥系统微生物活动的反映，它是影响堆肥微生物活动和堆肥工艺过程的重要因素。不同的堆肥阶段可以由不同的温度表示，堆肥中微生物分解有机物而释放热量，这些热量使堆肥温度上升。堆肥初期，在温度为19～45℃时，堆肥中的嗜温生物开始活跃，大量繁殖，在降解利用易于分解的有机物的过程中，产生的一部分热量导致堆层温度不断上升，1～2d后可以达到45℃以上，在此温度下，嗜温菌生长开始受到抑制，而嗜热生物开始变得活跃进入激发状态。堆肥生物降解速率在嗜热阶段比在嗜温阶段更快。在嗜热阶段期间会发生有机物质的最大降解和病原体的破坏。然而，靠酶促反应进行的堆肥生物化学反应系统，利于堆肥反应进行的温度是有限制区间的，超过这个范围则会抑制反应速率。在超过65℃的温度下，堆肥活性降低，因为大多数嗜热生物不能在这个温度下存活，会逐渐进入孢子形成阶段，而孢子呈不活动状态，因此分解速率会随之变缓。此外，在此温度范围内，形成的孢子再次发芽繁殖的可能性也很小。随着堆肥中脂肪、蛋白质和复合碳水化合物的供应减少，堆体的温度也会逐步降低。在这个冷却阶段，堆肥基本完成。然而，较粗糙的有机物质仍然需要被消化。随着温度的降低，来自嗜温范围的生物会分解剩余的有机物质。堆肥的最后阶段是固化成熟阶段，允许留在堆肥堆中的生物完成堆肥过程。

为了保持最佳的温度，可以使用各种策略，包括采用隔热保温、翻堆和电加热。当通风坑式厕所的粪便与破碎的园林废弃物混合时，无法获得最佳温度，但将食物垃圾添加到粪便进行共堆肥时便观察到了足够高的温度。由于堆肥堆中的高温通常集中在中心部分，通常使用混合和翻堆来产生更均匀的温度分布。

（4）C/N

堆肥化操作的一个关键因素就是堆料中的C/N比，一般在20～30为宜，C/N比过高，微生物会经过多次生命循环，氧化掉过量的碳，直至达到一个合适的C/N比，可供其进行新陈代谢；如果C/N过低，特别是pH和温度高时，堆体中的氮元素将以NH_3的形式挥发散失，并且堆肥产品也会给农作物带来不利的影响。通常人类粪便的氮和碳含量分别为约6.5mgN/g干粪便和500mgN/g干粪便。在堆肥过程中，堆肥的碳和氮含量都会降低，研究指出，66%的粪便氮分解为氨，而34%的粪便仍然是生物惰性的氮。根据研究，锯末作为块状基质的情况下，氮损失从94%降至17%。因为氨化细菌是嗜温的，其在嗜热条件下不适宜生长，且由于缺乏氨化细菌，阻止了氮的氨化。因此，在嗜热条件下，氨气的所有氮损失均来自无机氮，而有机氮可完全保留在堆肥中。大约80%的粪便碳被矿化成CO_2，而另外20%的粪便残留在堆肥材料中。通过CO_2和氨气体排而损失的碳和氮减少了肥料可用的肥料营养量，因此减少了堆肥的农艺价值。然而，高矿化也会导致超成熟堆肥，由于成熟堆肥对植物的浸出和挥发性较差，因此养分利用率较低。采用生物降解性差、木质纤维素含量高（如锯末）的膨化剂，可以减少氮的损失。

堆肥的管理不是关注碳或氮的损失，而是调整堆肥堆中碳与氮的比例。在实践中，人们经常使用碳氮比作为优化堆肥过程的经验法则。建议将碳氮比为25～35用于堆肥城市垃圾和污水污泥，而由于人粪便的碳氮比（C∶N=8）中碳不足，因此必须向堆肥堆中添加大量的碳以调节。鲜草插条、木屑和厨余垃圾等，都是高碳含量填充材料。其中，鲜草插条和叶片的碳氮比为15∶1，干叶甚至具有更高的比例，卫生纸的碳氮比为200～350，锯屑的碳氮比为190∶1等。以锯屑为例，建议用于粪便/锯末的干重比为1∶4，碳氮比约为16。

（5）pH

pH影响堆肥中微生物的生长，不同的pH水平下有不同的细菌存活。因此建议堆肥pH为5.5～8.0，以达到最佳堆肥状态。最近，研究人员在动物粪便堆肥研究中提出pH最佳为6.7～9.0，因为将pH维持在6.7～9.0有助于通过氨挥发控制氮的损失。由于含碳物质通过细菌分解成有机酸性中间体，因此随着堆肥过程的进行，pH通常会下降。

（6）粒径和孔隙率

堆体的孔隙率的大小决定了堆体的透气性和发酵环境的好坏，粒径在平衡微生物生长的表面积和保持足够的曝气孔隙率方面发挥作用。微生物在有氧的条件下进行好氧发酵，在无氧状态下则进行厌氧发酵。堆肥过程中的秸秆的种类、水分含量、粗细粒径比、添加量和回流料质量以及翻盘效果等将直接影响堆体孔隙率。通常颗粒尺寸越大，孔隙率越高，表面积与质量比越低。无论由于哪种因素，都会影响到堆体的透气性，进而改变堆体内部的氧气分布状态，微生物又难以接近堆肥颗粒的内部部分，具有大颗粒的堆肥不能充分分解，从而改变堆肥化的进程，影响堆肥质量。此外，非常小的粒度可以压实物质并降低孔隙率，堆体缺氧不仅影响堆体的问题，还会产生氨气、硫化氢、三甲胺、甲硫醇和甲烷等厌氧臭气，恶化堆肥环境，造成空气污染。一般来讲，堆肥的最佳孔隙率为 35%～50%。

2. 堆肥的市场前景

土壤是农业的基础，肥沃的土壤才能保证粮食的产量与质量，进而满足人类对食物和健康的需求。土壤有机质是耕地地力最重要的性状之一，被认为是土壤质量和功能的核心。

提高土壤有机质的关键是有机废弃物的循环利用。在这方面，德国和日本有很好的经验。德国是世界上发展循环经济较早（20 世纪 50～60 年代）、水平最高的国家之一。德国的综合型农业发展模式是欧洲国家发展农业循环经济的典型代表。

目前我国城市有机废弃物资源化利用效率在 5%以下，与韩国（59%）、奥地利（58%）、比利时（51%）、瑞典（50%）等发达国家的资源化率差距显著。造成我国有机废弃物资源化率较低的主要原因是堆肥施用成本过高。另外，城市有机废弃物作为堆肥原料没有进行分类收集从而提高了制造成本，这也是有机废弃物堆肥资源化率较低的原因之一。

目前我国有机废弃物的产生量大、循环利用率低，造成了生态失衡的局面。这种失衡主要体现在三个方面：水陆间物质流失衡、城乡物质流失衡、种养物质循环脱节。所谓水陆间物质流失衡，是指清水进入城市、污水返回水体，污染水体产生的大量蓝藻、淤泥回不到陆地，形成多次循环污染；所谓城乡物质流失衡，是指营养元素通过食物进入城市，最终变为厨余垃圾留在城区，多以简单焚烧和填埋处置，资源化利用低，土壤得不到营养返还；所谓种养物质循环脱节是指，养殖场缺少消纳粪污的土地，种植业缺乏有机肥投入而过度依赖化肥，造成面源污染。

针对以上三种生态失衡现状，需构建多尺度废弃物循环利用模式。例如：农场小循环、本地（县域）中循环、区域（省域）大循环；要建立有机废弃物管理全链条的循环利用技术。具体来说，针对种养物质循环脱节，可通过种养高效结合实现重建，而这也是农业绿色循环发展的核心内容。例如，通过匹配养殖与种植土地消纳，既增加了有机废弃物的处理利用途径，同时当粮食、经济作物的有机肥替代化肥比例达 40%～50%时，粪肥氮循环效率增加 40%，氮肥用量减少 32%，实现了化肥投入的减少及物质内部的循环利用效率。针对城乡物质流与水陆间物质流失衡的问题，可通过构建多尺度的循环利用模式实现重建，前者可通过本地（县域/城乡）中循环，而后者可通过区域（省域/水陆）大循环实现。这一物质循环体系的构建跨越城市与乡村，涉及多部门、多行业，也需要沿废弃物全链条进行整体设计。

粪便是我国传统的有机肥料和良好的土壤调节剂。但由于全国化肥的使用量提高，以及城市旱厕减少，水冲厕所的增加使得城市粪便固含量大幅度下降。

有机、生态农业堆肥是依靠微生物将堆肥物料中的有机物由不稳定状态转化为稳定的腐殖质物质。其含有多种有机养分、大量的微生物和酶，具有任何化学肥料不可比拟的优越性，对改善农产品品质、保持其营养风味具有特殊作用。西方现代农业单纯靠化肥、农药大面积大幅度地提高了作物产量，经济效益十分可观。但这是以消耗大量能源、牺牲环境生态、降低土壤肥力和农产品品质为代价的。化肥、农药的大量使用，对日益严重的能源危机无疑是雪上加霜，同时还加剧了环境的污染，有害元素在农产品中的累积和营养成分的单一性严重威胁着人类身体健康。目前各国纷纷提倡发展有机、生态农业。即不用人工合成的化肥、农药、植物激素等；依靠轮作、使用作物残体、人畜粪尿等有机废物供给作物养分，保持土壤肥力和可耕性；采用生物防治技术，控制病虫杂草。这种绿色无公害食品在我国上市后，备受消费者的青睐，在市场上有极强的竞争力。随着有机、生态农业在我国的不断发展，粪便堆肥继续致力于难降解有机物的生物处理技术研究，将生物技术手段与污染物处理工艺相结合，实现对难降解有机物的有效处理。

3. 好氧堆肥技术的不足之处以及未来展望

目前，我国的好氧堆肥处理技术已经进入成熟应用阶段，在多种废弃物资源化中广泛推广和应用，但是传统好氧堆肥系统仍存在着一些局限性，如对发酵工艺及设备的研究仍较少，堆肥时间过长、有机物降解不完全、无害化不彻底、腐殖化程度低、氨气的挥发和温室气体的排放、成本高、工艺及设备较复杂等，一般较成熟的堆肥设备只在大型公司使用，中小企业较为缺乏，导致一些粪便不能得到很好利用。这些都是限制其全面推广和高效应用的重要因素。因此，在今后的研究中，要注意降低发酵成本，简化发酵工艺及设备，但又能满足发酵要求并加快进程，让粪便资源化利用技术变得更好。

4. 工程案例

（1）浙江省衢州市衢江区好氧堆肥案例

该案例为易腐垃圾原位减量资源化机器成肥技术，该技术将农村、城市社区及农贸市场所产生的小规模易腐垃圾、人畜粪便、农作物秸秆等有机废弃物，经除杂、粉碎、混合等预处理后，调节含水率至 45%～65%，置入一体化密闭反应器进行好氧发酵。反应器堆肥发酵温度达到 55℃以上的时间应不少于 5d，以达到病原菌灭活效果。产出物主要为土壤调理剂、土壤改良剂或有机肥。该案例在衢江区杜泽镇下余村实施，覆盖约 1.1 万人，2019 年投入运行，目前主要处理厨余垃圾等有机废弃物，设计处理能力为 5t/d。实际处在投资建设方面，由于政府投资建设了易腐垃圾处理站，主要包括厂房、堆肥反应器、垃圾分选及储存设施、制肥设备、渗滤液处理设备、除臭设备等。在运营管理方面，保洁员引导村民进行垃圾分类，将易腐垃圾投放至暂存点，由清运员收集后运至处理站。第三方负责处理站运维管护，费用由政府承担。在资源化利用方面，年可产有机肥约

140t，用于周边园林绿化，渗滤液处理达标后排入市政管网。

（2）广东省珠海市斗门区好氧堆肥案例

该案例覆盖6个村约4000人，2019年投入运行，主要处理厨余垃圾、农作物秸秆等有机废弃物，设计处理能力为0.5t/d。在投资建设方面，政府投资建设厨余垃圾处理站，购置堆肥反应器、匀质搅拌设备等。在运营管理方面，采用积分制引导村民进行垃圾分类，垃圾分类督导员指导垃圾分类、收集厨余垃圾并运至处理站。厨余垃圾经分拣、粉碎、脱水预处理后置入反应器进行堆肥。第三方负责处理站运维管护，费用由政府承担。在资源化利用方面，年可产有机肥、栽培基质约25t，主要用于周边花卉苗木施肥等，同理，让人类粪便回归生态系统本身的技术路线从源头上也是可行的。

（3）山东省新泰市羊流镇好氧堆肥案例

山东省新泰市羊流镇自2016年实行农村改厕以来，全镇下辖90个行政村，人口近10万人，共有1.8万户进行了厕所改造。为有效解决改厕后粪便清运的问题，该镇以政府购买社会服务的形式，购置小型抽粪车10辆、厕具配件200套，2017年镇里和地方企业签订了《卫生厕所储粪池粪液清理合同》，以每台抽粪车每天320元的成本（包含人工费、燃油费、修理费、保险费等），将全镇卫生厕所的粪便清运任务承包给他们，每年清运和维修费用总计120万元左右。而在羊流镇，一处总投资1500万元、日处理粪便能力100m^3的有机肥厂正在试运行，新鲜粪便经过处理后，形成达到绿色无污染标准的液体、固体有机肥。现在，周边村所抽取的粪液暂时无偿提供给有机肥厂使用，颗粒有机肥市场价格为1600元/t，液体有机肥价格为760元/t。固态有机肥按日生产能力10t计算，年产值584万元；液体有机肥按日产14t计算，年产值约388万元。羊流镇可收集的粪液产出量约为3.6万m^3/a，若全部加工成有机肥后年产值可达1300余万元。此外，新泰市全年蔬菜播种面积达20000hm^2（30万亩），按每亩施有机肥0.5t计算，共需15万t；全市茶叶种植面积达1666.67hm^2（2.5万亩），按每亩施有机肥1t计算，共需2.5万t；全市经济林总面积达25200hm^2（37.8万亩），按每亩施有机肥0.8t计算，共需30余万吨，有机肥市场前景广阔。

6.2.2.2　多元基质厌氧消化技术

多基质厌氧消化技术，是在厌氧消化反应器内添加2个或2个以上的基质同时进行厌氧发酵，以最大限度地利用其组成的互补特性。同时对多基质处理可以统一管理、运筹，共享处理设施，使所有设施得到更有效地利用。

1. 基本原理

多元基质联合厌氧消化机制如图6-2所示，厌氧消化过程通常分为水解、产酸发酵、产氢产乙酸及产甲烷四阶段。在水解阶段，复杂有机化合物不断溶解、液化。碳水化合物首先分解成多糖，后续分解为单糖和双糖；蛋白质会发生氨化反应，首先水解成多肽、二肽氨基酸等；脂类则逐步水解生成甘油和长链脂肪酸等简单有机化合物。其次，在产酸发酵阶段，简单有机物进一步分解生成丙酸、丁酸等挥发性脂肪酸等小分子有机物。再次，在产氢产乙酸阶段，小分子有机物分解生成乙酸、H_2和CO_2等。最后是产甲烷阶段，一方面，乙酸可以在乙酸营养型产甲烷菌的作用下分解生成CH_4和CO_2，也可以在乙酸氧化菌的作用下分解为 H_2 和 CO_2。另外一方面，H_2 和 CO_2 既可以在氢营养型产甲烷菌作用下得到 CH_4，还可以在同型产乙酸菌的作用下合成乙酸，最终在产甲烷菌作用下转化为 CH_4。对应地，每一个反应阶段均由对应的微生物分泌对应的功能酶完成。不同的微生物群落对应相应的阶段，并与其他阶段的微生物群落具有协同关系。在水解阶段，水解细菌的微生物释放包括淀粉酶、纤维素酶、木聚糖酶、脂肪酶和蛋白酶在内的胞外酶，水解纤维素酶、碳水化合物、蛋白质和脂类。水解酶吸附在底物表面，将聚合物逐渐分解为可溶性单体和寡聚物（如葡萄糖、脂肪酸、甘油和氨基酸）。水解阶段通常是厌氧消化富含木质纤维素等复杂有机物的速率限制阶段。生成的单体和寡聚物在产酸阶段被降解为短链挥发性脂肪酸（丙酸、丁酸、戊酸和乳酸）、醇和气态副产物（NH_3、H_2、CO_2 和 H_2S）。在前两个阶段，兼性厌氧微生物消耗氧气，因此可以为强制性厌氧微生物提供一个厌氧环境。在第三阶段，前一阶段生产的中间体转化为醋酸、氢气和二氧化碳。最后在严格的厌氧条件下，食乙酸或者食氢古菌利用乙酸或者 H_2/CO_2 产甲烷。

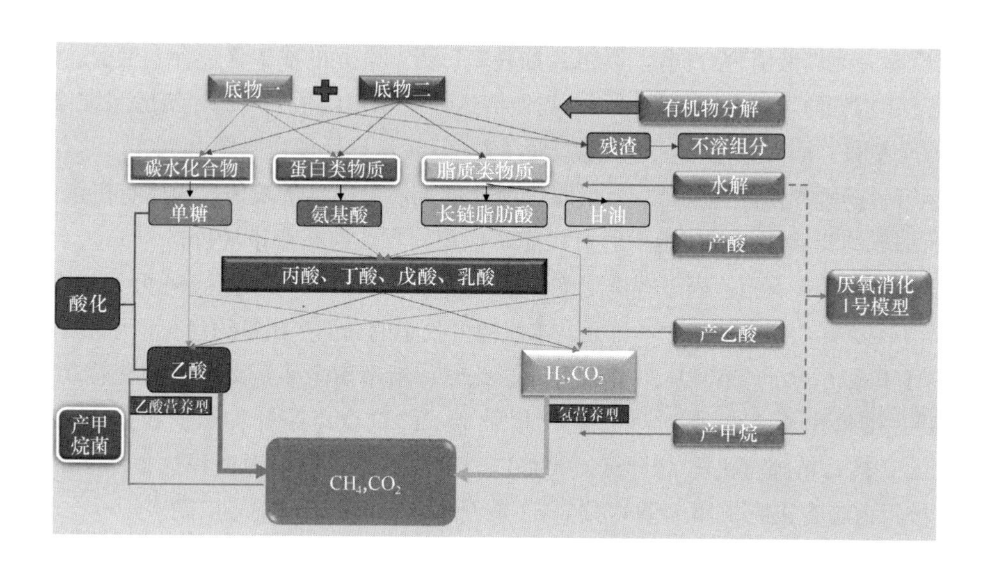

图 6-2　多元基质联合厌氧消化机制

2. 工程案例

厌氧发酵协同处理是将人畜粪污、农作物秸秆、易腐垃圾、尾菜等有机废弃物，经过粉碎、除杂、调质等预处理后，置入厌氧发酵罐进行处理，可产生沼气和沼肥（图 6-3）。常见的有湿法和干法厌氧发酵，需配套原料预处理设施、进料设备、储气柜、沼肥贮存设施等。沼气经过净化、提纯处理后可作为清洁能源使用，沼肥可还田利用或生产有机肥。该技术模式资源化利用率较高，但对稳定运行、安全管理等技术要求较高，适宜原料供应充足、清洁能源需求大、农田消纳能力强的地区。从实践来看，易腐垃圾、厕所粪污等，一般可依托现有畜禽粪污厌氧发酵设施进行协同处理，并根据实际情况完善预处理、进料以及其他配套设备。

（1）甘肃省武威市凉州区多元基质厌氧消化技术案例

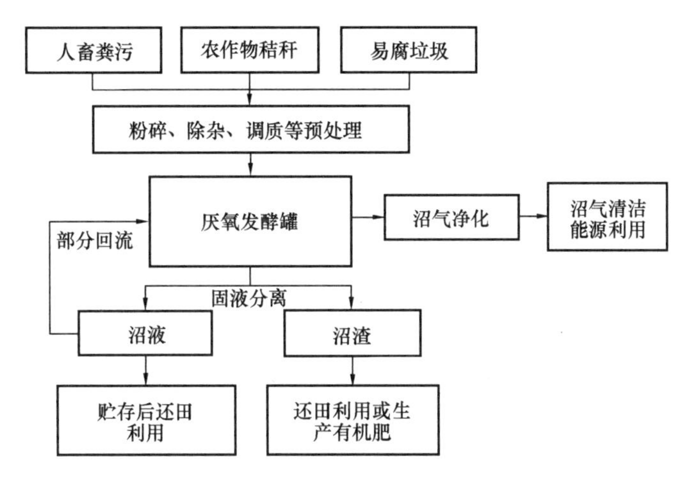

图 6-3 厌氧发酵协同处理技术模式示意图

该案例覆盖全区 17 个乡镇约 8 万人。2016 年投入运行，以处理畜禽粪污为主，协同处理易腐垃圾、厕所粪污、尾菜、农作物秸秆等有机废弃物，设计处理能力为 820t/d。在投资建设方面，采用企业自筹、政府补助等方式，在全区建设 5 个站点，厌氧罐总容积 2.2 万 m^3，主要包括半地下式一体化厌氧发酵罐、全封闭式干湿双进料系统、沼渣沼液处理系统等，占地面积 5.3 万 m^2。在运营管理方面，企业负责收集处理站周边 15km 范围内的养殖场粪污、农村易腐垃圾、农作物秸秆、尾菜等，对原料预处理后投入发酵罐进行处理。用工 10 人，综合运行成本约 180 元/t。在资源化利用方面，年可产沼气约 1350 万 m^3，其中通过管网向周边供气约 145 万 m^3，其余沼气用于发电；每年可产沼肥约 12 万 t，用于销售或引导农户“以废换肥”。

（2）江苏省徐州市睢宁县多元基质厌氧消化技术案例

该案例覆盖 1 个村约 4800 人。2017 年投入运行，以处理畜禽粪污为主，协同处理易腐垃圾、农作物秸秆等有机废弃物，设计处理能力为 34t/d，目前基本满负荷运行。在投资建设方面，政府投资建设太阳能厌氧发酵罐、贮气柜、沼气净化系统、沼气入户管网、沼液储存池等，占地面积 6530m^2。在运营管理方面，建立原料收集—日常管护—燃气供应“三位一体”运维管护体系，易腐垃圾由保洁员分类收集后，送至处理站；畜禽粪污由第三方收集运输。第三方负责处理站运维管护，用工 3 人，综合运行成本约 110 元/t。在资源化利用方面，每年可产沼气约 50 万 m^3，为周边 1200 户住户供应燃气；每年可产沼渣约 1750t、沼液约 9400t，用于周边蔬菜、果树种植。

6.2.2.3 蚯蚓堆肥技术

蚯蚓堆肥技术，本质上是指有机固体废弃物在蚯蚓和环境微生物耦合作用下将废弃物降解，即将蚯蚓引入粪便等有机废弃物的处理当中，有机废弃物经过一定初始阶段的初步腐败之后，协同内部微生物将其有机质组分部分分解，此时达到蚯蚓采食腐败有机质的条件，蚯蚓通过采食种类具有一定程度的腐败有机质进一步分解为结构更为简单的物质，使其转化为腐熟且稳定的有机肥料，是一种低成本的堆肥技术系统。

从 20 世纪 50 年代起，世界上开始出现集约化的蚯蚓养殖，1970 年加拿大建设了第一家以蚯蚓为核心的垃圾处理厂，20 世纪 80～90 年代，日本蚯蚓工厂达到 200 家以上。2000 年后，蚯蚓处理废弃物的技术开始在全世界广泛传播，部分发达国家的蚯蚓堆肥企业开始出现工业级规模，垃圾废弃物的处理量比肩传统垃圾处理厂。

我国蚯蚓堆肥起步于 20 世纪 70 年代末，我国多个城市从日本引进红蚯蚓“大平二号”进行人工养殖，也是我国目前养殖最多、推广范围最广的一种蚯蚓。这种蚯蚓个体较小，其成年体重为 0.7～1.2g，其食性较广，环境耐受性好且繁殖能力很强，能够较好适应我国大部分地区的气候环境，常被畜禽养殖场用来处理粪便。既可以减少对环境的污染，又可将经蚯蚓消化之后粪便所产生的蚓粪作为优质的有机肥产品（具有修复污染土壤的潜力）。

由于发展历史较长，蚯蚓堆肥技术常被作为主流的生物处理技术。近年来，研究者们逐渐开始尝试利用蚯蚓处理不同类型有机废弃物，大量研究表明，适用于蚯蚓堆肥处理的废弃物包括了人畜禽粪便、瓜果蔬菜与其尾废渣、农作物秸秆与食品加工废弃物、发酵固体废弃物底物与部分热解后的有机固体废弃物（表 6-2）。随着研究人员对蚯蚓堆肥技术的不断深入，堆肥的处理对象也逐渐扩大，Yadav 等人开始尝试利用蚯蚓直接处理人类粪便，由于人类的消化系统对于纤维素难以利用，蚯蚓对于纤维素、半纤维素含量较高的物质分解能力较强，可实现对人类粪便的处理。

蚯蚓堆肥处理废弃物类型　　**表 6-2**

有机废弃物种类	蚯蚓种类	处理时间
牛粪	大平二号	10d
猪粪	大平二号	28d
鸡粪	大平二号	20d
羊粪	*Eisenia F.*	105d
人粪便	*Eisenia F.*	90d
人粪便＋土壤	*Eisenia F.*	60d
酒糟＋小麦秸秆	*Eisenia A.*	180d
菌渣＋牛粪	*Eisenia F.*	70d
甜菜废弃物＋牛粪	*Eisenia F.*	135d
花生废弃物＋牛粪	大平二号	60d
木薯渣＋污泥	大平二号	35d
水稻秸秆＋牛粪	大平二号	40d
水稻秸秆＋污泥	大平二号	30d
小麦秸秆＋牛粪	*Eisenia F.*	14d
树叶＋牛粪	*Eisenia F.*	105d
中药渣＋牛粪	*Eisenia F.*	56d
造纸厂污泥＋牛粪	*Eisenia F.*	100d

续表

有机废弃物种类	蚯蚓种类	处理时间
沼渣＋稻草秸秆	*Eisenia F.*	150d
市政污泥＋芦苇秸秆	大平三号	60d
钢厂污泥＋稻壳	大平二号	30d
厨余垃圾＋城市绿废	*Eisenia F.*	35d
餐厨垃圾（含油脂 0～15%）	大平二号	15d
中药渣＋污泥	参环毛蚓	50d
生物炭＋城市污泥	*Eisenia F.*	126d
粉煤灰＋牛粪	*Eisenia Ep.*	60d

采用蚯蚓堆肥技术可处理的有机废弃物类型种类广泛，处理规模大，转化效率高。随着对蚯蚓堆肥研究的深入和技术的改进，蚯蚓堆肥作为优质安全的天然有机肥，其同时产生的副产物，如蚓粪、蚯蚓浓缩液、蚯蚓干、蚯蚓粉、蚯蚓氨基酸等不仅可用于农业的作物种植和畜禽饲料方面，而且在保健品和化妆品等行业作用凸显，将蚯蚓堆肥有机肥料引入农业生态系统中是一个长期的循序渐进的过程，完善蚯蚓有机肥相关的标准和政策所示，蚯蚓堆肥产品前景广阔。

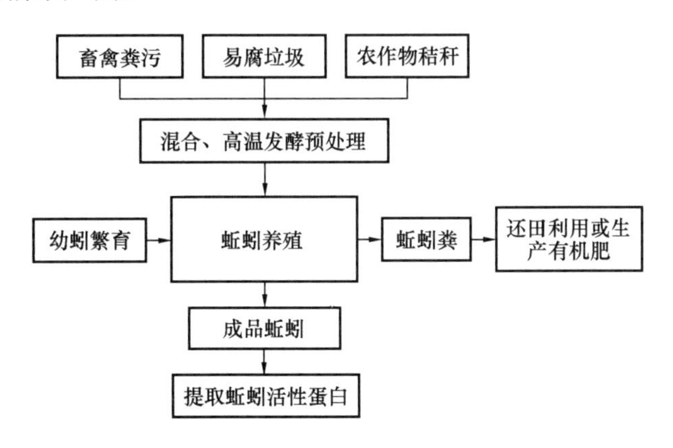

图 6-4 蚯蚓养殖处理有机废弃物技术模式示意图

蚯蚓养殖处理是将畜禽粪污、人类粪便、易腐垃圾、农作物秸秆等有机废弃物，按一定比例混合、高温发酵预处理后，经过蚯蚓过腹消化实现高值化利用（图 6-4）。蚯蚓粪可用于生产有机肥或还田利用，成品蚯蚓可用于提取蚯蚓活性蛋白等。需配套原料预处理设备、幼蚓繁育设施、养殖场地等。该技术模式资源化利用率较高、经济效益较好，但需配套土地用于养殖蚯蚓，并采取污染物防控措施，对养殖技术、管理水平、气候条件要求较高。

天津市静海区 2011 年投入运行了蚯蚓养殖处理有机废弃物项目，主要处理畜禽粪污、农作物秸秆、尾菜、厨余垃圾等有机废弃物，设计处理能力为 140t/d。在投资建设方面，合作社投资建设蚯蚓养殖生产车间，配套购置粉碎机、蚯蚓收获机、电动喷雾器等，占地面积560m^2。同时，流转40hm^2（600亩）林木基地用于林下蚯蚓养殖。在运营管理方面，周边养殖场将畜禽粪污运送至处理站并支付一定费用，农村易腐垃圾和散养粪污委托社会化服务组织收集运送，农作物秸秆等辅料采用协议收购。合作社负责运维管护，用工30人，综合运行成本约75元/t。在资源化利用方面，年可产蚯蚓粪肥约1万t，作为肥料销售；年可产鲜体蚯蚓约150t，用于垂钓和蚯蚓产品深加工。

6.2.2.4 黑水虻处理技术

黑水虻技术是一种生态环保型的生物处理技术。该技术利用黑水虻和微生物协同分解有机废弃物，并将其转换成腐殖质。微生物负责有机物的生物化学降解，黑水虻作为转化过程中的关键驱动因素，借助其中肠产生的硝化酶，促进有机废弃物的降解，从而被黑水虻吸收利用。

与其他技术相比，黑水虻生物转化技术具有许多优点。例如，不需要额外的能量供应，黑水虻转化周期短（一般10d左右），且转化过程中臭气排放较少，温室气体排放低，可减少碳氮的损失，同时可以得到高蛋白幼虫和作为有机肥潜力的残渣，最重要的是不会对环境产生二次污染，不仅有利于解决环保问题，还能获取优质的昆虫蛋白、油脂和有机肥，加速有机废弃物的资源化处理，具有巨大的应用前景。

1. 黑水虻技术产品应用

黑水虻幼虫具有食谱广、食量大、营养需求低、安全性高等特点，因而拥有巨大的有机废弃物处理潜力。黑水虻幼虫为腐食性，在自然界中以动物粪便和腐烂有机物为食，如鸡粪、牛粪，腐烂的水果、蔬菜和肉类，腐败的海产品以及病死畜禽尸体。据不完全统计，目前黑水虻幼虫可处理的有机废弃物可达78种（包括混合有机废弃物）。通常来讲，黑水虻幼虫对单一有机粪便的处理率为20%～50%；对餐厨垃圾的处理率较高，达50%～70%。

（1）黑水虻幼虫处理畜禽粪便

黑水虻幼虫采食新鲜粪便，摄取其中的营养物质转化为自身的蛋白质和脂肪，对粪便减量化的同时可消除粪便的臭味。袁橙等人研究了黑水虻处理规模化猪场粪便的效果，发现4日龄（卵孵化4d后）黑水虻幼虫对料堆厚度为15 cm的新鲜猪粪减量率最高，达65.33%，获得的虫重最大。余峰等人也探讨了黑水虻幼虫处理不同养殖模式来源鸭粪的效果，发现黑水虻对3种鸭粪的减量率约为30%，粪便的有机质含量是影响黑水虻预蛹产量和转化效果的一个重要影响因素，且处理后鸭粪的臭味明显消除。EI-Dakar等人研究了黑水虻幼虫处理鸟类粪便与哺乳动物粪便的效果，发现黑水虻在猪粪、鹌鹑粪、羊粪、鸡粪中达到预蛹周期分别约需要36d、30d、26d、26d；达到预蛹期之后，黑水虻幼虫对鸟类粪便的减量率为35.04%±1.44%，对哺乳动物粪便的减量率为30.95%±2.11%。这说明鸟类粪便的营养成分以及结构相对于哺乳动物粪便更适合黑水虻幼虫转化分解。Moula等人开展了试验，以马粪饲养黑水虻幼虫，并将收获的幼虫用于喂养当地家畜，同时检测了幼虫及家禽肉类的脂肪酸谱，其结果表明，马粪饲养的黑水虻幼虫含有丰富的脂肪酸，其喂养的家禽肉质脂肪酸含量与专用蛋白饲料喂养的差异无统计学意义，说明马粪—黑水虻—家禽的资源化利用模式是切实可行的。此外，黑水虻幼虫对人类粪便也有较好的处理效果，Reham 等人研究发现用黑水虻幼虫去处理人类粪便，其减量率可达到 25.8%。由此可见，黑水虻幼虫对粪便的处理具有广适性和环境友好性。

（2）黑水虻处理餐厨垃圾

餐厨垃圾包括家庭、学校、食堂及餐饮行业等产生的食物加工下脚料（厨余）和食用残余（泔脚），主要是由水、油脂、果皮、蔬菜、米面以及鱼肉等多种物质组成的混合物。而我国餐厨垃圾数量十分巨大，并且呈快速上升趋势。黑水虻幼虫对易腐餐厨垃圾的取食和消化能力非常强，可充分实现对餐厨垃圾的无害化、减量化和资源化处理（图 6-5）。当餐厨垃圾含水率为 75%时，黑水虻幼虫对其处理效果最佳，其减量率可达 65%。Salomone 等人利用黑水虻幼虫处理餐厨垃圾，使 10t 的餐厨垃圾减量 70%，收获幼虫总干重达 300kg。Meneguz 等人比较了黑水虻幼虫对变质水果、腐烂蔬菜、啤酒厂副产物和红酒厂副产物 4 种类型有机废弃物的转化效果，发现其对变质水果和腐烂蔬菜的减量率分别为 65.2%和 70.8%，均高于对两种酒厂废弃物的处理率（53%和 42.5%），这表明黑水虻幼虫更倾向于对易腐垃圾的转化分解。另也有研究表明，黑水虻幼虫在处理餐厨垃圾时，可强效杀灭垃圾中的病原微生物，从而阻断毒蛋白在食物链中的传播。

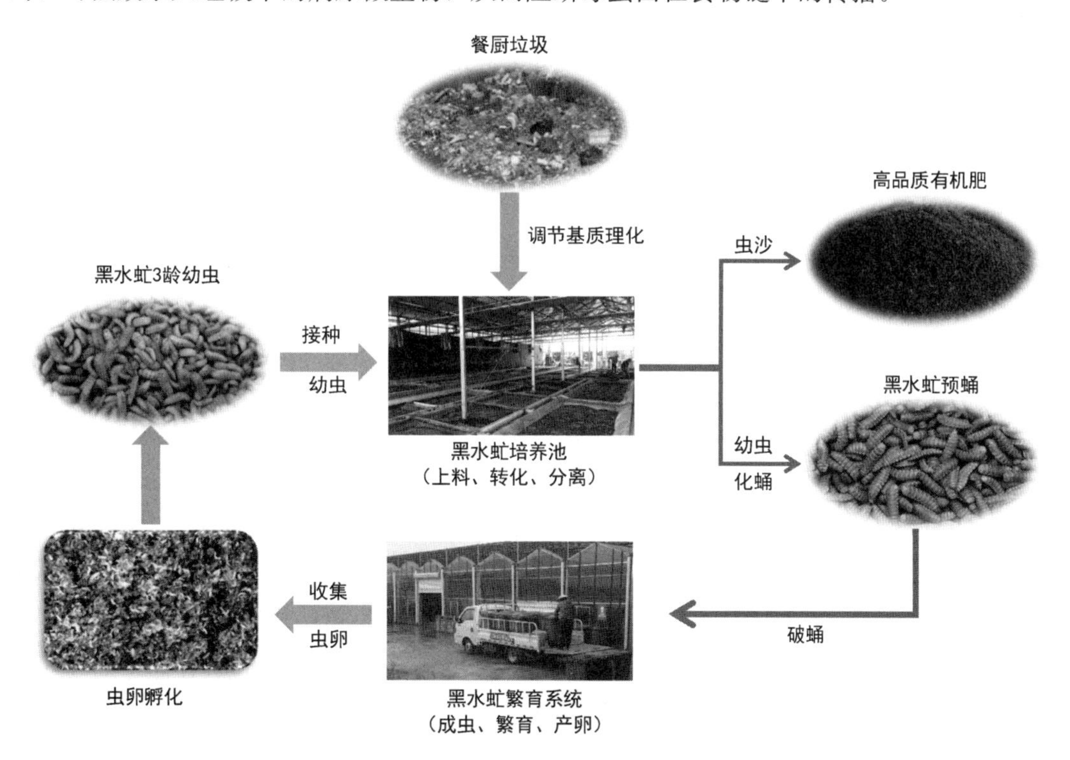

图 6-5　黑水虻处理餐厨拉圾以及资源化

黑水虻转化后得到两种产品，一种是残渣，另一种是黑水虻虫体生物质。残渣作为有机肥料，其营养成分主要取决于饲喂黑水虻幼虫的底物。研究报道了黑水虻幼虫转化后残渣中总磷和氨态氮的浓度增加而硝态氮的浓度下降，而残渣的 pH 通常在植物生长的最佳范围（pH=7～8）。而且残渣里含有幼虫蜕皮，有研究显示几丁质或其衍生物对植物生长有积极作用，所以残渣可以促进植物的生长。

黑水虻生物质富含脂肪（占干物质的21%～40%），其脂肪酸组成主要受底物成分的影响。而且有研究发现黑水虻被喂养50%的微藻（Schizochytrium，富含Omega-3脂肪酸），其幼虫虫重最高，而且生长最快，同时含有11.8%的Omega-3脂肪，9.75%的二十二碳六烯酸（DHA）。李庆等人最先提取黑水虻虫体的脂肪经酯交换得到生物柴油。由于黑水虻的脂肪富含中链饱和脂肪酸，而多元不饱和脂肪酸含量低，生产出的生物柴油具有良好的燃料特性，并且符合包括美国材料试验学会（ASTM）D6751和欧洲EN14214标准。

黑水虻幼虫最大的附加值体现在其高蛋白（占干物质的30%～52%）。黑水虻幼虫粉与鱼粉有相似的氨基酸组成，除了两种氨基酸（蛋氨酸和赖氨酸）的含量略低于鱼粉，其他氨基酸含量和鱼粉相当。目前的研究显示将黑水虻虫粉部分代替鱼粉添加不同种类鱼类的日粮中（鲑鱼、欧洲鲈鱼、虹鳟鱼），不会显著影响产品的性能和质量。另外研究表明，黑水虻粗粉可以代替家禽饲料中的大部分豆粕，即使不改善产品的性能和质量也不会对其产生负面影响。

2. 黑水虻幼虫堆肥技术存在的问题

（1）技术不稳定

黑水虻处理技术与厌氧消化或者好氧堆肥等传统厨余垃圾处理技术相比，技术不稳定。黑水虻处理技术项目规模小，一般在100t/d及以下。在黑水虻技术工艺逐步放大的过程中，在孵化、饲喂和加工等环节存在一定技术瓶颈，需要控制好温度、湿度、光照等条件。孵化环节需严格控制其成虫率，防止成虫过多导致衍生的生态侵害。饲喂环节决定了黑水虻产品品质的稳定性问题，由于黑水虻幼虫的营养价值受厨余垃圾来料营养价值的影响，来料的纯度与新鲜度也会严重影响黑水虻幼虫的品质，导致了黑水虻产品品质的不稳定性。加工环节的黑水虻生产设备落后，设备自动化程度不高，运行不稳定，限制了加工和产量，影响限制了黑水虻的规模化和产业化。

（2）产品存在风险

黑水虻幼虫的营养价值受厨余垃圾来料营养价值的影响，由于来料的渠道多样性、厨余垃圾来料的复杂性等因素导致了产品存在一定的风险。黑水虻幼虫作为蛋白饲料的安全性评估还不够全面，有害物质转化机制的研究还不够深入。由于厨余垃圾来源存在重金属、大肠杆菌和沙门氏菌等化学污染和微生物的残留风险，甚至厨余垃圾在储存或处理过程中可能产生黄曲霉素等有害物质，导致黑水虻幼虫产品存在蛋白同源的问题。另外，黑水虻虫粪作为肥料的安全性评估也同样不够全面，其对农田土壤影响不明确；作为农用肥料，其安全性、有效性缺乏长期稳定的田间示范试验数据支撑。

（3）缺乏相关技术标准规范

2017年欧盟委员会正式通过了2017/893号决议，授权使用昆虫蛋白作为水产养殖的饲料。该一授权仅限于包括黑水虻在内的七个物种的名单，而且这些物种必须达到“饲料级”才能被饲用。由于黑水虻处理技术属于生物处理技术，与传统的厌氧消化和好氧堆肥技术不同，需要针对黑水虻处理技术的优缺点建立系统的标准规范体系。然而，黑水虻处理技术缺少相关国家或行业的标准规范，而且现行行业标准《餐厨垃圾处理技术规范》CJJ 184 也没有规范黑水虻处理技术项目选址、养殖、环保、产品等行为，产品幼虫蛋白饲料和虫粪也缺乏专门的产品标准。

3. 黑水虻幼虫堆肥技术工程案例

黑水虻处理技术是一种具有巨大市场前景的新技术，必须解决黑水虻处理技术存在的问题，从而实现厨余垃圾减量化、资源化和无害化处理目标，以及达到经济效益与社会环境效益平衡。

近年来，广东省逐渐开始引进黑水虻处理技术，目前被广泛应用于处理鸡粪、猪粪及厨余垃圾等有机废弃物方面。目前黑水虻在广东的应用范围已分布于广州、汕头、韶关、佛山、梅州、湛江和惠州等地，处理规模从 1t/d 至 150t/d 不等，并且大部分都已覆盖垃圾分类示范片区。据调查，广东某黑水虻处理基地 10t 的厨余垃圾可生产 2t 的幼虫以及 1t 的虫粪，只剩 4%～5%的剩余物，均是混杂在厨余垃圾中的塑料、木竹等黑水虻无法采食的物质。只要厨余垃圾分类准确率能达到一个较高的水平，剩余物的比例将更小。同理，用黑水虻幼虫堆肥技术处理人类粪便从而让人类粪便回归生态系统本身的技术路线从源头上也是可行的。

第7章　乡村厕所系统经济性分析

7.1　乡村厕所的分类分级

分析厕所系统的经济性，首先应当明确厕所和厕所系统的定义和范畴。根据世界卫生组织对厕所的解释，厕所是周围有围墙供大小便使用的场所，随着人类生产力的不断发展，厕所的功能逐渐丰富完善起来。

户厕则是供家庭成员大小便的场所，由厕屋、便器、储粪池（化粪池或厕坑）等组成。户厕分为附建式户厕与独立式户厕，建在住宅内或与主要生活用房连成一体的为附建式户厕，建在住宅等生活用房外的为独立式户厕。

卫生厕所的要求是：有墙、有顶、有门，厕屋清洁、无臭，粪池无渗漏、无粪便暴露、无蝇蛆。粪便就地处理或适时清出处理，达到无害化卫生要求，或通过下水管道进入集中污水处理系统处理后达到排放要求，不污染周围环境和水源。农村户用卫生厕所的类型有三格式户厕、粪尿分集式户厕、双坑（双池）交替式户厕、沼气池式户厕、下水道水冲式户厕和双瓮（双格）式户厕等。

我国由于地域广袤，不同地区生活习惯、发展状况差异较大，仍然保留了各种不同发展阶段的厕所类型，从具备仅提供大小便场所的简易旱厕，到具有粪便储存收集功能与基本卫生要求的卫生厕所，以及具有初步处理粪便的基本功能，可有效降低粪便中生物性致病因子传染性设施的卫生无害化厕所。

厕所系统则应当是厕所及粪污后续深度处理或资源化利用，最终实现物质从自然中来，回自然中去的闭环系统，具体为包括厕屋、便器、粪污收集、贮存、运输、处理、处置、利用各模块的全过程闭路循环生态链系统。在越来越重视生态环境保护的当下，以及面临“双碳”的严峻挑战，对厕所系统的经济性分析，除了对同一标准下的厕所建造、运维的经济性核算，更为重要的是还要将人类如厕的过程与粪便的收集、贮存、运输、处理、处置、利用中的物质循环和能量消耗作为一个整体进行综合核算对比，从而因地制宜地给出不同发展阶段、不同需求的最适宜改厕模式。

为了便于对厕所不同的系统经济性进行客观对比，本章参考相关文献对厕所模式的划分方式，以厕所耗水量及末端处理模式作为分类依据，将乡村厕所分为3大类（水冲式厕所、微水冲式厕所、免水冲式厕所）及5种应用场景（水冲式厕所+直排、水冲式厕所+分散处理、水冲式厕所+集中处理、微水冲式厕所+资源化利用、免水冲式厕所+资源化利用），列出对应的5种厕所系统，从厕屋、便器、粪污处理处置生态链三个部分，对厕所系统建设、运维的经济性进行综合分析。

资金问题是乡村厕所建设的核心问题，乡村厕所建造的成本主要由农户负担，少数由各地政府适当贴补。根据农民改厕支付意愿，对乡村厕所建造进行分级，按照房屋建设指数由低到高将厕所依次划分为基础类、完善类、提升类。基础类和完善类分别针对经济条件较差的农户与普通农村家庭，而提升类则定位于对生活品质有较高要求的富裕农村家庭。各级厕所特点及适用对象如表 7-1 所示。

乡村厕所的分级需求 **表 7-1**

序号	分级方案	适用对象	特性描述
1	基础类	经济基础薄弱、厕所要求不高的农村家庭	经济适用、满足农村基本卫生如厕需求
2	完善类	一般农村家庭	舒适方便，侧重改善卫生环境，为普通农村家庭推荐厕所配置
3	提升类	经济宽裕、厕所品质要求高的农村家庭	高品质，配置齐全，如可配备淋浴空间，建造标准超过现在

7.2 厕屋设计、建造的基本要求及造价

7.2.1 厕屋设计的基本要求

2016 年 10 月，中共中央、国务院印发并实施《“健康中国 2030”规划纲要》，提出要加强城乡环境卫生综合整治，持续推进城乡环境卫生整洁行动，完善城乡环境卫生基础设施和长效机制，统筹治理城乡环境卫生问题，并提出到 2030 年全国农村居民基本都能用上无害化卫生厕所的目标。2019 年 7 月国家卫生健康委办公厅、农业农村部办公厅印发《农村户用厕所建设技术要求（试行）》（国卫办规划函〔2019〕667 号），文件指出厕屋的规划设计应满足以下 4 点基本要求：

（1）农村户厕建设应统筹规划，实事求是，坚持“卫生、经济、适用、环保”的理念，倡导厕所入室，推广粪肥利用；

（2）农村移民搬迁、危房改造、宅基地审批以及其他涉及农户住宅新建、改建时，农村户厕应与住房同步设计、同步建造、同步投入使用；

（3）户厕建设模式应根据当地的自然环境、经济发展状况、村镇建设规划、居民生活习惯等科学合理选型；

（4）强化农村户厕建设与农村生活污水治理衔接。推进厕所粪污分散处理、集中处理或接入污水管网统一处理，实行“分户改造、集中处理”与单户分散处理相结合，鼓励联户、联村、村镇一体治理。主要使用水冲式厕所的地区，农村改厕与污水治理要做到一体化建设；主要使用传统旱厕和无水式厕所的地区，做好粪污无害化处理和资源化利用，为后期污水处理预留空间。

依据《农村三格式户厕建设技术规范》GB/T 38836—2020，户厕厕屋应满足以下 6 个基本条件：(1) 厕屋结构应完整、安全、可靠，可采用砖石、混凝土、轻型装配式结构；(2) 厕屋建设应采用环保节能材料，宜选用当地可再生材料；(3) 厕屋净面积不应小于 1.2m^2，独立式厕屋净高不应小于 2.0m；(4) 厕屋应有门、照明、通风及防蚊蝇等设施，地面应进行硬化和防滑处理，墙面及地面应平整；有条件的地区，宜设置洗手池等附属设施；(5) 独立式厕屋地面应高出室外地面 100mm 以上，寒冷和严寒地区厕屋应采取保温措施；(6) 附建式厕屋应具备通向室外的通风设施。

《农村集中下水道收集户厕建设技术规范》GB/T 38838—2020 规定：当厕屋兼具洗浴功能时，可适当增加厕屋面积；厕屋地面和内墙面应做防水处理，地面最低处应设置地漏。另外，依据《农村户厕卫生规范》GB 19379—2012，附建式户厕应符合表 7-2 的卫生要求；独立式户厕应建在庭院内，方便使用与管理，厕屋内地坪的高度至少应高于庭院地坪 100 mm，以防止雨水淹没，其建筑应符合表 7-3 的卫生要求。

附建式户厕的建筑卫生要求（厕屋部分）　　表 7-2

序号	项目	要求
1	厕屋面积（m^2）	≥1.20
2	厕窗、门	有通风、防蚊蝇措施
3	人工照明（lx）	≥40
4	通风设施	自然或机械通风（满足换气次数 6 次/h）
5	洗手设施	应设置洗手设施

独立式户厕的建筑卫生要求（厕屋部分）　　表 7-3

序号	项目	要求
1	厕屋净高（m）	≥2.00
2	厕屋面积（m^2）	≥1.20
3	人工照明（lx）	≥40
4	厕窗、门	有通风、防蚊蝇措施
5	厕屋顶	防雨、轻体，雨水流向不进入贮粪池
6	通风设施	通风窗或排风扇等机械通风
7	排气管	高出厕屋 50cm，宜有防蝇措施
8	厕屋地面	硬化处理
9	卫生设施	便器盖或水封等密闭设施、专用清扫工具、盛放手纸容器等
10	洗手设施	有

除了上述国家层面发布的文件和实施的标准外，一些省、直辖市也在近几年发布了符合各地特色的地方标准。这些省、直辖市的户厕厕屋设计的基本要求如表 7-4 所示。

我国部分省、直辖市的户厕厕屋设计的基本规定　　表 7-4

地区	标准名称	户厕厕屋设计的基本规定
吉林省	《农村户厕改造技术标准》DB2 2/T 5001—2017	(1) 厕屋位置应结合农村住户现有房屋布局，建造在房屋角落；(2) 厕屋应单独设置并与生活区分隔。应有照明、通风等设施；(3) 厕屋的建设面积不宜小于 1.5m²，厕屋的高度不宜小于 2.2m；(4) 厕屋地面应进行防水处理，墙面及屋顶应进行必要的装修；(5) 厕屋的建筑卫生要求应符合《农村户厕卫生规范》GB 19379—2012 的规定
青海省	《农村户厕改造技术规范》DB 63/T 1775—2020	室内厕屋 (1) 农村室内厕屋改造应按以下分级标准进行改造：基本型仅具备室内如厕功能；改善型是在基本型的基础上增加盥洗、淋浴等功能。(2) 室内厕屋应符合下列要求：厕屋位置应结合房屋平面布局及农户居住习惯，宜建造在房屋角落；厕屋应单独设置并与生活区分隔，厕屋内应有照明、通风、防蚊蝇等设施；基本型的厕屋面积应满足基本的如厕要求，改善型的厕屋面积应满足盥洗、淋浴等要求，厕屋室内净高不宜小于 2.2m；户厕门洞的最小尺寸不应小于 0.90m×2.00m（宽×高，装修完成面的净尺寸）；厕屋地面及墙面应进行防水处理，墙面及天棚应进行必要的装修；厕屋的建筑卫生要求应满足《农村户厕卫生规范》GB 19379—2012 的有关规定。(3) 厕屋的平面布置及工程构造做法详细参见《住宅卫生间》14J914—2。(4) 墙无门洞，改厕需在洞口上部增设过梁。 室外厕屋 (1) 室外厕屋应符合下列要求：新建、改（扩）建农村室外户厕时，宜设置在原有住房的侧面或较隐蔽处；厕屋内应有照明、通风、防蚊蝇等设施；基本型的厕屋面积应满足使用功能，厕屋室内净高不宜小于 2.2m；厕门洞的最小尺寸不应小于 0.90m×2.00m（宽×高，装修完成面的净尺寸）。三格化粪池厕所、双瓮漏斗式厕所及水冲式厕所冬季应具备供暖条件，建筑外墙应有保温节能措施，室内温度不宜低于 5℃。(2) 户厕内的地坪应高于庭院地坪 100mm，以防止雨水淹没
山西省	《农村粪污集中处理式户厕改造技术规范》DB 14/T 2352—2021	(1) 原有户厕主体结构对于不满足规范要求的部分，进行门窗、照明、通风、排臭等工程改造及设备配套；新建户厕厕屋结构可采用粉煤灰砖、石材、混凝土或彩钢保温板结构。(2) 地面宜使用 100～120mm 厚钢筋混凝土板密封，地面的建筑工程做法可选择水泥、防滑地板砖或其他便于清洁的材料；墙面或顶面表面材料应选择宜保持整洁干净卫生的材料。(3) 独立式厕屋地面应高出室外地面 100mm 以上，寒冷和严寒地区厕屋应采取保温措施；附建式厕屋应具备通向室外的通风设施。(4) 储粪池的通风管一般采用 Φ110 的 PVC 硬塑管，安装时应高出厕屋屋面 500mm，并加防雨帽
浙江省	《农村厕所建设和服务规范　第 2 部分：农村三格式卫生户厕所技术规范》DB 33/T 3004.2—2015	(1) 新建房应规划卫生间。对于旧房改造，厕屋应建造在室内或庭院内，无庭院的应靠近居室。厕屋的建筑卫生要求应符合《农村户厕卫生规范》GB 19379—2012 的要求。(2) 做好粪污与生活污水分流的规划设计。(3) 应配备防蝇蛆设施、纸篓等基本附属设施
重庆市	《农村户用卫生厕所建设及粪污处理技术规程》DB 50/T 1137—2021	厕屋的建造应符合《农村三格式户厕建设技术规范》GB/T 38836 中 5.3 条的规定

7.2.2　厕屋建造的基本要求及造价估算

厕屋按照其建造方式的不同可分为：传统砖混式厕屋和装配式钢结构厕屋等，接下来将分别对以上两种最常见形式的厕屋建造的基本要求及造价估算进行详细分析。

7.2.2.1　传统砖混式厕屋建造的基本要求及造价估算

1. 传统砖混式厕屋建造的基本要求

根据目前我国乡村经济发展水平，传统砖混式厕屋仍是新建户厕厕屋的主要方式。2019 年 7 月国家卫生健康委办公厅、农业农村部办公厅印发《农村户用厕所建设技术要求（试行）》（国卫办规划函〔2019〕667 号），文件指出厕屋的建造应满足以下 3 点基本要求：

（1）厕屋建筑应适应当地地理气候条件，厕屋室内面积和高度适宜，满足如厕需要，合理设置门、窗（纱窗）、照明以及通风，并有防蝇设施，地面经硬化处理；

（2）厕屋建筑材料应坚固、耐用、结构安全，有利于卫生清洁与节能环保，并符合相关技术要求。

（3）由经过培训的专业施工队伍建造。

《农村三格式户厕建设技术规范》GB/T 38836—2020 对传统砖混式厕屋施工提出了 4 点要求：

1）厕屋施工应按照国家房屋建筑工程施工相关标准要求执行；

2）基于原有房屋开展户厕改造应保留房屋主体结构，不应破坏房屋原有基础；

3）厕屋基础埋深不应小于冻土层厚度；

4）厕屋应根据设计要求预留给排水设施孔洞，并与卫生洁具安装相协调。

此外，《农村集中下水道收集户厕建设技术规范》GB/T 38838—2020 明确说明厕屋施工应按照《农村三格式户厕建设技术规范》GB/T 38836—2020 执行，还特别强调：不应影响原有房屋及设施的安全；基坑及管沟施工时应设安全标识，晚间应设警示灯；施工时应减少对村民日常生产生活的影响。除了上述两个现行的国家标准外，一些省、直辖市也推出了更加详细的符合各地特色的地方标准。这些地方标准也对各个省、直辖市的传统砖混式厕屋的建造要求提出了更细致的规定（表 7-5）。

我国部分省、直辖市的传统砖混式厕屋的建造要求　　表 7-5

地区	标准名称	传统砖混式厕屋的建造要求
吉林省	《农村户厕改造技术标准》DB 22/T 5001—2017	（1）厕屋围护结构应保证安全、实用，可选用砖混等结构形式。（2）应保留原有房屋主体结构，不应破坏房屋原有基础。（3）厕屋地面处理、内墙饰面应符合《工程做法》23J909 要求
山西省	《农村粪污集中处理式户厕改造技术规范》DB 14/T 2352—2021	（1）老旧厕所改造前，应先采用生石灰等消毒材料覆盖方式对农户原有清粪后的贮粪池及周围环境实施消毒处理。（2）厕屋施工应按照国家房屋建筑工程施工相关标准要求执行。（3）基于原有房屋开展农村户厕改造应保留房屋主体结构，不应破坏房屋原有基础。（4）厕屋基础埋深不应小于冻土层厚度。（5）厕屋应根据设计要求预留给排水设施孔洞，并与卫生洁具安装相协调。（6）应根据厕屋与贮粪池的布置及使用需求，合理确定便器与冲水器具的布置，便器下口中心距后墙不小于 300 mm，距边墙不小于 400 mm。（7）管道施工应符合《给水排水管道工程施工及验收规范》GB 50268—2008 的规定

续表

地区	标准名称	传统砖混式厕屋的建造要求
重庆市	《农村户用卫生厕所建设及粪污处理技术规程》DB 50/T 1137—2021	农村户用卫生厕所建设应与村庄整体环境相协调，充分利用现有基础设施和地理条件。依托现有房屋改建厕屋时，对现有房屋主体结构使用的安全性无影响。其他厕屋的建造应符合《农村三格式户厕建设技术规范》GB/T 38836—2020 中 5.3 条文的规定
青海省	《农村户厕改造技术规范》DB 63/T 1775—2020	（1）厕屋围护结构应保证安全、实用，可选用砖混结构形式；（2）应保留原有房屋主体结构，不应破坏房屋原有基础；（3）厕屋地面处理、内墙饰面应符合《工程做法》23J909 相关要求；（4）便器排污孔直径应大于或等于 100mm，按便器下口中心为基础，距后墙的距离应依据便器型号合理确定，距边墙不小于 400mm；（5）便器与进粪管应连接紧密并可拆装，以方便清除粪便和粪渣

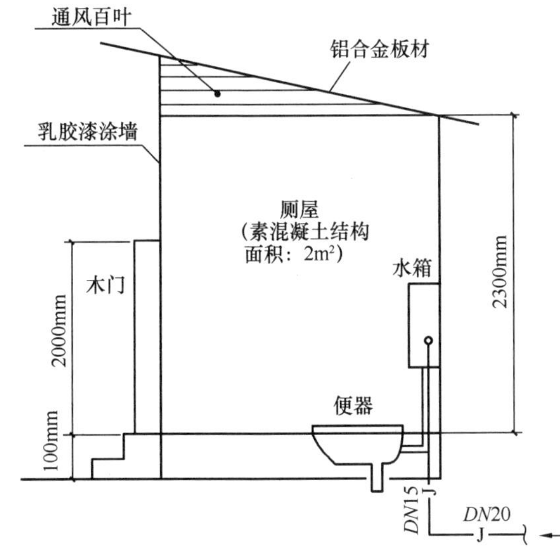

图 7-1 基础类传统砖混式厕屋剖面图

2. 传统砖混式厕屋的造价估算

(1) 基础类

基础类传统砖混式厕屋（图 7-1）面积为 $2m^2$，单坡屋面，屋面采用铝合金板材，地面进行简单硬化处理，内外墙面都为水泥抹墙。厕屋内地坪高于室外地坪 100mm，以防外部雨水倒灌入户厕内。厕所设施方面，为降低造价，不设通风扇、窗户、灯泡和清洁池，只进行简单自然采光。该基础类传统砖混式厕屋的建造费用主要分为材料费和人工费，总成本为 438～989 元，具体费用分析如表 7-6 所示。

基础类传统砖混式厕屋建造费用分析 **表 7-6**

内容	单价	数量	造价
标砖（240mm×115mm×53mm）	10～35 元/m^2	15.8m^2	158～553 元
水泥	15～28 元/袋	2 袋	30～56 元
其他配件	100～200 元/套	1 套	100～200 元
人工费	150～180 元/d	1d	150～180 元
建造成本合计		438～989 元	
平均建造成本		约 750 元	

(2) 完善类

完善类传统砖混式厕屋（图 7-2）面积为 $4m^2$，双坡屋面，屋面采用瓦材，能够较好地防尘防水。采用 EPS 外墙保温构造，室内顶棚为普通吊顶，即由传统石膏板、龙骨等

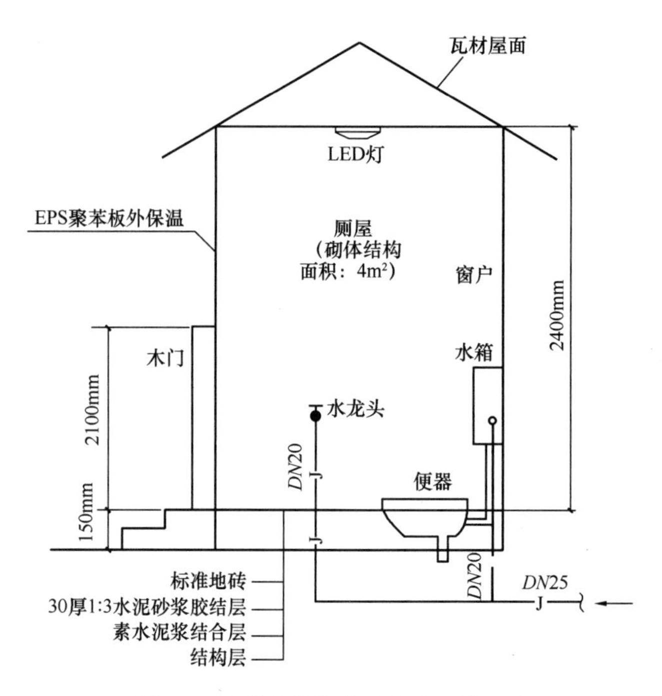

图 7-2　完善类传统砖混式厕屋剖面图

材料制成，兼顾了成本与美观。地面铺设标准防滑地砖，室内外地面高差为 0.15m。厕所设施部分，设置窗户进行自然通风，采用 LED 节能灯泡，以满足“人工照明＋自然采光”的要求。配备面镜与清洁池和水龙头，以增加厕所的卫生与舒适体验，此外，设置地漏以减少地面积水。

该完善类传统砖混式厕屋的建造费用主要分为材料费、配件费和人工费，总成本为 2288～4278 元，具体费用分析如表 7-7 所示。

完善类传统砖混式厕屋建造费用分析　　**表 7-7**

内容	单价	数量	造价
标砖（240mm×115mm×53mm）	10～35 元/m^2	31.2m^2	312～1092 元
水泥	15～28 元/袋	4 袋	60～112 元
标准地砖（300mm×300mm）	60～100 元/m^2	4m^2	240～400 元
墙面瓷砖（300mm×300mm）	20～60 元/m^2	12m^2	240～720 元
EPS 保温板	40～50 元/m^2	19.2m^2	768～960 元
单层沥青瓦坡屋面	25～40 元/m^2	6m^2	150～240 元
普通铝扣板吊顶	40～70 元/m^2	4m^2	160～280 元
中空玻璃窗户	60～80 元/m^2	0.8m^2	48～64 元
地漏	10～50 元/个	1 个	10～50 元
人工费	150～180 元/d	2d	300～360 元
建造成本合计		2288～4278 元	
平均建造成本		约 3000 元	

(3) 提升类

提升类传统砖混式厕屋(图 7-3)面积为 $8m^2$,采用钢筋混凝土结构,双坡屋面,屋面材料为琉璃瓦材,防水性能强且强度高。室内顶棚为集成铝扣板吊顶,防水防潮且美观,地面进行水泥硬化处理后,再铺设高级防滑地砖。厕所设施部分,不同于完善类厕屋,额外安装了通风扇、不暴露的清洁池、洗手台等,以提升厕所的舒适与美观。此外,还设置了淋浴间,进一步完善了厕所的功能。

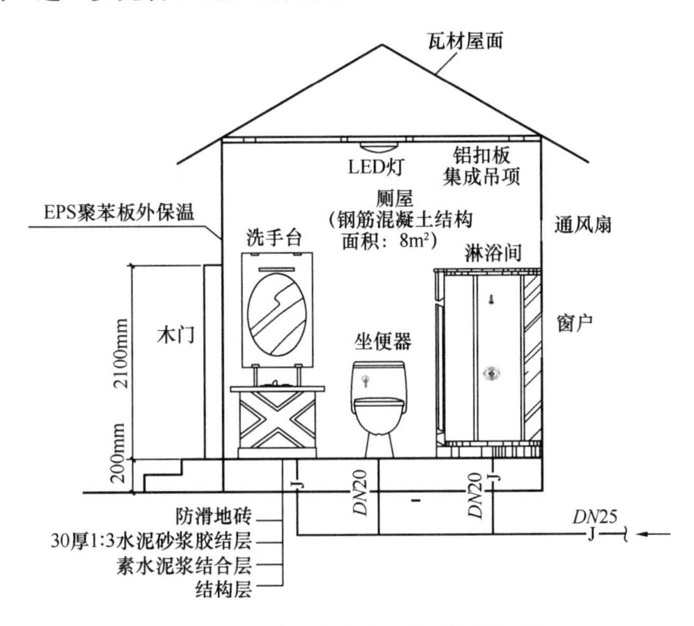

图 7-3 完善类传统砖混式厕屋剖面图

该提升类传统砖混式厕屋的建造费用主要分为材料费、配件费和人工费,总成本约为 5974～13315 元,具体费用分析如表 7-8 所示。

完善类传统砖混式厕屋建造费用分析 表 7-8

内容	单价	数量	造价
标砖(240mm×115mm×53mm)	10～35 元/m^2	45.8m^2	458～1603 元
水泥	15～28 元/袋	8 袋	120～224 元
高级防滑地砖(300mm×600mm)	120～160 元/m^2	8m^2	960～1280 元
墙面瓷砖(300mm×300mm)	20～60 元/m^2	28.8m^2	576～1728 元
EPS 保温板	40～50 元/m^2	24m^2	960～1200 元
琉璃瓦屋面	35～130 元/m^2	12m^2	420～1560 元
铝扣板集成吊顶	50～100 元/m^2	8m^2	400～800 元
铝合金百叶窗	150～200 元/m^2	1.4m^2	210～280 元
台盆镜	50～300 元/面	1 面	50～300 元
洗手台	350～1200 元/套	1 套	350～1200 元
淋浴间	1000～2500 元/套	1 套	1000～2500 元

续表

内容	单价	数量	造价
地漏	10～50 元/个	2 个	20～100 元
人工费	150～180 元/d	3d	450～540 元
建造成本合计		5974～13315 元	
平均建造成本		约 9500 元	

7.2.2.2　装配式厕屋建造的基本要求及造价估算

1. 装配式厕屋建造的基本要求

随着我国经济的稳步增长，建筑行业进入工业化、集约化的新阶段，装配式建筑已成为一种新趋势，在这种背景下装配式厕屋也就应运而生。

装配式厕屋是采用轻钢龙骨等材质组装而成，部品部件可以在工厂生产完后运输到施工现场通过组装和连接而成的建筑。标准化、规范化的高效率装配方式，替代了工序烦琐、质量不稳定的传统建筑方式。装配式厕屋和传统砖混式厕屋相比具有诸多优势，装配式厕屋在施工安装过程中拼接式的安装方式操作简单，减少了材料损耗，大大节省了施工周期，提高了施工效率，减少了综合成本；同时有效减少了在施工过程中产生的污染问题（例如粉尘污染），更加绿色环保；此外，它摒弃了传统砖混式厕屋的固定风格，可以创意设计，巧妙搭配，可以打造出风格各异的外观效果，还具备很好的保温、隔声、防火、防虫、节能、抗震、防潮性能。

《农村三格式户厕建设技术规范》GB/T 38836—2020 规定：厕屋结构应完整、安全、可靠，可采用轻型装配式结构，装配式厕屋预制件间的连接应牢固可靠，接缝严密。青海省地方标准《农村户厕改造技术规范》DB 63/T 1775—2020 明确推荐装配式厕屋：厕屋围护结构应保证安全、实用，优先选用装配式。山西省地方标准《农村粪污集中处理式户厕改造技术规范》DB 14/T 2352—2021 也认可了装配式厕屋，并要求装配式厕屋预制件的连接应牢固可行，接缝严密。重庆市地方标准《农村户用卫生厕所建设及粪污处理技术规程》DB 50/T 1137—2021 明确要求装配式成套产品宜选用有相关资质检测机构出具检测报告的正规生产厂家的合格产品。所用材料坚固耐用，有利于卫生清洁和环境保护，不得使用对农田土壤、农村环境和人体健康有害的材料。

2. 装配式厕屋的造价估算

（1）基础类

根据市场调研，基础类装配式厕屋的价格约为 600 元。基础类装配式厕屋面积较小（约 $2m^2$），常采用价格低廉的彩钢板材和防滑不锈钢地面，配备有价格低廉的塑料材质的通风扇、百叶窗等基础设备。

（2）完善类

根据市场调研，完善类装配式厕屋的价格约为 2000 元。完善类装配式厕屋面积适中（约 $5m^2$），常采用性价比较高的板材和防滑地面，配备有性价比较高的优良材质的洗手池、通风扇、百叶窗、LED 灯等设备。

(3) 提升类

根据市场调研，提升类装配式厕屋价格约为5000元。提升类装配式厕屋面积适中（约$10m^2$），常采用价格较高的钢结构做骨架，墙体可为铝锌板，并喷漆防腐防锈处理。配备有更优质的洗手池、通风扇、百叶窗、LED灯等设备，还设置有淋浴间、台盆镜等设施。

7.3 便器建造的基本要求及造价

7.3.1 便器建造的基本要求

2019年7月国家卫生健康委办公厅、农业农村部办公厅印发《农村户用厕所建设技术要求（试行）》(国卫办规划函〔2019〕667号)，文件指出：宜选用白色陶瓷便器或其他具有抗腐蚀、耐压耐磨、表面光滑易清洁的便器，包括蹲便器和坐便器，冲水便器应为节水型。依据《农村三格式户厕建设技术规范》GB/T 38836—2020，户厕便器应满足以下几个基本条件：

(1) 坐便器或蹲便器应合理选用，冲水量和水压应满足冲便要求，宜采用微水冲等节水型便器。

(2) 陶瓷类卫生器具的材质要求应符合《卫生陶瓷》GB/T 6952—2015的规定，非陶瓷类卫生器具的材质要求应符合《非陶瓷类卫生洁具》JC/T 2116—2012的规定。

(3) 便器排便孔或化粪池进粪管末端应采取防臭措施。

(4) 寒冷和严寒地区独立式厕屋的卫生洁具和排水管应采取防冻措施，应选用直排式便器，便器不应附带存水弯。

《农村集中下水道收集户厕建设技术规范》GB/T 38838—2020特别强调户厕便器还应满足以下5个基本条件：

(1) 坐便器或蹲便器应合理选用，便器或排水管上应设置存水弯等防臭装置。

(2) 选用陶瓷类便器应符合《卫生陶瓷》GB/T 6952—2015的规定，选用非陶瓷类便器应符合《非陶瓷类卫生洁具》JC/T 2116—2012的规定。

(3) 应根据供水条件和便器类型选用节水型冲水器具，冲水量应符合《节水型卫生洁具》GB/T 31436—2015的规定。

(4) 上水管道应设置阀门，寒冷和严寒地区的上下水管道和冲水器具应采取防冻措施。

(5) 农村多层建筑的集中下水道收集户厕，应按照《建筑给水排水设计标准》GB 50015—2019的要求设置卫生器具及排水管道。

依据《农村户厕卫生规范》GB 19379—2012附建式户厕可采用陶瓷坐便或蹲便器，坐便器高度350mm，宜设置男用小便设施；独立式户厕可采用陶瓷与其他坚固、宜清洁材料制坐便、蹲便器，便器长度不宜太短，应满足粪便收集的需要（50cm左右），宜设置男用小便设施。另外，在高寒地区便器应采取相应的保温措施。除此之外，吉林省、山西省、重庆市、青海省、浙江省也纷纷推出了各地的地方标准对户厕便器提出了相应的要求，如表 7-9 所示。

我国部分省、直辖市的便器建造的基本要求　　表 7-9

地区	标准名称	便器建造的基本要求
吉林省	《农村户厕改造技术标准》DB 22/T 5001—2017	（1）应采用节水型陶瓷便器，可根据农户的意愿选用蹲便或坐便。（2）便器及零配件的规格应达标，质量可靠，外表光滑，无砂眼、裂纹等缺陷。（3）使用节水型便器，单次冲水量应小于 2.5L，外观质量、最大允许变形、坐便器冲洗功能、蹲便器冲洗功能效果和冲水装置配套性等指标应符合现行国家标准《卫生陶瓷》GB 6952—2015 和《坐便器水效限定值及水效等级》GB 25502—2017 的要求。（4）排水管材可选用 PVC-U 管、HDPE 管。（5）便器设施应采取保温防冻措施
山西省	《农村粪污集中处理式户厕改造技术规范》DB 14/T 2352—2021	（1）陶瓷类卫生器具的材质要求应符合《卫生陶瓷》GB/T 6952—2015 的规定，非陶瓷类卫生器具的材质要求应符合《非陶瓷类卫生洁具》JC/T 2116—2012 的规定。（2）便器排便孔、贮粪池进粪管末端应采取防臭措施。（3）寒冷和严寒地区独立式厕屋的卫生洁具和排水管应采取防冻措施，应选用直排式便器
重庆市	《农村户用卫生厕所建设及粪污处理技术规程》DB 50/T 1137—2021	应符合《农村三格式户厕建设技术规范》GB/T 38836—2020 中 5.4 条文的规定
青海省	《农村户厕改造技术规范》DB 63/T 1775—2020	（1）冲水便器应选用节水型。（2）卫生器具应符合下列要求：间歇供水地区厕屋内应设置高位储水箱。基本型的水箱有效容积不宜小于 $0.2m^3$、改善型的水箱有效容积不宜小于 $0.4m^3$；坐便器高度以 350mm 为宜，蹲便器长度不宜小于 500mm。（3）在满足化粪池渣液不小于 60d 滞留周期的前提下，便器的冲水量必须符合使用要求
浙江省	《农村厕所建设和服务规范　第 2 部分：农村三格式卫生户厕所技术规范》DB 33T 3004.2—2015	选用白色陶瓷产品、金属或合成表面光洁的材料制造的节水型便器。安装时，以便器下口中心为基础，与后墙的距离应依据便器型号合理确定，距边墙不小于 400mm

7.3.2　便器造价估算

7.3.2.1　水冲式便器造价估算

现代便器自从诞生以来，由粗放到卫生，由室外到室内，由旱厕到水冲，经历了 200 多年的发展与演变，当前室内水冲式便器已经成为全世界便器的主流形式。根据市场调研，基础类、完善类和提升类水冲式便器的简介和造价估算如表 7-10 所示，图 7-4 所示为三类水冲式便器的照片。

三类水冲式便器的简介及其造价估算　　表 7-10

分类	简介	造价
基础类水冲式便器	三级白色塑料水冲式蹲便器及其配件	约 100 元
完善类水冲式便器	二级白色陶瓷水冲式蹲便器及其配件	约 300 元
提升类水冲式便器	一级白色陶瓷水冲式坐便器及其配件	约 500 元

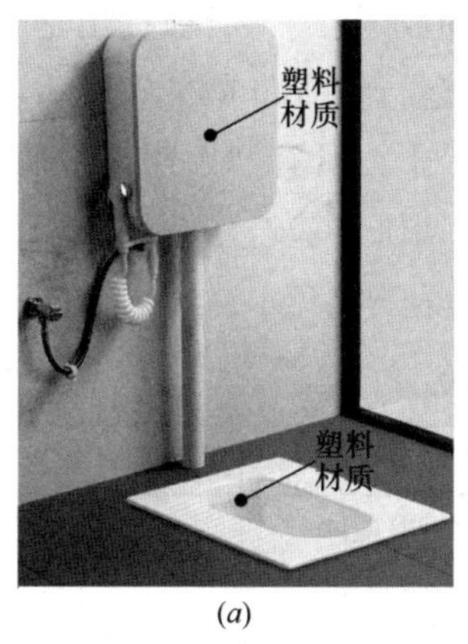

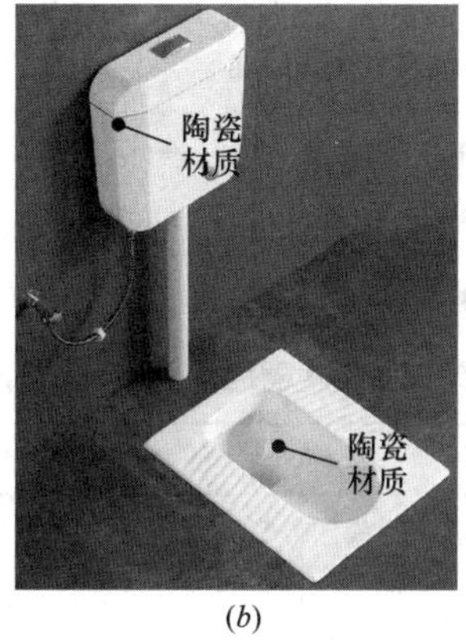

(*a*) (*b*) (*c*)

图 7-4 基础类、完善类和提升类水冲式便器

(*a*) 基础类；(*b*) 完善类；(*c*) 提升类

7.3.2.2 微水冲式便器造价估算

对于水冲式便器来说，传统水冲式便器冲厕用水量为小便 1～3L/次，大便 3～6L/次。针对现在被广泛使用的室内水冲式便器用水量大的缺陷，研发人员在新型便器的设计中从多个方面进行创新，从而设计出了用水量少、对环境更加友好的微水冲式便器。根据市场调研，基础类、完善类和提升类微水冲式便器的简介和造价估算如表 7-11 所示，图 7-5所示为三类微水冲式便器的照片。

三类微水冲式便器的简介及其造价估算 表 7-11

分类	简介	造价
基础类微水冲式便器	白色塑料微水冲式蹲便器及其配件	约 100 元
完善类微水冲式便器	灰色不锈钢真空自吸微水冲式蹲便器及其配件	约 15000 元
提升类微水冲式便器	金色不锈钢真空自吸微水冲式坐便器及其配件	约 20000 元

(*a*) (*b*) (*c*)

图 7-5 基础类、完善类和提升类微水冲式便器

(*a*) 基础类；(*b*) 完善类；(*c*) 提升类

7.3.2.3 免水冲式便器造价估算

免水冲式便器是与现行水冲式便器相对而言的，即厕所厕具不用水冲洗，完全可以达到

洁净卫生的目的。虽然水冲式厕所提高了厕所卫生条件，但水冲式厕所被提出是 20 世纪“最失败的发明”，其弊端是：水资源耗费巨大；污水处理厂运行负荷和成本显著提高；存在污泥处置和氮磷等资源回收与利用问题。因此，在这种背景下，具有“人性化”“无害化”及“资源化”特点的免水冲式便器就应运而生了。根据市场调研，基础类、完善类和提升类免水冲式便器的简介和造价估算如表 7-12 所示，图 7-6 所示为三类免水冲式便器的照片。

三类免水冲式便器的简介及其造价估算　　表 7-12

分类	简介	造价
基础类免水冲式便器	白色塑料粪尿分集型免水冲式蹲便器及其配件	约 50 元
完善类免水冲式便器	灰色不锈钢机械打包免水冲式坐便器及其配件	约 250 元
提升类免水冲式便器	白色陶瓷微生物降解免水冲式坐便器及其配件	约 1000 元

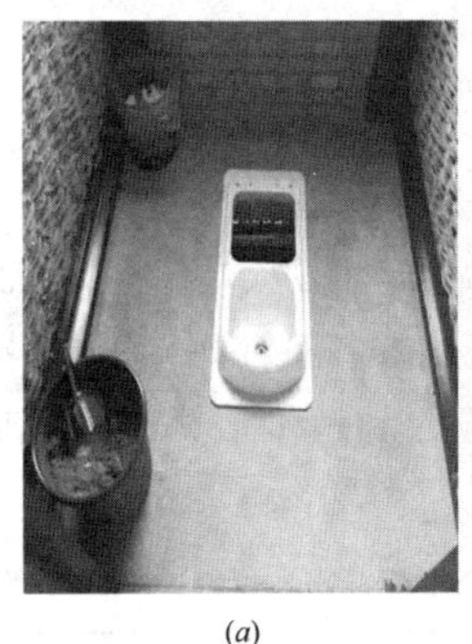

(a)

(b)

(c)

图 7-6　基础类、完善类和提升类免水冲式便器

(a) 基础类；(b) 完善类；(c) 提升类

7.4　粪污处理处置生态链中的经济核算

粪污处理处置生态链中的经济核算主要包括粪污收集、贮存、运输、处理/处置、利用的过程中花费的费用以及粪污在资源化利用后产生的收益。下面将分别从 4 种模式（直排模式、分散处理模式、集中处理模式和资源化利用模式）对粪污处理处置生态链中的经济性进行核算。

7.4.1　直排模式

直排模式是指粪污水仅经化粪池（通常是双瓮漏斗式或三格式化粪池）简单处理后排入附近受纳水体。因其成本低廉、运行维护简单，是当前我国农村厕所改造中最主要的应用模式。据统计，我国 96%的村庄没有系统的排污管网和污水处理设施，进行直排的村庄占绝大多数。

根据市场调研，双瓮漏斗式化粪池和三格式化粪池的简介和造价估算如表 7-13 所示，其照片如图 7-7 所示。

两类化粪池的简介及其造价估算　　表 7-13

分类	简介	造价
双瓮漏斗式化粪池	黑色聚丙烯材质双瓮漏斗式化粪池及其配件	约 300 元
三格式化粪池	黑色聚丙烯材质三格式化粪池及其配件	约 400 元

(a)

(b)

图 7-7　双瓮漏斗式和三格式化粪池

(a) 双瓮漏斗式化粪池；(b) 三格式化粪池

7.4.2　分散处理模式

分散处理模式是将粪污水经粪池（通常是双瓮漏斗式或三格式化粪池）初步处理后就近分散式收集和处理的一种模式，包括单户系统和群集系统 2 种类型。单户系统是指单户连接机械处理装置或自然系统，完成污水的收集和处理；群集系统是指联户（2 户及以上）的污水通过管道系统输送到小型集中处理站进行统一处理。分散式处理主要采用稳定塘、人工湿地和膜生物反应器等污水处理技术。分散式处理系统具有占地面积小、灵活多样、管网建设与维护费用低等优点，适宜于聚集性低的农村地区。

按照一个 100 户村庄一个大型稳定塘、100 个小型人工湿地和一个中型膜生物反应器的规模进行配套建设。根据市场调研，稳定塘、人工湿地和膜生物反应器的简介和户均造价估算如表 7-14 所示，其照片如图 7-8 所示。

三类分散式处理单元的简介及其造价估算　　表 7-14

分类	简介	户均造价
化粪池＋稳定塘 (基础类)	建设费用低、运行维护方便；适用于规模小的村庄，配套有自然池塘或沟渠	约 400 元
化粪池＋人工湿地 (完善类)	能耗低、投资小、工艺简单，短期处理效果好；适应于中小型规模的村庄，且地势平坦、居住相对集中	约 500 元
化粪池＋膜生物反应器 (提升类)	出水水质高、可实现污水回用；适应于配套有分散式生活污水处理设施的村庄	约 750 元

(a)

(b)

(c)

图 7-8　分散处理单元

(a) 大型稳定塘；(b) 小型人工湿地；(c) 中型膜生物反应器

7.4.3　集中处理模式

集中处理模式是将较大范围内的粪污水进行统一收集、统一输送、统一处理的一种模式。根据输送方式不同，可划分为直接输送（管道）、间接输送（抽粪车、打包转运）两种类型。该模式具有处理规模大、效率高的优点，但管网投资大、易发生渗漏（可达10%～20%），同时造成资源损耗。该模式适用条件比较严苛，仅适用于部分聚集程度高、经济水平高、基础设施完善的乡村。

总的来说，我国镇级单位的平均人口估计在1万户左右，按照一镇建设一座乡镇集中式污水处理站的方案。根据市场调研，那么平均每户承担的建造费用约为3000元。

7.4.4　资源化利用模式

资源化利用方式主要包括粪尿混合式利用和分离式利用两种类型。粪尿混合式利用模式主要将粪污与微生物、秸秆、蔬菜碎叶等进行混合发酵，制作有机肥。粪污混合式利用可进一步分为原位发酵和异位发酵。其中原位发酵具体表现为粪污就地收集与发酵处理一体化；异位发酵则通过转运（抽粪车或打包）的方式，将粪污收集进行统一发酵处理。粪尿分离式利用模式主要是采用对粪尿进行分离和收集处置的旱厕系统。分离的尿液利用磷酸铵镁结晶法、离子交换吸附法、氨氮吹脱法等技术，生产氮、磷、钾等液态肥。分离的粪便借助化粪池、沼气池、堆肥池等处理工艺，将粪便中的氮、磷、钾及有机质进行资源化利用，最终产出甲烷或有机肥，实现能量的回收与利用。

根据市场调研，清掏、转运和处理/处置粪污的系列服务通常由有机肥生产厂家免费提供。有机肥生产厂家利用免费的原料用于肥料生产，生产出来的肥料不仅可以用于维护企业的基本运营，企业还可以从中获得部分利润和政府补贴。

7.5　厕所系统的经济核算

厕所系统的经济核算主要包含以下5种应用模式：水冲式厕所＋直排；水冲式厕所＋分散处理；水冲式厕所＋集中处理；微水冲式厕所＋资源化利用；免水冲式厕所＋资源化

利用。下面将列出上述 5 种应用模式，从厕屋、便器、粪污处理处置生态链三个部分的经济性进行综合分析。

7.5.1 水冲式厕所＋直排

水冲式厕所＋直排模式可进一步分为 2 种细分模式，传统砖混式水冲式厕所＋直排模式和装配式水冲式厕所＋直排模式，它们的建造费用分析如表 7-15 所示。

水冲式厕所＋直排模式的建造费用分析 **表 7-15**

<table>
<tr><th>分类</th><th>基础类</th><th>完善类</th><th>提升类</th></tr>
<tr><td>传统砖混式厕屋</td><td>约 750 元</td><td>约 3000 元</td><td>约 9500 元</td></tr>
<tr><td>装配式厕屋</td><td>约 600 元</td><td>约 2000 元</td><td>约 5000 元</td></tr>
<tr><td>水冲式便器</td><td>约 100 元</td><td>约 300 元</td><td>约 500 元</td></tr>
<tr><td rowspan="2">粪污处理处置生态链（化粪池）</td><td colspan="2">双瓮漏斗式化粪池</td><td colspan="2">三格式化粪池</td></tr>
<tr><td colspan="2">约 300 元</td><td colspan="2">约 400 元</td></tr>
</table>

由表 7-15 可知，传统砖混式水冲式厕所＋直排（双瓮漏斗式化粪池）模式的建造费用约为 1150 元（基础类）、3600 元（完善类）和 10300 元（提升类）；传统砖混式水冲式厕所＋直排（三格式化粪池）模式的建造费用约为 1250 元（基础类）、3700 元（完善类）和 10400 元（提升类）；装配式水冲式厕所＋直排（双瓮漏斗式化粪池）模式的建造费用约为 1000 元（基础类）、2600 元（完善类）和 5800 元（提升类）；装配式水冲式厕所＋直排（三格式化粪池）模式的建造费用约为 1100 元（基础类）、2700 元（完善类）和 5900 元（提升类）。

7.5.2 水冲式厕所＋分散处理

水冲式厕所＋分散处理模式可进一步分为 2 种细分模式，传统砖混式水冲式厕所＋分散处理模式和装配式水冲式厕所＋分散处理模式，每一种细分模式下又可以分为 3 个子类（即：基础类、完善类和提升类），它们的建造费用分析如表 7-16 所示。

水冲式厕所＋分散处理模式的建造费用分析 **表 7-16**

<table>
<tr><th>分类</th><th>基础类</th><th>完善类</th><th>提升类</th></tr>
<tr><td>传统砖混式厕屋</td><td>约 750 元</td><td>约 3000 元</td><td>约 9500 元</td></tr>
<tr><td>装配式厕屋</td><td>约 600 元</td><td>约 2000 元</td><td>约 5000 元</td></tr>
<tr><td>水冲式便器</td><td>约 100 元</td><td>约 300 元</td><td>约 500 元</td></tr>
<tr><td rowspan="2">粪污处理处置生态链（分散处理）</td><td>化粪池＋稳定塘（基础类）</td><td>化粪池＋人工湿地（完善类）</td><td>化粪池＋膜生物反应器（提升类）</td></tr>
<tr><td>约 400 元</td><td>约 500 元</td><td>约 750 元</td></tr>
</table>

由表 7-16 可知，传统砖混式水冲式厕所＋分散处理模式的建造费用约为 1250 元（基础类）、3800 元（完善类）和 10750 元（提升类）；装配式水冲式厕所＋分散处理模式的

建造费用约为 1100 元（基础类）、2800 元（完善类）和 6250 元（提升类）。

7.5.3　水冲式厕所＋集中处理

水冲式厕所＋集中处理模式可进一步分为 2 种细分模式，传统砖混式水冲式厕所＋集中处理模式和装配式水冲式厕所＋集中处理模式，它们的建造费用分析如表 7-17 所示。

水冲式厕所＋集中处理模式的建造费用分析　　表 7-17

分类	基础类	完善类	提升类
传统砖混式厕屋	约 750 元	约 3000 元	约 9500 元
装配式厕屋	约 600 元	约 2000 元	约 5000 元
水冲式便器	约 100 元	约 300 元	约 500 元
粪污处理处置生态链（集中处理）	约 3000 元		

由表 7-17 可知，传统砖混式水冲式厕所＋集中处理模式的建造费用约为 3850 元（基础类）、6300 元（完善类）和 13000 元（提升类）；装配式水冲式厕所＋集中处理模式的建造费用约为 3700 元（基础类）、5300 元（完善类）和 8500 元（提升类）。

7.5.4　微水冲式厕所＋资源化利用

微水冲式厕所＋资源化利用模式可进一步分为 2 种细分模式，传统砖混式微水冲式厕所＋资源化利用模式和装配式微水冲式厕所＋资源化利用模式，它们的建造费用分析如表 7-18所示。

微水冲式厕所＋资源化利用模式的建造费用分析　　表 7-18

分类	基础类	完善类	提升类
传统砖混式厕屋	约 750 元	约 3000 元	约 9500 元
装配式厕屋	约 600 元	约 2000 元	约 5000 元
微水冲式便器	约 100 元	约 15000 元	约 20000 元
粪污处理处置生态链（资源化利用）	约 0 元		

由表 7-18 可知，传统砖混式微水冲式厕所＋资源化利用模式的建造费用约为 850 元（基础类）、18000 元（完善类）和 29500 元（提升类）；装配式微水冲式厕所＋资源化利用模式的建造费用约为 700 元（基础类）、17000 元（完善类）和 25000 元（提升类）。

7.5.5　免水冲式厕所＋资源化利用

免水冲式厕所＋资源化利用模式可进一步分为 2 种细分模式，传统砖混式免水冲式厕所＋资源化利用模式和装配式免水冲式厕所＋资源化利用模式，它们的建造费用分析如表 7-19所示。

免水冲式厕所＋资源化利用模式的建造费用分析 **表 7-19**

分类	基础类	完善类	提升类
传统砖混式厕屋	约 750 元	约 3000 元	约 9500 元
装配式厕屋	约 600 元	约 2000 元	约 5000 元
免水冲式便器	约 50 元	约 200 元	约 1000 元
粪污处理处置生态链（资源化利用）	约 0 元		

由表 7-19 可知，传统砖混式免水冲式厕所＋资源化利用模式的建造费用约为 800 元（基础类）、3200 元（完善类）和 10500 元（提升类）；装配式免水冲式厕所＋资源化利用模式的建造费用约为 650 元（基础类）、2200 元（完善类）和 6000 元（提升类）。

以上核算分析可以看出，直排模式费用最低，受限于乡村经济情况，也是目前乡村常见的模式，但该模式对环境污染较大，我国农业农村部正在按计划逐步改善。资源化利用模式费用最高，也是最环保的方式，然而我国部分农村对粪便资源化需求较少，尚无建设必要，可结合经济条件选择。现阶段，通过综合比选，最适合的方式是水冲集中或分散处理模式。

参 考 文 献

[1] Boehler M, Buetzer S, Joss A, et al. Decentralized Treatment and Reuse of Toilet Wastewater in Alpine Areas[R]. Switzerland: Eawag, Duebendorf, 2006.

[2] 王锡惠．印度早期城市发展初探[D]. 南京：南京工业大学，2015.

[3] 孙华铭．神奇的摩亨佐·达罗[J]. 大众考古，2017，(9)：76-81.

[4] 朱莉·霍兰．厕神：厕所的文明史[M]. 上海：上海人民出版社，2006.

[5] 许静．印度莫卧儿帝国前期城市发展探析[J]. 鲁东大学学报(哲学社会科学版)，2011，28(5)：4-7.

[6] Lisson Gallery. Hand Book of Sulabh International Museum of Toilets[EB/OL]. (2008-01-19) [2022-07-05]. https://www.sulabhtoiletmuseum.org/downloads/Sulabh-International-Museum-of-Toilets-HandBook.pdf.

[7] Narain S. Sanitation for all[J]. Nature, 2012, 486: 185.

[8] Abhaya Srivastava. An Indian village's fight to take the 'poo to the loo'[EB/OL]. (2018-10-02) [2022-07-05]. https://phys.org/news/2018-10-indian-village-poo-loo.html#google_vignette.

[9] 摩奴一世．摩奴法典[M]. 北京：商务印书馆，2011.

[10] 马欢．明钞本《瀛涯胜览》校注[M]. 北京：海洋出版社，2005.

[11] 马丁．简论近代泰国日本两国的改革[J]. 绍兴文理学院学报(哲学社会科学)，2004(04)：25-29+39.

[12] 马云祥．泰国农村供水与环境卫生见闻——中国农村供水与环境卫生考察团赴泰国考察报告[J]. 河南预防医学杂志，1996，(5)：306-310.

[13] Polprasert C, Koottatep T, Pussayanavin T. Solar septic tanks: a new sanitation paradigm for Thailand 4.0[J]. ScienceAsia, 2018, 44S(2018): 39-43.

[14] 刘波．美国城市公共厕所的设计及其启示[J]. 生态经济，2017，33(4)：196-200.

[15] 孔建勋．泰国第八个经济与社会发展计划[J]. 东南亚，1997，(1)：26-29.

[16] 王稳进．国际饮水供应与卫生设施十年规划[J]. 环境污染治理译文集，1982，(2)：47-51.

[17] 黄梅波，吕少飒．联合国千年发展目标：实施与评价[J]. 国际经济合作，2013，(7)：58-63.

[18] Koottatep T, Chapagain S K, Polprasert C, et al. Sanitation situations in selected Southeast Asian countries and application of innovative technologies[J]. Environment Development and Sustainability, 2018, 20: 495-506.

[19] Koottatep T, Phuphisith S, Pussayanavin T, et al. Modeling of pathogen inactivation in thermal septic tanks[J]. Journal of Water, Sanitation and Hygiene for Development, 2014, 4(1): 81-88.

[20] AECOM International Development, Inc. and Department of water and sanitation in developing countries (SANDEC) (2010). A rapid assessment of septage management in Asia: Policies and practices in India, Indonesia, Malaysia, the Philippines, Sri Lanka, Thailand, and Vietnam. [EB/OL]. (2010-01-01) [2022-07-05]. http://pdf.usaid.gov/pdf_docs/Pnads118.pdf.

[21] 刘文鹏，令狐若明．论古埃及文明的特性[J]. 史学理论研究，2000，(1)：92-104.

[22] 李宁利．古埃及圣甲虫雕饰的象征意义研究[J]．中山大学学报(社会科学版)，2012，52(5)：128-137.

[23] 史蒂夫・谢克尔．大师的建筑小品：户外厕所[M]．北京：清华大学出版社，2011.

[24] Meredith，Martin，The Fate of Africa—A Survey of Fifty Years of Independence[M]. New York：PublicAffairs，2006.

[25] Njoh A J. Tradition，culture and development in Africa：Historical lessons for modern development planning[M]. United Kingdom：Taylor & Francis Group，2006.

[26] Njoh，A J，Town Planning and Social Control in Colonial Africa[M]. United Kingdom：Taylor & Francis Group，2006.

[27] Njoh A J. Colonial philosophies，urban space，and racial segregation in British and French colonial Africa[J]. Journal of Black Studies，2008，38(4)：579-599.

[28] Martin，P. M，Leisure and society in colonial Brazzaville[M]. United Kingdom：Cambridge University Press，1996.

[29] Njoh A J，Akiwumi F A. The impact of colonization on access to improved water and sanitation facilities in African cities[J]. Cities，2011，28(5)：452-460.

[30] Gale T S. Segregation in British West Africa (La Ségrégation En Afrique Occidentale Britannique) [J]. Cahiers d'études africaines，1980，20：495-507.

[31] Betts R F. The Establishment of the Medina in Dakar，Senegal，19141[J]. Africa，1971，41(2)：143-153.

[32] Goerg O. From Hill Station (Freetown) to Downtown Conakry (First Ward)：Comparing French and British approaches to segregation in colonial cities at the beginning of the twentieth century[J]. Canadian Journal of African Studies/La Revue canadienne des études africaines，1998，32(1)：1-31.

[33] Sherif L. Architecture as a system of appropriation：colonization in Egypt[C]//International Union of Architects. Conference. UAI & Society of Egyptian Architects. Alexandria，Egypt. 2002.

[34] 张象．百年看非洲[J]．世界知识，2000，(4)：14-15.

[35] 舒运国．非洲人口增长：挑战与机遇[J]．当代世界，2012，(6)：41-43.

[36] Wafer Supply and Sanitation Sector Monitoring Report 1990[R]. Geneva：World Health Organization，1992.

[37] Global Water Supply and Sanitation Assessment 2000 Report[R]. Geneva：World Health Organization，2000.

[38] Meeting The MDG Drinking Water and Sanitation Target——The Urban and Rural Challenge of the Decade[R]. Geneva：World Health Organization，2006.

[39] Meeting The MDG Drinking Water and Sanitation Target——A Mid-Term Assessment of Progress [R]. Geneva：World Health Organization，2004.

[40] 环境卫生与饮用水进展：2015 年最新情况与联合国千年发展目标评估[R]. Geneva：World Health Organization，2015.

[41] Wright，G，The politics of design in French colonial urbanism[M]. Chicago：University of Chicago Press，1991.

[42] Marleau J N，Peller T，Guichard F，et al. Converting ecological currencies：Energy，material，and

information flows[J]. Trends in Ecology & Evolution, 2020, 35(12): 1068-1077.

[43] Romić I, Nakajima Y. Ecosystem engineering as an energy transfer process: a simple agent-based model[J]. Theoretical Ecology, 2018, 11(2): 175-187.

[44] Pujaru K, Kar T K, Paul P. Relationship between multiple ecosystem services and sustainability in three species food chain[J]. Ecological Informatics, 2021, 62: 101250.

[45] Van Der Meer J, Hin V, Van Oort P, et al. A simple DEB-based ecosystem model[J]. Conservation Physiology, 2022, 10(1): coac057.

[46] Regnier P., Resplandy L., Najjar R. G., et al. The land-to-ocean loops of the global carbon cycle [J]. Nature, 2022, 603(7901): 401-410.

[47] Churkina G. The role of urbanization in the global carbon cycle[J]. Frontiers in Ecology and Evolution, 2016, 3: 144.

[48] Ilango A, Lefebvre O. Characterizing properties of biochar produced from simulated human feces and its potential applications[J]. Journal of Environmental Quality, 2016, 45(2): 734-742.

[49] Halama R, Bebout G. Earth's nitrogen and carbon cycles[J]. Space Science Reviews, 2021, 217 (3): 1-12.

[50] Pajares S, Bohannan B J M. Ecology of nitrogen fixing, nitrifying, and denitrifying microorganisms in tropical forest soils[J]. Frontiers in Microbiology, 2016, 7: 1045.

[51] Hashemi S., Han M. Effect of nitrosomonas europaea bio-seed addition on the fate of carbon and nitrogen compounds in human feces[J]. Waste and Biomass Valorization, 2017, 9(5): 715-723.

[52] Hotta S, Noguchi T, Funamizu N. Experimental study on nitrogen components during composting process of feces[J]. Water Science and Technology, 2007, 55(7): 181-186.

[53] Tonhauzer K, Tonhauzer P, Szemesová J, et al. Estimation of N_2O emissions from agricultural soils and determination of Nitrogen Leakage[J]. Atmosphere, 2020, 11(6): 552.

[54] Rengel Z., Zhang F. Phosphorus sustains life[J]. Plant and Soil, 2011, 349(1-2): 1.

[55] Reinhard C. T., Planavsky N. J., Gill B. C., et al. Evolution of the global phosphorus cycle[J]. Nature, 2017, 541(7637): 386-389.

[56] Vaccari D. A. Resilience of phosphorus cycling[J]. Nature Food, 2020, 1(6): 329.

[57] Yuan Z, Jiang S, Sheng H, et al. Human perturbation of the global phosphorus cycle: changes and consequences[J]. Environmental Science & Technology, 2018, 52(5): 2438-2450.

[58] Mihelcic J. R., Fry L. M., Shaw R. Global potential of phosphorus recovery from human urine and feces[J]. Chemosphere, 2011, 84(6): 832-839.

[59] McGechan M. B. Modelling water pollution by leached soluble phosphorus, part 2: Simulation of effects of manure management[J]. Biosystems Engineering, 2010, 106(3): 250-259.

[60] Busic A., Kundas S., Morzak G., et al. Recent trends in biodiesel and biogas production[J]. Food Technol Biotechnol, 2018, 56(2): 152-173.

[61] Bao W., Yang Y., Fu T., et al. Estimation of livestock excrement and its biogas production potential in China[J]. Journal of Cleaner Production, 2019, 229 1158-1166.

[62] Kasinath A, Fudala-Ksiazek S, Szopinska M, et al. Biomass in biogas production: Pretreatment and codigestion[J]. Renewable and Sustainable Energy Reviews, 2021, 150: 111509.

[63] Wu L, Wei W, Song L, et al. Upgrading biogas produced in anaerobic digestion: Biological removal and bioconversion of CO_2 in biogas[J]. Renewable and Sustainable Energy Reviews, 2021, 150: 111448.

[64] Andlar M., Belskaya H., Morzak G., et al. Biogas production systems and upgrading technologies: A review[J]. Food Technol Biotechnol, 2021, 59(4): 387-412.

[65] 南米娜，强垚．基于5R原则的高校有机化学实验“绿色”化改革[J]．遵义师范学院学报，2022，24(3)：88-90.

[66] Sekar R, Jin X, Liu S, et al. Fecal contamination and high nutrient levels pollute the watersheds of Wujiang, China[J]. Water, 2021, 13(4): 457.

[67] Li Q, Wagan S A, Wang Y. An analysis on determinants of farmers' willingness for resource utilization of livestock manure[J]. Waste Management, 2021, 120: 708-715.

[68] Gao Y, Tan L, Zhang C, et al. Assessment of Environmental and Social Effects of Rural Toilet Retrofitting on a Regional Scale in China[J]. Frontiers in Environmental Science, 2022: 10, 812727.

[69] 杜兵，司亚安，孙艳玲．生态厕所的类型及粪污处理工艺[J]．给水排水，2003，29(5)：60-62.

[70] 孟静，谭晓波，谭益民，等．不同类型乡村厕所的特征特性及其在厕所改造中的应用模式[J]．农技服务，2021，38(9)：87-91.

[71] 郑向群，高艺，徐艳，等．三格化粪池在我国农村改厕中的应用现状及模式类型[J]．农业资源与环境学报，2022，39(2)：209-219.

[72] 汪浩，王俊能，陈尧，等．我国农村化粪池污染物去除效果及影响因素分析[J]．环境工程学报，2021，15(2)：727-736.

[73] 赵玉彩．浅析生态系统中的三大功能类群[J]．生物学通报，2006，41(11)：29-30.

[74] 于贵瑞，杨萌，陈智，等．大尺度区域生态环境治理及国家生态安全格局构建的技术途径和战略布局[J]．应用生态学报，2021，32(4)：1141-1153.

[75] 邓荣森，许俊仪，谭显春．城市污水处理与一体化氧化沟技术[J]．给水排水，2000，26(11)：28-31.

[76] 邓荣森，刘保疆，王涛，等．一体化氧化沟技术的发展[J]．中国给水排水，1998，14(1)：42-44.

[77] 王殿平，许翊华，杜彦武，等．SBR的工艺特点分析[J]．哈尔滨商业大学学报(自然科学版)，2003，19(6)：677-680.

[78] 郑祥，朱小龙，张绍园，等．膜生物反应器在水处理中的研究及应用[J]．环境污染治理技术与设备，2000，1(5)：12-20.

[79] Zhang X, Zhou J, Guo H, et al. Nitrogen removal performance in a novel combined biofilm reactor [J]. Process Biochemistry, 2007, 42(4): 620-626.

[80] 张丽丽，管运涛，赵婉婉，等．用一体化生物膜反应器处理生活污水[J]．清华大学学报(自然科学版)，2007，47(6)：822-825.

[81] 田娜，朱亮，张志毅，等．高效生活污水处理装置——高性能合并处理净化槽[J]．环境污染治理技术与设备，2004，5(5)：84-86.

[82] 贾小梅，陈春兵，董旭辉，等．净化槽技术在我国应用现状和问题及对策研究——基于江苏扬州市广陵区和常熟市净化槽建设运营现状的调查[J]．环境与可持续发展，2018，43(6)：81-83.

[83] 李娜，于晓晶．农村污水生态处理工艺分析[J]．水科学与工程技术，2008，(1)：73-75.

[84] 李超．蒸发结晶法回收源分离尿液中营养物质研究[D]. 西安：西安建筑科技大学，2013.

[85] Pahore M M, Ito R, Funamizu N. Rational design of an on-site volume reduction system for source-separated urine[J]. Environmental Technology, 2010, 31(4): 399-408.

[86] Lind BB, Ban Z, S Bydén. Volume reduction and concentration of nutrients in human urine[J]. Ecological Engineering, 2001, 16(4): 561-566.

[87] Grennberg J K. Storage of human urine: acidification as a method to inhibit decomposition of urea [J]. Ecological Engineering, 1999, 12(3-4): 253-269.

[88] Bischel H N, Schertenleib A, Fumasoli A, et al. Inactivation kinetics and mechanisms of viral and bacterial pathogen surrogates during urine nitrification[J]. Environmental Science Water Research & Technology, 2014, 1(1): 65-76.

[89] Randall D G, Krahenbuhl M, Kopping I, et al. A novel approach for stabilizing fresh urine by calcium hydroxide addition[J]. Water Research, 2016, 95: 361-369.

[90] 吕刚．两种预处理方法处理源分离尿液的实验研究[D]. 哈尔滨：哈尔滨工业大学，2014.

[91] Senecal J, Vinnerås B. Urea stabilisation and concentration for urine-diverting dry toilets: Urine dehydration in ash[J]. Science of the Total Environment, 2017, 586: 650-657.

[92] Banasiak L J, Schäfer A I. Sorption of steroidal hormones by electrodialysis membranes[J]. Journal of Membrane Science, 2010, 365(1-2): 198-205.

[93] Christiaens M E R, Gildemyn S, Matassa S, et al. Electrochemical Ammonia Recovery from Source-Separated Urine for Microbial Protein Production[J]. Environmental Science & Technology, 2017, 51(22): 13143-13150.

[94] 丁煜，王宁，王晨，等．尿路微生物与泌尿系统肿瘤相关性的研究进展[J]. 现代泌尿外科杂志，2019，24(8)：674-679.

[95] 尹文俊，于振江，徐悦，等．新型厕所系统及技术发展现状与展望[J]. 环境卫生工程，2019，27(5)：1-7.

[96] 许锐恒，许立凡．粪便和生活污水回用于农业、水产养殖业的卫生问题[J]. 广东卫生防疫，1992，18(1)：74-79.

[97] Yadav K D, Tare V, Ahammed M M. Vermicomposting of source-separated human faeces for nutrient recycling[J]. Waste Management, 2010, 30(1): 50-56.

[98] 黄友良，欧玲利．黑水虻资源化利用研究[J]. 中国资源综合利用，2019，37(7)：48-50.

[99] Hill G B, Baldwin S A. Vermicomposting toilets, an alternative to latrine style microbial composting toilets, prove far superior in mass reduction, pathogen destruction, compost quality, and operational cost[J]. Waste Management, 2012, 32(10): 1811-1820.

[100] Vajpeyi S, Chandran K. Microbial conversion of synthetic and food waste-derived volatile fatty acids to lipids[J]. Bioresource technology, 2015, 188: 49-55.

[101] 赵欣．污水厂污泥与生活垃圾以及畜禽粪便处置途径的研究[D]. 重庆：重庆大学，2010.

[102] Dai J, Tang W T, Zheng Y S, et al. An exploratory study on seawater-catalysed urine phosphorus recovery (SUPR)[J]. Water Research, 2014, 66: 75-84.

[103] Prabhu M S, Mutnuri S. Anaerobic co-digestion of sewage sludge and food waste[J]. Waste Management & Research, 2016, 34(4): 307-315.

[104] Liu C, Li H, Zhang Y, et al. Improve biogas production from low-organic-content sludge through high-solids anaerobic co-digestion with food waste[J]. Bioresource Technology, 2016, 219: 252-260.

[105] 许春华，周琪．高效藻类塘的研究与应用[J]. 环境保护，2001，(8)：41-43.

[106] 陈鹏，周琪．高效藻类氧化塘处理有机废水的研究和应用[J]. 上海环境科学，2001，20(7)：309-311.

[107] 何少林，黄翔峰，乔丽，等．高效藻类塘氮磷去除机理的研究进展[J]. 环境污染治理技术与设备，2006，7(8)：6-11.

[108] 谢龙，汪德爟，戴昱．水平潜流人工湿地有机物去除模型研究[J]. 中国环境科学，2009，29(5)：502-505.

[109] 项学敏，杨洪涛，周集体，等．人工湿地对城市生活污水的深度净化效果研究：冬季和夏季对比[J]. 环境科学，2009，30(3)：713-719.

[110] Wei S P, van Rossum F, van de Pol G J, et al. Recovery of phosphorus and nitrogen from human urine by struvite precipitation, air stripping and acid scrubbing: A pilot study[J]. Chemosphere, 2018, 212: 1030-1037.

[111] Liu B, Giannis A, Zhang J, et al. Characterization of induced struvite formation from source-separated urine using seawater and brine as magnesium sources[J]. Chemosphere, 2013, 93(11): 2738-2747.

[112] Başakçilardan-Kabakci S, İpekoğlu A N, Talinli I. Recovery of ammonia from human urine by stripping and absorption[J]. Environmental Engineering Science, 2007, 24(5): 615-624.

[113] Rawat I, Kumar RR, Mutanda T, et al. Biodiesel from microalgae: a critical evaluation from laboratory to large scale production[J]. Applied Energy, 2013, 103: 444-467.

[114] Behera B, Patra S, Balasubramanian P. Biological nutrient recovery from human urine by enriching mixed microalgal consortium for biodiesel production[J]. Journal of Environmental Management, 2020, 260: 110111.

[115] Ieropoulos I, Obata O, Pasternak G, et al. Fate of three bioluminescent pathogenic bacteria fed through a cascade of urine microbial fuel cells[J]. Journal of Industrial Microbiology and Biotechnology, 2019, 46(5): 587-599.

[116] 郑百龙，翁伯琦，周琼．台湾"三生"农业发展历程及其借鉴[J]. 中国农业科技导报，2006，8(4)：67-71.

[117] 高廷耀，顾国维，周琪．水污染控制工程．下册[M]. 4版．北京：高等教育出版社，2014.

[118] 罗小铭，冯雪琴．3253份肠道门诊腹泻患者粪便病原菌检查结果分析[J]. 广东医学，2001，22(8)：697-698.

[119] 郝卫，彭宜君，吴建春，等．几种快速检测新生儿粪便中轮状病毒方法的比较[J]. 中国优生与遗传杂志，1997，5(6)：79-80.

[120] NORMAN S A, HOBBS R C, WUERTZ S, et al. Fecal pathogen pollution: sources and patterns in water and sediment samples from the upper Cook Inlet, Alaska ecosystem[J]. Environmental Science-Processes & Impacts, 2013, 15(5): 1041-1051.

[121] LIENERT J, BURKI T, ESCHER B I. Reducing micropollutants with source control: substance

flow analysis of 212 pharmaceuticals infaeces and urine[J]. Water Science and Technology, 2007, 56(5): 87-96.

[122] Basiji D A, Ortyn W E, Liang L, et al. Cellular image analysis and imaging by flow cytometry[J]. Clinics in Laboratory Medicine, 2007, 27(3): 653-670.

[123] AMBRIZ-AVINA V, CONTRERAS-GARDUNO J A, PEDRAZA-REYES M. Applications of Flow Cytometry to Characterize Bacterial Physiological Responses[J]. Biomed Research International, 2014, 2014: 461941.

[124] Turner D E, Daugherity E K, Altier C, et al. Efficacy and limitations of an ATP-based monitoring system[J]. Journal of the American Association for Laboratory Animal Science, 2010, 49(2): 190-195.

[125] YU J, SU J, ZHANG J, et al. CdTe/CdS quantum dot-labeled fluorescent immunochromatography test strips for rapid detection of Escherichia coli O157: H7[J]. Rsc Advances, 2017, 7(29): 17819-17823.

[126] SHIH C-M, CHANG C-L, HSU M-Y, et al. Paper-based ELISA to rapidly detect Escherichia coli [J]. Talanta, 2015, 145: 2-5.

[127] WU J, STEWART J R, SOBSEY M D, et al. Rapid Detection of Escherichia coli in Water Using Sample Concentration and Optimized Enzymatic Hydrolysis of Chromogenic Substrates[J]. Current Microbiology, 2018, 75(7): 827-34.

[128] 甄宏太，杨素贤，刘中学，等．应用 MUCAP 试剂快速检测沙门氏菌[J]. 微生物学报，1996，36(1)：58-62.

[129] Mack J D, Yehualaeshet T, Park M K, et al. Phage-based biosensor and optimization of surface blocking agents to detect Salmonella Typhimurium on romaine lettuce[J]. Journal of Food Safety, 2017, 37(2): e12299.

[130] Yang P, Wong C, Hash S, et al. Rapid detection of Salmonella spp. using magnetic resonance[J]. Journal of Food Safety, 2018, 38(4): e12473.

[131] FAN F, YAN M, DU P, et al. Rapid and Sensitive Salmonella Typhi Detection in Blood and Fecal Samples Using Reverse Transcription Loop-Mediated Isothermal Amplification[J]. Foodborne Pathogens and Disease, 2015, 12(9): 778-86.

[132] Litwin C M, Storm A L, Chipowsky S, et al. Molecular epidemiology of Shigella infections: plasmid profiles, serotype correlation, and restriction endonuclease analysis[J]. Journal of Clinical Microbiology, 1991, 29(1): 104-108.

[133] 夏桂枝，叶礼燕，王红，等．基因探针和 PCR 方法在菌痢流行病学研究中的应用[J]. 中国人兽共患病杂志，2004，20(12)：1062-1064+1067.

[134] 李召军，兰炜明，葛军，等．江西省人体蛔虫感染现状分析[J]. 中国寄生虫学与寄生虫病杂志，2019，37，(1)：36-40.

[135] 卢翠英，林在生，詹小海，等．福建省农村厕所卫生现状及相关因素调查研究[J]. 中国预防医学杂志，2015，16(4)：267-270.

[136] 钟格梅，唐振柱，郑承杰，等．广西农村户厕及粪便无害化处理现状调查[J]. 环境与健康杂志，2015，32(2)：131-133.

[137] 任丽华，楼晓明，陈卫中，等．浙江省农村卫生厕所无害化效果现状调查[J]．环境与健康杂志，2013，30(10)：924-925.

[138] 李艳开．化学发光分析法在抗生素分析中的应用研究进展[J]．临床合理用药杂志，2010，3(11)：143-144.

[139] 赵芸，张乐，柳爱春．免疫分析技术在兽药残留检测中的应用[J]．浙江农业科学，2017，58(3)：489-492+496.

[140] BABINGTON R，MATAS S，MARCO M P，et al. Current bioanalytical methods for detection of-penicillins[J]. Analytical and Bioanalytical Chemistry，2012，403(6)：1549-1566.

[141] PATTAR V P，NANDIBEWOOR S T. Electrochemical studies for the determination of an antibiotic drug，d-cycloserine，in pharmaceutical and human biological samples[J]. Journal of Taibah University for Science，2018，10(1)：92-99.

[142] 吕丹，唐克慧，王宇弛，等．毛细管电泳法在药物分析研究中的应用[J]．海峡药学，2018，30(3)：19-21.

[143] 张倩立．环境和药物高效液相色谱分析中的样品前处理技术研究[D]．湖南：湖南大学，2010.

[144] 李西波，侯玉泽，李静静．分光光度法检测牛奶中的磺胺类药物残留[J]．中国乳业，2008，(11)：54-56.

[145] 张学博，张玉婷，陆叶，等．磺胺甲噁唑薄层色谱法鉴别研究[C]//中国药学会第四届药物检测质量管理学术研讨会资料汇编．2017：451-453.

[146] 曹洁，高博，黄恩炯，等．尿液中 35 种毒药物的串联四级杆气相色谱质谱检测法：CN103808846B[P]．2015-04-29.

[147] 张伟丽，牛学良．电化学分析在药物分析中的应用新进展[J]．广东化工，2015，42(17)：93+107.

[148] FERRAZ B R L，GUIMARAES T，PROFETI D，et al. Electrooxidation of sulfanilamide and its voltammetric determination in pharmaceutical formulation，human urine and serum on glassy carbon electrode[J]. Journal of Pharmaceutical Analysis，2018，8(1)：55-59.

[149] TAMES F，WATSON I D，MORDEN W，et al. Detection and identification of morphine in urine extracts using thin-layer chromatography and tandem mass spectrometry[J]. Journal of Chromatography B，1999，729(1-2)：341-346.

[150] 张强，孟梁，邢丽梅．分散液相微萃取-气相色谱法检测尿中的三种苯并二氮杂类药物[J]．分析试验室，2011，30(12)：55-58.

[151] 关秋艳，方菁，杨万群，等．超高效液相色谱-串联质谱法检测元谋县村民尿液中农药残留[J]．中国卫生检验杂志，2016，26(23)：3350-3352+3356.

[152] AL-Hashimi N N，Shahin R O，AL-Hashimi A N，et al. Cetyl-alcohol-reinforced hollow fiber solid/liquid-phase microextraction and HPLC-DAD analysis of ezetimibe and simvastatin in human plasma and urine[J]. Biomedical Chromatography，2019，33(2)：e4410.

[153] Shepard T A，Hui J，Chandrasekaran A，et al. Digoxin and metabolites in urine and feces：a fluorescence derivatization—high-performance liquid chromatographic technique[J]. Journal of Chromatography B：Biomedical Sciences and Applications，1986，380：89-98.

[154] 郝敬梅，刘飞，胡骏杰，等．UPLC-sMRM-IDA-EPI 法快速筛查尿液中 30 种滥用药物[J]．分析试验室，2021，40(3)：312-317.

[155] Odagiri M, Schriewer A, Daniels M E, et al. Human fecal and pathogen exposure pathways in rural Indian villages and the effect of increased latrine coverage[J]. Water Research, 2016, 100: 232-244.
[156] 张若纯 . 高级氧化降解尿液及污水中若干种药物类污染物的研究[D]. 天津: 天津大学, 2016.
[157] 汪琪, 张梦佳, 陈洪斌 . 水环境中药物类 PPCPs 的赋存及处理技术进展[J]. 净水技术, 2020, 39(1): 43-51.
[158] 时红蕾 . 粪便好氧堆肥过程中典型抗生素的行为特性研究[D]. 西安: 西安建筑科技大学, 2018.
[159] 卫旻 . 兽用四环素类抗生素对猪粪厌氧消化的影响[D]. 昆明: 云南师范大学, 2019.
[160] MITCHELL S M, ULLMAN J L, TEEL A L, et al. The effects of the antibiotics ampicillin, florfenicol, sulfamethazine, andtylosin on biogas production and their degradation efficiency during anaerobic digestion[J]. Bioresource Technology, 2013, 149: 244-252.
[161] Mohring S A I, Tuerk J, Hamscher G. Fate of sulfonamides during anaerobic digestion of manure [C]// JOURNAL OF VETERINARY PHARMACOLOGY AND THERAPEUTICS. COMMERCE PLACE, 350 MAIN ST, MALDEN 02148, MA USA: WILEY-BLACKWELL PUBLISHING, INC, 2009, 32: 89.
[162] 沈颖, 魏源送, 郑嘉熹, 等 . 猪粪中四环素类抗生素残留物的生物降解[J]. 过程工程学报, 2009, 9(5): 962-968.
[163] ARIKAN O, MULBRY W, INGRAM D, et al. Minimally managed composting of beef manure at the pilot scale: Effect of manure pile construction on pile temperature profiles and on the fate of oxytetracycline and chlortetracycline[J]. Bioresource Technology, 2009, 100(19): 4447-4453.
[164] 时红蕾, 王晓昌, 李倩 . 人粪便好氧堆肥过程中典型抗生素的消减特性[J]. 环境科学, 2018, 39(7): 3434-3442.
[165] DOLLIVER H, GUPTA S, NOLL S. Antibiotic degradation during manure composting[J]. Journal of Environmental Quality, 2008, 37(3): 1245-1253.
[166] BAO Y, ZHOU Q, GUAN L, et al. Depletion of chlortetracycline during composting of aged and spiked manures[J]. Waste Management, 2009, 29(4): 1416-1423.
[167] SELVAM A, ZHAO Z, LI Y, et al. Degradation of tetracycline and sulfadiazine during continuous thermophilic composting of pig manure and sawdust[J]. Environmental Technology, 2013, 34(16): 2433-2441.
[168] ARIKAN O A, SIKORA L J, MULBRY W, et al. Composting rapidly reduces levels of extractable oxytetracycline in manure from therapeutically treated beef calves[J]. Bioresource Technology, 2007, 98(1): 169-176.
[169] 时红蕾, 王晓昌, 李倩, 等 . 四环素对人粪便好氧堆肥过程及微生物群落演替的影响[J]. 环境科学, 2018, 39(6): 2810-2818.
[170] 张小根 . 住宅卫生间臭气污染及控制措施研究[D]. 广州: 广州大学, 2015.
[171] 梁永庆, 乔江波, 李晓旭, 等 . 舰船厕所恶臭污染物治理方法[J]. 舰船科学技术, 2017, 39(15): 146-150.
[172] 吴碧君, 刘晓勤 . 挥发性有机物污染控制技术研究进展[J]. 电力环境保护, 2005, 21(4): 39-42.
[173] 冀文文, 李广, 王喜龙, 等 . 卫生间空气污染净化技术的研究进展[J]. 内蒙古石油化工, 2018, 44(7): 73-77.

[174] 李庭．民用单元住宅空气污染扩散数值模拟研究[D]．哈尔滨：哈尔滨工业大学，2015.

[175] 高学平．高等流体力学[M]．天津：天津大学出版社，2005.

[176] 敖永安，王利，贾欣，等．卫生间污染物扩散规律数值模拟及排风口位置和补风方式的优化[J]．沈阳建筑大学学报(自然科学版)，2011，27(4)：720-724.

[177] 陈成锐．除臭剂开发动向[J]．现代化工，1993，(1)：20-22.

[178] 陆文龙，陈浩泉，薛浩．EM除臭剂应用于生活垃圾和污水污泥的中试研究[J]．环境卫生工程，2012，20(6)：30-31.

[179] 胡家骏，周群英．环境工程微生物学[M]．北京：高等教育出版社，1988.

[180] 陆光立，候玲娟，郭广寨，等．天然植物除臭剂的应用试验[J]．上海应用技术学院学报(自然科学版)，2004，4(1)：13-15+51.

[181] 解清杰，吴荣芳，赵如今，等．国内植物提取液除臭剂的开发及其在污水厂的应用[J]．安徽农业科学，2008，36(23)：10161-10163.

[182] 胡长龙．植物与室内空气净化[M]．北京：机械工业出版社，2007.

[183] 张辰宇．改性活性炭脱除养殖场臭气中的 NH_3 与 H_2S[D]．太原：太原理工大学，2014.

[184] 陈磊，张飞虎，张胜，等．生活垃圾除臭剂研究进展[C]//《环境工程》2019年全国学术年会论文集(中册)，2019：336-339.

[185] 王智超，邓高峰，王志勇，等．建筑室内污染物控制技术研究[J]．建筑科学，2013，29(10)：63-70.

[186] 艾大维．TiO_2 光催化氧化处理室内甲醛的研究[D]．沈阳：沈阳建筑大学，2013.

[187] 齐虹．光催化氧化技术降解室内甲醛气体的研究[D]．哈尔滨：哈尔滨工业大学，2007.

[188] 胡祖和．等离子体协同吸附催化净化室内甲醛的研究[D]．合肥：安徽理工大学，2016.

[189] 孙浩程，赵朝成，陈亚男，等．催化燃烧法处理挥发性有机物的研究进展[J]．现代化工，2015，35(6)：57-61.

[190] 甘佳，王巍，王淮，等．奶牛养殖场恶臭控制技术研究进展[C]//第九届(2014)中国牛业发展大会论文集，2014：354-357.

[191] 施燕华．平板太阳能集热器的若干关键技术研究[D]．上海：应用技术学院，2015.

[192] 石金凤．村镇住宅建筑太阳能供热系统技术经济分析[D]．西安：西安建筑科技大学，2009.

[193] 祝彩霞．太阳能与空气源热泵联合供暖系统容量匹配及运行同步优化[D]．西安：西安建筑科技大学，2019.

[194] 阚德民，高留花，刘良旭．主动式太阳能供暖技术发展现状与典型应用[J]．应用能源技术，2016(7)：43-49.

[195] 张开黎，旷玉辉，于立强．太阳能利用中的蓄热技术[J]．青岛建筑工程学院学报，2000，21(4)：92-97.

[196] 冯琰．太阳能新风系统的性能研究[D]．南京：南京师范大学，2019.

[197] 孙丹．新型被动式太阳能相变集热蓄热墙系统研究[D]．大连：大连理工大学，2016.

[198] 孙丹，王立久．集热蓄热墙式被动太阳能建筑的研究现状[J]．太阳能，2016，(2)：65-68+31.

[199] 杨伟华，张涛，邹克华，等．恶臭污染评价方法及来源识别研究[J]．环境科学与管理，2015，40(10)：173-176.

[200] 王园媛．日照市某高职院校教学楼室内热环境评价及研究[D]．邯郸：河北工程大学，2018.

[201] 连之伟，冯海燕．建筑室内热环境的模糊评判模型[J]．上海交通大学学报，2002，36(2)：

169-172.
[202] 汤倩．新建民用建筑节能评估方法的研究[D]．武汉：武汉科技大学，2013.
[203] 于国清，周继瑞．辅助热源对主动式太阳能供暖系统节能性的影响[J]．暖通空调，2015，45(5)：12-16.
[204] 闫凯丽，吴德礼，张亚雷．我国不同区域农村生活污水处理的技术选择[J]．江苏农业科学，2017，45(12)：212-216.
[205] 刘秀．气候变化对东北冻土及水文过程的影响[D]．湘潭：湖南科技大学，2019.
[206] 李伟超．华北农村住宅的水处理系统研究[D]．北京：北京工业大学，2017.
[207] 楼宇锋，洪庆松，王礼敬．农村生活污水处理现状及回用探讨研究[J]．有色冶金设计与研究，2019，40(6)：99-101.
[208] 王红武，张健，陈洪斌，等．城镇生活用水新型节水“5R”技术体系[J]．中国给水排水，2019，35(2)：11-17.
[209] 吴昊．宜兴市某小学雨灰水综合利用系统优化设计及处理效果研究[D]．北京：北京林业大学，2017.
[210] 沙萌．中水回用技术在陕北地区农村给排水建设中的应用研究[D]．西安：西安建筑科技大学，2014.
[211] 秦学，耿晓玲，李玉冰，等．农村生活污水处理技术现状及进展[J]．煤炭与化工，2015，38(8)：26-31.
[212] 林卉，姜忠群，冒建华．人工湿地在农村生活污水处理中的应用及研究进展[J]．中国农业科技导报，2020，22(5)：129-136.
[213] 谢湉．水平潜流人工湿地与垂直流人工湿地对受污染河水的处理研究[D]．青岛：中国海洋大学，2012.
[214] 任占军，王宁，许晓涛，等．北京市平谷区农村污水处理典型工艺对比分析研究[J]．节能与环保，2019，(5)：73-76.
[215] 梁锦堃．水解酸化—人工湿地无动力污水处理工程技术在郁南农村生活污水治理的推广应用[J]．广东化工，2018，45(12)：206-209.
[216] 刘建，胡啸，李铁．垂直流人工湿地处理农村分散生活污水的应用与工程设计[J]．水处理技术，2011，37(6)：132-135.
[217] 殷世强，郭一飞，朱新锋，等．强化预处理＋人工湿地处理农村污水技术分析[J]．河南城建学院学报，2014，23(5)：61-64.
[218] 卢会霞，孙红文，傅学起．土地渗滤系统处理生活污水的研究[C]//农村污水处理及资源化利用学术研讨会论文集，2008：39-41.
[219] 段田莉．人工湿地＋生态塘耦合深度处理污水厂尾水[D]．青岛：青岛理工大学，2016.
[220] 张巍，许静，李晓东，等．稳定塘处理污水的机理研究及应用研究进展[J]．生态环境学报，2014，23(8)：1396-1401.
[221] 张宗农．雨水收集利用技术介绍[J]．环境与发展，2018，30(1)：90-91.
[222] 李子富，盖格．居住区雨水和灰水处理[J]．建设科技，2004，(16)：38-39.
[223] 胡鸿．农村生活污水处理方法探讨[J]．中国新技术新产品，2013，(6)：216-217.
[224] 姜良华．农村厕所低成本改造技术与应用研究[J]．绿色环保建材，2019，(8)：66＋69.

[225] 谢冬梅．分散式农村生活污水处理技术现状与问题浅析[J]．资源节约与环保，2020，(3)：72+74.

[226] 杨淘，钟成华，王晓雪，等．灰水处理与回用的研究进展[J]．环境科学与技术，2018，41(3)：134-140.

[227] 郭瑛．膜分离技术在污水处理中的应用分析[J]．环境与发展，2020，32(3)：107+109.

[228] 翟苏皖，连瑛秀，朱曙光，等．电絮凝技术在水处理中的发展综述[J]．安徽建筑，2020，27(1)：246-247+252.

[229] 吴国旭，杨永杰，王旭．生物接触氧化法及其变形工艺[J]．工业水处理，2009，29(6)：9-11.

[230] 王晨，周红蝶．分散式生活污水一体化处理技术探究[J]．资源节约与环保，2020，(5)：82.

[231] Tannock S J C, Clarke W P. The use of food waste as a carbon source for on-site treatment of nutrient-rich blackwater from an office block[J]. Environmental Technology, 2016, 37(18): 2368-2378.

[232] Gao M, Zhang L, Florentino A P, et al. Performance of anaerobic treatment of blackwater collected from different toilet flushing systems: Can we achieve both energy recovery and water conservation? [J]. Journal of Hazardous Materials, 2019, 365: 44-52.

[233] Chen G, Zhang S, Li M, et al. Simultaneous pollutant removal and electricity generation in denitrifying microbial fuel cell with boric acid-borate buffer solution[J]. Water Science and Technology, 2015, 71(5): 783-788.

[234] Abdel-Shafy H I, El-Khateeb M A, Regelsberger M, et al. Integrated system for the treatment of blackwater and greywater via UASB and constructed wetland in Egypt[J]. Desalination and Water Treatment, 2009, 8(1-3): 272-278.

[235] Wendland C, Deegener S, Behrendt J, et al. Anaerobic digestion of blackwater from vacuum toilets and kitchen refuse in a continuous stirred tank reactor (CSTR)[J]. Water Science and Technology, 2007, 55(7): 187-194.

[236] Welling C M, Sasidaran S, Kachoria P, et al. Field testing of a household-scale onsite blackwater treatment system in Coimbatore, India[J]. Science of the Total Environment, 2020, 713: 136706.

[237] De Graaff M S, Temmink H, Zeeman G, et al. Anaerobic treatment of concentrated black water in a UASB reactor at a short HRT[J]. Water, 2010, 2(1): 101-119.

[238] Palmquist H, Hanæus J. Hazardous substances in separately collected grey-and blackwater from ordinary Swedish households[J]. Science of the Total Environment, 2005, 348(1-3): 151-163.

[239] Murat Hocaoglu S, Insel G, Ubay Cokgor E, et al. COD fractionation and biodegradation kinetics of segregated domestic wastewater: black and grey water fractions[J]. Journal of Chemical Technology & Biotechnology, 2010, 85(9): 1241-1249.

[240] Hawkins B T, Rogers T W, Davey C J, et al. Improving energy efficiency of electrochemical blackwater disinfection through sequential reduction of suspended solids and chemical oxygen demand [J]. Gates Open Research, 2018, 2: 50.

[241] Jensen P K M, Phuc P D, Knudsen L G, et al. Hygiene versus fertiliser: the use of human excreta in agriculture-a Vietnamese example[J]. International Journal of Hygiene and Environmental Health, 2008, 211(3-4): 432-439.

[242] McConville J R, Kvarnström E, Jönsson H, et al. Source separation: Challenges & opportunities

for transition in the swedish wastewater sector[J]. Resources, Conservation and Recycling, 2017, 120: 144-156.

[243] Butkovskyi A, Leal L H, Zeeman G, et al. Micropollutants in source separated wastewater streams and recovered resources of source separated sanitation[J]. Environmental Research, 2017, 156: 434-442.

[244] Koch M, Rotard W. On the contribution of background sources to the heavy metal content of municipal sewage sludge[J]. Water Science and Technology, 2001, 43(2): 67-74.

[245] Rose M, Baxter M, Brereton N, et al. Dietary exposure to metals and other elements in the 2006 UK Total Diet Study and some trends over the last 30 years[J]. Food Additives and Contaminants, 2010, 27(10): 1380-1404.

[246] Todt D, Jenssen P D, Klemenčič A K, et al. Removal of particles in organic filters in experimental treatment systems for domestic wastewater and black water[J]. Journal of Environmental Science and Health, Part A, 2014, 49(8): 948-954.

[247] Guo X, Liu Z, Chen M, et al. Decentralized wastewater treatment technologies and management in Chinese villages[J]. Frontiers of Environmental Science & Engineering, 2014, 8(6): 929-936.

[248] Singh R P, Kun W, Fu D. Designing process and operational effect of modified septic tank for the pre-treatment of rural domestic sewage [J]. Journal of environmental management, 2019, 251: 109552.

[249] Withers P J A, Jordan P, May L, et al. Do septic tank systems pose a hidden threat to water quality? [J]. Frontiers in Ecology and the Environment, 2014, 12(2): 123-130.

[250] Dong H Y, Qiang Z M, Wang W D, et al. Evaluation of rural wastewater treatment processes in a county of eastern China[J]. Journal of Environmental Monitoring, 2012, 14(7): 1906-1913.

[251] 朱端卫，董恩氚，李军，等. 两类混凝剂处理公厕水冲物的初步研究[J]. 安全与环境学报，2002，2(4)：14-17.

[252] Mulec A O, Walochnik J, Bulc T G. Composting of the solid fraction of blackwater from a separation system with vacuum toilets - Effects on the process and quality[J]. Journal of Cleaner Production, 2016, 112: 4683-4690.

[253] Abdel-Shafy H I, Abdel-Shafy S H. Membrane technology for water and wastewater management and application in Egypt[J]. Egyptian Journal of Chemistry, 2017, 60(3): 347-360.

[254] Hocaoglu S M, Atasoy E, Baban A, et al. Nitrogen removal performance of intermittently aerated membrane bioreactor treating black water [J]. Environmental Technology, 2013, 34 (19): 2717-2725.

[255] Knerr H, Rechenburg A, Kistemann T, et al. Performance of a MBR for the treatment of blackwater[J]. Water Science and Technology, 2011, 63(6): 1247-1254.

[256] 夏世斌，陈小珍，张兆基，等. 复合 MBR 处理厕所污水与回用的试验研究[J]. 中国给水排水，2007，23(5)：14-17.

[257] Ji G, Zhai F, Wang R, et al. Sludge granulation and performance of a low superficial gas velocity sequencing batch reactor (SBR) in the treatment of prepared sanitary wastewater[J]. Bioresource Technology, 2010, 101(23): 9058-9064.

[258] Pedrouso A, Tocco G, del Río A V, et al. Digested blackwater treatment in a partial nitritation-anammox reactor under repeated starvation and reactivation periods[J]. Journal of Cleaner Production, 2020, 244: 118733.

[259] VLAEMINCK S E, TERADA A, SMETS B F, et al. Nitrogen removal from digested black water by one-stage partialnitritation and anammox[J]. Environmental Science and Technology, 2009, 43(13): 5035-5041.

[260] KUJAWA-ROELEVELD K, ZEEMAN G. Anaerobic Treatment in Decentralised and Source-Separation-Based Sanitation Concepts[J]. Reviews in Environmental Science and Bio/Technology, 2006, 5(1): 115-139.

[261] LARSEN T A, GEBAUER H, GRüNDL H, et al. Blue Diversion: a new approach to sanitation in informal settlements[J]. Journal of Water, Sanitation and Hygiene for Development, 2015, 5(1): 64-71.

[262] SHARMA M K, TYAGI V K, SAINI G, et al. On-site treatment of source separated domestic wastewater employing anaerobic package system[J]. Journal of Environmental Chemical Engineering, 2016, 4(1): 1209-1216.

[263] MAGARA Y, ITOH M. The effect of operational factors on solid liquid separation by ultra-membrane filtration in a biological denitrification system for collected human excreta treatment plants[J]. Water Science and Technology, 1991, 23(7-9): 1583-1590.

[264] MAGARA Y, NISHIMURA K, ITOH M, et al. Biological denitrification system with membrane separation for collective human excreta treatment-plant[J]. Water Science and Technology, 1992, 25(10): 241-251.

[265] MISAKI T, MATSUI K. Night soil treatment system equipped with ultrafiltration[J]. Desalination, 1996, 106(1-3): 63-70.

[266] FAN Y, LI G, WU L, et al. Treatment and reuse of toilet wastewater by an airlift external circulation membrane bioreactor[J]. Process Biochemistry, 2006, 41(6): 1364-1370.

[267] LI G, WU L-L, DONG C-S, et al. Inorganic nitrogen removal of toilet wastewater with an airlift external circulation membrane bioreactor[J]. Journal of Environmental Sciences, 2007, 19(1): 12-17.

[268] 苟剑飞，李志荣，张志，等．循环水冲洗生态厕所及其污水处理方法[J]. 环境污染治理技术与设备，2006，7(6)：106-109.

[269] Gell K, De Ruijter F J, Kuntke P, et al. Safety and effectiveness of struvite from black water and urine as a phosphorus fertilizer[J]. Journal of Agricultural Science, 2011, 3(3): 67.

[270] Mawioo P M, Rweyemamu A, Garcia H A, et al. Evaluation of a microwave based reactor for the treatment of blackwater sludge[J]. Science of the Total Environment, 2016, 548: 72-81.

[271] ANGLADA A, URTIAGA A, ORTIZ I. Contributions of electrochemical oxidation to waste-water treatment: fundamentals and review of applications[J]. Journal of Chemical Technology and Biotechnology, 2009, 84(12): 1747-1755.

[272] RADJENOVIC J, SEDLAK D L. Challenges and opportunities for electrochemical processes as next-generation technologies for the treatment of contaminated water[J]. Environmental Science and Technology, 2015, 49(19): 11292-11302.

[273] 许阳宇，周律，贾奇博．厕所系统排泄物处理与资源化厕所技术发展近况[J]．中国给水排水，2018，34(6)：22-29.

[274] Huang X，Qu Y，Cid C A，et al. Electrochemical disinfection of toilet wastewater using wastewater electrolysis cell[J]. Water Research，2016，92：164-172.

[275] Hoffmann M R，Cho K，Cid C，et al. Development of a Self-Contained，PV-Powered Domestic Toilet and Electrochemical Wastewater Treatment System Suitable for the Developing World[C]//International Conference on Sustainable Energy & Environmental Sciences (SEES). Proceedings. Global Science and Technology Forum，2014：34.

[276] Ieropoulos I，Gajda I，You J，et al. Urine—waste or resource? The economic and social aspects [J]. Reviews in Advanced Sciences and Engineering，2013，2(3)：192-199.

[277] Masi F，El Hamouri B，Abdel Shafi H，et al. Treatment of segregated black/grey domestic wastewater using constructed wetlands in the Mediterranean basin：the zer0-m experience[J]. Water Science and Technology，2010，61(1)：97-105.

[278] WALTON W E. Design and management of free water surface constructed wetlands to minimize mosquito production[J]. Wetlands Ecology and Management，2012，20(3)：173-195.

[279] 张君圻．城镇粪便无害化处理资源化利用示范工程流水线[J]．城市环境与城市生态，1998，11(1)：7-10+13.

[280] ELMITWALLI T A，VAN LEEUWEN M，KUJAWA-ROELEVELD K，et al. Anaerobic biodegradability and digestion in accumulation systems for concentrated black CD water and kitchen organic-wastes[J]. Water Science and Technology，2006，53(8)：167-175.

[281] Zhang L，Guo B，Zhang Q，et al. Co-digestion of blackwater with kitchen organic waste：Effects of mixing ratios and insights into microbial community[J]. Journal of Cleaner Production，2019，236：117703.

[282] KUJAWA-ROELEVELD K，ELMITWALLI T，ZEEMAN G. Enhanced primary treatment of concentrated black water and kitchen residues within DESAR concept using two types of anaerobic digesters[J]. Water Science and Technology，2006，53(9)：159-168.

[283] 陈朱蕾，周磊，江娟，等．粪便与厨余垃圾现场处理研究[J]．环境科学，2005，26(5)：196-199.

[284] GAJDOS R. Bioconversion of organic waste by the year 2010：to recycle elements and save energy [J]. Resources Conservation and Recycling，1998，23(1-2)：67-86.

[285] 王捷，张宏伟，贾辉，等．分散式污水处理与再利用技术研究进展[J]．中国给水排水，2006，22(20)：14-17.

[286] Ushijima K，Irie M，Ishikawa T. A preliminary experiment on the use of sawdust toilet at ordinary home in Japan[C]//Future of Urban Wastewater Systems-Decentralization and Reuse，China Architecture & Building Press，Beijing，2005：71-78.

[287] Nakagawa N，Otaki M，Oe H，et al. Application of microbial risk assessment on the Bio-toilet in a residential house[C]//Proceedings of Future of Urban Wastewater Systems Decentralisation and Reuse，Xi'an，China，2005：29-38.

[288] LIENERT J，LARSEN T A. High acceptance of urine source separation in seven European countries：a review[J]. Environmental Science & Technology，2010，44(2)：556-566.

[289] Etter B, Wittmer A, Ward B J, et al. Water Hub@ NEST: A living lab to test innovative wastewater treatment solutions[C]//IWA Specialized Conferences on Small Water and Wastewater Systems & on Resources-Oriented Sanitation. 2016: 14-16.

[290] Shaw R. A Collection of Contemporary Toilet Designs[M]. WEDC, Loughborough University, 2014.

[291] Keim E K. Inactivation of pathogens by a novel composting toilet: bench-scale and field-scale studies[D]. University of Washington, 2015.

[292] JöNSSON H, STENSTRöM T-A, SVENSSON J, et al. Source separated urine-nutrient and heavy metal content, water saving and faecal contamination[J]. Water Science and Technology, 1997, 35(9): 145-152.

[293] Jönsson H, Stintzing A R, Vinnerås B, et al. Guidelines on the use of urine and faeces in crop production[M]. EcoSanRes Programme, 2004.

[294] PRONK W, ZULEEG S, LIENERT J, et al. Pilot experiments with electrodialysis and ozonation for the production of afertiliser from urine[J]. Water Science and Technology, 2007, 56(5): 219-227.

[295] MAURER M, PRONK W, LARSEN T. Treatment processes for source-separated urine[J]. Water research, 2006, 40(17): 3151-3166.

[296] Larson A D, Kallio R E. Purification and properties of Bacterial urease[J]. Journal of Bacteriology, 1954, 68(1): 67-73.

[297] HELLSTRöM D, JOHANSSON E, GRENNBERG K. Storage of human urine: acidification as a method to inhibit decomposition of urea[J]. Ecological Engineering, 1999, 12(3-4): 253-269.

[298] 张驰. 黄水中氮磷钾回收的物化处理技术及其过程机理[D]. 北京：清华大学，2017.

[299] PRAKASH O, UPADHYAY L S B. Inhibition of water melon (Citrullus vulgaris) urease by fluoride[J]. Journal of Plant Biochemistry and Biotechnology, 2004, 13(1): 61-64.

[300] CATH T Y, CHILDRESS A E, ELIMELECH M. Forward osmosis: principles, applications, and recent developments[J]. Journal of Membrane Science, 2006, 281(1-2): 70-87.

[301] ZHANG J, SHE Q, CHANG V W, et al. Mining nutrients (N, K, P) from urban source-separated urine by forward osmosis dewatering[J]. Environmental Science & Technology, 2014, 48(6): 3386-3394.

[302] 刘乾亮，刘彩虹，马军，等. 正渗透膜处理源分离尿液效能与工艺运行特性[J]. 中国给水排水，2016，32(9)：16-19.

[303] LIND B-B, BAN Z, BYDéN S. Nutrient recovery from human urine by struvite crystallization with ammonia adsorption on zeolite and wollastonite[J]. Bioresource Technology, 2000, 73(2): 169-174.

[304] BELER-BAYKAL B, BAYRAM S, AKKAYMAK E, et al. Removal of ammonium from human urine through ion exchange with clinoptilolite and its recovery for further reuse[J]. Water Science and Technology, 2004, 50(6): 149-156.

[305] BAN Z, DAVE G. Laboratory studies on recovery of N and P from human urine through struvite crystallisation and zeolite adsorption[J]. Environmental Technology, 2004, 25(1): 111-121.

[306] 刘宝敏，林钰，樊耀亭，等. 强酸性阳离子交换树脂对焦化废水中氨氮的去除作用[J]. 郑州工程

学院学报，2003，24(1)：46-49.

[307] 谢洵．生物炭的特性分析及其在黄水资源化中的应用[D]. 北京：清华大学，2015.

[308] BEHRENDT J，ARéVALO E，GULYAS H，et al. Production of value added products from separately collected urine[J]. Water Science and Technology，2002，46(6-7)：341-346.

[309] ZHIGANG L，QINGLIANG Z，KUN W，et al. Urea hydrolysis and recovery of nitrogen and phosphorous as MAP from stale human urine[J]. Journal of Environmental Sciences，2008，20(8)：1018-1024.

[310] 白雁冰．折点加氯法脱氨氮后余氯的脱除[J]. 环境科学与管理，2008，33(11)：102-108.

[311] Ikematsu M，Kaneda K，Iseki M，et al. Electrochemical treatment of human urine for its storage and reuse as flush water[J]. Science of the Total Environment，2007，382(1)：159-164.

[312] IEROPOULOS I A，STINCHCOMBE A，GAJDA I，et al. Pee power urinal - microbial fuel cell technology field trials in the context of sanitation[J]. Environmental Science：Water Research & Technology，2016，2(2)：336-343.

[313] 顾域峰，郑向勇，叶海仁，等．钛电极电催化氧化去除源分离尿液中氮的研究[J]. 水处理技术，2010，36(8)：41-44.

[314] Ganrot Z，Borber J，Bydén S. Energy efficient nutrient recovery from household wastewater using struvite precipitation and zeolite adsorption techniques：A pilot plant study in Sweden[C]//International Conference on Nutrient Recovery from Wastewater Streams. Edited by K. Ashley，D. Mavinic，and F. Koch. IWA Publishing，London，UK. 2009：511-520.

[315] RONTELTAP M，MAURER M，GUJER W. The behaviour of pharmaceuticals and heavy metals during struvite precipitation in urine[J]. Water Research，2007，41(9)：1859-1868.

[316] 仇付国，徐艳秋，卢超，等．源分离尿液营养物质回收与处理技术研究进展[J]. 环境工程，2016，34(11)：18-22+59.

[317] 陈丽萍．源分离尿液的短程硝化反硝化生物脱氮技术研究[D]. 北京：北京交通大学，2019.

[318] Yao S，Chen L，Guan D，et al. On-site nutrient recovery and removal from source-separated urine by phosphorus precipitation and short-cut nitrification-denitrification[J]. Chemosphere，2017，175：210-218.

[319] 张瑞雪，向来，季铁军．DO 浓度对 SUFR 系统同步硝化反硝化的影响[J]. 中国给水排水，2007，23(7)：70-73.

[320] 黄拓，郑敏，李继云，等．黄水的亚硝化/厌氧氨氧化处理效果研究[J]. 中国给水排水，2019，35(21)：1-5+10.

[321] ESCOBAR I C，SCHäFER A. Sustainable water for the future：Water recycling versus desalination[M]. Elsevier，2009.

[322] Rajagopal R，Lim J W，Mao Y，et al. Anaerobic co-digestion of source segregated brown water (feces-without-urine) and food waste：for Singapore context[J]. Science of the Total Environment，2013，443：877-886.

[323] LIM J W，WANG J-Y. Enhanced hydrolysis and methane yield by applying microaeration pretreatment to the anaerobic co-digestion of brown water and food waste[J]. Waste Management，2013，33(4)：813-819.

［324］ Afifah U，Priadi C R. Biogas potential from anaerobic co-digestion of faecal sludge with food waste and garden waste［C］//AIP Conference Proceedings. AIP Publishing LLC，2017，1826(1)：020032.

［325］ 郑敏，汪诚文，徐康宁，等．厌氧/缺氧/好氧 MBR 组合工艺处理源分离褐水的研究[J]. 中国给水排水，2009，25(17)：20-22+27.

［326］ Miller A，Espanani R，Junker A，et al. Supercritical water oxidation of a model fecal sludge without the use of a co-fuel[J]. Chemosphere，2015，141：189-196.

［327］ 赵伟．干旱缺水地区农村无水冲厕所系统研究[D]. 泰安：山东农业大学，2019.

［328］ 周燕，梅小乐，杜兵．国内外生态厕所类型分析及其应用研究[J]. 北方环境，2013，25(6)：21-25.

［329］ 赵文斌，李济之，王洋．我国农村卫生旱厕现状及发展趋势[J]. 安徽农业科学，2021，49(23)：209-212.

［330］ 何御舟，付彦芬．农村地区卫生厕所类型与特点[J]. 中国卫生工程学，2016，15(2)：191-193+195.

［331］ 赵畅．典型农村厕所粪污肥效特性及利用对策[D]. 重庆：重庆大学，2020.

［332］ 冯贺松．公共卫生间排泄物无害化处理关键技术的研究与应用[D]. 石家庄：河北科技大学，2021.

［333］ 王洪波．生态堆肥反应器的污染物去除特性研究及应用示范[D]. 西安：西安建筑科技大学，2009.

［334］ 张宇航，沈玉君，王惠惠，等．农村厕所粪污无害化处理技术研究进展[J]. 农业资源与环境学报，2022，39(2)：230-238.

［335］ 尹文俊，陈家斌，刘勇锋，等．源分离厕所粪尿无害化及资源化技术研究进展[J]. 给水排水，2020，56(S1)：493-499+503.

［336］ 尹文俊，张涛，尹晓庆，等．华中地区农村改厕及典型粪污处理与利用模式[J]. 环境卫生工程，2021，29(3)：52-57.

［337］ 段润宁．广西农村三联沼气式卫生厕所建设现状分析及建议[J]. 广西医学，2008，30(3)：451-452.

［338］ 孔凡标，臧峥峥，韩波，等．沼气综合利用“十大模式”[J]. 安徽农学通报，2007，13(5)：95.

［339］ 余建峰．不同接种物对牛粪高温厌氧发酵过程的影响[D]. 郑州：郑州大学，2006.

［340］ 李纪周．天津市规模化畜禽养殖场粪污治理及资源化利用调查研究[D]. 北京：中国农业科学院，2011.

［341］ 柳博．农村厕所粪污化肥配施对菜地土壤环境的风险研究[D]. 北京：中国农业科学院，2021.

［342］ 范盛远，王惠惠，丁京涛，等．中国寒旱区农村卫生旱厕技术调研及评价[J]. 农业工程学报，2022，38(8)：225-233.

［343］ 陈东华，郑金伟．我国粪便处理的现状分析及发展[J]. 环境科学与技术，2005，28(S1)，171-172+189.

［344］ 武一奇．猪粪堆肥过程氮素转化与抗性基因转移机制及调控技术[D]. 哈尔滨：哈尔滨工业大学，2021.

［345］ 左斯琪，李子富．黑水无害化及资源化处理技术进展[J]. 环境卫生工程，2020，28(4)：37-44.

［346］ 李磊．绿化废弃物堆肥技术优化与堆肥应用效果研究[D]. 北京：北京林业大学，2021.

［347］ 马若男，李丹阳，亓传仁，等．碳氮比对鸡粪堆肥腐熟度和臭气排放的影响[J]. 农业工程学报，

2020，36(24)：194-202.

[348] 刘向东，杨吉龙，尹陈茜，等．不同菌种对园林植物废弃物堆制过程理化特性的影响[J]. 江苏农业科学，2019，47(22)：310-314.

[349] 李彪．猪粪高温堆肥添加微生物的筛选和堆肥机理及效果研究[D]. 雅安：四川农业大学，2007.

[350] 李艳霞，王敏健，王菊思，等．城市固体废弃物堆肥化处理的影响因素[J]. 土壤与环境，1999，8(1)：61-65.

[351] 马迪，赵兰坡．禽畜粪便堆肥化过程中碳氮比的变化研究[J]. 中国农学通报，2010，26(14)：193-197.

[352] 孙谱，孙婉薷，石占成，等．微生物菌剂在木本废弃物堆肥中的应用综述[J]. 江苏农业科学，2020，48(15)：57-63.

[353] 李常慧，刘永德，赵继红，等．城镇污水厂污泥好氧堆肥生产管理及土壤改良剂的应用领域[J]. 绿色科技，2015(2)：236-238.

[354] 马平，汪春．畜禽粪便好氧堆肥技术研究进展[J]. 农业技术与装备，2018，346(10)：86-88.

[355] 崔广宇，吕凡，章骅，等．村镇垃圾治理典型案例及问题分析[J]. 农业资源与环境学报，2022，39(2)：337-345.

[356] 刘翌晨．猪粪产甲烷潜力模型及厌氧消化过程研究[D]. 北京：北京建筑大学，2020.

[357] 张兵兵．农村生活污水处理现状及应用技术[J]. 建设科技，2021，(24)：40-43.

[358] 刘军，刘涛，代俊，冯晓军．厌氧消化处理餐厨垃圾工艺[J]. 中国资源综合利用，2011，29(9)：54-57.

[359] 孔祥洪．秸秆酒精废水生化处理及主要污染物的降解研究[D]. 苏州：苏州科技学院，2015.

[360] 阎中，王凯军．厌氧消化过程系统动力学模型构建方法研究[J]. 中国沼气，2009，27(2)：3-8.

[361] 白杰．城市污泥厌氧发酵产酸的数学模型研究[D]. 无锡：江南大学，2016.

[362] 温凌嵩，宋立华，臧一天，等．蚯蚓处理畜禽粪便研究进展[J]. 家畜生态学报，2020，41(7)：85-89.

[363] 李英凯，王亚利，杨晓磊，等．蚯蚓堆肥处理畜禽粪便的影响因素及其产物的应用综述[J]. 环境工程，2020，38(1)：162-166+127.

[364] 刘歆，张云影，王将旭，等．蚯蚓堆肥进程影响因素及其生态应用价值的探讨[J]. 中国畜禽种业，2021，17(12)：73-74.

[365] Phillips H R P，Guerra C A，Bartz M L C，et al. Global distribution of earthworm diversity[J]. Science，2019，366(6464)：480-485.

[366] 林嘉聪．蚯蚓堆肥物料特性与蚯蚓-蚯蚓粪分离技术研究[D]. 武汉：华中农业大学，2021.

[367] 韩少华．几种植物对 Hg、Cd 污染农田土壤修复效果的比较研究[D]. 上海：东华大学，2012.

[368] 金亚波，韦建玉，屈冉．蚯蚓与微生物、土壤重金属及植物的关系[J]. 土壤通报，2009，40(2)：439-445.

[369] 丁亦男，王帅．蚯蚓在土壤生态系统中的重要作用研究[J]. 现代农业科技，2010，(16)：281-282.

[370] Das S，Deka P，Goswami L，et al. Vermiremediation of toxic jute mill waste employing Metaphire posthuma[J]. Environmental Science and Pollution Research，2016，23(15)：15418-15431.

[371] 陈大志，刘顺会，林秋奇，吴艳．蚯蚓堆肥处理剩余污泥混合有机垃圾的效率研究[J]. 农业环境

科学学报，2012，31(6)：1244-1249.

[372] Yadav A，Suthar S，Garg V K. Dynamics of microbiological parameters，enzymatic activities and worm biomass production during vermicomposting of effluent treatment plant sludge of bakery industry[J]. Environmental Science and Pollution Research，2015，22(19)：14702-14709.

[373] 丁平天．蚯蚓处理城市污泥应用研究[D]. 雅安：四川农业大学，2015.

[374] 窦永芳．养殖密度、光照条件及餐厨垃圾类型对黑水虻(Hermetia illucens L.)生长和体成分的影响[D]. 杨凌：西北农林科技大学，2020.

[375] 陶兴华．易腐垃圾黑水虻转化工程中溶解性有机质光谱及微生物群落变化特征研究[D]. 杭州：浙江大学，2021.

[376] 陈江珊．水虻转化农业有机废弃物过程中氮素形态及转化效率研究[D]. 武汉：华中农业大学，2021.

[377] 窦永芳，吉红，徐歆歆．养殖密度对黑水虻生长及体成分的影响[J]. 养殖与饲料，2020，19(11)：25-28.

[378] 刘韶娜，赵智勇．黑水虻对畜禽废弃物治理的研究进展[J]. 养猪，2016，(02)：81-83.

[379] Grossule V，Lavagnolo M C. The treatment of leachate using Black Soldier Fly (BSF) larvae：Adaptability and resource recovery testing[J]. Journal of Environmental Management，2020，253：109707.

[380] Isibika A，Vinnerås B，Kibazohi O，et al. Pre-treatment of banana peel to improve composting by black soldier fly (Hermetia illucens (L.)，Diptera：Stratiomyidae) larvae[J]. Waste Management，2019，100：151-160.

[381] Somroo A A，ur Rehman K，Zheng L，et al. Influence of Lactobacillus buchneri on soybean curd residue co-conversion by black soldier fly larvae (Hermetia illucens) for food and feedstock production[J]. Waste Management，2019，86：114-122.

[382] Oonincx D，Van Huis A，Van Loon J J A. Nutrient utilisation by black soldier flies fed with chicken，pig，or cow manure[J]. Journal of Insects as Food and Feed，2015，1(2)：131-139.

[383] 靳任任，刘杰．黑水虻繁育技术[J]. 农村新技术，2016，(7)：30-31.

[384] 李武，郑龙玉，李庆，等．亮斑扁角水虻转化餐厨剩余物工艺及资源化利用[J]. 化学与生物工程，2014，31(11)：12-17.

[385] 姜慧敏．厨余垃圾黑水虻转化的病原菌灭活及综合评价[D]. 大连：大连理工大学，2020.

[386] 刘兴，孙学亮，李连星，等．黑水虻替代鱼粉对锦鲤生长和健康状况的影响[J]. 大连海洋大学学报，2017，32(4)：422-427.

[387] 滕星，张永锋，温嘉伟，等．黑水虻生物特性及其人工养殖的影响因素研究进展[J]. 吉林农业大学学报，2019，41(2)：134-141.

[388] Mazza L，Xiao X，ur Rehman K，et al. Management of chicken manure using black soldier fly (Diptera：Stratiomyidae) larvae assisted by companion bacteria[J]. Waste Management，2020，102：312-318.

[389] 张俊哲，刘执平，陈国忠．黑水虻的养殖及其处理畜禽粪便的研究进展[J]. 山东畜牧兽医，2019，40(1)：72-74.

[390] 纪佳雨，邓玲聪，李广东，李佩玉，许道军．黑水虻的资源价值化及其开发应用研究进展[J]. 经

济动物学报，2021，25(1)：42-50.

[391] 王定美，杨霞，陈新富，等．虻蛆采食不同碳氮比食料的营养物质与能量转化特征[J]．中国饲料，2020，(9)：30-37.

[392] 郭孝结．黑水虻幼虫营养配方优化及应用[D]．南昌：南昌大学，2016.

[393] 隽加香，肖婷婷，王倩，等．双孢蘑菇发酵培养料细菌菌群结构及其功能预测[J]．食用菌学报，2019，26(4)：50-56+159-160.

[394] 高旭红．饲用微生物的分离鉴定及其发酵杏鲍菇菌糠饲用效果的研究[D]．杨凌：西北农林科技大学，2018.

[395] 高旭红，曲星梅，周雅婷，张恩平．饲用微生物的分离鉴定及其对杏鲍菇菌糠发酵的效果[J]．微生物学报，2018，58(12)：2110-2122.

[396] 梅承，温林冉，赵亮，等．亮斑扁角水虻肠道内可培养好氧与兼性厌氧菌多样性的初步研究[J]．华中昆虫研究，2018，14：354.

[397] 吴震洋，李丽，唐红军，等．黑水虻对畜禽粪便资源化利用现状分析[J]．甘肃畜牧兽医，2019，49(1)：6-8.

[398] 袁橙，魏冬霞，解慧梅，等．黑水虻幼虫处理规模化猪场粪污的试验研究[J]．畜牧与兽医，2019，51(11)：49-53.

[399] 余峰，夏宗群，管业坤，等．黑水虻处理鸭粪效果初探[J]．江西畜牧兽医杂志，2018，(2)：15-17.

[400] El-Dakar M A，Ramzy R R，Ji H，et al. Bioaccumulation of residual omega-3 fatty acids from industrial Schizochytrium microalgal waste using black soldier fly (Hermetia illucens) larvae[J]. Journal of Cleaner Production，2020，268：122288.

[401] Moula N，Scippo M L，Douny C，et al. Performances of local poultry breed fed black soldier fly larvae reared on horse manure[J]. Animal Nutrition，2018，4(1)：73-78.

[402] Rehman K，Rehman R U，Somroo A A，et al. Enhanced bioconversion of dairy and chicken manure by the interaction of exogenous bacteria and black soldier fly larvae[J]. Journal of Environmental Management，2019，237：75-83.

[403] Salomone R，Saija G，Mondello G，et al. Environmental impact of food waste bioconversion by insects：Application of Life Cycle Assessment to process using Hermetia illucens[J]. Journal of Cleaner Production，2017，140：890-905.

[404] Meneguz M，Schiavone A，Gai F，et al. Effect of rearing substrate on growth performance，waste reduction efficiency and chemical composition of black soldier fly (Hermetia illucens) larvae[J]. Journal of the Science of Food and Agriculture，2018，98(15)：5776-5784.

[405] 王宇，闫卉果，周兴华．黑水虻营养价值及其在水产动物生产中研究进展[J]．饲料博览，2020，(8)：50-54.

[406] 余粮，曾逸，曾鑫泽，等．城市粪污不同处理处置技术路线分析与建议[J]．广东化工，2020，47(24)：221-223.

[407] Stokes C D，Baldasaro N G，Bulman G E，et al. Thermoelectric energy harvesting for a solid waste processing toilet[C]//Energy Harvesting and Storage：Materials，Devices，and Applications V. SPIE，2014，9115：54-58.

[408] 中华人民共和国农业农村部办公厅，中华人民共和国国家卫生健康委办公厅，中华人民共和国生态

环境部办公厅．关于印发《农村厕所粪污无害化处理与资源化利用指南》和《农村厕所粪污处理及资源化利用典型模式》的通知[EB/OL]．(2020-11-30)[2022-8-10]．http：//www.moa.gov.cn/nybgb/2020/202009/202011/t20201130_6357313.htm.

[409] 中华人民共和国农业农村部．农村三格式户厕建设技术规范：GB/T 38836—2020[S]．北京：电子工业出版社，2020.

[410] 中华人民共和国农业农村部．农村集中下水道收集户厕建设技术规范：GB/T 38838—2020[S]．北京：电子工业出版社，2020.

[411] 中华人民共和国卫生部，全国爱国卫生运动委员会．农村户厕卫生规范：GB 19379—2012[S]．北京：电子工业出版社，2012.

[412] 青海省农业农村厅，农村户厕改造技术规范：DB63/T 1775-2020[S]．青海，2020.

[413] 重庆市农业农村委员会，农村户用卫生厕所建设及粪污处理技术规程：DB50/T 1137-2021[S]．重庆，2021.

[414] 吉林省建设标准化管理办公室，农村户厕改造技术标准：DB22/T 5001-2017[S]．吉林，2017.

[415] 浙江省卫生和计划生育委员会，农村厕所建设和服务规范 第2部分：农村三格式卫生户厕所技术规范：DB33/T 3004.2-2015[S]．浙江，2015.

[416] 山西省农业农村厅，农村粪污集中处理式户厕改造技术规范：DB14/T 2352-2021[S]．山西，2021.

[417] 宋颖颖．一种装配式厕屋：CN214303049U[P]．2021-09-28.

[418] 谢海琴．装配式城市公共卫生间设计[J]．绿色环保建材，2021，(3)：70-71.

[419] 汤源楠，张广平．"厕所革命"——城市新型装配式公厕设计初探[J]．中国标准化，2019，(6)：9-11.

[420] 张庆富，高好嘉，龚毅．装配式建筑对中国"厕所革命"建设发展的影响研究[J]．佛山陶瓷，2019，29(3)：6-7+29.

[421] 高素坤．农村厕所低成本改造技术与应用研究[D]．泰安：山东农业大学，2017.

[422] 周学翀，刘永旺，赵树旗，等．基于分级需求的乡村厕所建造技术[J]．净水技术，2021，40(10)：144-149.

[423] 曾浩．装配式低能耗水冲厕所在新农村建设中的应用研究[J]．农家参谋，2020，(9)：12.

[424] 姚越，周律，许阳宇．环境友好便器研发现状的分析[J]．中国给水排水，2017，33(18)：39-45.

[425] 农村厕改研究课题组．北方地区乡村真空负压式入室厕所示范村建设案例分析[J]．中国国情国力，2021，(10)：62-65.

[426] 王华勇．真空厕所的市场研究[D]．武汉：华中科技大学，2006.

[427] 孟祥印．智能型免水冲环保厕所设计与研制[D]．成都：西南交通大学，2005.

[428] 李乃林，徐业林，邵进，等．免水冲灾区应急卫生厕所结果报告[J]．安徽预防医学杂志，2016，22(2)：144-145.

[429] 孙红远，王坤茜，陈晓宇．可持续发展理念下城市车载卫生间的设计研究[J]．设计，2020，33(12)：108-110.

[430] 张凤芝，黄文星，马友华．安徽省农村改厕粪污处理利用现状、问题及对策[J]．安徽农业大学学报(社会科学版)，2022，31(1)：24-28+125.

[431] 邱美珍，张星．探索"黑灰分离"新模式，走出资源化利用新路径[J]．湖南农业，2022，(5)：36-37.